Il campione per l'analisi chimica

Sabrina Moret   Giorgia Purcaro   Lanfranco S. Conte

Il campione per l'analisi chimica

Tecniche innovative e applicazioni
nei settori agroalimentare e ambientale

 Springer

Sabrina Moret
Dipartimento di Scienze degli Alimenti
Università degli Studi di Udine
Udine

Lanfranco S. Conte
Dipartimento di Scienze degli Alimenti
Università degli Studi di Udine
Udine

Giorgia Purcaro
Dipartimento di Scienze degli Alimenti
Università degli Studi di Udine
Udine

ISSN 2035-4770
ISBN 978-88-470-5737-1
DOI 10.1007/978-88-470-5738-8

ISBN 978-88-470-5738-8 (eBook)

Springer fa parte di Springer Science+Business Media
springer.com

© Springer-Verlag Italia 2014

Realizzazione editoriale: Scienzaperta, Novate Milanese (MI)
Collana progettata e curata da Angela Tedesco
Copertina: Simona Colombo, Milano

Springer-Verlag Italia S.r.l., Via Decembrio 28, I-20137 Milano

Presentazione

La preparazione del campione è parte integrante del processo analitico. L'uso appropriato delle tecniche di preparazione del campione contribuisce infatti al successo dell'analisi, sia in termini di qualità del risultato, sia in termini di ottimizzazione dei tempi e dei costi dell'intero processo.

Oggi per tutti coloro che si occupano di controllo della qualità e di sviluppo di metodi sono disponibili, accanto ai metodi tradizionali, tecnologie innovative che permettono di ridurre i tempi e il consumo di solventi impiegati, e spesso di migliorare le prestazioni in termini di accuratezza e robustezza del metodo. Le opzioni sono numerose e gli approcci sicuramente più semplici sul piano operativo (anche grazie agli automatismi); sono tuttavia abbastanza complessi da ottimizzare ed è indispensabile acquisire conoscenze specifiche sui principi di funzionamento e sugli aspetti fondamentali delle tecniche di estrazione.

Questo libro tratta in maniera sistematica le principali tecniche di preparazione del campione necessarie prima della determinazione analitica finale, generalmente condotta con tecniche cromatografiche. Particolare attenzione viene rivolta alle tecniche innovative e ai sistemi "on-line" che mirano a ridurre i tempi di analisi, la manipolazione del campione (diminuendo il rischio di perdite di analita e di formazione di artefatti) e il consumo di solventi.

Il libro è strutturato in dieci capitoli. Dopo un primo capitolo di carattere generale, il testo approfondisce le diverse tecniche innovative di preparazione del campione: estrazione con fluidi supercritici (SFE); estrazione con fluidi pressurizzati (PLE); estrazione assistita con microonde (MAE); estrazione mediante uso di membrane; estrazione in fase solida (SPE) e microestrazione in fase solida (SPME); tecniche che utilizzano barrette magnetiche (SBSE e HSSE); tecniche di analisi dello spazio di testa; uso dell'HPLC come mezzo di pre-separazione del campione prima dell'analisi gascromatografica. In ciascun capitolo sono descritti approcci per diversi tipi di matrici.

Un importante messaggio trasmesso al lettore è che la preparazione del campione non deve essere considerata un processo isolato, bensì un tutt'uno con la fase di campionamento e con le successive fasi dell'analisi strumentale.

Gli autori sono docenti presso il Dipartimento di Scienze degli Alimenti dell'Università di Udine, dove svolgono attività sia didattica sia di ricerca nel settore della chimica degli alimenti. Da esperti conoscitori delle problematiche relative all'estrazione da matrici complesse, affrontano brillantemente gli argomenti trattati nel libro, completando la parte teorica con numerosi esempi di applicazioni pratiche nei settori agroalimentare e ambientale, con particolare attenzione ai contaminanti.

Il libro si rivolge agli studenti universitari che compiono un percorso pre- o post-laurea in ambito scientifico, ai ricercatori che operano sia in ambiti accademici sia in laboratori pubblici e privati, ai tecnici di laboratorio e ai responsabili del controllo di qualità nei settori alimentare, ambientale e farmaceutico.

Settembre 2014   Paola Dugo
                                                            Dipartimento di Scienze del Farmaco
                                                                     e Prodotti per la Salute
                                                            Università degli Studi di Messina

Indice

3   Pressurized liquid extraction (PLE) 53
Sabrina Moret, Lanfranco S. Conte

6   Estrazione in fase solida (SPE) 127
Sabrina Moret, Lanfranco S. Conte

Sigle e abbreviazioni

AAS   Atomic absorption spectroscopy (spettroscopia ad assorbimento atomico)

APMAE   Atmospheric pressure microwave-assisted extraction (estrazione assistita con microonde a pressione atmosferica)

Aw   Attività dell'acqua

BTEX   Benzene, toluene, etilbenzene e xilene

CE   Capillary electrophoresis (elettroforesi capillare)

CEE   Concurrent eluent evaporation

DMI   Difficult matrix introduction

DSI   Difficult sample introduction

dSPE   Dispersive solid-phase extraction

ECD   Electron-capture detector (rivelatore a cattura di elettroni)

EE   Extraction efficiency (efficienza di estrazione)

EF   Enrichment factor (fattore di arricchimento)

FCEE   Fully concurrent eluent evaporation

FID   Flame ionization detector (rivelatore a ionizzazione di fiamma)

FLD   Fluorometric detector (rivelatore spettrofluorimetrico)

FMAE   Focused microwave-assisted extraction

FMASE   Focused microwave-assisted Soxhlet extraction

GC   Gascromatografia

GPC   Gel-permeation chromatography (cromatografia di permeazione su gel)

HD   Idrodistillazione

HPLC   High performance liquid chromatography (cromatografia liquida ad alta prestazione)

HRGC   High resolution gas chromatography (gascromatografia ad alta risoluzione)

HS   Head space (spazio di testa)

HSSE   Head space sorptive extraction

ICP-MS   Spettrometria di massa a plasma accoppiato induttivamente

IPA   Idrocarburi policiclici aromatici

LC   Liquid chromatography (cromatografia liquida)

LC-MS/MS   Cromatografia liquida-spettrometria di massa tandem

LD   Liquid desorption (desorbimento liquido)

LLE   Liquid-liquid extraction (estrazione liquido-liquido)

LOAV   Limit of odor activity value (limite di valore di attività odorosa)

LOD   Limit of detection (limite di determinazione)
LOQ   Limit of quantification (limite di quantificazione)
LPME   Liquid-phase microextraction (microestrazione in fase liquida)
LSE   Liquid-solid extraction (estrazione liquido-solido)
LTPRI   Linear temperature programmed retention index (indici di ritenzione in programmata di temperatura lineare)
MAE   Microwave-assisted extraction (estrazione assistita con microonde)
MAS   Microwave-assisted saponification
MESI   Membrane extraction with a sorbent interface
MHG   Microwave hydrodiffusion and gravity
MIP   Molecular imprinted polymers (polimeri a stampo molecolare)
MMLLE   Microporous membrane liquid-liquid extraction
MOAH   Mineral oil aromatic hydrocarbons
MOSH   Mineral oil saturated hydrocarbons
MS   Mass spectrometry (spettrometria di massa)
MSPD   Matrix solid-phase dispersion (estrazione in fase solida dispersa)
NP   Normal-phase
NPD   Nitrogen-phosphorus detector (rivelatore ad azoto-fosforo)
NPLC   Normal phase liquid chromatography
OAV   Odor activity value (attività odorosa)
OT   Odor threshold (soglia olfattiva)
P&T   Purge and trap
PA   Poliacrilato
PA   Poliammide
PC   Policarbonato
PCB   Policlorobifenili
PCDD   Policlorodibenzodiossine
PCDF   Policlorodibenzofurani
PCEE   Partially concurrent eluent evaporation
PDMS   Polidimetilsilossano
PE   Polietilene
PEEK   Polietereterchetone
PEG   Polietilenglicole
PES   Polietersulfone
PFA   Perfluoroalcossi
PHWE   Pressurized hot water extraction
PLE   Pressurized liquid extraction (estrazione con solvente ad alta T e P)
PM   Peso molecolare
PMAE   Pressurized microwave-assisted extraction
PME   Polymeric membrane extraction
PP   Polipropilene
PSFME   Pressurized solvent-free microwave extraction
PSU   Polisulfone
PTFE   Politetrafluoroetilene (Teflon)

PTV   Programmed temperature vaporization (iniettore a temperatura programmata)

PVC   Polivinilcloruro

PVDF   Polivinilidenfluoruro

PHWE   Pressurized hot water extraction

QuEChERS   Quick, easy, cheap, effective, rugged, and safe

RAM   Restricted-access media (materiali ad accesso ristretto)

RP   Reversed-phase

RPLC   Reversed-phase liquid chromatography

RSD   Deviazione standard relativa

SBSE   Stir bar sorptive extraction

SD   Steam distillation (distillazione in corrente di vapore)

SDE   Simultaneous distillation-extraction

SEC   Size exclusion chromatography (cromatografia a esclusione molecolare)

SFC   Supercritical fluid chromatography (cromatografia con fluidi supercritici)

SFE   Supercritical fluid extraction (estrazione con fluidi supercritici)

SFME   Solvent-free microwave extraction

SI   Standard interno

SIM   Selected ion monitoring

SLLE   Supported liquid-liquid extraction

SLME   Supported liquid membrane extraction

SPE   Solid-phase extraction (estrazione in fase solida)

SPME   Solid-phase microextraction (microestrazione in fase solida)

SWE   Subcritical water extraction

TD   Thermal desorption (desorbimento termico)

TIC   Total ion current (corrente ionica totale)

TLC   Thin layer chromatography (cromatografia su strato sottile)

TOTAD   Through oven transfer adsorption desorption

TPH   Total petroleum hydrocarbons (idrocarburi di origine petrolifera)

USAS   Ultrasound-assisted Soxhlet

UV   Ultravioletto

VOC   Volatile organic compounds (composti organici volatili)

Gli indirizzi internet citati nel testo e nelle bibliografie dei capitoli sono stati verificati nel mese di settembre 2014.

Capitolo 1
Concetti generali e principali tecniche

Giorgia Purcaro, Sabrina Moret, Lanfranco S. Conte

1.1 Importanza della preparazione del campione e scelta del metodo

La preparazione del campione si avvale di diverse tecniche atte a estrarre gli analiti di interesse da matrici più o meno complesse, rimuovere potenziali interferenti, effettuare una concentrazione selettiva dell'analita al fine di ottenere una sensibilità adeguata e una quantificazione affidabile. Gli aspetti che influenzano la scelta della tecnica preparativa più appropriata sono correlati principalmente al composto d'interesse e alla tecnica strumentale impiegata per la determinazione analitica finale. Per esempio, l'utilizzo di una tecnica separativa come la cromatografia aggiunge un ulteriore livello di selettività al sistema analitico, rispetto a una tecnica non separativa, come un'analisi spettrofotometrica. Nel caso di tecniche cromatografiche, oltre all'efficienza separativa, riveste un ruolo importante anche il rivelatore utilizzato per acquisire il segnale, poiché esistono rivelatori più o meno selettivi. Per esempio, l'utilizzo in cromatografia liquida (LC) di un rivelatore UV (ultravioletto), poco sensibile e selettivo, implica un'accurata preparazione del campione (o opportuni passaggi di derivatizzazione), mentre l'utilizzo di tecniche più avanzate, come la spettrometria di massa (MS), e in particolare la tecnologia MS/MS, permette di raggiungere selettività e sensibilità talmente elevate da non richiedere un pre-trattamento spinto del campione. Da qui lo sviluppo di tecniche estrattive rapide come la QuEChERS (*quick, easy, cheap, effective, rugged, and safe*), nata per l'analisi di pesticidi in campioni vegetali e oggi estesa a molte altre determinazioni. Tuttavia, è opinione degli autori che, anche se si utilizzano rivelatori estremamente selettivi, una buona preparazione del campione può migliorare il mantenimento dello strumento ed evitare una serie di problemi correlati (come l'effetto matrice, che può causare soppressione ionica alla MS, e la perdita di prestazioni da parte del rivelatore).

La scelta del metodo di preparazione del campione può essere complessa, poiché spesso richiede di considerare simultaneamente numerosi parametri. Nel presente capitolo viene fornita una visione generale, per poi entrare nel dettaglio delle moderne tecniche preparative nei capitoli successivi.

Quando ci si trova a dover affrontare il problema dell'estrazione e/o della purificazione di un analita (o una classe di analiti) da un campione, prima della determinazione analitica finale, occorre innanzitutto vagliare quanto già riportato in letteratura e verificare se sono disponibili metodi ufficiali. Solitamente questi ultimi sono lunghi e laboriosi, ma rappresentano un buon punto di partenza per comprendere i meccanismi da sfruttare e gli aspetti critici connessi alla specifica analisi. È inoltre importante considerare la pericolosità dei solventi e

S. Moret, G. Purcaro, L.S. Conte, *Il campione per l'analisi chimica*
DOI 10.1007/978-88-470-5738-8_1 © Springer-Verlag Italia 2014

dei reagenti impiegati; infatti, metodi molto efficaci sviluppati in passato spesso utilizzano solventi o reagenti tossici, che in molti casi sono stati banditi o che dovrebbero comunque essere evitati. Una buona regola generale per la selezione e/o lo sviluppo di un nuovo metodo di analisi è privilegiare procedure semplici (nel limite del possibile) ed evitare passaggi inutili che riducono l'accuratezza e la precisione complessiva del metodo.

In primo luogo si valutano le proprietà chimiche e fisiche del composto di interesse: volatilità, polarità, solubilità e stabilità (termica, ossidativa, idrolitica ecc.). Occorre considerare anche le caratteristiche della matrice in esame, per comprendere come l'analita interagisce con i componenti presenti nel campione e se in quel particolare contesto può essere soggetto a reazioni di degradazione, per esempio enzimatiche (come nel caso dell'azione delle polifenolossidasi). La natura del campione determina, inoltre, i possibili interferenti: per esempio, per analizzare gli amminoacidi nel miele è necessario rimuovere gli zuccheri, che rappresentano la componente preponderante. La concentrazione dell'analita nel campione può influenzare la scelta del metodo analitico; per esempio l'analisi dei trigliceridi nell'olio, che rappresentano circa il 98% della matrice, si effettua direttamente iniettando il campione diluito in HPLC, mentre l'analisi dei componenti minori o in tracce richiede alcuni passaggi di purificazione, principalmente proprio per eliminare i trigliceridi.

Un metodo di preparazione del campione deve essere efficiente, rapido, affidabile e, se possibile, economico, sicuro e semplice. Non sempre è possibile sviluppare metodi semplici e rapidi, ma il principale criterio da seguire è che sia idoneo all'obiettivo (approccio detto *fit-for-purpose*).

Nei prossimi paragrafi viene presentata una panoramica delle tecniche tradizionali di preparazione del campione, insieme ad aspetti generali relativi alle tecniche di estrazione e alla validazione di un metodo. Le tecniche preparative più moderne e ampiamente utilizzate, sulle quali si focalizza il volume, saranno trattate estesamente nei capitoli successivi. In generale, tali tecniche permettono di ridurre il tempo e la laboriosità della procedura, possono essere automatizzate, riducono l'utilizzo di solventi e facilitano la miniaturizzazione dell'analisi.

1.2 Le fasi della preparazione del campione

La preparazione del campione è uno step importante e imprescindibile dell'intero processo analitico; infatti, come risulta dal diagramma di flusso riportato in Fig. 1.1, ogni metodo analitico prevede una procedura di preparazione del campione (più o meno complessa) prima della determinazione analitica vera e propria. Il processo analitico (specie nel caso di campioni complessi) prevede diversi passaggi, che solitamente comprendono: campionamento, estrazione, purificazione dell'estratto (che talvolta può essere condotta contemporaneamente all'estrazione), eventuale concentrazione o diluizione dell'estratto, determinazione analitica e interpretazione del risultato (quantificazione, analisi statistica).

1.2.1 Campionamento

Il campionamento rappresenta il primo stadio del processo analitico ed è cruciale per la corretta interpretazione dei risultati; inoltre, un errore in questa fase non può essere corretto in alcun modo e si ripercuote sull'intero processo analitico. In sostanza, anche il miglior metodo disponibile condurrà a risultati non corretti e inutili se applicato a un campione non correttamente formato e/o gestito. Il campionamento non può prescindere da una chiara visione dello scopo finale (del fenomeno o analita che si vuole studiare) e da una profonda conoscen-

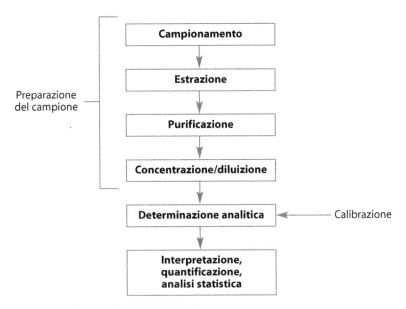

Fig. 1.1 Diagramma di flusso del processo analitico

za della matrice. Il campione deve essere rappresentativo dell'oggetto investigato e omogeneo. È inoltre importante prevenire possibili trasformazioni del campione durante lo stoccaggio che precede l'estrazione. In molti casi la procedura di campionamento è descritta dalle normative riguardanti i parametri da valutare. In questo paragrafo sono trattati in generale i principi alla base della gestione del campionamento.

Le procedure di campionamento dipendono dalla natura fisica del campione (gas, liquido o solido) e dallo scopo dell'analisi richiesta. Si assume, inoltre, che gli analiti (o le proprietà) studiati abbiano una distribuzione normale all'interno della popolazione; pertanto, aumentando il numero di determinazioni analitiche, il valore medio dei risultati si avvicina al valore medio della popolazione.

Se la popolazione da sottoporre a campionamento è omogenea (come nel caso, in genere ma non sempre, dei gas e dei liquidi), la procedura da seguire è meno complessa e può essere effettuato un numero minore di repliche. In questo caso si può eseguire il campionamento più semplice, quello casuale o random. Questo tipo di campionamento può essere a sua volta classificato in semplice, sistematico e stratificato. Il *campionamento semplice* è completamente random e utilizzabile quando vi sono sufficienti prove sull'omogeneità della popolazione. Il *campionamento sistematico* è condotto secondo una procedura standardizzata basata su criteri precisi, per esempio tempo o massa del campione. Infine, il *campionamento stratificato* suddivide la popolazione in gruppi, o strati (per esempio origine geografica, età), dai quali vengono prelevati i campioni (Lampi, Ollilainem, 2010). Tuttavia, occorre sempre tenere presente che cosa si vuole analizzare e le caratteristiche della popolazione dalla quale si sta prelevando il campione. Per esempio, se si vuole determinare il contenuto di Ca^{2+} nelle acque di un lago, bisogna tener presente che la concentrazione può cambiare a seconda della zona di campionamento, della profondità e del periodo dell'anno (Mitra, Brukh, 2003). Nel campionamento di matrici alimentari fluide occorre accertarsi della loro omogeneità e se possibile intervenire con modalità fisiche o chimiche non invasive per renderle tali (per esempio, evitare la formazione di precipitati mediante blando riscaldamento del campione).

Nel caso di campioni solidi può risultare più difficile garantire l'omogeneità, specie se non è possibile una macinazione preventiva. Generalmente si procede, quindi, con il prelievo di più campioni elementari, che vengono poi riuniti in un campione globale che viene omogeneizzato (eventualmente macinandolo) e dal quale si prelevano i campioni di laboratorio. Tali operazioni seguono precisi schemi procedurali riportati nelle normative di riferimento per tipologia di alimento e tipo di contaminante (Koziel, 2002).

1.2.2 Stoccaggio e pre-trattamento del campione

Una volta effettuato il campionamento, è importante verificare che lo stoccaggio e il trasporto del campione prima dell'analisi siano condotti in modo da evitare fenomeni fisici, chimico-fisici o biologici in grado di alterarne la rappresentatività.

I processi fisici che possono alterare un campione sono generalmente la volatilizzazione di alcuni componenti, la diffusione e l'adsorbimento sulle superfici con le quali il campione entra a contatto; per prevenirli occorre innanzitutto scegliere opportunamente il contenitore dove riporre il campione. Solitamente si sceglie tra vetro, metallo o plastica, a seconda delle specifiche esigenze e delle possibili interazioni tra analita e superficie del contenitore. Per esempio, se si devono analizzare i contaminanti idrofobici presenti nelle acque, il campione non deve essere conservato in contenitori di plastica, poiché questa può adsorbire i contaminanti. La scelta ottimale è rappresentata dal vetro; inoltre, per evitare problemi di adsorbimento degli analiti sulle pareti del contenitore, spesso si aggiunge al campione una piccola percentuale di solvente organico che migliora la solubilità dell'analita in mezzo acquoso. Si consiglia, inoltre, di minimizzare lo spazio di testa, in modo da evitare la perdita delle sostanze più volatili o l'assorbimento di gas dall'atmosfera (per esempio, la solubilizzazione della CO_2 presente nell'ambiente in campioni di acqua altera la misura del pH alla sorgente).

Tra le modificazioni fisiche alle quali il campione può andare incontro vi è anche la variazione del contenuto di acqua. La concentrazione di acqua nel campione può variare sia per assorbimento dall'ambiente, sia per evaporazione anche all'interno dei recipienti in cui viene posto e conservato il campione. Un aumento della concentrazione dell'acqua può determinare un incremento del valore di Aw (attività dell'acqua), con conseguente possibile azione di enzimi o proliferazione di microrganismi. Per limitare tali inconvenienti, oltre a un'accurata termostatazione del locale nel quale vengono conservati i campioni, si deve prestare attenzione a non lasciare uno spazio di testa eccessivo all'interno dei recipienti contenenti i campioni. Ovviamente i contenitori devono essere impermeabili all'acqua e ai vapori.

Tra i cambiamenti chimici sono comprese le reazioni fotochimiche, le ossido-riduzioni e le precipitazioni. È quindi essenziale, qualora i parametri di interesse siano correlati al livello di ossidazione o, per esempio, alle capacità antiossidanti di un particolare alimento, proteggere il campione dalla luce e dal contatto con l'aria. Per la determinazione del numero di perossidi in olio extra vergine di oliva, il campione deve per esempio essere conservato in contenitori di vetro o metallo (per evitare la diffusione dell'ossigeno), al buio e al fresco.

I processi biologici coinvolgono la biodegradazione (di natura chimica e microbica) e le reazioni enzimatiche (per esempio in vegetali e frutta); in taluni casi può quindi essere necessario l'utilizzo di conservanti.

I campioni vengono generalmente conservati in congelatore (−18 °C) o in frigorifero, riducendo il più possibile il tempo di stoccaggio. In alcuni casi, tuttavia, l'applicazione delle basse temperature può non essere adeguata, poiché potrebbe provocare l'irreversibile precipitazione di alcuni componenti, come parte delle sostanze fenoliche nel caso degli oli extra vergini di oliva. Prima della preparazione vera e propria del campione, si effettua solitamente l'omogeneizzazione e la dissoluzione del campione. In genere l'omogeneizzazione riguarda principalmente i campioni solidi, pertanto un'operazione frequente è la macinazione. Occorre però evitare effetti indesiderati e collaterali, quali la perdita di componenti volatili a causa del riscaldamento e l'assorbimento di umidità dovuta all'aumento dell'area superficiale. Tuttavia anche alcuni campioni liquidi, come miele o soluzioni concentrate, possono richiedere un'omogeneizzazione qualora possano formarsi gradienti di concentrazione, particolarmente rilevanti nel caso di grandi masse: tipico esempio è il campionamento da silos di olio, mosto o vino, per il quale si rende necessario il cosiddetto "rimontaggio", che consiste nel far circolare la massa mediante una pompa per un certo numero di volte.

Per le differenti tipologie di campione, o per lo meno per molte di esse, esistono norme armonizzate internazionali (come la International Dairy Federation, IDF, per il settore lattiero-caseario, la Federation of Oils, Seeds and Fats Associations, FOSFA, per le sementi oleose, l'Organizzazione Internazionale della Vigna e del Vino, OIV, per il vino e i prodotti correlati, UE, CEN o ISO, in molti altri casi) che descrivono in dettaglio le modalità e gli strumenti da utilizzare per il campionamento, nonché le condizioni di manipolazione e conservazione del campione, sia esso allo stato sfuso o confezionato.

Per massimizzare l'estrazione del campione possono essere necessarie diverse operazioni preliminari, come la disidratazione o la liofilizzazione per allontanare l'acqua e favorire il contatto con il solvente organico estraente.

1.2.3 *Estrazione*

L'estrazione è la procedura che permette di isolare l'analita di interesse dalla massa della matrice. Generalmente è seguita da un passaggio di purificazione per allontanare eventuali interferenti co-estratti; tuttavia, nella chimica analitica attuale si tende a velocizzare la preparazione del campione riunendo in un unico passaggio l'estrazione e la purificazione.

Le tecniche di estrazione possono essere classificate sulla base di diversi criteri (stato fisico del campione e della fase estraente, modalità di contatto, quantità o volumi in gioco ecc.). Per esempio, considerando la modalità di contatto, un criterio comune le classifica in statiche, dinamiche e a regime mediato (Fig. 1.2); l'ultimo gruppo comprende solo l'estrazione tramite membrana, che verrà trattata in modo esaustivo nel cap. 5. A loro volta, queste modalità estrattive possono essere suddivise in esaustive e non esaustive.

Le condizioni di estrazione devono essere ottimizzate in modo da massimizzare il recupero dell'analita. A tale proposito vanno sempre eseguite prove di recupero con materiale

Fig. 1.2 Schema delle diverse modalità di contatto utilizzate per l'estrazione

certificato o con campioni fortificati con un'opportuna concentrazione di miscela standard. Quando necessario, prima della determinazione analitica finale si deve inserire un passaggio di purificazione del campione per eliminare gli interferenti co-estratti insieme agli analiti di interesse.

I principi fondamentali alla base dei diversi approcci estrattivi sono comunque molto simili (Pawliszyn, 2012). In tutti i casi, la fase estrattiva è a contatto con il campione e l'analita migra tra le fasi (in modo esaustivo o all'equilibrio). Di seguito sono discussi i principi termodinamici e cinetici comuni a tutte le tecniche preparative che verranno trattate nei capitoli successivi.

1.2.3.1 Principi termodinamici e cinetici fondamentali

Il principio termodinamico valido per tutte le tecniche estrattive si basa sulla costante di ripartizione dell'analita tra il campione e la fase estraente. Quando il mezzo estraente è un liquido, la costante di ripartizione è espressa dall'equazione:

$$K_{e/s} = \frac{a_e}{a_s} = \frac{C_e}{C_s} \tag{1.1}$$

dove a_e e a_s rappresentano, rispettivamente, l'attività della fase estraente e quella della matrice e possono essere approssimate alla corrispondente concentrazione (C_e e C_s).
Per fasi estraenti solide, l'equilibrio può essere descritto dall'equazione:

$$K_{e/s}^{s} = \frac{S_e}{C_s} \tag{1.2}$$

dove S_e è la concentrazione dell'analita adsorbita sulla superficie del solido adsorbente. Da ciò risulta che l'area superficiale della fase solida disponibile per l'adsorbimento è un parametro importante da considerare. Limiti nell'estensione della superficie estraente complicano la calibrazione nelle condizioni di equilibrio a causa dell'effetto di spostamento dell'analita da parte di interferenti presenti nella matrice. L'eq. 1.2 può essere utilizzata per calcolare la quantità di analita estratta all'equilibrio e subisce specifiche modifiche in condizioni particolari, come nella microestrazione in fase solida (SPME) (per i dettagli, vedi cap. 7). La selettività del metodo è determinata dalla costante $K_{e/s}$, mentre la sensibilità è determinata sia dal volume di estraente sia dalla $K_{e/s}$.

Tuttavia nella pratica i parametri cinetici – definiti dalla costante di dissociazione, dal coefficiente di diffusione e dalle condizioni di agitazione – sono in genere più importanti nel determinare l'efficienza di un processo di estrazione da matrici complesse, poiché spesso non si raggiunge l'equilibrio di estrazione. Nelle estrazioni liquido-liquido i profili di concentrazione degli analiti in entrambe le fasi possono essere ottenuti risolvendo l'equazione differenziale della seconda legge di Fick:

$$\frac{\partial C(x,t)}{\partial t} D \frac{\partial^2 C(x,t)}{\partial x^2} \tag{1.3}$$

Se la costante di ripartizione è definita dall'eq. 1.1 e le due fasi sono messe a contatto al tempo 0 ($t = 0$), l'equazione differenziale può essere risolta mediante trasformazione di Laplace, con $x < 0$ per la fase acquosa (eq. 1.4) e $x > 0$ per la fase organica estraente (eq. 1.5):

$x < 0$
$$C_s(x,t) = C_0 \frac{\dfrac{z}{K_{e/s}} + \mathrm{erf}\left(z\sqrt{tD_s}\right)}{1 + \dfrac{z}{K_{e/s}}} \tag{1.4}$$

$x > 0$
$$C_s(x,t) = C_0 \frac{z\left[1 - \mathrm{erf}\left(\dfrac{x}{z\sqrt{tD_e}}\right)\right]}{1 + \dfrac{z}{K_{e/s}}} \tag{1.5}$$

dove C_0 è la concentrazione iniziale dell'analita nella fase acquosa; D_e e D_s sono i coefficienti di diffusione dell'analita, rispettivamente nella fase di estrazione e nel campione; $z = D_e/D_s$; $K_{e/s}$ è l'appropriata costante di ripartizione calcolata secondo l'eq. 1.1. La soluzione grafica delle equazioni 1.4 e 1.5 è mostrata in Fig. 1.3.

La riduzione dello strato di confine all'interfaccia e la diminuzione dell'estensione della diffusione, tramite agitazione di una o di entrambe le fasi, aumentano enormemente la resa di estrazione. L'effetto dell'agitazione può essere calcolato utilizzando il modello dello strato limite, che può essere definito come uno spessore determinato sia dall'intensità dell'agitazione sia dal coefficiente di diffusione dell'analita. Pertanto, lo spessore di tale strato può essere diverso per analiti diversi durante lo stesso processo di estrazione. Questo strato – noto come *strato limite di Prandtl* – è una regione nella quale il flusso dell'analita è progressivamente più dipendente dalla diffusione dell'analita e meno dalla convezione del fluido, quanto più si è prossimi alla fase di estrazione. Convenzionalmente, si assume che il flusso

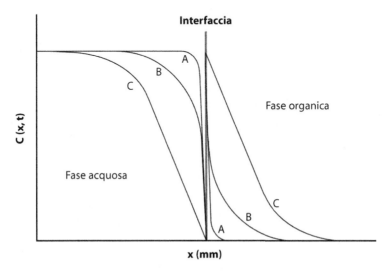

Fig. 1.3 Profilo di concentrazione all'interfaccia tra un volume infinito di campione e la fase estraente per un analita caratterizzato da un identico coefficiente di diffusione nelle fasi acquosa e organica (10^{-5} cm^2/s). I profili corrispondono a diversi tempi dal contatto delle due fasi: A: 1 s; B: 10 s; C: 100 s

dell'analita sia governato dalla convezione nel campione, cioè all'esterno dello strato limite, e dalla diffusione all'interno dello strato limite.

In molti casi, quando la fase estraente è ben dispersa, la diffusione dell'analita attraverso lo strato limite controlla la velocità del processo di estrazione. Il tempo per raggiungere l'equilibrio può essere stimato come il tempo richiesto per estrarre il 95% della quantità estratta all'equilibrio. Si può calcolare con l'equazione:

$$t_e = B \frac{\delta b K_{e/s}}{D_s} \tag{1.6}$$

dove b è lo spessore della fase estraente; D_s è il coefficiente di diffusione dell'analita nella matrice del campione; $K_{e/s}$ è la costante di ripartizione; B è un fattore correlato alla geometria del materiale di supporto nel quale la fase estraente è dispersa.

Secondo una modellizzazione di questo comportamento (Fig. 1.4), la concentrazione dell'analita di interesse diminuisce gradualmente allontanandosi dal campione da estrarre, per una distanza (corrispondente allo strato limite di Prandtl) determinata dal grado di agitazione del mezzo estraente. Lo spessore di questo strato limite è determinato dalle condizioni di agitazione e dalla viscosità del liquido, che influenza il coefficiente di diffusione dell'analita.

La situazione è molto più complessa quando il campione è un solido, poiché in questo caso molti processi fondamentali avvengono simultaneamente. Assumendo che le particelle della matrice solida possano essere rappresentate come uno strato organico di un supporto impermeabile ma poroso e che gli analiti siano adsorbiti sulla superficie dei pori, il processo di estrazione può essere schematizzato in diversi step basilari (Fig. 1.5).

Nello step iniziale l'analita deve prima essere desorbito dalla superficie (1) e poi diffondere attraverso la parte organica della matrice (2) per raggiungere l'interfaccia matrice/liquido (3). A questo punto il composto deve essere solvatato dalla fase estraente (4) e poi diffondere attraverso lo strato limite statico presente all'interno del poro per raggiungere il punto della fase estraente influenzata dai moti convettivi ed essere quindi trasportato nel centro della fase estraente (5). Il modo più semplice per descrivere tale modello cinetico è adottare

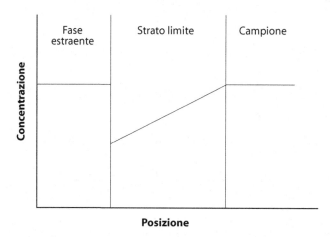

Fig. 1.4 Modello dello strato limite

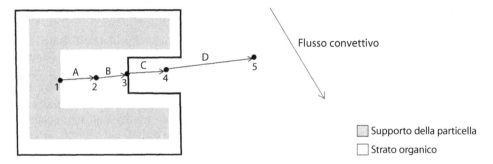

Fig. 1.5 Schema del processo di estrazione in un campione eterogeneo contenente particelle solide porose: 1, superficie della matrice; 2, parte organica della matrice; 3, interfaccia matrice/fase estraente; 4, strato limite statico all'interno del poro della matrice; 5, fase estraente; A, coefficiente di desorbimento; B, coefficiente di diffusione; C, solvatazione; D, coefficiente di diffusione nella fase estraente

le equazioni messe a punto dall'ingegneria per descrivere il trasporto di massa attraverso un materiale poroso (Dullien, 1992; Horvath, Lin, 1978). Poiché la trattazione esaustiva di tali processi esula dallo scopo di questo libro, si rimanda il lettore interessato alla bibliografia specifica (Crank, 1989; Adams et al, 1995; Gorecki et al, 1999; Pawliszyn, 2012).

1.2.3.2 Parametri che influenzano l'estrazione

La costante di ripartizione può essere influenzata da diversi parametri, i più importanti dei quali sono la temperatura (T), la pressione (P) e le caratteristiche della matrice (pH, contenuto di sali e componenti organici). L'ottimizzazione dei diversi parametri è discussa in dettaglio nei vari capitoli dedicati alle specifiche tecniche preparative. In particolare, temperatura e pressione sono i parametri sfruttati da alcune tecniche innovative, quali l'estrazione con solvente ad alta T e P (PLE), l'estrazione con microonde (MAE) e con fluidi supercritici (SFE). La Tabella 1.1 riporta le principali problematiche riscontrabili durante l'estrazione e i parametri sui quali si può agire per ovviarvi.

Tabella 1.1 Principali problematiche riscontrabili durante l'estrazione

Problemi riscontrati	*Possibili soluzioni*
Forti interazioni analita-matrice	Aumento della temperatura, polarità del solvente, saponificazione
Limitata velocità nel trasferimento di massa	Agitazione del campione, aumento del tempo di estrazione
Estrazione poco selettiva	Polarità del solvente, derivatizzazione
Trasformazione chimica, degradazione dell'analita, formazione di artefatti	Protezione dell'analita da fonti di degradazione (temperature elevate, luce, presenza di ossigeno), aggiunta di antiossidanti
Introduzione di contaminanti con i solventi	Riduzione dei volumi di solventi e della manipolazione del campione

1.2.4 Purificazione

L'estratto ottenuto dal campione richiede spesso una purificazione prima dell'analisi finale. Questo stadio può essere considerato come una seconda estrazione più selettiva. Spesso le fasi di estrazione e purificazione vengono combinate in un unico passaggio (per esempio l'applicazione della tecnica di estrazione in fase solida su campioni di acqua o oli). Per ridurre la presenza nell'estratto di composti indesiderati, si possono utilizzare diversi approcci. Di seguito sono sinteticamente illustrati i principali metodi tradizionali impiegati per la purificazione del campione, mentre quelli più innovativi sono trattati nei capitoli successivi.

1.2.4.1 Ripartizione liquido-liquido

La ripartizione liquido-liquido è un metodo tradizionale per rimuovere composti co-estratti, ottenere un arricchimento selettivo dell'analita e trasferire il composto di interesse in un solvente idoneo all'analisi strumentale finale. Spesso viene utilizzata per effettuare contemporaneamente l'estrazione e la purificazione del campione (per esempio nell'estrazione di contaminanti dalle acque). Questa tecnica è economica, ma richiede tempi lunghi di estrazione, utilizza elevati volumi di solventi ed è poco selettiva. Per una trattazione più completa, si rimanda al par. 1.3.

1.2.4.2 Precipitazione e idrolisi

L'idrolisi può essere impiegata sia in fase di estrazione sia in quella di purificazione. L'idrolisi acida viene utilizzata, per esempio, per rimuovere residui zuccherini da estratti di flavonoidi, acidi fenolici o glicosidi di fitosteroli. L'idrolisi basica può essere utilizzata per rimuovere i trigliceridi da un estratto lipidico.

La precipitazione viene spesso sfruttata per eliminare estratti proteici, denaturando le proteine con solventi organici come metanolo o acetonitrile. L'aggiunta di solventi organici agli estratti acquosi può invece favorire la precipitazione della fibra in campioni di cereali.

1.2.4.3 Cromatografia di permeazione su gel (GPC)

La GPC (*gel-permeation chromatography*) è una tecnica basata sull'esclusione molecolare (*size-exclusion*) che utilizza solventi organici o tamponi e un gel poroso per la separazione di macromolecole. Il gel poroso è caratterizzato da particolari diametri che escludono le molecole di diametro superiore a quello di interesse. È particolarmente raccomandata per eliminare lipidi, proteine, polimeri, copolimeri, resine naturali, componenti cellulari, virus, steroidi e altre macromolecole presenti nell'estratto.

1.2.4.4 Cromatografia su colonna ed estrazione in fase solida (SPE)

L'estratto può essere purificato utilizzando colonne cromatografiche impaccate o cartucce di estrazione in fase solida (SPE, *solid-phase extraction*), che rappresentano una miniaturizzazione delle classiche colonne cromatografiche. Questo tipo di purificazione (spesso impiegato anche in fase di estrazione) è forse il più diffuso nella preparazione di campioni biologici, ambientali, alimentari e clinici. La colonna o la cartuccia SPE vengono impaccate con la quantità necessaria di un opportuno adsorbente, quindi si carica il campione e poi si eluisce l'analita di interesse trattenendo gli interferenti, o viceversa. L'estrazione/purificazione tramite SPE è ampiamente discussa nel cap. 6, insieme a una variante, la *matrix solid-phase dispersion*. In quest'ultima tecnica la fase adsorbente viene omogeneizzata con la matrice, il materiale risultante può poi essere eventualmente utilizzato per impaccare una colonna ed effettuare, quindi, l'eluizione selettiva dei composti di interesse.

In molti casi la tecnica più selettiva è rappresentata dalla separazione in cromatografia liquida (LC), trattata estesamente nel cap. 10.

1.2.5 Arricchimento selettivo, concentrazione/diluizione

Solitamente gli analiti di interesse presenti nell'estratto finale, dopo il passaggio di purificazione, sono presenti in concentrazione troppo bassa per essere analizzati direttamente; talora, ma assai raramente, devono essere diluiti (per esempio analisi degli zuccheri o degli acidi organici nei vegetali).

L'arricchimento degli analiti nell'estratto si ottiene in genere per evaporazione del solvente in un evaporatore rotante o sotto leggero flusso di azoto. A seconda della termostabilità e della volatilità degli analiti, si può favorire l'evaporazione riscaldando l'estratto in un bagno d'acqua. Per ridurre le perdite degli analiti di interesse in fase di evaporazione, può essere opportuno aggiungere piccole quantità di un solvente più altobollente (*keeper*) del solvente in cui sono disciolti gli analiti. Per analiti molto polari si raccomanda di silanizzare la vetreria, per evitare che i composti restino adesi alle superfici di contatto.

L'arricchimento può essere ottenuto anche con tecniche di precipitazione, come la precipitazione di fosfolipidi con acetone a 0-4 °C. Nelle estrazioni condotte sullo spazio di testa l'arricchimento viene effettuato intrappolando gli analiti in sostanze adsorbenti, come il Tenax, o tramite intrappolamento criogenico.

L'arricchimento dell'analita può essere ottenuto anche tramite iniezione *large volume* direttamente in un iniettore a temperatura programmata (PTV) o in una colonna GC. Ottimizzando le condizioni cromatografiche, il solvente evapora concentrando gli analiti di interesse in testa alla colonna cromatografica.

1.2.6 Derivatizzazione

La fase di derivatizzazione può essere introdotta nel processo analitico allo scopo di: migliorare la separazione, modificare la solubilità di un analita, aumentare la selettività per uno specifico analita, aumentare la termostabilità, fissare lo stato di ossidazione di un metallo, attaccare uno specifico gruppo funzionale alla molecola dell'analita per poter utilizzare specifici rivelatori. Il criterio fondamentale è modificare la struttura chimica o fisica dell'analita attraverso un'opportuna reazione. Per esempio, in GC gli acidi grassi vengono analizzati previa derivatizzazione per bloccare il gruppo carbossilico e migliorare la separazione cromatografica. Il tipo di reazione di derivatizzazione dipende strettamente dal metodo analitico e dal composto da analizzare. Lo step di derivatizzazione dovrebbe essere semplice, rapido (generalmente dovrebbe richiedere meno di 15 minuti), selettivo, quantitativo e dare un unico prodotto finale.

La derivatizzazione può essere condotta a diversi stadi del processo analitico:
- prima del trattamento del campione;
- prima dell'analisi finale;
- durante il processo di estrazione e purificazione;
- in fase di iniezione;
- dopo la separazione cromatografica (post-colonna).

Poiché lo scopo della derivatizzazione varia in funzione della determinazione finale, sono di seguito brevemente illustrati gli approcci utilizzati suddividendoli a seconda dell'analisi finale. Infatti, quando la determinazione finale è effettuata in GC, lo scopo della derivatizzazione è generalmente aumentare la volatilità e la termostabilità dell'analita e ridurne la polarità; mentre in LC ed elettroforesi lo scopo è aumentare la solubilità dell'analita in solventi polari e rendere l'analita rilevabile da detector selettivi (come lo spettrofluorimetro). Per una trattazione completa del processo di derivatizzazione, si rimanda a rassegne e testi più esaurienti (Rosenfeld, 2010; Knapp, 1979; Zaikin, Halket, 2009; Blau, Halket, 1993; Fitton, Hill, 1970; Parkinson, 2012; Sigma-Aldrich, 2010).

1.2.6.1 Derivatizzazione per analisi GC

Come già accennato, la derivatizzazione che si utilizza nel caso di un'analisi GC serve principalmente ad aumentare la volatilità e la termostabilità dell'analita e a migliorarne le proprietà cromatografiche, generalmente riducendo la polarità del composto. I tipi più comuni di derivatizzazione sono la silanizzazione, l'acilazione, la metilazione o alchilazione e l'esterificazione.

La *silanizzazione*, o *sililazione*, è la procedura di derivatizzazione più versatile e consiste nella sostituzione di un idrogeno acido o attivo con un gruppo alchil-silil, come il trimetilsilil (TMS) e il *tert*-butildimetilsilil (*t*-BDMS). Solitamente vengono silanizzati composti che presentano gruppi idrossilici, acidi carbossilici, ammine, tioli, fosfati e amminoacidi.

Di seguito viene illustrata la reazione che utilizza come reagente derivatizzante il trimetilclorosilano (TMCS). La reazione prevede un attacco nucleofilo sul silicone e viene solitamente condotta in un solvente aprotico, come tetraidrofurano (THF), dimetilsolfossido (DMSO) e piridina, che fungono anche da catalizzatori della reazione:

Tra i numerosi reagenti silanizzanti disponibili (Tabella 1.2), il TMCS e l'esametildisilazano (HMDS) sono tra i più utilizzati. Bisogna prestare attenzione, poiché alcuni derivatizzanti, come il N,O-bis(trimetilsilil)-acetammide (BSA), possono andare incontro a ossidazione nell'iniettore GC, formando biossido di silicio (SiO_2) che può contaminare il rivelatore. Anche la scelta della fase stazionaria immobilizzata nella colonna GC è molto importante, in quanto fasi stazionarie contenenti idrogeni attivi, come le colonne polari e quelle a base di polietilenglicole (PEG), non sono adatte in presenza di questi reagenti. Inoltre, poiché i derivati TMS sono sensibili all'umidità, occorre procedere con attenzione per evitare che si degradino.

L'impiego dei silil-derivati può risultare molto vantaggioso anche quando si utilizza come detector uno spettrometro di massa; infatti spesso si genera un profilo di frammentazione caratteristico e una maggior abbondanza ionica di alcuni frammenti, rendendo più facile l'identificazione e aumentando la sensibilità.

L'*acilazione* è una valida alternativa alla silanizzazione, ma non agisce su gruppi carbossilici e gruppi funzionali simili. L'acilazione è più specifica per composti multifunzionali, come zuccheri e amminoacidi, e permette di convertire i composti con un idrogeno attivo,

Tabella 1.2 Principali derivatizzanti per GC

Gruppo funzionale/Tipo di composto	Procedura	Reagente	Derivato	Osservazioni
AMMIDI primarie, secondarie, benzodiazepine barbiturici, immidi, proteine	*Acilazione*	TFAA	Trifluoroacetammide	La più reattiva e volatile delle anidridi fluorinate; ideale da utilizzare con FID, ECD e TCD
		PFPA	Pentafluoropropionammide	Richiede basse temperature di analisi; ideale con FID, ECD, TCD
		HFBA	Eptafluorobutilammide	Anidride più delicata
	Alchilazione	TMAH	Metilammide	Reazione molto veloce; molto utilizzato per derivatizzare barbiturici
		DMF-dialchilacetale	N-(N,N-dimetil)amminometileni	Ideale con campioni umidi
	Silanizzazione	BSA	Trimetilsilil (TMS)-ammide	Altamente reattivo e universale; vedi osservazioni per carbonili
		BSTFA	Trimetilsilil (TMS)-ammide	Altamente reattivo e universale; più volatile di BSA; vedi osservazioni per carbonili
		BSTFA+TMCS	Trimetilsilil (TMS)-ammide	TMCS funge da catalizzatore nella derivatizzazione di ammine
		MTBSTFA	TBDMCS-ammide	Forte derivatizzante; 10.000 volte più stabile all'idrolisi di derivati TMS
		MTBSTFA+TBDMCS	TBDMCS-ammide	TBDMCS funge da catalizzatore nella derivatizzazione di ammine
AMMINE primarie, secondarie, alcaloidi, amminoacidi, amminozuccheri, anfetamine, catecolamine biogene carbammati, idrossilammine, nitrosammine, nucleotidi, nucleosidi, urea	*Acilazione*	Anidride acetica	Acetati	Utilizzata con ammine primarie e secondarie
		MBTFA	Trifluoroacetammide	Utilizzata con ammine primarie e secondarie; ideale con FID, ECD, TDC
		TFAA	Trifluoroacetammide	L'anidride fluorinata più reattiva e volatile; ideale con FID, ECD e TCD
		TFAI	Trifluoroacetammide	Adatta per analisi in tracce con ECD; prodotto secondario imidazolo, comunque inerte
		PFPA	Pentafluoropropionammide	Richiede basse temperature di analisi; ideale con FID, ECD, TCD; utile per identificare catecolamine
		HFBA	Eptafluorobutilammide	Ideale con FID, ECD, TCD; utilizzato per identificare anfetamine, fenciclidine, catecolamine
		PFBBr	Pentafluorobenzileter	Ideale con ECD
	Alchilazione	DMF-dialchilacetale	N-(N,N-dimetil)amminometileni	Reazione rapida; utile con ammine stericamente impedite
		NBB	Boronati	Converte alfa-amminoacidi, idrossilammine, chetoacidi, dioli in derivati più facilmente cromatografabili
		TMAH	Metilammide	Reazione molto veloce; molto utilizzato per derivatizzare barbiturici
	Silanizzazione	BSA	Trimetilsilil (TMS)-eteri	Utile per la simultanea silanizzazione di amminoacidi e gruppi idrossilici; efficace sia senza solvente sia con solventi come la piridina
		BSTFA	Trimetilsilil (TMS)-eteri	Reagente e prodotti volatili; funge da solvente; può causare problemi al detector
		BSTFA+TMCS	Trimetilsilil (TMS)-eteri	TMCS funge da catalizzatore aumentando la reattività del BSTFA
		HMDS	Trimetilsilil (TMS)-eteri	Usato con TMCS per estendere i prodotti analizzabili per GC

segue

Gruppo funzionale/ Tipo di composto	Procedura	Reagente	Derivato	Osservazioni
CARBOIDRATI amidi, zuccheri	Alchilazione	Anidride acetica	Acetati	Generalmente utilizzato con piridina; miscela 1:1 con piridina derivatizza gli alditoli
		MBTFA	Trifluoroacetammide	Utilizzato soprattutto per derivatizzare zuccheri; forma derivati volatili di mono-, di- e trisaccaridi
	Silanizzazione	TFAI	Trifluoroacetammide	Forma derivati volatili di mono-, di- e trisaccaridi
		BSA+TMCS	Trimetilsilil (TMS)-eteri	BSA non indicato per carboidrati; utilizzabile con qualche sciroppo
		BSTFA+TMCS	Trimetilsilil (TMS)-eteri	Utilizzato con zuccheri, acidi e glucuronidi
		HMDS	Trimetilsilil (TMS)-eteri	Il più utilizzato per silanizzare zuccheri, acidi e composti correlati; TMCS potenzia la reattività di HMDS
		HMDS+TMCS	Trimetilsilil (TMS)-eteri	Utilizzato con aldosi
		HMDS+TMCS+piridina	Trimetilsilil (TMS)-eteri	Utilizzato con oligosaccaridi
		TFA	Trimetilsilil (TMS)-eteri	Funge da catalizzatore di reazione
		TMSI	Trimetilsilil (TMS)-eteri	Utilizzato in presenza di poca acqua; utilizzato tal quale o con solvente
		TMSI+piridina	Trimetilsilil (TMS)-eteri	Utilizzato in presenza di poca acqua; non derivatizza i gruppi amminici
CARBONILI anidridi acide, aldeidi, chetoni, enoli, esteri, idrazoni, ossime, ferossiacidi, steroidi	Alchilazione	BCl3-2-cloroetanolo	Cloroesteri	Utilizzato per preparare fenossiacidi per analisi ECD
		o-metilossammina HCl	Ossime	Utilizzato per aldeidi, chetoni, chetosteroidi; previene la formazione di enoleteri da parte dei gruppi cheto
	Silanizzazione	TFAA	Trifluoroacetati	La più reattiva e volatile delle anidridi
		BSA	Trimetilsilil (TMS)-eteri	In condizioni blande forma prodotti altamente stabili e molto volatili
		BSTFA	Trimetilsilil (TMS)-eteri	Reagisce più velocemente di BSA; non forma interferenti; può fungere da solvente; può dare problemi di rumore al detector
		BSTFA+TMCS	Trimetilsilil (TMS)-eteri	TMCS funge da catalizzatore aumentando la reattività del BSTFA
		TMSI+piridina	Trimetilsilil (TMS)-eteri	Utilizzato con steroli
CARBOSSILI amminoacidi, cannabinoli, acidi carbossilici, gliceridi, idrossiacidi, lipidi/ fosfolipidi, prostaglandine, steroidi (bile, ormoni contenenti gruppi idrossilici e chetonici)	Alchilazione	PFBBr	Pentafluorobenzilesteri	Utilizzato con detector ECD, UV, MS; per cannabinoli, acidi carbossilici e acidi grassi
		BCl3-metanolo	Cloroesteri	Utilizzato per preparare acidi grassi a corta catena per analisi ECD
		BF3-butanolo	Butilesteri	Utilizzato per preparare butilesteri di acidi dicarbossilici a corta catena
		BF3-propanolo	Propilesteri	Utilizzato per preparare esteri propilici
		BF3-metanolo	Metilesteri	Utilizzato per acidi grassi C8-C24
		Trimetilsilildiazometano	Metilesteri	Utilizzato con acidi carbossilici; reazione immediata in presenza di metanolo

Gruppo funzionale/ Tipo di composto	Procedura	Reagente	Derivato	Osservazioni
		DMF-dialchilacetale	Metilesteri	Utilizzato con gruppi carbossilici con impedimento sterico
		TMAH	N-metilesteri	Utilizzato con gruppi reattivi amminici, carbossilici o idrossilici
	Silanizzazione	BSA	Trimetilsilil (TMS)-eteri	I derivati si formano facilmente ma non sono stabili
		BSTFA	Trimetilsilil (TMS)-eteri	Reazione rapida e più esaustiva di BSA
		BSTFA+TMCS	Trimetilsilil (TMS)-eteri	TMCS funge da catalizzatore aumentando la reattività del BSTFA
		TMSI+piridina	Trimetilsilil (TMS)-eteri	Utilizzato con acidi grassi, cannabinoli, steroidi; utilizzabile in presenza di sali
ETERI epossidi	Silanizzazione	HMDS+TMCS+piridina	Trimetilsilil (TMS)-eteri	Utilizzato con epossidi che non reagiscono velocemente con TMCS
		TMCS	Trimetilsilil (TMS)-eteri	Utilizzato con cloridrine
IDROSSILI alcol, alcaloidi, cannabinoli, glicoli, fenoli	Acilazione	Anidride acetica	Acetati	Utilizzato con alcoli e fenoli
		MBTFA	Trifluoroacetati	Adatto ad analisi in tracce con ECD
		TFAA	Trifluoroacetati	Adatto ad analisi in tracce con ECD
		TFAI	Trifluoroacetati	Adatto ad analisi in tracce con ECD
		PFPA	Pentafluoropropionati	Utilizzato con alcoli e fenoli; adatto ad analisi in tracce con ECD
		HFBA	Eptafluorobutirrati	Utilizzato con alcoli e fenoli; adatto ad analisi in tracce con ECD
		PFBBr	Pentafluorobenzilesteri	Utilizzato solo con alcaloidi
	Alchilazione	Trimetilsilildiazometano	Metilesteri	Non ideale per esterificare acidi fenolici, né per metilare gruppi idrossilici di fenoli
		DMF-dialchilacetale	Metilesteri	Utilizzato con fenoli stericamente impediti
	Silanizzazione	BSA	Trimetilsilil (TMS)-eteri	Utilizzato principalmente per silanizzare fenoli
		BSTFA	Trimetilsilil (TMS)-eteri	Buona stabilità termica
		BSTFA+TMCS	Trimetilsilil (TMS)-eteri	Bassa stabilità idrolitica
		HMDS	Trimetilsilil (TMS)-eteri	Reagente debole, solitamente utilizzato con TMCS
		TMCS	Trimetilsilil (TMS)-eteri	Reagente debole, solitamente utilizzato con HMDS
		TMSI	Trimetilsilil (TMS)-eteri	Il reagente più forte per gruppi idrossilici; non reagisce con ammidi e ammine; derivatizza zuccheri in presenza di acqua

BCl_3 = triclorulo di boro; BF_3 = trifluoruro di boro; BSA = N,O-bis(trimetilsilil)acetammide; BSTFA = bis(trimetilsilil)trifluoroacetammide; DMDCS = dimetildiclorosilano; DMF = N,N-dimetilformammide; ECD = rivelatore a cattura di elettroni; FID = rivelatore a ionizzazione di fiamma; HFBA = anidride eptafluorobutirrica; HMDS = 1,1,1,3,3,3-esametildisilazano; MBTFA = N-metilbis(trifluoroacetammide); MS = spettrometria di massa; MTBSTFA = N-(tert-butildimetilsilil)-N-metiltrifluoroacetammide; PFBBr = pentafluorobenzilbromuro; PFPA = anidride pentafluoropropionica; TBDMCS = t-butildimetilclorosilano; TCD = rivelatore a conducibilità termica; TFA = trifluoroacetico; TFAA = anidride dell'acido trifluoroacetico; TFAI = 1-(trifluoroacetil)imidazolo; TMAH = trimetilanilinio idrossido; TMCS = trimetilclorosilano; TMSI = trimetilsililimidazolo.

come gruppi –OH, –SH, e –NH, rispettivamente in esteri, tioesteri e ammine. Un esempio di reazione è la seguente:

$$R\text{-}NH_2 \; + \; R^1\overset{O}{\overset{\|}{C}}\text{-}Cl \longrightarrow R\text{-}NH\overset{O}{\overset{\|}{C}}_{R^1} \; + \; HCl$$

I reagenti per l'acilazione possono essere classificati essenzialmente in due gruppi: anidridi di alcuni acidi (per esempio, acetico e trifluoroacetico) e fluoroacilimidazoli.

I derivati ottenuti con reagenti del primo gruppo sono stabili e molto volatili e possono solitamente essere iniettati direttamente in GC senza una preventiva estrazione. Tuttavia, l'utilizzo di questi reagenti può talvolta dare luogo a prodotti secondari acidi (come nella reazione con tioli), che devono essere rimossi prima dell'iniezione GC.

I fluoroacilimidazoli reagiscono prontamente con i gruppi idrossilici e con le ammine secondarie e terziarie per formare acil derivati. L'imidazolo che si forma come prodotto secondario di reazione è relativamente inerte (può anche non formarsi), rendendo non necessario un passaggio di purificazione prima dell'iniezione GC.

L'*alchilazione* consiste nella sostituzione di un idrogeno attivo in R-COOH, R-OH, R-SH, R_2-NH, R-NH$_2$, R-CONH$_2$ e R-CONH-R' con un gruppo alchilico, alifatico o alifatico-aromatico (per esempio benzil). La reazione che avviene è di sostituzione nucleofila (vedi sotto un esempio). L'utilizzo più diffuso è la conversione di un acido organico in un estere per migliorarne le proprietà cromatografiche e ottenere derivati molto più stabili rispetto ai TMS. Questa derivatizzazione può essere utilizzata anche per preparare eteri, tioeteri, N-alchilammine, ammidi e sulfonammidi. Al diminuire dell'acidità dell'idrogeno, si deve impiegare un reagente alchilante più forte.

$$R\text{-}\overset{}{\underset{R}{N}}H \; + \; \overset{R^1}{\underset{O}{C}}\text{-}Cl \longrightarrow \overset{R}{\underset{R}{N}}\overset{O}{\overset{\|}{C}}\text{-}R^1$$

L'*esterificazione* è la derivatizzazione più utilizzata per analizzare acidi in GC e consiste nella condensazione tra un gruppo carbossilico (–COOH) di un acido e un gruppo idrossilico (–OH) di un alcol, con eliminazione di una molecola d'acqua. In genere, la reazione è di esterificazione (reazione tra –COOH e –OH) o di transesterificazione (coinvolto un gruppo –COOR).

1.2.6.2 Derivatizzazione per analisi LC

Anche nell'analisi LC è spesso richiesto uno step di derivatizzazione per modificare le caratteristiche cromatografiche del composto di interesse e migliorare la sensibilità e la selettività di risposta. La derivatizzazione in LC può essere effettuata pre- o post-colonna. La derivatizzazione pre-colonna viene condotta durante la preparazione del campione e deve essere quantitativa. La derivatizzazione post-colonna viene realizzata introducendo in linea l'agente derivatizzante tra la colonna e il detector per mezzo di un sistema secondario di pompe e un reattore che permette il mescolamento e il contatto tra campione e reagenti derivatizzanti per un tempo sufficiente per far avvenire la reazione. In alcuni casi il reattore può essere riscaldato per aumentare la velocità di reazione. La derivatizzazione post-colonna è generalmente usata per composti con risposta bassa o assente al detector impiegato e per migliorare la selettività e la sensibilità del metodo.

Tabella 1.3 Principali derivatizzanti per LC

Applicazione	Reagente	Tipo di reazione	Detector/Lunghezza d'onda
Ammine primarie Ammine secondarie Amminoacidi	o-Ftaldialdeide	Reazione dell'isoindolo con OPA, acido borico, mercaptoetanolo	FLD / 340 nm Ex; 440 nm Em
Gruppi ammino	Fluram	Condensazione a pirrolidone fluorescente	FLD/ 395 nm Ex; 495 nm Em
Ammine primarie e secondarie Ammine biogeniche Amminoacidi Fenoli	Dansilcloruro	Sostituzione nucleofila a derivati fluorescenti del dansil	FLD/ 360 nm Ex; 420 nm Em
Ammine aromatiche primarie Idrazine	4-(dimetil-ammino) benzaldeide (reagente di Ehrlich)	Condensazione con ammine della base di Schiff	450 nm
Acido alfa-amminocarbossilico	1-fluoro-2,4-dinitrobenzene (reattivo di Sanger)	Sostituzione aromatica nucleofila	350 nm
Amminoacidi	Ninidrina	Condensazione di ammine primarie ad aza-oxonolo	440 nm
Steroidi	Dansilidrazina	Formazione di dansilidrazoni con aldeidi	FLD/ 350 nm Ex; 540 nm Em
Penicilline	Mercurio cloruro	Addizione nucleofila dell'imidazolo	325 nm

I derivatizzanti utilizzati nelle analisi LC (Tabella 1.3) possono essere suddivisi a seconda del detector utilizzato, principalmente detector UV o spettrofluorimetro (FLD).

Il *detector UV* è il più comunemente impiegato, ma, risultando spesso poco sensibile, i composti vengono modificati per aggiunta di un gruppo che assorba all'UV (generalmente un cromoforo). I gruppi amminici sono generalmente derivatizzati tramite reazione di sostituzione nucleofila. I reagenti più utilizzati sono cloruri acilici (per esempio benzoilcloruro, *p*-nitrobenzoilcloruro), cloruri arilsulfonici (per esempio benzensulfonilcloruro, *p*-toluensulfonilcloruro), isocianati e isotiocianati (per esempio fenilisocianato e fenilisotiocianato, naftil isocianato e isotiocianato) e nitrobenzeni (per esempio 1-fluoro-2,4-dinitrobenzene, acido 2,4,6-trinitrobenzensulfonico). Gli acidi carbossilici vengono fatti reagire con alogenuri (o alidi) aromatici (per esempio fenacilbromuro, naftacilbromuro e analoghi) per produrre esteri che assorbono all'UV-visibile. I gruppi idrossilici di composti quali alcoli, carboidrati, steroidi e fenoli vengono generalmente derivatizzati pre-colonna e trasformati in esteri tramite reazione con acilcloruri (per esempio metilsililcloruro, benzilcloruro) o con fenilisocianato. I gruppi carbonilici di aldeidi, chetoni, chetosteroidi e zuccheri sono frequentemente derivatizzati con 2,4-dinitrofenilidrazina (2,4-DNPH) a formare 2,4-dinitrofenilidrazoni.

Quando si utilizza uno spettrofluorimetro, i composti che non presentano naturalmente fluorescenza possono essere modificati per aggiunta di un ligando con proprietà fluorescenti. In tal modo si aumenta enormemente la sensibilità mantenendo un buon range di linearità.

Tra i numerosi reagenti fluorogenici disponibili, si ricorda il dansil cloruro (Dns-Cl), utilizzato per preparare coniugati fluorescenti di proteine, anticorpi ed enzimi. I nitrobenzofurani alogenati sono utilizzati per derivatizzare amminoacidi primari e secondari, mentre reagiscono meno rapidamente con –OH fenolici e gruppi tiolici. Gli isocianati e gli isotiocianati trovano largo impiego per derivatizzare ammine primarie e amminoacidi. Molto usati sono anche il piridossale e il piridossale-5-fosfato, come pure la *o*-ftaldialdeide (OPA), che forma derivati fluorescenti con numerosi composti, quali glutatione, arginina, agmantina, 5-idrossi e 5-metossi indolo e peptidi contenenti istidina.

1.3 Tecniche tradizionali di preparazione del campione e loro sviluppi

I metodi analitici strumentali sono soggetti a continua evoluzione finalizzata allo sviluppo di tecniche rapide, estremamente sensibili e selettive. D'altra parte, l'evoluzione delle tecniche di preparazione del campione non è altrettanto rapida; infatti, sono ancora molto diffusi metodi tradizionali come l'estrazione liquido-solido, in particolare tramite Soxhlet, l'estrazione assistita con ultrasuoni e l'estrazione liquido-liquido.

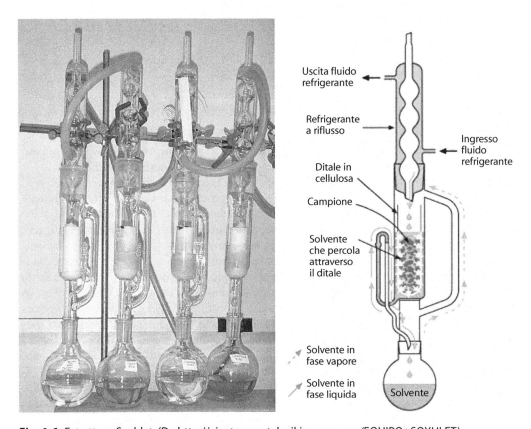

Fig. 1.6 Estrattore Soxhlet. (Da http://ainstrumental.wikispaces.com/EQUIPO+SOXHLET)

Tra le tecniche di estrazione liquido-solido, quella che impiega il Soxhlet è sicuramente la più importante ed è tuttora considerata la tecnica di riferimento; fu introdotta nel 1879 da Franz Ritter von Soxhlet, che inventò l'apparato oggi noto come estrattore Soxhlet (Soxhlet, 1879) (Fig. 1.6). Il Soxhlet rappresenta l'approccio classico per l'estrazione di un'ampia varietà di composti organici da matrici solide. Il solvente, posto in un pallone riscaldato, distilla, ricondensa ed è costretto a cadere sul campione posto in un ditale di cellulosa; in questo modo, il campione viene estratto in continuo con aliquote di solvente fresco. Quando supera un certo livello, il liquido nel quale si trova il campione viene scaricato da un sifone nel pallone del solvente di estrazione, che al procedere dell'estrazione si arricchisce sempre più degli analiti di interesse. In questo modo l'estrazione viene realizzata a temperature inferiori al punto di ebollizione del solvente. Questa tecnica necessita di tempi piuttosto lunghi (in genere 16-24 h a 4-6 cicli/h), ma presenta il vantaggio di richiedere bassi costi di investimento iniziali.

Sono stati poi sviluppati approcci più rapidi, il capostipite dei quali è quello detto Randall (Fig. 1.7), che presenta alcune modifiche rispetto alla versione originale: inizialmente il ditale contenente il campione viene immerso direttamente nel solvente in ebollizione, poi viene sollevato al di sopra del livello del solvente, in modo che il residuo venga lavato dal solvente ricondensato che ricade sul campione; segue infine uno step di concentrazione automatizzata nel quale il volume del solvente viene ridotto a 1-2 mL. Questo approccio a tre stadi riduce la durata dell'estrazione a circa due ore, poiché prevede un contatto diretto tra campione e solvente al punto di ebollizione; comporta, inoltre, un minor consumo di solvente.

Dallo sviluppo della versione di Randall, diversi sistemi semiautomatici e automatici sono stati immessi sul mercato da vari produttori. Il primo fu proposto nel 1975 da Tecator, acquisita in seguito da Foss (che lo commercializza con il nome Soxtec); altri sistemi sono stati successivamente introdotti da Büchi Labortechnik (con il sistema E-812/E-816 SOX) e da Gerhardt (con il sistema Soxtherm).

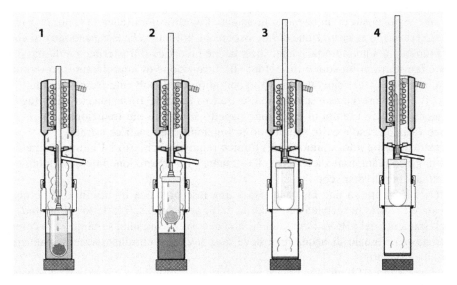

Fig. 1.7 Schema del sistema Randall. **1** Ebollizione: solubilizzazione rapida in solvente bollente. **2** Risciacquo: rimozione di materiale solubile. **3** Recupero: raccolta automatica del solvente distillato per il riutilizzo. **4** Spegnimento automatico del sistema. (Da http://www.foss.dk. Riproduzione autorizzata)

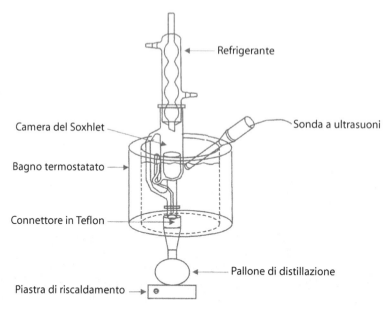

Fig. 1.8 Schema di un prototipo di ultrasound-assisted Soxhlet (USAS). (Da Pawliszyn, 2012. Riproduzione autorizzata)

Successivamente sono stati sviluppati strumenti che sfruttano l'energia delle microonde (FMAS, *focused microwave-assisted Soxhlet*) (vedi cap. 4) o quella degli ultrasuoni (USAS, *ultrasound-assisted Soxhlet*) (Fig. 1.8).

Nell'estrazione mediante ultrasuoni (nota anche come sonicazione) il campione immerso nel solvente viene posto in un bagno a ultrasuoni. Gli ultrasuoni (energia sonora a bassa frequenza) determinano la formazione di microscopiche bollicine che si espandono e si contraggono, dando luogo a una turbolenza localizzata che favorisce il trasferimento di massa e può provocare la rottura di un solido in seguito alla formazione di microfessure. Al termine del processo, che può essere ripetuto più volte con aliquote di solvente fresco per migliorare i recuperi, il campione viene separato dall'estratto mediante filtrazione o centrifugazione. Questa tecnica riduce i tempi di estrazione rispetto ai metodi più tradizionali, ma la resa di estrazione varia da caso a caso, soprattutto in funzione della matrice estratta.

Nell'estrazione liquido-liquido (LLE) l'unico requisito richiesto è l'immiscibilità dei due solventi in gioco (campione da estrarre ed estraente). La ripartizione liquido-liquido può essere effettuata per diversi scopi.

1. Trasferire l'analita da una fase acquosa a una fase organica immiscibile. Tale processo può essere favorito (a seconda dell'analita) dall'aggiunta di sali (effetto *salting-out*) o dall'aggiustamento del pH. Va ricordato che alcuni solventi organici solubilizzano comunque una certa percentuale di acqua, che deve quindi essere eliminata successivamente con agenti disidratanti.

2. Rimuovere gli interferenti non polari presenti in un campione acquoso con un solvente organico immiscibile.

3. Effettuare la ripartizione tra due solventi organici immiscibili, come etanolo ed esano (per esempio separazione dei composti polari fenolici dall'olio vegetale).

4. Ripartizione acido-base. Variando il pH della soluzione, è possibile, in alcuni casi, spostare gli equilibri di ripartizione e le solubilità, per esempio mantenendo o meno indissociate alcune molecole.

La ripartizione liquido-liquido può essere effettuata in un imbuto separatore o in una semplice provetta. Solitamente la procedura viene ripetuta più volte (2 o 3) per garantire una maggiore resa di estrazione.

Quando si deve estrarre una grande quantità di campione contenente piccole concentrazioni di analita, si utilizzano sistemi di estrazione in continuo più efficienti, simili per certi versi all'estrattore Soxhlet. La Fig. 1.9 mostra due sistemi per estrazione liquido-liquido in continuo. Il solvente riscaldato distilla e ricade sul campione acquoso. A seconda della sua densità (maggiore o minore di quella della soluzione del campione), il solvente di estrazione viene fatto gorgogliare attraverso il campione o ricadere dall'alto in modo da costringerlo ad attraversare il campione. L'estratto viene raccolto in una beuta in ebollizione e nuovamente distillato. In questo modo si invia continuamente solvente fresco in cima all'estrattore e si realizza un processo in continuo che viene protratto fino a ottenere un'estrazione esaustiva dell'analita (12-24 h).

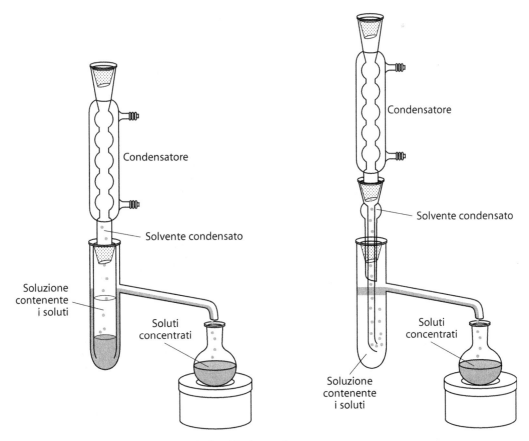

Fig. 1.9 Sistemi di estrazione liquido-liquido in continuo

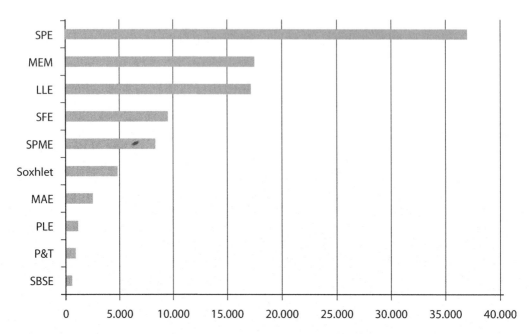

Fig. 1.10 Diffusione delle tecniche di estrazione (grafico costruito sulla base della banca dati Scopus). SPE, solid-phase extraction; MEM, estrazioni con membrane ; LLE, liquid-liquid extraction; SFE, supercritical fluid extraction; SPME, solid-phase microextraction; MAE, microwave-assisted extraction; PLE, pressurized liquid extraction; P&T, purge and trap; SBSE, stir bar sorptive extraction

La Fig. 1.10 fornisce una misura della diffusione delle diverse tecniche di estrazione; il grafico è stato costruito sulla base delle informazioni reperibili in Scopus (http://www.sco-pus.com/) relative al numero di pubblicazioni (aggiornate a febbraio 2014) che riportano il nome della tecnica nelle parole chiave, nel titolo o nell'abstract.

La crescente esigenza di limitare il consumo di solventi e rendere più rapide e automatiz-zabili le procedure di estrazione ha portato allo sviluppo, a partire dagli anni Novanta del secolo scorso, di tecniche di estrazione innovative che in qualche caso sono state riconosciute come metodo EPA (US Environmental Protection Agency), andando a sostituire procedure di preparazione del campione più lunghe e laboriose (come la ripartizione liquido-liquido e l'estrazione tramite Soxhlet).

La Tabella 1.4 riassume le caratteristiche delle tecniche innovative più importanti, che saranno trattate nei capitoli dedicati.

1.4 Validazione della procedura analitica

I criteri utilizzati per valutare un metodo di analisi sono detti figure di merito (*figures of merit*); la loro determinazione è descritta da diverse linee guida internazionali (FDA, 2000, 2001; ICH, 2005; Thompson et al, 2002; Eurachem, 1998; Huber, 2007; AOAC, 2007) e sono ri-chiesti dalla norma ISO 17025 per l'accreditamento dei laboratori. Secondo tutte le linee gui-da, i principali parametri da valutare sono: range di linearità, precisione e accuratezza, selettività e limiti di determinazione (LOD) e quantificazione (LOQ). Le prestazioni di un metodo vengono determinate, solitamente, utilizzando standard o materiali di riferimento, valutando l'incertezza che influenza il risultato finale.

Per effettuare una determinazione quantitativa, tutti i processi di misura richiedono una calibrazione. A tale scopo si possono utilizzare diversi approcci e la scelta del più appropriato può essere delicata, in particolare perché occorre tener conto del cosiddetto effetto matrice sul risultato finale. I principali approcci quantitativi sono la calibrazione esterna, il metodo dell'aggiunta tarata e la calibrazione interna.

La calibrazione esterna è l'approccio più diffuso e prevede la costruzione di una curva di calibrazione utilizzando una serie di soluzioni standard (minimo 6) a concentrazioni crescenti nel range di interesse della specifica applicazione e ripetendo le misure per ciascun livello di concentrazione, solitamente effettuando 3 repliche. La curva di calibrazione viene quindi costruita riportando la concentrazione dell'analita sull'asse delle ascisse e la risposta del detector sull'asse delle ordinate e utilizzando il metodo dei minimi quadrati. Il coefficiente di regressione (r) è il parametro più immediato per valutare la linearità, ma si possono (e si dovrebbero) utilizzare anche strumenti statistici più avanzati, come il test di Mandel, il *lack-of-fit* e il test del *t* di Student, per valutare non solo la linearità, ma anche la significatività dell'intercetta (Draper, Smith, 1981). L'approccio della calibrazione esterna non tiene tuttavia conto dell'effetto matrice, che può spesso influenzare pesantemente il risultato. È possibile ovviare a questo problema mediante una curva di calibrazione (costruita analizzando la matrice fortificata a diversi livelli di concentrazione), dalla quale si ricava la risposta finale.

Secondo l'approccio dell'aggiunta tarata si misura la quantità di analita presente nel campione, per poi procedere con una serie di aggiunte dello standard dell'analita. Dall'interpolazione di questi dati si ricava la concentrazione del campione incognito dall'intercetta della retta con l'asse delle ascisse (Fig. 1.11).

Il metodo dello standard interno (SI) prevede invece l'utilizzo di un analita che abbia caratteristiche chimico-fisiche il più possibile simili all'analita di interesse, che si comporti come

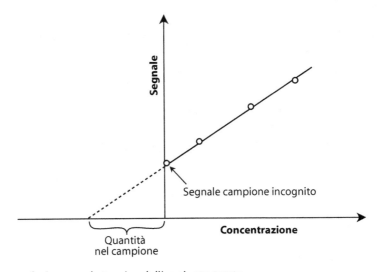

Fig. 1.11 Interpolazione per la tecnica dell'aggiunta tarata

Tabella 1.4 Principali tecniche innovative di preparazione del campione

	Estrazione con fluidi supercritici (SFE)	Estrazione assistita con microonde (MAE)	Estrazione ad alta P e T (PLE)
Principio della tecnica	Sfrutta le migliorate proprietà solvente di una sostanza (generalmente CO_2) portata a T e P superiori al punto critico	Sfrutta l'energia delle microonde per riscaldare rapidamente la miscela campione-solvente e accelerare l'estrazione	Sfrutta le alte T e P (max 200 °C) per accelerare il processo di estrazione
Pre-trattamento del campione	Macinazione, aggiunta di agenti disperdenti/disidratanti e talvolta di modificanti polari per favorire l'estrazione di analiti polari	Macinazione	Macinazione, aggiunta di agenti disperdenti/disidratanti, addizione di modificanti polari
Modalità operativa	Il campione finemente macinato e mescolato a un agente disperdente/disidratante viene estratto in una cella di acciaio termostatata collegata tramite una valvola a un restrittore (che mantiene la P in cella) e a un sistema di raccolta (vial con solvente o trappola solida); l'estrazione può essere condotta in modalità statica (valvola chiusa) o dinamica (valvola aperta)	L'estrazione viene condotta sul campione macinato in celle chiuse sotto P o in celle aperte munite di refrigerante a ricadere a P atmosferica; il controllo della T e della P viene solitamente monitorato in una cella pilota; al termine del processo l'estratto viene raffreddato, centrifugato o decantato	Il campione finemente macinato e mescolato a un agente disperdente/disidratante viene estratto in una cella di acciaio riempita con il solvente inviato da una pompa e mantenuto ad alta T per un certo tempo a P generalmente intorno a 100 atm; al termine del processo il solvente viene scaricato in una vial di raccolta
Parametri da ottimizzare	T e P, modalità di estrazione, raccolta campione	Solvente di estrazione, T, tempo di estrazione	Solvente di estrazione, T (P generalmente costante), impaccamento della cella di estrazione
Post-trattamento del campione	Generalmente non richiesto	Purificazione spesso necessaria	Purificazione spesso necessaria (si può evitare con clean-up in cella)
Vantaggi	Non utilizza solventi, non lascia residui di solvente, adatto ad analiti termolabili	Tempi di trattamento brevi e volumi di solvente ridotti	Tempi di trattamento brevi e volumi di solvente ridotti; estratto già filtrato
Svantaggi	Va attentamente ottimizzata; poco adatta ad analiti polari, costo elevato	Richiede filtrazione, centrifugazione o decantazione	Costo elevato
Riferimento EPA	3560, 3561, 3562	3546	3545A
Tempo d'estrazione	10-60 min	3-30 min	5-30 min
Volume solvente	2-20 mL	10-40 mL	5-40 mL
Costo/investimento	Elevato	Medio/alto	Elevato

Estrazione in fase solida (SPE)	Microestrazione in fase solida (SPME)	Estrazione con membrane
Sfrutta le interazioni analita-adsorbente (di natura apolare, polare o ionica) per isolare l'analita da una matrice liquida	Tecnica di estrazione all'equilibrio che sfrutta interazioni polari o apolari tra analita e adsorbente (fibra)	Gli analiti sono spinti a permeare selettivamente attraverso una membrana (solida o liquida), passando dalla fase donatrice (campione) a quella accettrice
Varia in funzione della matrice e delle interazioni che si vogliono sfruttare (diluizione, aggiustamento pH ecc.)	Varia in funzione della matrice e dell'analita (macinazione, diluizione, aggiustamento pH, aggiunta di sale)	Varia in funzione della tecnica utilizzata; il campione può essere liquido o gassoso
il campione liquido viene caricato su una cartuccia impaccata con una fase adsorbente in grado di ritenere l'analita o gli interferenti; dopo eventuale lavaggio degli interferenti, l'analita viene desorbito con un opportuno solvente in grado di rompere le interazioni analita-adsorbente	Una fibra in silice fusa o metallo, rivestita di una piccola quantità di fase stazionaria, viene esposta allo spazio di testa del campione o immersa nel campione liquido per tempi e temperature rigorosamente ottimizzati; il desorbimento avviene nell'iniettore di un GC o in un desorbitore HPLC	Si impiegano membrane capillari o membrane piane che, mantenute in un opportuno dispositivo, separano il canale della fase donatrice da quello della fase accettrice; l'estrazione può essere condotta in modalità statica o dinamica
Interazione da sfruttare, tipo di adsorbente, solvente di lavaggio, solvente di eluizione	Tipo e spessore della fibra, T, tempo di estrazione, volumi, pH campione, aggiunta di sale ecc.	Tipologia di membrana, area superficiale, modalità d'estrazione, sistema di trapping dell'analita, utilizzo di modificanti e carrier
Concentrazione, derivatizzazione	Non richiesto	Non richiesto
Limita il consumo di solventi, permette di ottenere estrazioni selettive	Non utilizza solvente, facilmente automatizzabile, poco costosa	Non utilizza solventi o ne limita il consumo a pochi µL o mL, facilmente interfacciabile on-line
Va attentamente ottimizzata	Va attentamente ottimizzata	Applicabilità limitata
3535C		
10-60 min	5-60 min	20-60 min
5-20 mL	0	0-2 mL
Basso	Basso	Basso

l'analita di interesse durante i diversi stadi della procedura analitica, che sia stabile e misurabile nelle stesse condizioni dell'analita di interesse e che non interferisca o co-eluisca con esso. Il miglior SI è una forma marcata dell'analita di interesse. Si aggiunge la stessa quantità di SI a tutti i campioni ed eventualmente a tutte le miscele di standard che si utilizzano per la taratura. Si può procedere poi in due modi: si costruisce una retta di taratura riportando sull'asse delle ordinate il rapporto tra la risposta dell'analita e quella dello SI, oppure si calcola il fattore di risposta di una miscela a concentrazione nota di SI e analita con l'equazione:

$$K_x = \frac{A_{SI}}{C_{SI}} \times \frac{C_x}{A_x} \qquad (1.7)$$

dove A_{SI} e C_{SI} sono, rispettivamente, la risposta e la concentrazione dello SI, mentre A_x e C_x quelle del composto da quantificare. Nel campione incognito viene aggiunta una quantità nota di SI e dal risultato dell'analisi si estrapola facilmente C_x mediante l'eq. 1.7.

In generale, tutte le misure sono soggette a due tipi di errore: random e sistematici. Gli errori random hanno una distribuzione gaussiana e sono dovuti a fattori non noti, mentre gli errori sistematici deviano la misura in una direzione precisa. Questi errori vengono valutati, rispettivamente, in termini di precisione e accuratezza e sono particolarmente influenzati dalla fase di preparazione del campione.

La precisione del metodo è valutata a tre livelli: *ripetibilità*, *precisione intermedia* e *riproducibilità*. La stima della ripetibilità richiede misure ripetute (minimo 6, secondo alcune linee guida) nelle stesse condizioni analitiche. La precisione intermedia (o riproducibilità all'interno del laboratorio) riguarda l'affidabilità del metodo in condizioni diverse (giorni diversi, analisti diversi, strumenti diversi ecc.) rispetto a quelle adottate durante lo sviluppo del metodo. Infine, la riproducibilità indica la precisione tra diversi laboratori. Ovviamente la riproducibilità non può essere valutata durante la validazione interna di un metodo, ma richiede l'organizzazione di un test collaborativo che coinvolge laboratori esterni ai quali vengono forniti gli stessi campioni e la stessa procedura operativa. La precisione viene solitamente espressa come deviazione standard, deviazione standard relativa (o coefficiente di variazione) o intervallo di confidenza.

L'accuratezza del metodo, che nel caso specifico di una procedura di estrazione può essere definita anche recupero, viene calcolata come deviazione dal valore reale. Quando disponibili, si utilizzano materiali certificati con quantità note dell'analita di interesse; in alternativa, si può fortificare una matrice priva dell'analita di interesse a una quantità nota di quest'ultimo, ma in questo caso il risultato potrebbe essere sovrastimato poiché l'analita aggiunto non è legato alla matrice come se fosse naturalmente presente. Un altro sistema consiste nel confrontare il risultato con un metodo di riferimento.

La selettività fornisce un'indicazione quantitativa della capacità del metodo di distinguere l'analita di interesse da possibili interferenti, sulla base del segnale prodotto nelle stesse condizioni analitiche. Gli interferenti random si valutano utilizzando campioni privi dell'analita di interesse e fortificati a concentrazioni note per individuare la presenza di eventuali prodotti di degradazione, metaboliti o altri tipi di interferenti. La selettività può essere determinata anche comparando il metodo con altre tecniche preparative. Come discusso all'inizio del capitolo, l'utilizzo di tecniche strumentali altamente selettive – come quelle che impiegano detector MS e, a maggior ragione, la tecnica MS/MS – non richiede selettività elevate nello step di preparazione del campione; al contrario tecniche strumentali poco selettive, come quelle che impiegano spettrofotometri o detector UV, richiedono una maggior selettività durante la preparazione del campione.

Un parametro importante da valutare è la sensibilità del metodo analitico, che rappresenta la capacità di discriminare tra piccole variazioni di concentrazione. In termini pratici, la sensibilità è correlata alla pendenza della curva di calibrazione: quanto maggiore è la pendenza, tanto più significative sono le differenze di segnale ottenute con piccole variazioni della concentrazione di analita. La sensibilità viene espressa in termini di limite di rilevabilità (LOD) e limite di quantificazione (LOQ), che possono essere definiti in diversi modi. Il LOD è definito come la concentrazione minima di analita che può essere misurata con ragionevole certezza statistica; il LOQ è la minima concentrazione di analita che può essere quantificata con accettabile precisione (ripetibilità) e accuratezza. Il LOQ deve essere il livello di concentrazione più basso testato durante la costruzione della retta di calibrazione. In cromatografia il LOD e il LOQ vengono generalmente definiti come la quantità di analita che genera un picco con un'altezza equivalente, rispettivamente, a 3 volte e a 10 volte il livello del rumore della linea di base. Il LOD e il LOQ possono essere calcolati anche considerando la deviazione standard (s) del segnale analizzando un campione privo di analita; in questo caso vengono calcolati secondo le seguenti equazioni:

$$LOD = b + 3s$$
$$LOQ = b + 10s$$

dove b è il segnale del bianco. Tuttavia, se si considera, come si è visto, che la sensibilità è correlata alla pendenza della curva di calibrazione, è più corretto derivare i valori di LOD e LOQ dalla retta di calibrazione, quindi:

$$LOD = 3\ s/q$$
$$LOQ = 10\ s/q$$

dove q è la pendenza della retta di calibrazione.

Per la valutazione di LOD e LOQ sono disponibili anche altre formule, ma non è questa la sede per una trattazione approfondita in materia. Il consiglio generale degli autori è di riferirsi a una linea guida e seguirne le indicazioni per effettuare l'intera procedura di validazione.

Bibliografia

Adams M, Otu E, Kozliner M et al (1995) Portable thermal pump for supercritical fluid delivery. *Analytical Chemistry*, 67(1): 212-219

AOAC International (2007) *How to meet ISO 17025 Requirements for methods verification* http://www.aoac.org/imis15_prod/AOAC_Docs/LPTP/alacc_guide_2008.pdf

Blau K, Halket KB (eds) (1993) *Handbook of derivatives for chromatography*, 2nd ed. Wiley, Chichester

Crank J (1989) *Mathematics of diffusion*. Clarendon Press, Oxford

Draper N, Smith H (1981) *Applied regression analysis*. Wiley, NewYork

Dullien FAL (1992) *Porous media*. Academic Press, San Diego

Eurachem (1998) *The fitness for purpose of analytical methods: a laboratory guide to method validation and related topics* http://www.eurachem.org/images/stories/Guides/pdf/valid.pdf

FDA-US Food and Drug Administration (2000) *Guidance for Industry. Analytical procedures and methods validation: chemistry, manufacturing, and controls and documentation* (draft)

FDA - US Food and Drug Administration (2001) *Guidance for Industry. Bioanalytical method validation*

Fitton AO, Hill J (1970) *Selected derivatives of organic compounds. A guidebook of techniques and reliable preparations*. Chapman & Hall, London

Gorecki T, Yu X, Pawliszyn J (1999) Theory of analyte extraction by selected porous polymer SPME fibres. *Analyst*, 124(5): 643-649

Horvath C, Lin H-J (1978) Band spreading in liquid chromatography: general plate height equation and a method for the evaluation of the individual plate height contributions. *Journal of Chromatography A*, 149: 43-70

Huber L (2007) *Validation and qualification in analytical laboratories.* Informa Healthcare, New York

ICH - International Conference on Harmonisation of Technical Requirements for Registration of Pharmaceuticals for Human Use (2005) Validation of analytical procedures: Text and methodology Q2(R1) http://www.ich.org/fileadmin/Public_Web_Site/ICH_Products/Guidelines/Quality/Q2_R1/Step4/ Q2_R1__Guideline.pdf

Knapp DR (1979) *Handbook of analytical derivatization reactions.* Wiley, New York

Koziel JA (2002) Sampling and sample preparation for indoor air analysis. In: Pawliszyn J (ed) *Sampling and sample preparation in field and laboratory.* Elsevier, Amsterdam

Lampi A-M, Ollilainem V (2010) Sampling and sample handling for food composition database. In: Jestoi M, Järvenpää E, Peltonen K (eds) *First dice your dill – new methods and techniques in sample handling.* University of Turku, Turku

Mitra S, Brukh R (2003) Sample preparation: an analytical perspective. In: Mitra S (ed) *Sample preparation techniques in analytical chemistry.* Wiley, Hoboken

Parkinson DR (2012) Analytical derivatization techniques. In: Pawliszyn J (ed) *Comprehensive sampling and sample preparation*, Vol. 2. Elsevier, Amsterdam

Pawliszyn J (2012) Theory of extraction. In: Pawliszyn J (ed) *Comprehensive sampling and sample preparation*, Vol. 2. Elsevier, Amsterdam

Psillakis E, Kalogerakis N (2002) Developments in single-drop microextraction. *Trends in Analytical Chemistry*, 21(1): 54-64

Psillakis E, Kalogerakis N (2003) Developments in liquid-phase microextraction. *Trends in Analytical Chemistry*, 22(9): 565-574

Rosenfeld J (2010) Chemical derivatization in analytical extractions. In: Pawliszyn J, Lord HL (eds) *Handbook of sample preparation.* Wiley, New York

Sigma-Aldrich (2010) GC Derivatization Reagents For Selective Response and Detection in Complex Matrices http://www.sigmaaldrich.com/content/dam/sigma-aldrich/migrationresource4/Derivatization %20Rgts%20brochure.pdf

Soxhlet F (1879) Die gewichtsanalytische Bestimmung des Milchfettes. *Polytechnisches Journal*, 232: 461-465

Thompson M, Ellison SLR, Wood R (2002) Harmonized guidelines for single-laboratory validation of methods of analysis (IUPAC Technical Report). *Pure and Applied Chemistry*, 74(5): 835-855

Zaikin V, Halket JM (2009) *A handbook of derivatives for mass spectrometry.* IM Publications, Chichester

Capitolo 2
Estrazione con fluidi supercritici (SFE)

Sabrina Moret, Lanfranco S. Conte

2.1 Introduzione

L'estrazione con fluidi supercritici, o *supercritical fluid extraction* (SFE), rappresenta una valida alternativa ai sistemi classici di estrazione con solvente e ad altre tecniche, come distillazione frazionata, estrazione in corrente di vapore e desorbimento termico.

Per comprendere al meglio le potenzialità e i vantaggi dei fluidi supercritici, è importante esaminare le caratteristiche dello stato supercritico e le proprietà dei fluidi supercritici.

2.1.1 Lo stato supercritico

Il diagramma di fase di una sostanza evidenzia aree nelle quali questa esiste sotto forma di solido, di liquido o di gas, nonché un punto triplo in cui le tre fasi coesistono (Fig. 2.1). Le curve del grafico rappresentano la coesistenza di diverse fasi. Spostandosi da sinistra a destra lungo la curva di coesistenza gas-liquido (che rappresenta le variazioni della pressione di vapore in funzione della temperatura), aumentano sia la temperatura sia la pressione, e di conseguenza il liquido diviene via via meno denso a causa dell'espansione termica, mentre il gas diviene via via più denso a causa dell'aumento di pressione. Continuando a spostarsi verso destra lungo la curva, si arriva a un punto nel quale le densità delle due fasi coincidono e non vi è più distinzione tra fase gassosa e fase liquida (punto critico). In tale punto la sostanza viene descritta come un fluido supercritico: sul diagramma di fase il punto critico è individuato dalle coordinate di pressione critica (Pc) e temperatura critica (Tc), che assumono valori diversi a seconda della sostanza in esame.

L'esistenza di uno stato supercritico fu proposta per la prima volta nel 1822 da Charles Cagniard de la Tour. Riscaldando una sostanza liquida al di sopra del suo punto di ebollizione, all'interno di un recipiente sigillato mantenuto in rotazione e contenente una sfera di selce, lo studioso scoprì che oltre una certa temperatura non si udiva più il rumore determinato dalla sfera che entrava nella fase liquida. Grazie a questo esperimento, Cagniard de la Tour dedusse che per ogni sostanza esiste una temperatura al di sopra della quale la fase liquida scompare (vaporizza), anche se viene aumentata la pressione. Qualche tempo dopo, costruì un tubo in vetro sigillato che gli consentì di osservare il fenomeno, ossia la scomparsa del menisco di separazione tra fase liquida e fase gassosa all'aumentare della temperatura, e di misurare i valori di temperatura critica di diverse sostanze (acqua, alcol, etere ecc.) (Berche et al, 2009).

La scomparsa della differenza tra gas e liquido può essere illustrata graficamente mediante una moderna versione dell'esperimento di Cagniard de la Tour nel quale il menisco tra fase

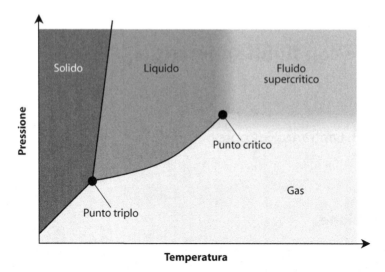

Fig. 2.1 Rappresentazione schematica di un diagramma di fase

liquida e fase gassosa scompare alla temperatura critica. La Fig. 2.2 mostra schematicamente una cella nella quale si svolge l'esperimento alle coordinate di realizzazione (temperatura/pressione). In (A) la cella si trova alla temperatura più bassa e mostra le fasi liquida e gassosa separate da un menisco; al crescere della temperatura e della pressione, la differenza di densità tra le due fasi diminuisce e la separazione diviene via via meno distinta (B); al raggiungimento del punto critico, il menisco scompare (C). La Fig. 2.3 mostra le immagini fotografiche dell'esperimento.

L'esistenza dei fluidi supercritici può essere spiegata anche a livello molecolare. Quando due molecole di un fluido si avvicinano, a una temperatura alla quale la loro velocità relati-

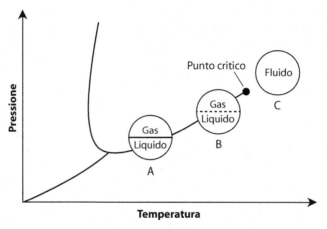

Fig. 2.2 Rappresentazione schematica della sparizione del menisco al punto critico

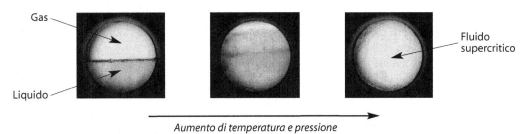

Aumento di temperatura e pressione

Fig. 2.3 Immagini fotografiche che illustrano le variazioni di stato dell'anidride carbonica, e in particolare la graduale sparizione del menisco di separazione tra la fase liquida e la fase gassosa, all'aumentare di temperatura e pressione

va è molto bassa, le forze di mutua attrazione determinano una temporanea associazione tra le due molecole. Se vi è una sufficiente densità di molecole (cioè una sufficiente pressione), è possibile che si verifichi la condensazione alla forma liquida. Se la temperatura e, quindi, la velocità cinetica sono elevate, la condensazione non può avere luogo. Sulla base del comportamento molecolare, è ragionevole attendersi che per ogni sostanza esista una temperatura al di sotto della quale la condensazione in forma liquida è possibile, ma al di sopra della quale il processo non può avere luogo.

2.1.2 Proprietà dei fluidi supercritici

Quando viene portata a valori di temperatura e pressione superiori, rispettivamente, a Tc e Pc, una sostanza assume caratteristiche fisiche particolari intermedie tra quelle di un liquido e quelle di un gas: scompare la differenza tra stato liquido e stato gassoso e la sostanza può essere descritta solo come un "fluido" di densità uniforme che, all'aumentare della pressione, si avvicina a quella di un solvente liquido. Nel contempo, i fluidi supercritici hanno viscosità simile a quella di un gas (molto bassa). Semplificando, un fluido in queste condizioni potrebbe essere definito come un gas "molto denso".

Il fluido supercritico esiste quindi come singola fase (né liquida, né gassosa) e non può essere liquefatto o vaporizzato aumentando la temperatura o la pressione (Cavalcanti, Meireles, 2012). Aggiustando opportunamente la temperatura o la pressione (o entrambe), si possono variare la densità e le altre proprietà del fluido per adattarle alla solubilità dei diversi componenti di specifico interesse, rendendo l'estrazione altamente selettiva.

2.2 Principi e vantaggi della tecnica

La SFE non utilizza un solvente organico bensì un fluido supercritico, che, come si è visto, rende più rapido ed efficiente il processo di estrazione. Secondo la definizione IUPAC, un fluido supercritico è qualsiasi elemento, sostanza o miscela riscaldato sopra la temperatura critica (Tc) e pressurizzato sopra la pressione critica (Pc); nella pratica per la maggior parte delle applicazioni si utilizza CO_2 supercritica. L'estrazione è condotta in celle d'acciaio che vengono caricate con il campione macinato. Una pompa invia la CO_2 alla cella termostatata dove avviene l'estrazione in condizioni di temperatura e pressione supercritiche. All'uscita della cella la pressione si abbassa e la CO_2 evapora completamente, rilasciando i soluti estratti.

Come già discusso, i fluidi supercritici hanno proprietà intermedie tra quelle di un liquido e quelle di un gas; in particolare hanno densità simile a quella di un liquido e viscosità simile a quella di un gas.

Poiché il potere solvente di un fluido è correlato direttamente alla densità, ne consegue che, rispetto a una classica estrazione con solvente, l'estrazione con un fluido supercritico di comparabile potere solvatante (densità) richiede meno tempo. Grazie alla minore viscosità, il fluido supercritico è inoltre in grado di penetrare in profondità nella matrice del campione; pertanto il trasferimento di massa (diffusione) dell'analita dalla matrice risulterà più rapido rispetto a quello dell'estrazione classica con solvente. Tutto ciò può significare minor consumo di solvente e, di conseguenza, costi ridotti rispetto alle tradizionali estrazioni liquido-liquido o mediante Soxhlet (considerando anche gli oneri correlati allo smaltimento dei solventi).

Scegliendo opportunamente il fluido supercritico, le condizioni di temperatura e pressione e la modalità di raccolta del campione, l'estrazione può essere resa altamente selettiva nei confronti dell'analita di interesse. Ciò significa che gli estratti ottenuti saranno più puliti (conterranno meno interferenti), rispetto a quelli ottenuti con solventi organici, e non necessiteranno di ulteriore purificazione prima della determinazione analitica finale.

Altri vantaggi offerti da questa tecnica sono la possibilità di automazione e l'applicabilità ai settori più svariati (polimeri, alimentare, farmaceutico, ambientale).

In definitiva la SFE rappresenta una valida alternativa alla tradizionale estrazione con solvente, in quanto limita il consumo di solventi organici, riduce i tempi di analisi e può essere facilmente automatizzata.

2.3 Scelta del fluido supercritico

Per essere convenientemente utilizzata come fluido supercritico, una sostanza deve avere un basso peso molecolare, una temperatura critica prossima a quella ambiente ($Tc \sim 10 \div 40\,°C$) e una pressione critica non troppo elevata ($Pc \sim 40 \div 60$ atm).

Gli idrocarburi leggeri possiedono queste caratteristiche, ma presentano problemi a causa dell'infiammabilità e della tossicità. Alcuni clorofluorocarburi hanno buone proprietà solvente nei confronti di determinati analiti; per esempio, l'esafluoruro di zolfo (SF_6) supercritico mostra una selettività particolare per l'estrazione degli idrocarburi alifatici fino a C24 da miscele di idrocarburi alifatici e aromatici. Pur avendo valori di pressione e temperatura critica convenienti, questi idrocarburi sono relativamente costosi, se ottenuti a elevato grado di purezza, e sono tra l'altro banditi in quanto inaccettabili dal punto di vista ambientale. Negli anni Novanta del secolo scorso sono state sviluppate alcune applicazioni che utilizzano come fluido supercritico il protossido di azoto (N_2O), più adatto della CO_2 per l'estrazione di composti polari. L'elevato potere ossidante del N_2O ne preclude l'impiego con analiti ossidabili e modificanti organici e il suo utilizzo è stato limitato in quanto può causare violente esplosioni. L'ammoniaca può essere facilmente convertita in fluido supercritico, ma presenta lo svantaggio di essere troppo aggressiva (discioglie i materiali a base di silice) e tossica. Anche l'acqua è stata testata come fluido supercritico; tuttavia la necessità di elevate temperature (T >374 °C) e pressioni (P >221 atm), unitamente alla sua natura corrosiva in tali condizioni, ne hanno limitato le possibilità pratiche di applicazione.

Oltre il 90% delle applicazioni SFE utilizza CO_2 supercritica. L'anidride carbonica, pur avendo una pressione critica più elevata ($Pc = 72,9$ atm), offre maggiori vantaggi rispetto alle altre sostanze utilizzabili: è priva di tossicità, è inerte, non è infiammabile, è riciclabile (e quindi priva di impatto ambientale) e a temperatura e pressione ambiente è un gas, ciò che

Tabella 2.1 Punti critici di diversi solventi

Solvente	Tc (°C)	Pc (atm)	Densità critica (g/mL)
Anidride carbonica	31,3	72,9	0,448
Protossido di azoto	36,5	71,7	0,450
Etano	32,3	48,1	0,200
Propano	96,7	41,9	0,217
n-Pentano	196,6	33,3	0,232
Metanolo	240,5	78,9	0,272
Etanolo	243,0	63,0	0,276
Clorotrifluorometano	28,0	38,7	0,579
Isopropanolo	235,3	47,0	0,273
Ammoniaca	132,4	112,5	0,235
Acqua	374,2	214,8	0,320

la rende facilmente separabile dal soluto, una volta terminato il processo estrattivo; inoltre è reperibile a elevata purezza e basso costo. Lo svantaggio principale della CO_2 è rappresentato dalla sua natura non polare (ha una polarità simile a quella dell'esano); per tale motivo, in alcuni casi deve essere addizionata di piccole percentuali di modificanti polari, quali metanolo e acetonitrile, per aumentarne il potere solubilizzante nei confronti di analiti più polari. In Tabella 2.1 sono riportati i valori critici di alcuni composti.

2.4 Strumentazione

Lo schema riportato nella Fig. 2.4 illustra gli elementi fondamentali di un estrattore per SFE. Il cuore del sistema è rappresentato da una pompa ad alta pressione (si possono utilizzare pompe a siringa, a pistone, termiche o per cromatografia in fase supercritica), in grado di raggiungere pressioni operative di circa 680 atm. Il fluido viene pompato a flusso costante attraverso la cella. Per le applicazioni analitiche l'estrazione è condotta in celle d'acciaio di dimensioni simili a quelle utilizzate per la tecnica PLE (vedi cap. 3), munite di filtri d'acciaio (*frits*) rimovibili e guarnizioni a tenuta a entrambe le estremità. Alcuni sistemi dispongono di una seconda pompa opzionale per aggiungere un eventuale modificante polare.

La camera termostatata contenente la cella di estrazione può essere dotata di valvole multivia per gestire più celle contemporaneamente. La successiva unità di depressurizzazione è costituita da un capillare di restrizione (in silice fusa, acciaio o materiale polimerico) con diametro interno fisso o regolabile (attraverso una valvola a spillo). Il restrittore ha la funzione di mantenere la pressione all'interno della cella al di sopra della *Pc* e controllare la velocità di flusso del fluido supercritico attraverso il campione. Il capillare può essere termostatato per evitare ostruzioni al suo interno, causate da depositi di soluto o di ghiaccio (nel caso di campioni molto umidi).

Una valvola posta tra cella e capillare permette di effettuare estrazioni sia in modalità statica, mantenendo cioè il campione a contatto per un certo tempo con il fluido senza scaricare quest'ultimo attraverso il restrittore, sia in modalità dinamica, facendo fluire in continuo il fluido supercritico attraverso il campione e il sistema di depressurizzazione.

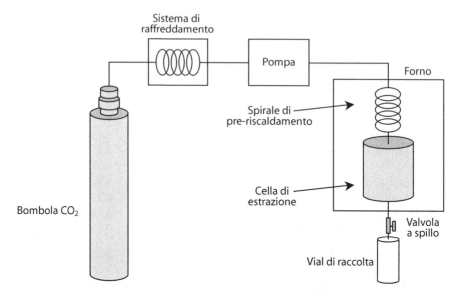

Fig. 2.4 Schema di un estrattore per SFE

2.5 Modalità operativa

I campioni vengono pesati nella cella di estrazione, la camera di estrazione viene riscaldata e pressurizzata ai valori desiderati e il fluido supercritico viene pompato attraverso la cella di estrazione per estrarre l'analita di interesse dalla matrice. L'estratto fluisce attraverso un restrittore, all'uscita del quale la pressione viene ridotta a quella ambiente. Il fluido supercritico si espande rapidamente in fase gassosa (se il fluido supercritico è un gas a pressione e temperatura ambiente) e gli analiti vengono raccolti nell'apposito dispositivo.

L'estrazione è generalmente realizzata in due fasi: una statica e una dinamica. Nella fase statica fluido supercritico e campione rimangono in contatto statico per un certo tempo, mentre durante la fase dinamica il fluido supercritico fluisce attraverso il campione. La fase di estrazione statica serve per ottimizzare il contatto tra fluido e campione, migliorando così l'efficienza della successiva estrazione dinamica.

2.6 Pre-trattamento della matrice

La matrice ideale per la SFE è rappresentata da una polvere solida di elevata area superficiale e buona permeabilità (per esempio tessuti vegetali essiccati e macinati). Quanto più piccole sono le particelle, tanto maggiore è l'area superficiale esposta dal campione al fluido supercritico e tanto minore il percorso che l'analita deve compiere per diffondere in superficie. Tuttavia, particelle troppo fini possono favorire il ri-adsorbimento degli analiti sulla superficie delle particelle (ciò potrebbe essere evitato aumentando la velocità di flusso del fluido) e dare problemi di non omogenea estrazione a causa della formazione di "percorsi preferenziali" nel letto impaccato (Pourmortazavi, Hajimirsadeghi, 2007). La Fig. 2.5 illustra l'effetto del diverso diametro delle particelle sulla resa di estrazione di olio da semi di sesamo (Döker et al, 2010).

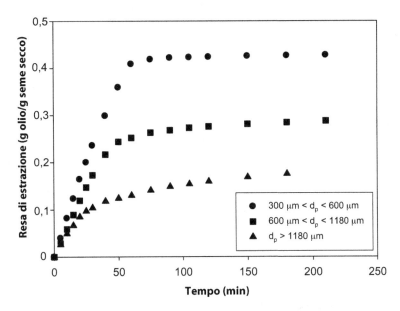

Fig. 2.5 Effetto della granulometria del campione sulla resa dell'estrazione di olio da semi di sesamo. d_p, diametro delle particelle. (Da Döker et al, 2010. Riproduzione autorizzata)

Quando si carica la cella di estrazione è bene riempire con una sostanza inerte tutto lo spazio rimasto libero, in modo da evitare volumi morti che influiscono negativamente sull'efficienza di estrazione. È consigliato l'uso di un agente disperdente che, oltre a minimizzare i volumi morti, può migliorare l'estrazione aumentando l'area del campione esposta al fluido supercritico.

Le matrici liquide non sono generalmente adatte alla SFE, a meno che non possano essere adsorbite su un solido poroso.

I campioni con contenuto elevato di acqua devono essere liofilizzati o essiccati prima dell'estrazione. Se il contenuto di acqua è modesto, può essere sufficiente mescolare il campione con un agente disidratante/disperdente (allumina basica, solfato di magnesio, Hydromatrix).

La presenza di acqua nella matrice può avere due effetti diversi: in piccole percentuali può agire come modificante polare migliorando l'estrazione di composti polari (per esempio, per l'estrazione di pesticidi da campioni di terreno è vantaggioso aggiungere piccole percentuali di acqua nella CO_2 o nel campione), ma a concentrazioni superiori a determinati livelli può impedire il contatto dell'analita con il fluido supercritico, influenzando negativamente il processo di estrazione. L'effetto dell'acqua dipende anche dalla natura dell'analita: se nella cella rimane una quantità eccessiva di acqua, gli analiti idrofilici vi restano disciolti e danno basse rese di estrazione nel fluido supercritico; gli analiti semipolari si disciolgono nell'acqua, ma vengono rapidamente estratti nel fluido supercritico; infine, gli analiti idrofobici precipitano sulla superficie della matrice e l'acqua presente agisce da barriera al loro trasferimento nel fluido supercritico, anche quando sono altamente solubili in esso (Pourmortazavi, Hajimirsadeghi, 2007). Nel caso di raccolta del campione su fase solida (vedi par. 2.7.4.2), la ricondensazione dell'acqua a livello della trappola può determinare perdite di analiti: in presenza di acqua, gli analiti trattenuti dalla trappola possono essere trascinati fuori da essa determinando bassi recuperi. Un altro problema che può manifestarsi quando si estraggono campioni umidi è legato al fatto che la piccola quantità di acqua che si solubilizza nella CO_2 può causare, in seguito al raffreddamento determinato dal processo di evaporazione, la formazione di ghiaccio nel restrittore, ostruendolo.

2.7 Ottimizzazione del processo di estrazione

Per la messa a punto di un metodo SFE occorre eseguire prove pratiche in diverse condizioni, poiché le variabili in gioco nel processo estrattivo possono essere numerose.

Pressione, temperatura, composizione del fluido, tempo di estrazione, tecnica di raccolta dell'estratto, preparazione della cella e velocità di flusso del fluido rappresentano i principali parametri da ottimizzare. Le pressioni applicate sono generalmente comprese nell'intervallo 200-400 atm, le temperature vanno da 40 a 150 °C, mentre la velocità di flusso varia da 1 a 3 mL/min. Il fluido più utilizzato è la CO_2 supercritica (*Tc* = 31 °C, *Pc* = 72,9 atm). Il metanolo è il modificante più utilizzato. In qualche caso, si può inserire nella cella assieme al campione un materiale adsorbente in grado di ritenere gli interferenti (per esempio grassi, quando si estraggono analiti da matrici lipidiche) (Hartonen, 2010).

2.7.1 Pressione e temperatura

La pressione e la temperatura costituiscono i parametri più importanti nell'ottimizzazione del processo di estrazione. Il fattore di forza dei fluidi supercritici è rappresentato dalla possibilità di modularne la densità (e quindi la capacità estraente e la selettività) mediante modeste variazioni di temperatura e pressione nell'intorno del punto critico.

Il comportamento di un soluto (analita) in un fluido supercritico al variare della pressione può essere descritto da tre parametri: (i) *pressione di miscibilità*, che corrisponde alla pressione alla quale il soluto inizia a ripartirsi nel fluido supercritico; (ii) *pressione di massima solubilità*; (iii) *pressione di frazionamento*, cioè l'intervallo di pressione tra i due punti precedenti nel quale è possibile estrarre selettivamente il soluto scegliendo opportunamente la pressione. Anche le proprietà fisiche del soluto, in particolare il suo punto di fusione, sono importanti: la maggior parte degli analiti si discioglie meglio quando si trova allo stato liquido (Pourmortazavi, Hajimirsadeghi, 2007).

In Fig. 2.6 è riportata la curva solubilità-pressione per il naftalene (con CO_2 a 45 °C): a 75 atm (pressione di miscibilità) l'analita è poco solubile nel fluido supercritico; all'aumentare della pressione la sua solubilità aumenta rapidamente (specialmente attorno ai 90 atm), fino a raggiungere il valore massimo in corrispondenza della pressione di massima solubilità. Da ciò si deduce che tra i parametri che influenzano l'efficienza dell'estrazione la pressione è il più importante (Pourmortazavi, Hajimirsadeghi, 2007; Andersen et al, 1989).

Un aumento della pressione (a temperatura costante) influenza positivamente la solubilità dell'analita, e quindi l'efficienza dell'estrazione, in quanto aumenta la densità del fluido, cioè la forza del solvente. Di conseguenza, quanto più alta è la pressione, tanto minore sarà il volume di fluido necessario per ottenere una data resa di estrazione. Tuttavia, quando si trattano matrici complesse non conviene aumentare la pressione, e quindi la densità, oltre il necessario, in quanto densità troppo elevate portano generalmente a selettività più basse (co-estrazione di altri componenti presenti nella matrice). È stato dimostrato, per esempio, che pressioni troppo elevate determinano una perdita di selettività nell'estrazione di tocoferoli e carotenoidi dall'olio di palma, dovuta a un incremento della solubilità dei trigliceridi. In teoria, la solubilità dell'analita è massima quando la densità del fluido supercritico uguaglia quella dell'analita.

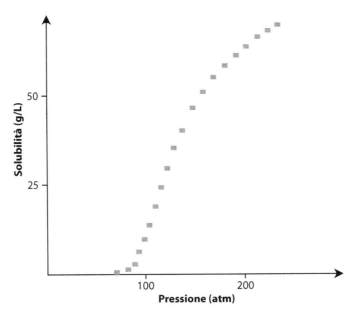

Fig. 2.6 Andamento della solubilità del naftalene al variare della pressione (con CO_2 a 45 °C)

A pressione costante, la densità della CO_2 diminuisce all'aumentare della temperatura; tale effetto diventa più evidente all'aumentare della compressibilità del fluido. Prevedere l'effetto della temperatura sull'estrazione dell'analita non è tuttavia così semplice. La solubilità dell'analita nel fluido è influenzata, oltre che dalla densità di quest'ultimo, anche dalla natura del campione e dalla volatilità dell'analita. Nel caso di un analita non volatile l'aumento di temperatura determina una riduzione della resa di estrazione dovuta alla diminuzione della densità del fluido; nel caso di un analita volatile, invece, l'aumento di temperatura determina due effetti contrapposti: (i) la diminuzione della densità, che comporta una diminuzione della solubilità dell'analita, e (ii) l'aumento della tensione di vapore dell'analita, che ne facilita il passaggio nel fluido supercritico (Pourmortazavi, Hajimirsadeghi, 2007). In pratica, l'effetto della temperatura sulla forza solvente del fluido (a pressione costante) dipende dalla pressione. Se la pressione è inferiore al cosiddetto *crossover point*, un aumento della temperatura riduce l'efficienza di estrazione, in quanto diminuisce la densità del fluido (e quindi la sua forza solvente). Se la pressione è superiore al crossover point, un aumento della temperatura può migliorare l'efficienza di estrazione nonostante la diminuzione della densità del fluido, in quanto aumenta la tensione di vapore dell'analita. I valori di crossover point dipendono dalle interazioni analita-fluido supercritico (in letteratura sono riportati i valori per diversi soluti) (Turner et al, 2001).

2.7.2 Aggiunta di modificanti, co-additivi e modificanti reattivi

Oltre alle interazioni analita-fluido supercritico, occorre tener conto anche delle interazioni analita-matrice. Essendo apolare, la CO_2 non riesce a estrarre adeguatamente analiti in grado di dare interazioni polari con la matrice; per la SFE ciò rappresenta un limite che può essere superato utilizzando modificanti polari.

Nel caso di matrici solide, le interazioni analita-matrice possono essere dovute a forze dipolo-dipolo o a legami idrogeno; in questo caso l'estrazione può essere efficace solo se vengono aggiunti modificanti (per esempio metanolo) che aumentano la polarità in fase di estrazione. I modificanti possono essere aggiunti direttamente nella cella di estrazione, essere già presenti in quantità prestabilite nella bombola contenente il fluido estraente oppure venire progressivamente dosati mediante apposite pompe. È importante osservare che i valori critici del fluido così modificato sono diversi da quelli del fluido puro. Nel caso del sistema CO_2/CH_3OH, la temperatura critica aumenta di diversi gradi, a seconda della percentuale di metanolo aggiunto. Alcuni studi hanno messo in evidenza anche l'effetto modificante dell'elio utilizzato per la pressurizzazione delle bombole di CO_2: l'elio si ripartisce tra la CO_2 e lo spazio di testa interno, abbassando la densità del fluido e di conseguenza il suo potere solvente. È quindi consigliabile utilizzare sempre bombole di CO_2 non pressurizzata con elio.

Tra i modificanti più utilizzati vi sono il metanolo e l'acetonitrile, puri o miscelati con acqua. Un punto di partenza ragionevole per la scelta del modificante è orientarsi verso un composto che allo stato liquido mostri di essere un buon solvente per l'analita di interesse. Anche l'acqua può modificare la polarità della CO_2. In presenza di acqua è buona norma operare a temperature vicine alla sua temperatura di ebollizione, in modo da aumentare la sua solubilità (e di conseguenza quella di eventuali analiti polari) nella CO_2.

L'effetto dei modificanti può anche essere correlato a un rigonfiamento della matrice (come se fossero dei veri e propri agenti imbibenti), che favorisce il successivo distacco dell'analita grazie alla maggiore penetrazione del solvente. A tale proposito, usando come modificanti combinazioni acqua/metanolo, si ottiene un effetto sinergico: mentre l'acqua contribuisce a rigonfiare la matrice, il metanolo solubilizza le molecole di analita.

Un'altra strategia è rappresentata dall'impiego di co-additivi. Secondo questo approccio, per diminuire le interazioni analita-matrice si aggiungono sostanze in grado di competere fortemente con l'analita nel processo di interazione con la matrice. Per esempio, per migliorare l'estrazione delle ammine aromatiche primarie dal suolo (interazione di sostanze polari con gruppi silanolici del suolo), si può aggiungere un'ammina con pKa maggiore rispetto a quello degli analiti (come 1,6-esandiammina), che competendo con gli analiti di interesse per l'interazione con la matrice (suolo) favorisce di fatto l'estrazione.

Un ulteriore approccio consiste nell'utilizzo dei cosiddetti modificanti reattivi. In questo caso il modificante reattivo interagisce con la matrice o l'analita, generando in uno dei due comparti delle modificazioni chimiche. L'analita può per esempio reagire con il modificante in modo da venire convertito in una specie maggiormente solubile in CO_2. In altri casi il modificante reagisce solo con la matrice, inducendo il desorbimento degli analiti. Mediante l'uso di chelanti particolari è possibile estrarre anche alcuni metalli.

Gli svantaggi associati all'impiego di un modificante sono: (i) diminuzione della selettività, con conseguente aumento di soluti co-estratti che possono complicare la successiva analisi, e (ii) possibile condensazione del modificante quando si utilizza come trappola un adsorbente solido (si può ovviare a tale problema riscaldando la trappola).

2.7.3 *Flusso e tempo di estrazione*

La velocità lineare del fluido dipende dalla geometria della cella e dal diametro del restrittore posto all'uscita della cella. La velocità di flusso, che può essere agevolmente modificata agendo sul diametro del restrittore, influenza fortemente l'efficienza di estrazione: più bassa è la velocità di flusso, più il fluido penetra in profondità nella matrice, migliorando in alcuni casi l'efficienza di estrazione. Velocità di flusso troppo elevate provocano inoltre una notevole caduta di pressione all'uscita della cella (durante la decompressione del fluido), con possibili perdite di analita. D'altra parte, in alcuni casi (per esempio nell'estrazione di olio da semi) si osserva un aumento della resa di estrazione all'aumentare della velocità di flusso (Pourmortazavi, Hajimirsadeghi, 2007). Per una migliore comprensione di questi effetti, il processo di estrazione può essere suddiviso in quattro fasi:

1. penetrazione del fluido supercritico nella matrice del campione;
2. rilascio reversibile dell'analita (desorbimento);
3. diffusione dell'analita verso la superficie della particella di matrice;
4. solubilizzazione dell'analita nel fluido supercritico.

La velocità di estrazione dipende in sostanza, da un lato, dal processo di desorbimento/diffusione e, dall'altro, da quello di solubilizzazione dell'analita nel fluido. Per ottimizzare la procedura di estrazione, è quindi necessario studiare l'effetto della velocità del fluido su una particolare matrice, per determinare se l'estrazione è controllata dal desorbimento/diffusione o dalla solubilizzazione dell'analita nel fluido. In genere, quando le interazioni analita-matrice sono molto forti la velocità di estrazione è controllata dal desorbimento. In questo caso l'efficienza di estrazione non migliora significativamente aumentando la velocità di flusso del fluido di estrazione, ma può essere migliorata inserendo o allungando la fase di estrazione statica (in questo modo si riduce anche il consumo di solvente). È inoltre buona norma operare ad alta temperatura, utilizzando modificanti in grado di rompere le interazioni analita-matrice in modo da favorire un rapido trasferimento di massa. Quando le interazioni analita-matrice sono deboli, l'estrazione è invece controllata dalla solubilizzazione dell'analita nel fluido supercritico. In questo caso la velocità di estrazione dipende principalmente dalla ripartizione degli analiti tra matrice e fluido supercritico e aumenta al crescere della velocità di flusso.

2.7.4 Modalità di raccolta del campione

Il metodo di raccolta del campione può condizionare fortemente le rese di estrazione e va quindi ottimizzato. I due metodi più utilizzati (Fig. 2.7) prevedono la raccolta del campione

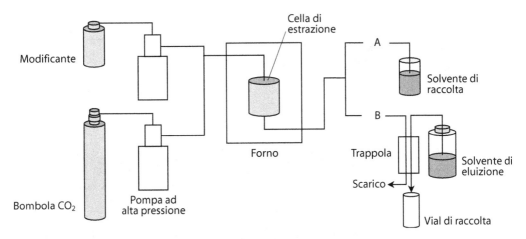

Fig. 2.7 Schema di un estrattore supercritico e modalità di raccolta

in fase liquida (solitamente si immerge l'uscita del restrittore in una provetta contenente del solvente) o in fase solida, ossia su una trappola riempita con materiale inerte (raffreddata criogenicamente) o con materiale adsorbente (Turner et al, 2001).

2.7.4.1 Raccolta in fase liquida

Questo metodo è il più comunemente utilizzato e si realizza immergendo l'uscita del restrittore in una piccola quantità di solvente organico (metanolo, esano o acetone) contenuto in una provetta (Turner et al, 2002). Talvolta, prima di venire a contatto con il solvente, l'effluente CO_2-analita viene depressurizzato in un tubo di trasferimento in vetro (Fig. 2.8) (Pourmortazavi, Hajimirsadeghi, 2007).

In questo caso i parametri che possono influenzare il recupero sono: tipo e volume di solvente, temperatura del solvente, velocità di flusso nel restrittore, temperatura del restrittore e pressurizzazione del recipiente di raccolta (Turner et al, 2002). In Fig. 2.9 sono schematizzate le differenti fasi della raccolta dell'analita impiegando un restrittore lineare immerso nel recipiente contenente il solvente:

1. uscita dal restrittore;
2. diffusione attraverso la fase gassosa (nelle bollicine di gas) all'interfaccia gas-liquido;
3. solvatazione nel solvente;
4. mantenimento della stabilità (stato di solvatazione) nel solvente.

Ovviamente la solubilizzazione dell'analita nel solvente contenuto nella provetta di raccolta deve avvenire prima che le bollicine di CO_2 raggiungano la superficie del solvente, altrimenti parte dell'analita potrebbe essere trascinato e disperso in fase gassosa assieme alla CO_2.

La prima fase implica che l'analita non venga adsorbito sulle pareti del restrittore. Idealmente l'intera caduta di pressione si verifica all'uscita del restrittore, e fino a quel punto gli analiti sono completamente solubili. Un riscaldamento uniforme del restrittore minimizza i problemi di intasamento da parte dei componenti estratti o dovuti alla formazione di ghiaccio. Il riscaldamento del restrittore può d'altra parte determinare perdite degli analiti più volatili e degradazione di componenti termolabili.

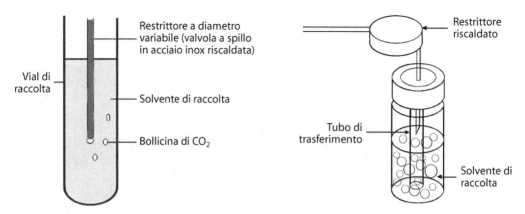

Fig. 2.8 Due diversi sistemi di raccolta in solvente. (Da Pourmortazavi, Hajimirsadeghi, 2007. Riproduzione autorizzata)

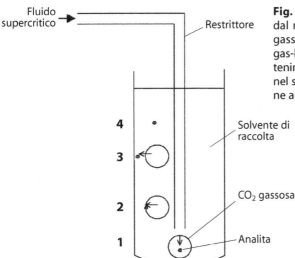

Fig. 2.9 Fasi della raccolta in solvente. **1** uscita dal restrittore; **2** diffusione attraverso la fase gassosa (nelle bollicine di gas) all'interfaccia gas-liquido; **3** solvatazione nel solvente; **4** mantenimento della stabilità (stato di solvatazione) nel solvente. (Da Turner et al, 2002. Riproduzione autorizzata)

La seconda fase è controllata dal coefficiente di diffusione degli analiti in fase gassosa. Bollicine di CO_2 di piccole dimensioni riducono la distanza che l'analita deve percorrere per raggiungere l'interfaccia gas-liquido. Per ottenere bollicine di gas di dimensioni più piccole, è sufficiente agire sul diametro del restrittore per modificare opportunamente la velocità di flusso, o utilizzare un solvente di viscosità più elevata. Aumentando la viscosità del solvente, aumenta anche il tempo necessario affinché le bollicine raggiungano l'interfaccia liquido-gas. Lo stesso effetto può essere ottenuto utilizzando una colonna di solvente più alta nel recipiente di raccolta. In questo modo, per esempio, è stato possibile aumentare i recuperi di sedici idrocarburi policiclici aromatici (IPA) dal 48 al 75% semplicemente utilizzando 10 mL di solvente anziché 4 mL (Bøwadt et al, 1993).

Per quanto riguarda la terza fase, la solvatazione dell'analita dipende principalmente dalla forza del solvente, che dovrebbe sciogliere bene sia l'analita sia il materiale co-estratto, in modo da evitare perdite in forma di aerosol. Un leggero aumento della temperatura del solvente può favorire la solubilità degli analiti, ma generalmente si preferisce utilizzare temperature più basse per diminuire la pressione di vapore dell'analita (soprattutto nel caso di analiti volatili). Una leggera pressurizzazione del recipiente di raccolta migliora il recupero dei componenti volatili e minimizza l'evaporazione del solvente e la formazione di aerosol. Un'altra soluzione, a questo proposito, è utilizzare un condensatore posto sopra il recipiente di raccolta. Per evitare la formazione di ghiaccio nel restrittore, è sufficiente immergere la provetta di raccolta in acqua tiepida (Turner et al, 2002).

2.7.4.2 Raccolta in fase solida

Il fluido di estrazione decompresso attraversa una trappola contenente materiale adsorbente (octadecilsilano, diolo, silice, Florisil) o inerte (letto in acciaio, biglie di vetro). Una volta completata l'estrazione, gli analiti vengono eluiti con un opportuno solvente. In Fig. 2.10 è riportato lo schema di una trappola in fase solida.

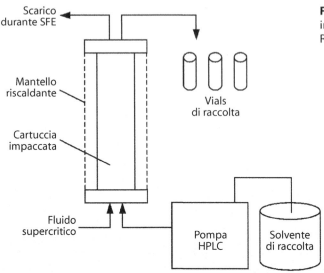

Fig. 2.10 Schema di una trappola in fase solida. (Da Turner et al, 2002. Riproduzione autorizzata)

Per valutare l'efficienza di una trappola in fase solida durante lo sviluppo di un metodo, è sufficiente estrarre una quantità nota di analita da un materiale inerte posto nella cella di estrazione, oppure applicare l'analita direttamente all'entrata della trappola ed effettuare un'estrazione con successiva eluizione. La trappola può inoltre essere connessa a un sistema di cromatografia liquida (LC) per studiare il profilo di eluizione.

Di notevole importanza è la scelta del materiale di adsorbimento e del solvente di eluizione. In alcuni casi è vantaggioso utilizzare combinazioni di differenti materiali adsorbenti, poiché scegliendo opportunamente il solvente di eluizione si può introdurre selettività nella fase di raccolta. Per esempio, riempiendo la cella di allumina è possibile trattenere i trigliceridi che altrimenti co-eluirebbero con gli analiti di interesse.

La capacità del materiale di impaccamento (intesa come quantità massima di analita che può trattenere) può rappresentare un problema, poiché il suo superamento può causare perdita di analiti. Anche se gli analiti non eccedono il limite di capacità dell'adsorbente, può esservi un sovraccarico dovuto al materiale co-estratto (per esempio, grassi). Il materiale co-estratto può inoltre deattivare l'adsorbente. Una tecnica per ovviare ai problemi di capacità è realizzare una procedura frazionata di estrazione/eluizione, che consiste nel lavare la trappola a determinati intervalli di tempo durante l'estrazione. È anche importante scegliere opportunamente il solvente per eluire gli analiti dalla trappola, poiché esso deve garantire recuperi possibilmente quantitativi con volumi limitati di eluente. La scelta del solvente deve inoltre tener conto della compatibilità con la successiva determinazione analitica.

Uno svantaggio associato all'uso di trappole adsorbenti è rappresentato dal fatto che, quando si utilizzano campioni contenenti acqua o fluidi di estrazione con elevate concentrazioni di modificante, la condensazione dell'acqua o del modificante nella trappola può determinare perdita di analiti. La soluzione consiste nel mantenere la temperatura della trappola al di sopra del punto di ebollizione del modificante (tenendo però conto dei problemi relativi a perdite di analiti volatili e termodegradazione). Quando possibile si utilizzano modificanti con elevata pressione di vapore, in modo da poter mantenere la trappola a temperatura relativa-

mente basse anche con concentrazioni di modificante relativamente alte. Rispetto alla raccolta in fase liquida, le tecniche di adsorbimento su trappola consentono recuperi migliori dei
componenti con elevata pressione di vapore (la temperatura della trappola può essere facilmente abbassata anche a $-30\,°C$); inoltre si ottengono estratti più puliti (Turner et al, 2002).

2.7.4.3 Altri sistemi di raccolta

In alcuni casi può essere vantaggioso intrappolare gli analiti in una provetta vuota, eliminando così il passaggio di concentrazione del solvente. Per aumentare la superficie di raccolta,
la provetta può essere riempita con materiale inerte (lana di vetro). Lo svantaggio di tale tecnica è che può portare a bassi recuperi, se confrontata con la raccolta in fase liquida. La temperatura di estrazione condiziona la temperatura di raccolta, a meno che la provetta non venga raffreddata. Tempi di raccolta troppo lunghi possono determinare perdita degli analiti più
volatili. In presenza di analiti sensibili alla degradazione ossidativa, può essere vantaggioso
effettuare la raccolta in un solvente contenente un protettivo antiossidante.

La Fig. 2.11 mostra un sistema combinato di raccolta in fase solida-solvente, nel quale le
perdite di analiti dalla fase solida dovute a superamento della capacità vengono neutralizza-
te dalla presenza del solvente (Hüsers, Kleiböhmer, 1995). Questo sistema è particolarmente utile per valutare l'efficienza di intrappolamento di diversi materiali adsorbenti in fase di
messa a punto di un metodo (Turner et al, 2002).

La scelta del metodo ottimale per la raccolta degli analiti dipende dalle proprietà del campione e dell'analita, nonché dai parametri di estrazione e dalla tecnica analitica finale.

La raccolta in fase liquida rappresenta il sistema più semplice e facile da ottimizzare, ma
non è indicata nel caso di flussi elevati (a causa della dispersione del solvente per formazione di aerosol) e di analiti volatili.

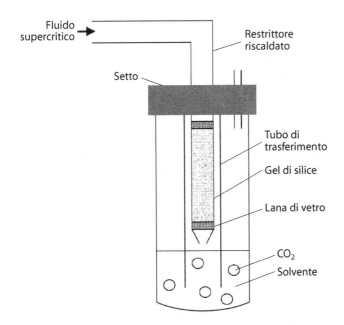

Fluido supercritico

Restrittore riscaldato

Setto

Tubo di trasferimento

Gel di silice

Lana di vetro

CO_2

Solvente

Fig. 2.11 Sistema combinato di raccolta in fase solida-solvente. (Da Hüsers, Kleiböhmer, 1995. Riproduzione autorizzata)

Se gli analiti sono volatili, si tende a preferire l'intrappolamento in fase solida, che permette anche di migliorare la selettività del sistema e ottenere estratti più concentrati e puliti. L'adsorbimento in fase solida consente di lavorare bene anche a flussi elevati, ma se la capacità e il potere di ritenzione della fase solida o la forza dell'eluente non sono adeguati i recuperi vengono compromessi.

Rispetto alla raccolta in fase solida, la raccolta in fase liquida è meno soggetta a perdite dovute a sovraccarico del campione quando questo contiene grandi quantità di grassi, acqua o percentuali elevate di modificante. In generale, se il campione contiene grandi quantità di grassi si tende a preferire la raccolta in fase liquida o in provetta vuota.

2.8 Sistemi on-line

La SFE può essere accoppiata on-line alla gascromatografia (GC), alla cromatografia liquida ad alta prestazione (HPLC) e alla cromatografia con fluidi supercritici (SFC). Quest'ultimo accoppiamento risulta il più compatibile e necessita quindi di interfacce più semplici.

L'interfaccia a un sistema cromatografico deve soddisfare due requisiti principali: trattenere quantitativamente gli analiti e trasferirli quantitativamente in banda stretta al sistema cromatografico. Ciò può essere ottenuto intrappolando gli analiti su una superficie adsorbente o inerte, raffreddata criogenicamente, e successivamente desorbendo (termicamente o con solvente) gli analiti dalla trappola per trasferirli alla colonna cromatografica. L'interfaccia può essere un piccolo pezzo di capillare in silice fusa (rivestito o meno di fase stazionaria) o una piccola colonna riempita con materiale inerte o adsorbente. In alternativa, la focalizzazione dell'analita può essere realizzata direttamente in testa alla colonna analitica (in SFC o HPLC) o nell'iniettore GC. Nell'accoppiamento con una colonna capillare per SFC, l'interfaccia più comune per intrappolare gli analiti durante l'estrazione è rappresentata da un capillare non rivestito in silice fusa (circa 10 cm × 0,2 mm) raffreddato criogenicamente, direttamente connesso all'uscita del restrittore (Xie et al, 1989). In Fig. 2.12 è mostrato uno schema dell'interfaccia SFE-SFC.

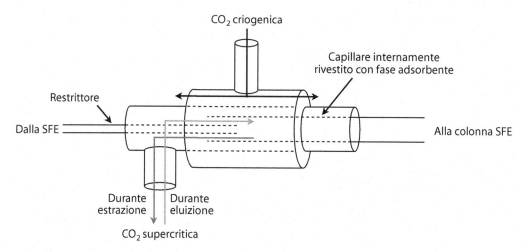

Fig. 2.12 Schema di un'interfaccia SFE-SFC

Per ottenere recuperi quantitativi degli analiti più volatili, occorre raffreddare il capillare a temperature comprese tra –40 e –50 °C. Un'alternativa al capillare non rivestito è rappresentata da un capillare rivestito con fase stazionaria chimicamente legata, che permette di trattenere più efficacemente alcuni analiti. In questo caso l'effetto di auto-raffreddamento determinato dall'espansione della CO_2 supercritica è sufficiente per ottenere recuperi quantitativi di analiti non volatili. Nell'accoppiamento SFE-SFC con colonne impaccate l'intrappolamento degli analiti può essere realizzato in una piccola colonna separata o direttamente in testa alla colonna analitica. Il desorbimento dell'analita viene normalmente raggiunto aumentando la temperatura della trappola (200 °C) o la percentuale di modificante nella fase mobile.

Nell'accoppiamento SFE-GC, per la raccolta dell'analita si utilizzano generalmente trappole riempite con materiale inerte (vetro). È importante raffreddare opportunamente la trappola e ottimizzare le condizioni di ritenzione dell'analita. Velocità di flusso eccessive o percentuali elevate di modificante nel fluido di estrazione possono causare perdite di analita. Un'alternativa per l'accoppiamento SFE-GC è rappresentata dall'impiego di iniettori con *liner* impaccato con fase adsorbente legata.

Rispetto alle tecniche off-line, le tecniche on-line migliorano la sensibilità, poiché viene trasferita alla colonna cromatografica l'intera frazione estratta dal campione. Inoltre, è richiesta una minore manipolazione del campione (che si traduce in coefficienti di variazione più bassi) e si riducono i tempi di analisi. Lo svantaggio maggiore è rappresentato dal rischio di sovraccaricare la trappola nel caso di elevati contenuti di materiale co-estratto (grassi), di acqua o di elevate percentuali di modificante.

2.9 Applicazioni

La SFE viene impiegata in diversi settori delle industrie alimentare (estrazione di aromi, estrazione di sostanze grasse, decaffeinizzazione del caffè ecc.), farmaceutica, tessile e del colore, nell'estrazione di additivi da polimeri e nel trattamento di biopolimeri.

La SFE è particolarmente adatta all'estrazione di sostanze termolabili. La possibilità di modificare la densità del fluido supercritico (e quindi la sua forza solvente e la sua selettività), agendo semplicemente sulle condizioni di pressione e temperatura, permette di utilizzare un solo fluido per diverse applicazioni.

Sulla base di tali premesse, la SFE si è progressivamente imposta a livello industriale come una delle tecnologie elettive per trattare materie prime di interesse alimentare. Tuttavia, gli alti costi di investimento necessari hanno contribuito a limitarne la diffusione al trattamento di sostanze alimentari o biologiche a elevato valore aggiunto, tali da sopportare il maggior costo derivante dall'impiego del nuovo processo.

È importante sottolineare che, dopo l'estrazione, l'alimento trattato non incorpora alcun residuo di solvente: a differenza dei solventi tradizionali, infatti, una volta riportata a temperatura e pressione ambientali la CO_2 evapora senza lasciare tracce. Per tale motivo, la Food and Drug Administration (FDA) ha riconosciuto il processo SFE come sicuro (GRAS, *generally recognized as safe*).

Oltre che a livello industriale, la SFE si è imposta come tecnica di preparazione del campione in molti laboratori.

Nel settore analitico l'impiego della SFE come tecnica di estrazione si è diffuso a partire dalla fine degli anni Ottanta, quando si sono rese disponibili le prime pompe adatte allo scopo (in seguito allo sviluppo della cromatografia con fluidi supercritici).

Numerosi studi comparativi hanno dimostrato che l'affidabilità del metodo SFE è paragonabile a quella dei metodi "classici", mentre sono sicuramente superiori le caratteristiche relative alla manualità e all'organizzazione del lavoro di laboratorio. In particolare, risulta importante la riduzione dei tempi di estrazione, soprattutto se si tiene conto che con i metodi classici ai tempi di estrazione devono essere sommati quelli per l'eliminazione del solvente, presente in quantità più elevate rispetto a quanto avviene impiegando fluidi supercritici (il solvente in questo caso funge solo da trappola finale o viene utilizzato per eluire gli analiti da una trappola adsorbente).

2.9.1 Estrazione del grasso

L'applicazione più importante nel settore dell'analisi chimica degli alimenti riguarda l'estrazione del grasso. La SFE rappresenta un'importante alternativa per l'estrazione e il frazionamento del grasso su scala sia industriale sia analitica. Aggiustando opportunamente le condizioni di temperatura e pressione (in modo da regolare la densità del fluido supercritico), è possibile rendere l'estrazione selettiva nei confronti del grasso o di una determinata frazione lipidica (per esempio acidi grassi). L'estrazione condotta in assenza di modificanti polari permette di ottenere rese quantitative dei lipidi neutri, mentre i lipidi polari (come i fosfolipidi) vengono estratti solo parzialmente a causa della loro scarsa solubilità nella CO_2 supercritica. In questi casi le rese di estrazione possono essere migliorate impiegando diversi modificanti, quali metanolo, etanolo o anche acqua in piccola quantità. Quest'ultima si è dimostrata particolarmente efficace per l'estrazione del grasso da prodotti lattiero-caseari. Va comunque ricordato che un contenuto eccessivo di acqua agisce da barriera, poiché impedisce da un lato l'efficace penetrazione del fluido supercritico nel campione e dall'altro la diffusione del grasso dal campione verso l'esterno. L'efficienza di estrazione dipende anche dalla granulometria del campione: una granulometria fine favorisce il contatto campione-fluido supercritico, facilitando l'estrazione del grasso.

Numerosi lavori hanno dimostrato che la SFE consente di ottenere, in tempi notevolmente ridotti, rese in grasso paragonabili a quelle dei metodi classici di riferimento. Se la quantità di grasso da estrarre è elevata, la raccolta può essere effettuata in provetta vuota. Il metodo ufficiale AOAC per la determinazione dell'olio nei semi oleosi raccomanda la raccolta del campione in provetta vuota riempita con lana di vetro (AOAC International, 2002).

La possibilità di estrarre analiti di interesse da differenti substrati in tempi ridotti può consentire di analizzare un numero di campioni più elevato, aspetto di non secondaria importanza sia per un laboratorio di routine di tipo commerciale, sia per l'ottenimento di banche dati sempre più corpose, utilissime per fissare gli intervalli di oscillazione di determinati parametri analitici. La Tabella 2.2 riporta le rese di estrazione e i coefficienti di variazione ottenuti con metodi SFE e Soxhlet per quattro diversi prodotti alimentari (i dati sono la media di sei repliche)

Tabella 2.2 Confronto tra le rese di estrazione di grasso con metodi SFE e Soxhlet

Prodotto	SFE (n=6)		Soxhlet (n=6)	
	% grasso	CV%	% grasso	CV%
Salsiccia di maiale	29,8	1,6	29,8	1,3
Burro di arachidi	49,3	0,6	49,5	0,4
Formaggio Cheddar	33,9	3,5	33,3	1,1
Snack al mais	31,8	0,8	31,5	0,5

Tabella 2.3 Rese di estrazione di grasso con metodi SFE e idrolisi basica seguita da estrazione con solvente

Prodotto	SFE		Soxhlet	% grasso in etichetta
	% grasso	CV%	% grasso	
Latte liquido	3,51		3,50	
Latte concentrato 1	4,99	1,8	5,20	5,21
Latte concentrato 2	6,66		6,65	
Latte concentrato 3	6,65	1,8	6,40	6,73
Latte concentrato 4	6,49	1,8	6,80	6,73
Latte in polvere	26,71		26,47	
Latte di soia (polvere)	6,80	1,7	6,70	6,73

(Hopper et al, 1995). La Tabella 2.3 riporta un confronto tra le rese percentuali in grasso ottenute da formule per lattanti; in questo caso il metodo di riferimento prevedeva un'idrolisi basica seguita da estrazione con solvente (Ashraf-Khorassani et al, 2002).

2.9.2 Estrazione di componenti bioattivi

In letteratura sono riportate numerose applicazioni relative all'estrazione da diversi vegetali di sostanze ad azione antiossidante, quali carotenoidi, pigmenti, tocoferoli e polifenoli (Turner et al, 2002; Mendiola et al, 2007). Si tratta di componenti sensibili alle alte temperature di estrazione e all'ossigeno, che con la SFE vengono estratti vantaggiosamente e in condizioni blande. Alcuni metodi, ottimizzati per l'estrazione di caroteni e luteina da carote o di licopene da pomodori, prevedono l'impiego di oli vegetali come co-solventi per aumentare le rese di estrazione (Sun et al, 2006; Vasapollo et al, 2004). In questo modo si ottengono, per α- e β-carotene, rese di estrazione comparabili con quelle ottenibili mediante estrazione con solvente e si evita la perdita di carotenoidi ossigenati (luteina). Se la presenza di grasso nell'estratto è indesiderata, si può ricorrere all'impiego di etanolo (15%) come modificante (López et al, 2004). La polarità e la temperatura della trappola vanno in questo caso attentamente ottimizzate per evitare la condensazione del modificante nella trappola, con conseguente perdita di analita. Le prestazioni migliori sono state ottenute impiegando una trappola C18 termostatata a 80 °C ed eluendo successivamente gli analiti con acetone a 30 °C.

La SFE risulta particolarmente adatta alla determinazione delle vitamine liposolubili (Turner et al, 2002), analiti soggetti a processi di ossidazione e degradazione accelerati da luce, calore e presenza di ossigeno. I metodi convenzionali per la determinazione delle vitamine liposolubili prevedono una saponificazione (che può causare parziale isomerizzazione della vitamina D e totale degradazione della vitamina K), l'impiego di solventi organici (che devono essere degasati per evitare problemi di ossidazione) e il riscaldamento del campione. La SFE rappresenta una valida alternativa all'impiego dei solventi organici e permette di ridurre il riscaldamento del campione (e quindi la degradazione termica degli analiti). Per ovviare almeno in parte ai problemi di degradazione ossidativa, si può aggiungere un antiossidante al solvente di lavaggio o di raccolta. Per esempio, per estrarre i carotenoidi da un campione di carota liofilizzato si è utilizzata una miscela esano-acetone (9/1) contenente lo 0,005% di butilidrossitoluene (Barth et al, 1995). In funzione del contenuto di grasso del campione, si possono utilizzare diverse tecniche di raccolta dell'analita.

Per l'estrazione di polifenoli da matrici vegetali, trattandosi di componenti piuttosto polari, occorre aggiungere modificanti polari alla CO_2. Diversi studi riportano le condizioni ottimizzate per l'estrazione di polifenoli da uva e residui della vinificazione (Chafer et al, 2005; Palenzuela et al, 2002) o da altri frutti, come il melograno (Cavalcanti et al, 2012). Palenzuela et al (2002) hanno sviluppato un metodo on-line accoppiato direttamente a un rivelatore amperometrico (utilizzando una trappola liquida come interfaccia). Le condizioni di estrazione e rivelazione sono state ottimizzate prendendo come composto di riferimento l'epicatechina. L'estrazione è stata condotta a 50 °C impiegando come modificante acqua (10%), mentre la raccolta del campione è stata effettuata in un tampone salino compatibile con la rivelazione amperometrica.

2.9.3 Estrazione di oli essenziali e sostanze volatili

Altri settori analitici dove la SFE trova largo impiego sono l'estrazione di oli essenziali da diversi vegetali per la successiva caratterizzazione chimica e l'estrazione di componenti della frazione volatile da diverse matrici alimentari (Pourmortazavi, Hajimirsadeghi, 2007; Xu et al, 2011; Turner et al, 2002). Rispetto al metodo classico di estrazione (idrodistillazione), la SFE permette di estrarre un maggior numero di sostanze volatili (anche se possono esservi perdite di componenti volatili in fase di depressurizzazione) in tempi ridotti e preservando l'integrità del prodotto.

Nell'estrazione di sostanze volatili dagli alimenti, la raccolta degli analiti avviene solitamente in trappole impaccate di materiale adsorbente raffreddate criogenicamente (Turner et al, 2002). Per esempio, per l'analisi della frazione aromatica di un olio d'oliva è stata utilizzata una trappola in Tenax (dopo l'estrazione la trappola veniva desorbita termicamente a 220 °C in un iniettore GC) (Morales et al, 1998), mentre per la frazione volatile di un formaggio è stata utilizzata una trappola impaccata con fase C18 (eluita con una miscela esano/acetone, 2/1) (Larrayoz et al, 1999).

2.9.4 Analisi di contaminanti

La SFE è ampiamente utilizzata anche per l'estrazione e il dosaggio di diversi contaminanti presenti in tracce negli alimenti. In questo caso uno dei problemi maggiori è rappresentato dalle impurezze sempre presenti (seppure in tracce) nei solventi di estrazione; ciò risulta particolarmente evidente quando sono coinvolti grossi volumi di solvente, che vengono poi concentrati prima della determinazione analitica finale. Una delle applicazioni più importanti è l'analisi dei pesticidi in diverse matrici alimentari. Alcuni studi hanno dimostrato la possibilità di estrarre pesticidi da campioni di frutta e vegetali con CO_2 non modificata. Utilizzando condizioni di pressione meno drastiche si riduce significativamente la co-estrazione di β-carotene, mentre l'interferenza dovuta alla co-estrazione della clorofilla può essere eliminata per adsorbimento su una trappola di allumina (Lehotay, Ibrahim, 1995). Per la raccolta del campione si possono impiegare, a seconda dei casi, sia la tecnica in fase liquida sia quella su trappola adsorbente. Generalmente si utilizzano come solventi di raccolta, metanolo, diclorometano o acetone, e come trappole adsorbenti fasi di C18, Tenax, diolo o Florisil (Turner et al, 2002). Studi comparativi effettuati su campioni di vegetali fortificati con 56 diversi pesticidi hanno dimostrato che l'acetone permette di eluire i pesticidi dalla trappola con un minor volume rispetto a etilacetato, acetonitrile e metanolo (Lehotay, Valverde-García, 1997).

I metodi convenzionali per l'estrazione dei pesticidi apolari prevedono una fase di estrazione con solventi organici (esano o diclorometano) seguita da una fase di purificazione

(SPE, vedi cap. 6) per eliminare i lipidi interferenti. La CO_2 supercritica è molto adatta all'estrazione dei pesticidi apolari da matrici lipidiche. Per purificare l'estratto, separando i lipidi, si possono adottare due strategie: effettuare la raccolta del campione con una trappola adsorbente in grado di trattenere selettivamente il grasso (*fat retainer*) o aggiungere la stessa fase adsorbente direttamente nella cella di estrazione. Nel primo caso è importante valutare l'effetto della concentrazione del modificante sulla capacità dell'adsorbente di trattenere il grasso (in genere è bene non superare l'1-2%).

In anni recenti l'attenzione si è spostata sulla messa a punto di metodi multiresiduali in grado di estrarre un'ampia varietà di pesticidi (organoclorurati, organofosforici, organoazotati e piretroidi) da diverse matrici alimentari (prodotti vegetali, ittici, dietetici e per l'infanzia). Per estrarre i pesticidi più polari, si utilizza CO_2 modificata con il 10% di acetonitrile (Mendiola et al, 2007). Per migliorare la sensibilità dell'analisi dei carbammati, King et al (2002) hanno sviluppato un metodo che prevede la derivatizzazione direttamente nel fluido supercritico. In questo caso l'agente derivatizzante (acido eptafluorobutirrico) agisce anche da modificante polare. I derivati vengono analizzati mediante gascromatografia con rivelatore a cattura di elettroni (GC-ECD) o con spettrometro di massa (GC-MS) raggiungendo sensibilità molto elevate.

La CO_2 supercritica si presta molto bene all'estrazione di contaminanti apolari, come gli IPA. In letteratura sono riportati diversi metodi per l'estrazione/purificazione degli IPA con fluidi supercritici. Le condizioni ottimali sono simili e prevedono l'impiego di temperature intorno a 100 °C e pressioni intorno a 300 atm. Per limitare la co-estrazione del grasso in campioni che ne contengono quantità elevate, come i tessuti ittici, è possibile effettuare una purificazione in cella con adsorbente C18 (Ali, Cole, 2001, 2002) o con gel di silice (Lage Yusty, Cortizo Daviña, 2005). L'estratto così ottenuto è pronto per l'analisi GC-MS o HPLC con rivelazione spettrofluorimetrica. Altre applicazioni riguardano l'estrazione di diossine e policlorobifenili (PCB) (Anyanwu et al, 2003; Boatto et al, 2003; Björklund et al, 2002), seguita da analisi GC-MS. Anche in questo caso, considerato che si tratta di composti essenzialmente apolari, si impiegano CO_2 pura (senza modificante), condizioni di estrazione blande e un fat retainer nella cella di estrazione, per limitare la co-estrazione del grasso. Come illustrato in una review di García-Rodriguez et al (2008), diverse fasi o combinazioni di fasi sono state valutate come fat retainer (Florisil, allumina, gel di silice acidificato ecc.). Björklund et al (2000) hanno proposto un metodo che prevede la raccolta del campione su trappola solida di Florisil che viene eluita con eptano. È anche possibile una determinazione quantitativa del grasso eluendolo in presenza di metanolo dopo l'eluizione dei PCB.

La SFE è stata applicata con successo anche nella determinazione di diversi residui di farmaci veterinari, somministrati illecitamente a scopo auxinico (Combs et al, 1997). La tecnica si applica sia ai composti apolari sia a quelli polari, come i sulfamidici somministrati a polli, bovini e maiali attraverso il mangime. Arancibia et al (2003) hanno sviluppato un metodo rapido per evitare la fase di purificazione prima dell'analisi HPLC. Il campione, mescolato con celite per adsorbire l'acqua, viene sottoposto a estrazione ad alta temperatura (120-160 °C), utilizzando metanolo come modificante polare. Altre applicazioni riguardano l'estrazione di residui di ormoni steroidei (Stolker et al, 1998) e β-agonisti (O'Keeffe et al, 1999) da tessuti animali, l'estrazione di micotossine da campioni di cereali (Taylor et al, 1993) e di aflatossina M1 da tessuto animale (Taylor et al, 1997), l'estrazione di nitrosammine da prodotti carnei affumicati (Fiddler, Pensabene, 1996) e la determinazione di idrocarburi originati dalla decomposizione dei grassi in carni di pollo e maiale irradiate (trattamento consentito negli Stati Uniti ma vietato in Europa) (Horvatovich et al, 2000).

La SFE è stata anche adottata come metodo ufficiale per la determinazione di idrocarburi di origine petrolifera e IPA in matrici ambientali (EPA, 1996a, 1996b).

Bibliografia

Ali MY, Cole RB (2001) SFE-plus-C18 Lipid Cleanup and Selective Extraction Method for GC/MS Quantitation of Polycyclic Aromatic Hydrocarbons in Smoked Meat. *Journal of Agricultural and Food Chemistry*, 49(9): 4192-4198

Ali MY, Cole RB (2002) One-step SFE-plus-C(18) selective extraction of low-polarity compounds, with lipid removal, from smoked fish and bovine milk. *Analytical Bioanalytical Chemistry*, 374(5): 923-931

Andersen MR, King JW, Hawtorne SB (1990) Environmental matrices extracted by SPE. In: Lee ML, Markides KE (eds) *Analytical supercritical fluid chromatography and extraction*. Chromatographic Conferences, Provo, UT

Andersen MR, Swanson JT, Porter NL, Richter BE (1989) Supercritical fluid extraction as a sample introductory method for chromatography. *Journal of Chromatographic Science*, 27(7): 371-377

Anyanwu EC, El-Saeid MH, Akpan AI, Saled MA (2003) Evaluation of the most current and effective methods in the analysis of chlorinated dioxins in ground beef. *The Scientific World Journal*, 3: 913-921

AOAC International (2002) Official Method of Analysis 41.1.69

Arancibia V, Valderrama M, Rodriguez P et al (2003) Quantitative extraction of sulfonamides in meats by supercritical methanol-modified carbon dioxide: A foray into real-world sampling. *Journal of Separation Science*, 26(18): 1710-1716

Ashraf-Khorassani M, Ude M, Doane-Wedeman T et al (2002) Comparison of gravimetry and hydrolysis/derivatization/gas chromatography–mass spectrometry for quantitative analysis of fat from standard reference infant formula powder using supercritical fluid extraction. *Journal of Agricultural and Food Chemistry*, 50(7): 1822-1826

Barth MM, Zhou C, Kute KM, Rosenthal GA (1995) Determination of optimum conditions for supercritical fluid extraction of carotenoids from carrot (Daucus carota L.) tissue. *Journal of Agricultural and Food Chemistry*, 43(11): 2876-2878

Berche B, Henkel M, Kenna R (2009) Critical phenomena: 150 years since Cagniard de la Tour. *Journal of Physical Studies*, 13(3): 3001-3004

Björklund E, Järemo M, Mathiasson L (2000) Simultaneous determination of PCBs and triglycerides in a model fat sample using selective supercritical fluid extraction. *Journal of Liquid Chromatography and Related Techniques*, 23(15): 2337-2344

Björklund E, von Holst C, Anklam E (2002) Fast extraction, clean-up and detection methods for the rapid analysis and screening of seven indicator PCBs in food matrices. *Trends in Analytical Chemistry*, 21(1) 40-53

Boatto G, Nieddu M, Carta A et al (2003) Supercritical fluid extraction and GC detection of p,p1-DDE and PCB congeners in some samples of dying species from Sardinia. *Fresenius Environmental Bulletin* 12(5): 435-441

Bøwadt S, Pelusio F, Montanarella L, Larsen B (1993) Trapping techniques in supercritical fluid extraction. *Journal of Trace and Microprobe Techniques*, 11(1-3): 117-131

Cavalcanti RN, Meireles MAA (2012) Fundamentals of supercritical fluid extraction. In: Pawliszyn J (ed) *Comprehensive sampling and sample preparation*. Elsevier, Amsterdam

Cavalcanti RN, Navarro-Díaz HJ, Santos DT et al (2012) Supercritical carbon dioxide extraction of polyphenols from pomegranate (Punica granatum L.) leaves: chemical composition, economic evaluation and chemometric approach. *Journal of Food Research*, 1(3): 282-294

Chafer A, Pascual-Martí MC, Salvador A, Berna A (2005) Supercritical fluid extraction and HPLC determination of relevant polyphenolic compounds in grape skin. *Journal of Separation Science*, 28(16): 2050-2056

Combs MT, Boyd S, Ashraf-Hhorassani M, Taylor LT (1997) Quantitative recovery of sulfonamides from chicken liver, beef liver, and egg yolk via modified supercritical carbon dioxide. *Journal of Agricultural and Food Chemistry*, 45(5): 1779-1783

Döker O, Salgin U, Yildiz N et al (2010) Extraction of sesame seed oil using supercritical CO_2 and mathematical modeling. *Journal of Food Engineering*, 97(3): 360-366

EPA - Environmental protection Agency (1996) *Supercritical fluid extraction of polynuclear aromatic hydrocarbons, EPA method 3561* http://www.epa.gov/osw/hazard/testmethods/sw846/pdfs/3561.pdf

EPA - Environmental protection Agency (1996) *Supercritical fluid extraction of total hydrocarbons, EPA method 3560* http://www.epa.gov/osw/hazard/testmethods/sw846/pdfs/3560.pdf

Fiddler W, Pensabene JW (1996) Supercritical fluid extraction of volatile N-nitrosamines in fried bacon and its drippings: method comparison. *Journal of AOAC International*, 79(4): 895-901

García-Rodríguez D, Carro-Díaz AM, Lorenzo-Ferreira RA (2008) Supercritical fluid extraction of poly-halogenated pollutants from aquaculture and marine environmental samples: A review. *Journal of Separation Science*, 31(8): 1333-1345

Hartonen K (2010) Novel accelerated extraction techniques. In: Jestoi M, Järvenpää E, Peltonen K (eds) *First dice your dill – new methods and techniques in sample handling*. University of Turku, Turku

Hopper ML, King JW, Johnson JH et al (1995) Multivessel supercritical fluid extraction of food items in Total Diet Study. *Journal of AOAC International*, 78(4): 1072-1079

Horvatovich P, Miesch M, Hasselmann C, Marchioni E (2000) Supercritical fluid extraction of hydro-carbons and 2-alkylcyclobutanones for the detection of irradiated foodstuffs. *Journal of Chromatography A*, 897(1-2): 259-268

Hüsers N, Kleiböhmer W (1995) Studies on trapping efficiencies of various collection devices for off-line supercritical fluid extraction. Journal of Chromatography A, 697(1-2): 107-114

King JW, Zhang Z (2002) Derivatization reactions of carbamate pesticides in supercritical carbon dioxide. *Analytical Bioanalytical Chemistry*, 374(1): 88-92

Lage Yusty MA, Cortizo Daviña JL (2005) Supercritical fluid extraction and high-performance liquid chromatography-fluorescence detection method for polycyclic aromatic hydrocarbons investigation in vegetable oil. *Food Control*, 16(1): 59-64

Larráyoz P, Carbonell M, Ibáñez F et al (1999) Optimization of indirect parameters which affect the extractability of volatile arima compounds from Idiazábal cheese using analytical supercritical fluid extractions (SFE). *Food Chemistry*, 64(1): 123-127

Lehotay SJ, Ibrahim MA (1995) Supercritical-fluid extraction and gas-chromatography ion-trap mass-spectrometry of pentachloronitrobenzene pesticides in vegetables. *Journal of AOAC International*, 78(2): 445-452

Lehotay SJ, Valverde-García A (1997) Evaluation of different solid-phase traps for automated collection and clean-up in the analysis of multiple pesticides in fruits and vegetables after supercritical fluid extraction. *Journal of Chromatography A*, 765(1): 69-84

López M, Arce L, Garrido J et al (2004) Selective extraction of astaxanthin from crustaceans by use of supercritical carbon dioxide. *Talanta*, 64(3): 726-731

Mendiola JA, Herrero M, Cifuentes A, Ibañez E (2007) Use of compressed fluids for sample preparation: Food applications. *Journal of Chromatography A*, 1152(1-2): 234-246

Morales MT, Berry AJ, McIntyre PS, Aparicio R (1998) Tentative analysis of virgin olive oil aroma by supercritical fluid extraction-high resolution gas chromatography-mass spectrometry. *Journal of Chromatography A*, 819(1-2) 267-275

O'Keeffe MJ, O'Keeffe MO, Glennon JD (1999) Supercritical fluid extraction (SFE) as a multi-residue extraction procedure for beta-agonists in bovine liver tissue. *Analyst*, 124(9): 1355-1360

Palenzuela B, Rodríguez-Amaro R, Rios A, Valcárcel M (2002) Screening of polyphenols in grape marc by on-line supercritical fluid extraction – Amperometric detection with a PVC-graphite composite electrode. *Electroanalysis*, 14 (19-20): 1427-1432

Pourmortazavi SM, Hajimirsadeghi SS (2007) Supercritical fluid extraction in plant essentials and volatile oil analysis. *Journal of Chromatography A*, 1163(1-2): 2-24

Stolker AA, Zoontjes PW, van Ginkel LA (1998) The use of supercritical fluid extraction for the deter-mination of steroids in animal tissues. *Analyst*, 123(12): 2671-2676

Sun M, Temelli F (2006) Supercritical carbon dioxide extraction of carotenoids from carrot using canola oil as a continuous co-solvent. *Journal of Supercritical Fluids*, 37: 397-408

Taylor SL, King JW, Richard JL, Greer JI (1993) Analytical-scale supercritical fluid extraction of aflatoxin B1 from field-inoculated corn. *Journal of Agricultural and Food Chemistry*, 41(6): 910-913

Taylor SL, King JW, Richard JL, Greer JI (1997) Supercritical fluid extraction of aflatoxin M1 from beef liver. *Journal of Food Protection*, 60(6): 698-700

Turner C, King JW, Mathiasson L (2001) Supercritical fluid extraction and chromatography for fat-soluble vitamin analysis. *Journal of Chromatogrophy A*, 936: 215-237

Turner C, Sparr Eskilsson C, Björklund E (2002) Collection in analytical-scale supercritical fluid extraction. *Journal of Chromatography A*, 947: 1-22

Vasapollo G, Longo L, Rescio L, Ciurlia L (2004) Innovative supercritical CO_2 extraction of lycopene from tomato in the presence of vegetable oil as cosolvent. *Journal of Supercritical Fluids*, 29: 87-96

Xie QL, Markides KE, Lee ML (1989) Supercritical fluid extraction-supercritical fluid chromatography with fraction collection for sensitive analytes. *Journal of Chromatographic Science*, 27(7): 365-370

Xu L, Zhan X, Chen R et al (2011) Recent advances on supercritical fluid extraction of essential oils. *African Journal of Pharmacy and Pharmacology*, 5(9): 1196-1211

Capitolo 3
Pressurized liquid extraction (PLE)

Sabrina Moret, Lanfranco S. Conte

3.1 Introduzione

La *pressurized liquid extraction* (PLE) – spesso indicata anche con gli acronimi PSE (*pressurized solvent extraction*) o ASE (*accelerated solvent extraction*, denominazione commerciale del primo estrattore basato su questo metodo) – è una tecnica di estrazione rapida ed efficiente comunemente impiegata con campioni solidi e semisolidi, che utilizza solventi riscaldati ad alta temperatura sotto pressione. Quando il solvente di estrazione è acqua portata ad alta temperatura (150-300 °C) e pressione, la tecnica prende il nome di *subcritical water extraction* (SWE) o *pressurized hot water extraction* (PHWE).

La PLE è stata introdotta nel 1995 e quasi subito approvata dall'EPA (Environmental Protection Agency) come metodo per la determinazione di composti organici semivolatili, pesticidi organoclorurati e organofosforici, erbicidi clorurati, policlorobifenili (PCB), idrocarburi policiclici aromatici (IPA), policlorodibenzodiossine (PCDD) e policlorodibenzofurani (PCDF) in campioni ambientali solidi e semisolidi. In seguito, le applicazioni in campo ambientale si sono estese alla determinazione di residui di oli minerali (diesel, idrocarburi di origine petrolifera) e poi anche al settore dell'analisi chimica degli alimenti, dove la PLE si è affermata per la determinazione – oltre che dei residui di pesticidi, PCB e IPA – soprattutto del contenuto di grasso in diversi alimenti in alternativa al Soxhlet.

3.2 Principi e vantaggi della tecnica

La PLE abbina l'uso di elevate temperature ed elevate pressioni alla classica estrazione con solventi, in modo da accelerare il desorbimento degli analiti dal campione e la loro solubilizzazione nel solvente. L'aumento della temperatura, infatti, accelera la cinetica di estrazione, mentre l'alta pressione mantiene il solvente allo stato liquido sopra il punto di ebollizione, facilitando la solubilizzazione dell'analita e consentendo in tal modo estrazioni rapide ed efficienti.

In sintesi, dal punto di vista operativo, un solvente comunemente utilizzato per l'estrazione degli analiti di interesse viene pompato in una cella di estrazione d'acciaio contenente il campione; la cella viene quindi riscaldata alla temperatura di estrazione (generalmente 75-200 °C) e portata a una pressione di circa 100 atm, in modo da mantenere liquido il solvente durante l'estrazione. Dopo un opportuno periodo di estrazione statica (5-10 minuti), l'estratto viene trasferito dalla cella riscaldata a un recipiente di raccolta. Se necessario, è possibile ripetere il ciclo di estrazione più volte.

S. Moret, G. Purcaro, L.S. Conte, *Il campione per l'analisi chimica*
DOI 10.1007/978-88-470-5738-8_3 © Springer-Verlag Italia 2014

Questa tecnica riduce notevolmente sia i tempi di estrazione sia il consumo di solventi. Oltre al rilevante impatto economico, ciò ha grande importanza dal punto di vista ambientale, poiché limita la diffusione di solventi nell'atmosfera e i problemi di smaltimento. La raccolta dell'analita in piccoli volumi di solvente può evitare in molti casi la necessità di ulteriore concentrazione dell'estratto, che può quindi essere sottoposto direttamente alla successiva analisi cromatografica. In alternativa, se necessaria, la concentrazione può essere realizzata con sistemi di evaporazione integrati che permettono di concentrare l'estratto nella stessa vial di raccolta, minimizzando la perdita di componenti volatili, e di recuperare il solvente di estrazione, che può essere riciclato.

La tecnica PLE si è dimostrata equivalente alle principali tecniche di estrazione con solventi, come la Soxhlet tradizionale o la Soxhlet automatizzata; per molte applicazioni fornisce inoltre risultati paragonabili a quelli ottenibili con l'estrazione assistita con microonde (MAE, vedi cap. 4).

Rispetto alla tecnica MAE (che come la PLE permette di effettuare estrazioni ad alta temperatura e ad alta pressione), la PLE consente di ottenere un estratto già filtrato che non necessita di ulteriori passaggi per separare il residuo solido del campione. Inoltre, la possibilità di effettuare una purificazione in cella può rendere l'estrazione altamente selettiva. D'altra parte, la preparazione della cella risulta generalmente più laboriosa e la strumentazione più costosa.

3.3 Strumentazione

Attualmente sono disponibili sul mercato due tipologie di estrattori PLE: una lavora in serie, l'altra in parallelo.

3.3.1 Sistema di estrazione in serie

Il primo apparecchio PLE che lavora in serie è stato sviluppato e commercializzato da Dionex (ora Thermo Scientific) con il marchio commerciale ASE (Accelerated Solvent Extraction). Questo strumento è in grado di realizzare tutte le operazioni di estrazione in modo automatizzato, tranne ovviamente il caricamento del campione nella cella.

In Fig. 3.1 è illustrato e descritto l'apparecchio da banco di ultima generazione (ASE 350), mentre in Fig. 3.2 sono riportati uno schema dell'apparecchio e un esempio di ciclo completo. Il sistema, molto flessibile, permette di programmare condizioni diverse di estrazione, con celle di dimensioni diverse, adeguando automaticamente il volume del solvente in funzione del volume della cella. Sono disponibili celle di estrazione in acciaio inossidabile di varia capacità (da un minimo di 1 a un massimo di 100 mL). Per estrazioni in ambienti acidi e basici sono disponibili celle in una lega speciale a base di zirconio, registrata con il nome commerciale di Dionium. La temperatura massima di esercizio è 200 °C, mentre la pressione massima di lavoro è fissata a 100 atm. Le celle di estrazione, composte da un corpo centrale e da due tappi di acciaio avvitabili a mano, sono sospese verticalmente nella giostra superiore. I tappi presentano una cavità forata centrale con guarnizioni a tenuta per l'introduzione e il drenaggio del solvente. Una volta raggiunta la temperatura ottimale di esercizio, la cella viene prelevata automaticamente dalla giostra superiore dall'attuatore autosigillante a movimento pneumatico e posizionata nel forno. Un sensore riconosce automaticamente il volume della cella e ne controlla il corretto posizionamento all'interno del forno, fornendo anche il consenso al pompaggio del solvente.

Fig. 3.1 Estrattore ASE 350. Sopra il pannello di controllo sono posizionati tre bottiglie per l'erogazione del solvente e un miscelatore integrato; nella parte destra si trovano due giostre sovrapposte (24 posti), con i vassoi per le celle d'estrazione (sopra) e per le vials (33 x 60 mL) o bottiglie di raccolta (19 x 250 ml) (sotto); lo strumento è inoltre dotato di forno di termostatazione (non visibile in figura) per il riscaldamento delle celle di estrazione. (Da Dionex, 2011. Riproduzione autorizzata)

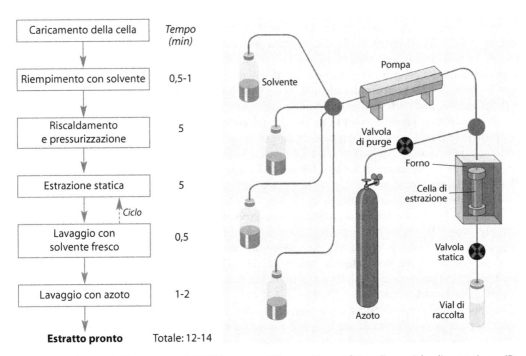

	Tempo (min)
Caricamento della cella	
Riempimento con solvente	0,5-1
Riscaldamento e pressurizzazione	5
Estrazione statica	5
Lavaggio con solvente fresco	0,5
Lavaggio con azoto	1-2
Estratto pronto	Totale: 12-14

Fig. 3.2 Schema dell'estrattore ASE (Dionex, ora Thermo Scientific) e di un ciclo di estrazione. (Da Richter et al, 2006. Riproduzione autorizzata)

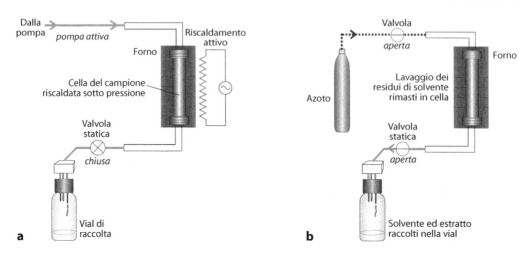

Fig. 3.3 Alcune fasi operative del ciclo di estrazione ASE: **a** riscaldamento ed estrazione statica; **b** purge con azoto. (Da Dionex, 2011. Riproduzione autorizzata)

Il sistema di raccolta del campione, posizionato nella parte inferiore dello strumento, è costituito da una giostra con adattatore estraibile per le vials/bottiglie di raccolta dell'estratto e per la raccolta del solvente di lavaggio della linea tra un campione e l'altro. È presente anche un sensore che controlla il livello di riempimento delle vials/bottiglie e che segnala l'eventuale eccesso di solvente.

Operativamente, una volta che la cella con il campione è stata introdotta nel forno e ha raggiunto l'equilibrio termico alla temperatura prefissata, la pompa incomincia a introdurre il solvente nella cella di estrazione a valvola statica chiusa. Al raggiungimento della pressione di 100 atm, necessaria per garantire che il solvente o la miscela di solventi restino allo stato liquido anche a temperature elevate, la valvola statica si apre brevemente per consentire il deflusso di una parte dell'estratto nella vial/bottiglia di raccolta. Contemporaneamente, del solvente fresco viene introdotto nella cella ristabilendo il volume iniziale. L'introduzione di solvente fresco aiuta a mantenere un equilibrio di estrazione favorevole: in pratica ci si avvicina alle condizioni di un'estrazione dinamica senza dover utilizzare restrittori di flusso per mantenere la pressione di lavoro. Mediante l'impiego di uno o più di cicli di estrazione (Fig. 3.3a), la cui durata può essere stabilita dall'utente, il campione viene estratto in maniera completamente automatizzata.

Terminata la fase di estrazione statica, la cella viene lavata con un'ulteriore aliquota di solvente fresco, fino a un massimo del 150% del volume della cella, e spurgata con un flusso di azoto (Fig. 3.3b), la cui durata può essere decisa dall'utente. Tutti i liquidi provenienti da queste due ultime fasi vengono raccolti nella vial/bottiglia. Tra un campione e l'altro viene effettuato un risciacquo della linea inviando poi il solvente all'apposito scarico posizionato nella giostra di raccolta.

Possono essere eseguite estrazioni in sequenza con un solo metodo per lo stesso tipo di campione, oppure, per campioni multipli, si può variare il metodo a seconda delle specifiche esigenze: è sufficiente selezionare i metodi per ciascun campione e inserirli nel programma secondo l'ordine dei campioni nella giostra. Si possono effettuare anche estrazioni multiple su una singola cella al fine di migliorare le rese di estrazione.

Per la sicurezza d'uso dello strumento, sensori di temperatura, pressione e di perdita di solvente provvedono ad azionare automaticamente segnali acustici d'allarme o a disattivare il sistema nel caso di anomalie (Dionex, 2011).

3.3.2 Sistema di estrazione in parallelo

Più recentemente Büchi Labortechnik (www. buchi.com) ha introdotto sul mercato un estrattore PLE compatto (SpeedExtractor, Fig. 3.4), che lavora in parallelo, non impiega sistemi in movimento per spostare le celle e può processare fino a sei campioni contemporaneamente.

Sono attualmente disponibili due modelli: il primo (E-916), con sei postazioni, lavora con celle da 10, 20 o 40 mL; il secondo (E-914), con quattro postazioni, lavora con celle da 40, 80 o 120 mL ed è adatto per processare quantitativi di campione più elevati. La pompa isocratica è munita di un miscelatore a 2 o 4 porte. L'apparecchio è dotato di un blocco termostatico compatto per il riscaldamento delle celle, che vengono inserite in fori ricavati nel blocco (in questo modo il riscaldamento risulta estremamente rapido e omogeneo); quando l'apparecchio non è in funzione, il blocco termostatico può essere parzialmente estratto per inserire e sfilare agevolmente le celle con l'ausilio di una pinza (Fig. 3.5). Le vials di raccolta, dotate di setto forabile, vengono posizionate in un portaprovette estraibile collocato nella parte inferiore dell'apparecchio. Il sistema è dotato di uno schermo protettivo che viene abbassato in fase di estrazione. Le vials di raccolta possono essere trasferite direttamente (senza trasferire il campione) a un evaporatore che concentra in parallelo i sei estratti, con possibilità di riciclo del solvente di estrazione (Fig. 3.5). Rispetto al sistema ASE, lo SpeedExtractor permette di processare contemporaneamente più campioni, ma non celle di dimensioni diverse,

Fig. 3.4 Estrattore SpeedExtractor a sei postazioni (modello E-916). (Da Büchi Labortechnik, 2009c. Riproduzione autorizzata)

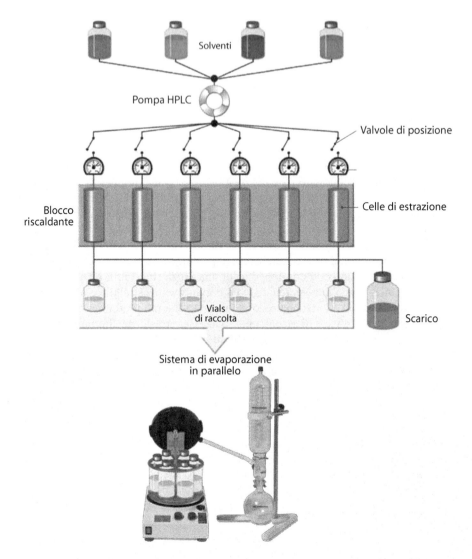

Fig. 3.5 Schema dello SpeedExtractor e del sistema integrato di evaporazione del solvente. (Da http://www.buchi.com. Riproduzione autorizzata)

all'interno dello stesso ciclo, anche se la messa a punto del sistema può essere condotta agevolmente isolando una postazione alla volta.

In Fig. 3.6 è illustrata la procedura per il riempimento delle celle dello SpeedExtractor. La cella di estrazione viene capovolta, si svita il tappo a vite con un apposito cacciavite e si asporta l'inserto metallico. Si posiziona un filtro monouso in cellulosa o fibra di vetro (per prevenire l'intasamento dell'inserto metallico) e sopra a questo l'inserto metallico; quindi si chiude il fondo della cella con il tappo a vite. È importante evitare di riempire completamente la cella, mantenendo uno spazio vuoto di 0,5-1 cm di altezza, poiché ciò impedisce al cam-

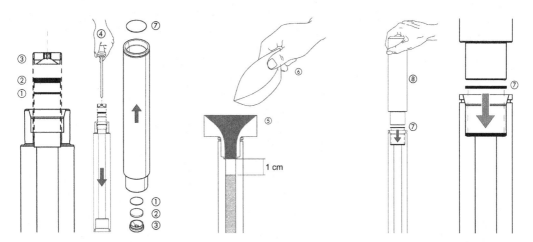

Fig. 3.6 Riempimento della cella dello SpeedExtractor. A cella capovolta si inserisce un filtro monouso (1) in cellulosa o fibra di vetro, si posiziona il setto poroso metallico (2) e si chiude con il tappo a vite (3) utilizzando l'apposito cacciavite torx (4). Dopo aver riposizionato la cella con il filtro verso il basso, si carica il campione (e l'eventuale agente disperdente/disidratante) utilizzando l'apposito imbuto (5) e una navicella per pesare (6). Completato il riempimento della cella (avendo cura di lasciare uno spazio vuoto di circa 1 cm di altezza per prevenire l'intasamento della cella in caso di rigonfiamento del campione), si inserisce un filtro superiore in nitrocellulosa (7) utilizzando l'apposito stantuffo tuffante (8). (Da Büchi Labortechnik, 2012. Riproduzione autorizzata)

pione di sporcare la guarnizione della cella in caso di rigonfiamento e garantisce un flusso uniforme. Una volta riempita la cella di estrazione, è bene inserire alla sua sommità un ulteriore filtro di protezione.

Le fasi del processo di estrazione sono analoghe a quelle descritte per il sistema ASE, con piccole differenze. Dopo aver portato alla temperatura di lavoro il blocco riscaldante, si caricano le celle impaccate con il campione e si avvia l'estrazione con il metodo impostato, che può prevedere uno o più cicli di estrazione. Una peculiarità di questo sistema è che il primo ciclo include una prova di tenuta preliminare, allo scopo di verificare che il sistema sia chiuso ermeticamente. Per esempio, se una valvola di scarico è aperta o alcune posizioni nel blocco riscaldante sono vuote, l'estrazione si interrompe e il display visualizza un messaggio d'errore. A eccezione del tempo di pre-riscaldamento, che non è modificabile dall'operatore, ma definito dal software, tutti i parametri, compreso il numero di cicli, vengono impostati nel metodo.

Durante la fase di riscaldamento (*heat up*) la pressione all'interno della cella viene gradualmente aumentata fino a raggiungere il valore impostato nel metodo. Durante la fase di estrazione statica (*hold time*) questi parametri vengono mantenuti costanti. Segue lo scarico dell'estratto (*discharge*) e la raccolta in vial. Per evitare di perdere parte degli analiti, occorre impostare un tempo di scarico sufficientemente lungo per raccogliere tutto il solvente nella cella (a tale scopo si osserva visivamente quando il solvente termina di fluire nella vial di raccolta e si imposta un tempo un po' più lungo). Per campioni molto concentrati il tempo di scarico del primo ciclo può risultare notevolmente più lungo di quello dei cicli successivi a causa della maggiore viscosità dell'estratto.

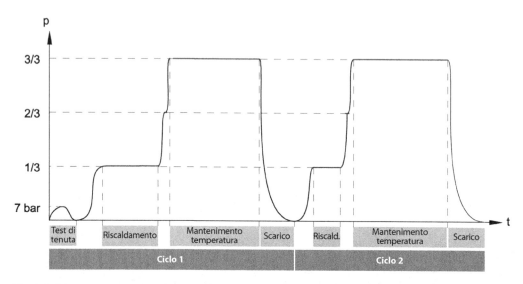

Fig. 3.7 Diagramma pressione/tempo di un processo a due cicli con SpeedExtractor. (Da Büchi Labortechnik, 2009c. Riproduzione autorizzata)

Alla fine dell'ultimo ciclo di estrazione si può inviare un flusso di solvente fresco per assicurare il trasferimento completo degli analiti estratti e, infine, un flusso di azoto (*purge*) per eliminare il solvente residuo dalla cella. La durata del purge con azoto dipende dalla dimensione e dall'impaccamento della cella e dalla temperatura di estrazione (quanto più bassa è la temperatura di estrazione, tanto più lunghi sono i tempi richiesti). In generale, si fa terminare il purge con 1 minuto di ritardo rispetto al momento in cui non si osserva più gocciolamento del solvente (solitamente sono sufficienti 2-5 minuti). La Fig. 3.7 mostra il diagramma pressione/tempo di un processo a due cicli di estrazione. Solo il primo ciclo prevede il test di tenuta.

3.4 Ottimizzazione del processo di estrazione

I parametri da ottimizzare in una procedura PLE, per ottenere rese di estrazione ottimali ed elevate selettività, sono numerosi (Richter, Raynie, 2012; Luque de Castro, Priego-Capote, 2012; Ramos et al, 2002).

3.4.1 Pre-trattamento del campione

L'omogeneizzazione rappresenta una fase importante della preparazione del campione, anche per assicurare la presa di un campione rappresentativo. Come per l'estrazione con Soxhlet, il campione ideale è un solido secco, finemente macinato: quanto maggiore è la superficie che viene esposta al solvente, tanto più veloce sarà il processo estrattivo. Generalmente le particelle del campione dovrebbero avere un diametro inferiore a 1-2 mm (per campioni più critici, inferiore a 0,5 mm). Sebbene la granulometria fine favorisca l'estrazione, alcune matrici, se ridotte in particelle molto fini, tendono a dare luogo a masse impaccate che al procedere dell'estrazione ostacolano il passaggio del solvente.

3.4.2 Agenti disperdenti

Quasi tutte le applicazioni PLE prevedono l'impiego di un agente disperdente, che ha la funzione di:
- impedire l'aggregazione delle particelle del campione, aumentando così la superficie esposta al contatto con il solvente;
- rendere omogeneo l'impaccamento, in modo da evitare la formazione di cammini preferenziali da parte del solvente;
- riempire i volumi vuoti per ridurre il consumo di solvente.

Gli agenti disperdenti più comunemente impiegati sono la sabbia di quarzo e la terra di diatomee (Hydromatrix). Per i campioni secchi la sabbia rappresenta una buona scelta. La sabbia marina non è raccomandabile come agente disperdente, in quanto contiene particelle di dimensioni molto ridotte, che possono facilmente provocare ostruzioni dei tubi. Sono disponibili in commercio sabbie naturali (sabbia di Ottawa e di Fontainebleau) già setacciate e della granulometria più appropriata per le diverse applicazioni. Per campioni di granulometria molto fine si impiega più comunemente celite (una farina fossile ridotta in polvere fine); in questo caso è necessario stratificare il campione sopra uno strato di sabbia che funge da filtro nei confronti del particolato fine.

3.4.3 Trattamento di campioni umidi e agenti disidratanti

Molte matrici presentano un contenuto di acqua che impedisce ai solventi non polari di raggiungere gli analiti all'interno del campione. L'uso di solventi più polari (acetone, metanolo), o di miscele di solventi apolari con un modificante polare (esano/acetone, diclorometano/acetone), può aiutare l'estrazione di questi campioni; tuttavia, se si vogliono impiegare solventi apolari, per rendere l'estrazione più selettiva, è necessario essiccare preventivamente il campione o ricorrere all'impiego di agenti disidratanti, che in questo caso fungono anche da agenti disperdenti.

L'essiccamento in stufa o la liofilizzazione prima dell'estrazione sono i metodi più efficienti per preparare campioni con elevato contenuto di acqua, ma possono compromettere la frazione volatile. L'essiccamento viene quindi normalmente realizzato per addizione diretta di agenti disidratanti.

La scelta e la quantità dell'agente disidratante dipendono dall'applicazione e dal contenuto di acqua del campione. Sebbene la maggior parte delle applicazioni preveda l'impiego di terra di diatomee quale agente disidratante, vengono impiegati anche altri materiali, come sodio solfato anidro e cellulosa. Il sodio solfato anidro è più adatto per matrici ambientali (terreno o sedimenti), mentre la cellulosa è più adatta per campioni ricchi di umidità, come frutta e verdura. Il sodio solfato anidro, tuttavia, non può essere utilizzato in presenza di metanolo o altri solventi polari, poiché può sciogliersi nel solvente. L'uso del solfato di magnesio non è raccomandabile, in quanto può fondere alle elevate temperature di estrazione.

Tutti gli agenti disperdenti o disidratanti devono comunque essere purificati mediante riscaldamento a 400 °C, o sottoposti a un ciclo di lavaggio con solvente ad alta temperatura, per eliminare eventuali impurezze adsorbite che potrebbero contaminare il campione in fase di estrazione.

3.4.4 Scelta della cella di estrazione e modalità di riempimento

Al fine di limitare il consumo di solvente e velocizzare il processo di estrazione, è opportuno scegliere la cella più piccola in grado di soddisfare i requisiti di sensibilità richiesti. In tal modo si limita anche il consumo di agente disperdente, abbassando i costi per campione.

Le celle d'acciaio sono troppo pesanti per potervi pesare direttamente il campione, che viene quindi generalmente pesato in un altro recipiente (per esempio una navetta di plastica o una capsula di porcellana), per poi essere trasferito con un apposito imbuto nella cella di estrazione. La scelta dell'agente disperdente/disidratante e della modalità di impaccamento della cella può avere un impatto notevole sull'efficienza di estrazione e va quindi attentamente ottimizzata.

La preparazione della cella è inoltre essenziale per evitare problemi di ostruzione della stessa (causati da particelle di piccole dimensioni) e ridurre il consumo di solvente. A seconda delle esigenze e delle caratteristiche del campione, si possono utilizzare diverse tecniche di riempimento della cella. Come verrà spiegato più avanti, utilizzando opportuni materiali adsorbenti è possibile effettuare anche una purificazione del campione in cella, ottenendo estratti che non necessitano di ulteriore trattamento prima della determinazione analitica.

In Fig. 3.8 sono illustrate quattro diverse modalità di impaccamento della cella, utilizzando contenitori di vetro per permetterne la visione.

La modalità standard (adatta a campioni di granulometria media) prevede semplicemente il riempimento della cella con il campione mescolato con un agente disperdente e/o disidratante (Fig. 3.8a). Nel caso di materiali con granulometria particolarmente fine, è raccoman-

Fig. 3.8 Esempi di differenti tecniche di riempimento delle celle: **a** campione mescolato con agente disidratante/disperdente (riempimento standard); **b** campione mescolato con disidratante/disperdente tra 2 letti di sabbia; **c** campione voluminoso con elemento di espansione; **d** campione in ditale di cellulosa o fibra di vetro. (Da Büchi Labortechnik, 2009c. Riproduzione autorizzata)

dabile depositare sul fondo della cella un letto di sabbia, seguito dal campione mescolato con un opportuno agente disperdente/disidratante, ed eventualmente da un ulteriore strato di sabbia per riempire il volume vuoto (Fig. 3.8b). Il letto di sabbia di quarzo agisce come filtro, impedendo che particelle di piccola dimensione possano andare a bloccare la cella. Nel caso di campioni voluminosi di bassa densità (come carta e altri imballaggi), può risultare conveniente ridurre il volume interno della cella con "elementi di espansione" (sferette di vetro o barrette cilindriche di vetro o acciaio), allo scopo di occupare almeno parte del volume vuoto della cella (Fig. 3.8c). Questi elementi possono anche essere impiegati al posto della sabbia per preparare letti impaccati. L'ultima modalità di riempimento della cella prevede l'inserimento del campione in un ditale di cellulosa o fibra di vetro, simile a quelli impiegati per l'estrazione Soxhlet. Tale modalità è particolarmente adatta a campioni che possono fondere alle temperature di estrazione o sporcare la cella (Fig. 3.8d); inoltre, consente di pesare direttamente il campione nel ditale senza doverlo trasferire da un recipiente a un altro. Ciò risulta particolarmente vantaggioso quando l'estrazione è finalizzata, per esempio, a una determinazione gravimetrica (estrazione del grasso).

Per evitare problemi correlati alla cessione di materiale interferente, soprattutto nel caso di analisi in tracce, è importante lavare i ditali prima dell'uso. Per prevenire la fuoriuscita di materiale dal ditale durante la fase di sfiato della pressione, è opportuno chiudere il ditale con un tappo in lana di vetro. In questo caso occorre fare in modo che la lana di vetro non venga a contatto con la guarnizione che assicura la tenuta della cella, in quanto potrebbe danneggiarla (Büchi Labortechnik, 2009c).

3.4.5 Scelta del solvente di estrazione

Per realizzare un'estrazione efficiente, il solvente deve essere in grado di solubilizzare l'analita di interesse lasciando possibilmente intatta la matrice del campione. Deve inoltre facilitare il rilascio dell'analita dalla matrice e assicurarne una buona solvatazione. Esistono modelli, basati per esempio sul parametro di solubilità di Hansen (Srinivas et al, 2009), che descrivono la solubilità dei soluti in un solvente; tuttavia, poiché numerosi altri fattori svolgono un ruolo importante nel processo di estrazione, le considerazioni teoriche relative alla solubilità degli analiti nei diversi solventi rappresentano solo una prima approssimazione utile per la scelta del solvente (Mustafa, Turner, 2011).

Rispetto ai fluidi supercritici, i liquidi ad alta temperatura sotto pressione possiedono una maggiore forza solvente; inoltre, non essendo coinvolti cambiamenti di fase nel ritorno del sistema alle condizioni atmosferiche, non servono restrittori o trappole liquide o impaccate per il recupero degli analiti dall'estratto.

La polarità del solvente di estrazione dovrebbe essere simile a quella dell'analita da estrarre. A differenza della SFE, la PLE può utilizzare gli stessi solventi dei metodi classici: generalmente, se un solvente lavora bene con le tecniche tradizionali di estrazione (per esempio, quella con Soxhlet), è adatto anche per la tecnica PLE. Ciò permette di adattare metodi preesistenti senza dover effettuare prove preliminari per testare l'efficienza di diversi solventi nei riguardi dell'analita da estrarre. Talvolta può risultare vantaggioso impiegare miscele di solventi che agiscono in modo sinergico, per esempio la miscela di un solvente apolare, in cui l'analita si scioglie bene, e di un modificante polare, che favorisce il rilascio dell'analita dalla matrice. Solventi o miscele di solventi, che in condizioni normali non danno risultati soddisfacenti, possono dare ottime prestazioni con la tecnica PLE, che può utilizzare come solventi anche soluzioni tampone acquose o acqua.

L'acqua rappresenta il solvente ideale, sia dal punto di vista economico sia in termini di impatto ambientale, e viene comunemente impiegata a temperature di 80-120 °C per l'estrazione di molti componenti polari. Non è raccomandabile l'impiego di acidi forti (cloridrico, nitrico, solforico), poiché possono reagire con l'acciaio dell'apparecchiatura. Se necessario, si possono usare acidi deboli, quali acetico e fosforico, addizionandoli in ragione dell'1-10% (v/v) a solventi acquosi o polari.

Anche nella scelta del solvente vanno sempre considerati costo, tossicità, volatilità e compatibilità con le fasi successive dell'analisi. Il volume totale di solvente utilizzato per l'estrazione corrisponde generalmente a 0,5-3 volte quello della cella di estrazione, in funzione del grado di impaccamento della stessa e del numero di cicli previsti.

3.4.6 Effetto della temperatura e del tempo di estrazione

La temperatura è in genere il fattore più importante da ottimizzare in un processo di estrazione, poiché può influenzarne la velocità, l'efficienza e la selettività.

Il processo di estrazione viene infatti favorito dall'aumento della temperatura per diversi motivi: si riducono le interazioni dell'analita con la matrice, aumenta la solubilità dell'analita nel solvente di estrazione, diminuiscono la viscosità e la tensione superficiale del solvente e aumenta la velocità di diffusione dell'analita.

In particolare, all'aumentare della temperatura si riducono le interazioni analita-matrice e ciò facilita la rimozione degli analiti fortemente adsorbiti alla matrice. L'impiego di temperature elevate aiuta infatti a rompere le interazioni matrice-analita determinate da forze di van der Waals, legami idrogeno e interazioni dipolo-dipolo. L'energia termica aiuta inoltre a superare le forze di coesione intermolecolari e a ridurre l'energia di attivazione necessaria per il processo di desorbimento (Mustafa, Turner, 2011).

All'aumentare della temperatura aumenta anche la solubilità dell'analita. Conoscendo come varia la solubilità di un analita in una soluzione ideale, è possibile prevedere l'effetto di un aumento di temperatura. Per esempio, la solubilità dell'antracene aumenta di 13 volte passando da 25 a 150 °C. Al crescere della temperatura, inoltre, diminuiscono la viscosità del solvente, che può così penetrare più rapidamente e in profondità nella matrice, e la sua tensione superficiale, e di conseguenza le forze intermolecolari che ostacolano la dissoluzione dell'analita (viene facilitata nel solvente la formazione di cavità in grado di accogliere le molecole di analita). La viscosità dell'isopropanolo si abbassa di 9 volte passando da 25 a 200 °C (Perry et al, 1984; Richter et al, 1996; Luque de Castro, Priego-Capote, 2012).

Un ulteriore importante vantaggio dell'utilizzo di temperature più elevate è legato all'aumento della velocità di diffusione (cioè del trasferimento di massa della molecola nel solvente), che permette estrazioni più rapide, soprattutto quando il processo è limitato proprio dalla velocità di diffusione dell'analita. È stato calcolato che, nell'intervallo di temperatura compreso tra 25 e 200 °C, la velocità di diffusione dell'analita aumenta di un fattore compreso tra 2 e 10.

Tuttavia, se da un lato all'aumentare della temperatura aumenta la velocità dell'estrazione, dall'altro diminuisce la selettività della stessa.

La temperatura di estrazione ottimale è generalmente compresa tra 75 e 125 °C. Quando si mette a punto un metodo PLE si eseguono prove di ottimizzazione a diverse temperature, prendendo come riferimento 100 °C (temperatura utilizzata per l'estrazione di contaminanti in molte applicazioni su matrici ambientali), o comunque una temperatura di 20 °C superiore al punto di ebollizione del solvente a pressione atmosferica. Se il campione contiene ele-

Tabella 3.1 Effetto della temperatura sull'estrazione di idrocarburi da campioni di terreno

Temperatura (°C)	Recupero (%)	RSD (%)
27	81,2	6,0
50	93,2	5,0
75	99,2	2,0
100	102,7	1,0

RSD: deviazione standard relativa. (Da Dionex, 2008. Riproduzione autorizzata).

vate quantità di grasso, la temperatura impostata non dovrebbe superare i 100 °C; infatti, a temperature superiori i prodotti di degradazione del grasso possono bloccare la cella, impedire un'accurata determinazione gravimetrica del grasso stesso o determinare un recupero non ottimale dell'analita.

Nel caso di analiti termolabili è consigliabile partire da temperature inferiori di almeno 20 °C a quella che determina la degradazione dell'analita.

La Tabella 3.1 riporta l'effetto della temperatura sull'estrazione di idrocarburi di origine petrolifera (TPH) dal suolo, prendendo come riferimento la percentuale di recupero e la ripetibilità (deviazione standard relativa). Come si può osservare, all'aumentare della temperatura migliorano non solo i recuperi ma anche la ripetibilità dell'analisi (Dionex, 2008).

Talvolta, come nell'esempio riportato in Tabella 3.2, all'aumentare della temperatura si osserva una diminuzione dei recuperi di estrazione; tale diminuzione non è sempre legata esclusivamente a problemi di degradazione termica dell'analita, ma può anche derivare da perdite in seguito a ossidazione. L'esempio riportato in Tabella 3.2 riguarda il comportamento del dicumilperossido (DCP), una sostanza termolabile utilizzata come iniziatore di radicali nei processi di polimerizzazione; secondo dati di letteratura, in seguito a esposizione a 150 °C per 7,5 minuti il DCP si decompone per il 30% (Dionex, 2001). Si può notare come parte della degradazione sia di origine ossidativa e non termica, come si evince dall'aumentato recupero contemporaneo all'eliminazione dell'aria in fase di estrazione.

Una ricerca, realizzata con trigliceridi contenenti acidi grassi polinsaturi, ha dimostrato che a 130 °C i livelli di ossidazione sono analoghi a quelli della classica estrazione con Soxhlet, condotta a temperature di poco superiori a quella ambiente; altri autori riportano invece livelli di degradazione ossidativa inferiori a quelli riscontrati con l'estrazione classica, probabilmente perché l'estrazione è più rapida e avviene in carenza di ossigeno (Richter, Raynie, 2012).

Tabella 3.2 Recuperi di dicumilperossido in funzione della presenza di ossigeno e della temperatura

Condizioni	Temperatura (°C)	Recupero (%)	RSD (%)
No degasaggio, pressurizzazione in aria	100	101,0	5,90
No degasaggio, pressurizzazione in aria	150	77,0	3,20
Degasaggio, pressurizzazione in azoto	150	91,1	0,83

RSD: deviazione standard relativa. (Da Dionex, 2001. Riproduzione autorizzata).

Anche la durata dell'estrazione va ottimizzata. In generale, a meno che l'analita non presenti problemi di termodegradabilità, i recuperi aumentano con il tempo di estrazione fino a raggiungere un livello costante oltre il quale non si osservano ulteriori incrementi. Per la maggior parte delle applicazioni sono sufficienti pochi minuti (5-10) di estrazione statica per ottenere risultati ottimali. Se le interazioni analita-matrice sono forti e il desorbimento dell'analita richiede tempo, può risultare conveniente prolungare il periodo di estrazione statica, piuttosto che aumentare il numero dei cicli di estrazione.

3.4.7 Cicli di estrazione

Se le rese ottenibili con un ciclo di estrazione non sono sufficienti, se ne effettua più d'uno inviando in cella una nuova aliquota di solvente fresco. La maggior parte delle applicazioni PLE prevede da 1 a 3 cicli di estrazione.

Il processo di estrazione dell'analita può essere limitato dalla velocità di penetrazione del solvente nella matrice e dal processo di desorbimento (in questo caso, come già accennato, è conveniente allungare i tempi di estrazione statica), ma può anche essere limitato dalla solubilità dell'analita nel solvente di estrazione. Nel secondo caso conviene effettuare più cicli di estrazione statica in successione. La necessità di effettuare più cicli di estrazione è maggiore quando l'estrazione viene condotta a temperature relativamente basse per problemi di termolabilità dei componenti da estrarre.

3.4.8 Effetto della pressione

Per effetto della pressione il solvente rimane in forma liquida anche a temperature superiori a quella di ebollizione. Inoltre la pressione favorisce sia la penetrazione del solvente all'interno dei pori della matrice, facilitando così l'estrazione dell'analita, sia la dissoluzione delle bolle d'aria presenti all'interno della matrice che ostacolano il contatto analita-solvente.

Con l'eccezione di alcuni campioni ricchi di umidità (terreno), per i quali si è osservato un aumento dei recuperi di taluni inquinanti (IPA ed erbicidi) a pressioni più elevate (150-170 atm), pressioni maggiori di quelle necessarie per mantenere liquido il solvente hanno un effetto generalmente trascurabile sul recupero della maggior parte delle sostanze. Già a bassi valori la pressione facilita la penetrazione del solvente nei pori del campione. Le pressioni di norma utilizzate in PLE (100 atm) sono in genere abbondantemente superiori a quelle necessarie per mantenere il solvente allo stato liquido (per l'esano a 209 °C, per esempio, è sufficiente una pressione di 20 atm). Pertanto, non essendo necessario alcun aggiustamento della pressione quando si cambia solvente di estrazione, tale parametro non viene generalmente considerato nelle procedure di ottimizzazione di un metodo PLE (Luque de Castro, Priego-Capote, 2012).

3.4.9 Selettività dell'estrazione

La PLE è una tecnica di estrazione esaustiva, ma se la procedura di estrazione non viene attentamente ottimizzata, gli estratti ottenuti da campioni complessi possono contenere elevate quantità di interferenti co-estratti. L'obiettivo finale di un metodo di estrazione è massimizzare il recupero dell'analita, minimizzando nel contempo la co-estrazione di interferenti. Per raggiungere tale obiettivo, si può agire su tre parametri: temperatura, tipo di solvente e uso di adsorbenti selettivi nella cella di estrazione (Richter, Raynie, 2012).

In generale, quanto più elevata è la temperatura, tanto minore è la selettività dell'estrazione. Per contro, abbassando la temperatura, l'estrazione diventa più selettiva, ma diminuisce

Fig. 3.9 Campione di mirtillo estratto con solventi di polarità crescente. Da sinistra verso destra: esano, diclorometano, etilacetato, acetonitrile, etanolo. (Da Dionex, 2011. Riproduzione autorizzata)

il recupero degli analiti (ciò può essere compensato aumentando il tempo di estrazione o il numero di cicli). Analogamente, la selettività dell'estrazione diminuisce quando si utilizzano solventi più polari. Un esempio classico è l'estrazione di antiossidanti polifenolici da frutti di bosco (mirtilli). L'impiego di solventi polari determina l'estrazione di numerosi composti che rendono la determinazione analitica piuttosto impegnativa. Effettuando un frazionamento con solventi di polarità crescente, è possibile ottenere estratti contenenti miscele di composti più semplici da analizzare. Per esempio, per eliminare le cere si può eseguire un lavaggio preliminare con esano o diclorometano e poi estrarre il campione con solventi di polarità crescente, raccogliendo l'estratto in vials separate. La Fig. 3.9 mostra gli estratti ottenuti sottoponendo in successione un campione di mirtillo a estrazione con esano, diclorometano, etilacetato, acetonitrile ed etanolo (Dionex, 2011). In altri casi, come nell'estrazione e dosaggio spettrofotometrico dell'ipericina, prima di estrarre l'analita con il solvente più idoneo, può essere vantaggioso effettuare un lavaggio preliminare con un solvente in grado di rimuovere gli interferenti. L'ipericina viene determinata spettrofotometricamente, secondo la farmacopea europea, ma la clorofilla co-estratta può dare problemi di interferenza in quanto assorbe a una lunghezza d'onda vicina a quella dell'ipericina. In questo caso il campione può essere pre-estratto con diclorometano per eliminare l'interferenza della clorofilla, e poi estratto con metanolo (Büchi Labortechnik, 2009b).

La possibilità di effettuare una purificazione mediante un adsorbente selettivo direttamente in cella (*in-cell clean-up*) rende la tecnica PLE estremamente versatile e interessante e consente di ottenere livelli di selettività ancora migliori. Tipicamente, il campione viene caricato in cima al letto di adsorbente in modo che l'estratto sia costretto ad attraversarlo (Kettle, 2013).

La scelta del materiale adsorbente dipende da: tipo di campione, quantità e tipo di interferenti, proseguimento dell'analisi e altri parametri di estrazione (temperatura, solvente). La selettività dell'estrazione può essere migliorata ulteriormente utilizzando una procedura frazionata con solventi di diversa polarità.

Analogamente a quanto avviene con l'estrazione in fase solida (SPE, vedi cap. 6), la purificazione dell'estratto può essere ottenuta mediante due modalità:
– un processo di estrazione a una fase, in cui gli interferenti vengono ritenuti in cella mentre gli analiti vengono estratti ed eluiti;
– un processo di estrazione frazionato, in cui in una prima fase (lavaggio) vengono lavati via gli interferenti e successivamente vengono estratti gli analiti, con un solvente in grado di estrarli efficientemente e di rompere le interazioni analita-adsorbente.

Come illustrato nel prossimo paragrafo, l'impiego di adsorbenti ha trovato ampia diffusione soprattutto nell'estrazione di contaminanti apolari lipofili da campioni con elevato contenuto di grasso.

3.5 Applicazioni

Le prime applicazioni PLE hanno riguardato soprattutto il settore ambientale, ma oggi questa tecnica è ampiamente diffusa anche nei settori biologico, farmaceutico, dei polimeri e dell'analisi degli alimenti. Di seguito sono illustrate alcune applicazioni recenti su matrici alimentari, con particolare attenzione all'estrazione dei contaminanti.

3.5.1 Contaminanti organici lipofili

In letteratura sono riportate numerose applicazioni PLE relative all'estrazione di contaminanti lipofili – quali IPA, PCB, PCDD e PCDF – e, più recentemente, di oli minerali da diverse matrici alimentari.

Data la loro natura apolare, molti di questi contaminanti sono presenti a concentrazioni particolarmente elevate in alimenti ricchi di grassi. La PLE è stata quindi applicata con successo proprio in queste matrici, impiegando sia solventi apolari (pentano o esano) sia combinazioni di solventi apolari e solventi di media polarità come il diclorometano (Carabias-Martínez et al, 2005). Per rimuovere i lipidi co-estratti, è necessario un post-trattamento del campione, che può essere effettuato con metodi distruttivi, come digestione acida e saponificazione, o non distruttivi, come cromatografia su colonna impaccata e cromatografia di permeazione su gel (GPC). In alternativa al post-trattamento del campione, molti metodi prevedono una purificazione direttamente in cella (*in-cell clean-up*).

L'impiego di adsorbenti in grado di ritenere il grasso ha trovato ampia diffusione per l'estrazione dei PCB da diverse matrici alimentari. Già nel 1996, Ezzell e colleghi riportavano l'impiego di allumina attivata per separare e ritenere il grasso durante l'estrazione dei PCB da tessuto ittico, osservando che la capacità di ritenzione del grasso diminuiva all'aumentare della temperatura di estrazione o della polarità del solvente (Ezzell et al, 1996). Successivamente sono stati testati altri materiali adsorbenti in grado di trattenere il grasso e ottenere estratti purificati già pronti per l'analisi finale, tra i quali il Florisil (Gomez-Ariza et al, 2002) e la silice trattata con acido solforico (presente sulla silice al 40% in peso), che secondo alcuni studi sarebbe la scelta migliore (Björklund et al, 2001; Muller et al, 2001; Sporring, Björklund, 2004). L'aggressività della silice trattata con acido solforico, che tende a corrodere le celle d'acciaio, ne ha comunque limitato l'impiego pratico; la recente introduzione di celle in Dionium (zirconio), particolarmente resistenti agli acidi, potrebbe ovviare a tale problema. La silice acida è stata impiegata da Zhang et al (2011) per l'estrazione/purificazione di polibromodifenileteri (PBDE) e PCB in fegato e altri tessuti animali, prima dell'analisi GC-MS, mentre la silice attivata è stata impiegata recentemente da Lund et al (2009) per l'estrazione di IPA da prodotti ittici affumicati.

L'analisi di PCB diossina-simili (mono-orto planari e non-orto planari) e di PCDD e PCDF a struttura planare risulta complicata dalla bassa concentrazione alla quale questi contaminanti sono presenti negli alimenti, rispetto anche ai PCB non-diossina simili (presenti a livelli di gran lunga superiori).

La procedura tradizionale per la determinazione di PCDD, PCDF e PCB diossina-simili da matrici complesse, quali gli alimenti, prevede: estrazione del grasso con Soxhlet, seguita da purificazione multistep su diverse colonne multistrato per eliminare potenziali interferenti; frazionamento/isolamento dei composti planari (di maggior rilevanza tossicologica) dai PCB non planari (non diossina-simili); analisi GC-MS ad alta risoluzione. A causa di tutti questi passaggi, l'analisi è particolarmente lunga e costosa. I primi metodi PLE sviluppati per l'analisi di questi contaminanti in matrici alimentari prevedevano una purificazione dal grasso direttamente in cella (in presenza di silice impregnata di acido solforico), in modo da ottenere estratti idonei all'analisi GC diretta con rivelazione a cattura di elettroni, nel caso di analisi di PCB non diossina-simili (Sporring, Björklund, 2004), o ridurre la necessità di ulteriore purificazione nel caso di analisi di PCB diossina-simili, PCDD e PCDF (Wiberg et al, 2007). Successivamente, Haglund et al (2007) hanno sviluppato un metodo PLE per l'estrazione selettiva di PCDD, PCDF e PCB diossina-simili da alimenti e mangimi effettuando il frazionamento su carbone, necessario per isolare selettivamente i composti planari, direttamente nella cella di estrazione.

Gli oli minerali sono miscele complesse di idrocarburi saturi e aromatici di origine petrogenica che possono contaminare gli alimenti attraverso diverse fonti; in particolare, un'importante fonte di contaminazione è rappresentata dagli imballaggi di cartone riciclato (prodotti a partire da carta da macero contenente residui di inchiostro di stampa), che trasferiscono i contaminanti più volatili agli alimenti in essi confezionati.

Recentemente è stato messo a punto un metodo PLE per l'estrazione rapida in parallelo (6 campioni) di questi contaminanti dal cartone (estrazione con esano a 60 °C, 5 minuti, 2 cicli) (Moret et al, 2013), e successivamente anche da alimenti quali pasta e cereali. In quest'ultimo caso, sfruttando la diversa selettività dei solventi, sono stati sviluppati due metodi: uno per l'estrazione della contaminazione superficiale migrata dagli imballaggi, l'altro per l'estrazione della contaminazione totale proveniente da diverse fonti (Moret et al, 2014). Nel primo caso si effettua l'estrazione con esano a 100 °C (1 ciclo di 5 minuti) sul prodotto intero o sminuzzato grossolanamente (senza impiego di agenti disperdenti); nel secondo caso l'estrazione (2 cicli di 5 minuti a 100 °C) viene effettuata sul campione macinato (disperso con sabbia di quarzo), impiegando una miscela esano/etanolo (1:1), che ha la capacità di rigonfiare l'amido e denaturare le proteine determinando un rilascio quantitativo dei contaminanti già presenti a livello di materie prime, che altrimenti non sarebbero accessibili al solvente apolare.

La Fig. 3.10 mostra i tracciati LC-GC-FID della frazione satura (MOSH, *mineral oil saturated hydrocarbon*) di un campione di pasta ottenuti con diversi solventi di estrazione e con cicli di estrazione successivi effettuati sullo stesso campione con la miscela esano/etanolo (1:1). Come si può osservare, i tracciati GC evidenziano la presenza di una contaminazione ("collina" di picchi non risolti) difficilmente estraibile con solventi o miscele di solventi non idonei. Spiccano sulla cima i picchi ben risolti degli *n*-alcani endogeni, che per la quantificazione della contaminazione devono essere detratti dall'area totale della "collina".

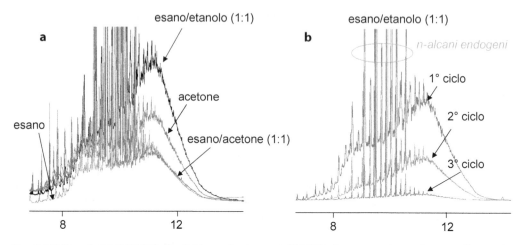

Fig. 3.10 Tracciati LC-GC-FID degli idrocarburi saturi (MOSH) di un campione di pasta di semola estratto con diversi solventi (**a**) e sottoposto a cicli di estrazione successivi (**b**). (Da Moret et al, 2014. Riproduzione autorizzata)

3.5.2 Pesticidi

La PLE è stata ampiamente impiegata sia per l'estrazione selettiva di diverse classi di pesticidi (organoclorurati, organofosforici, erbicidi e altri), sia per l'estrazione multiresiduale di una vasta gamma di composti con differenti proprietà (Cervera et al, 2010; Pang et al, 2006).

Wu et al (2011) hanno recentemente sviluppato un metodo per la determinazione simultanea di 109 pesticidi in alimenti di origine animale; tale metodo prevede l'estrazione dei pesticidi con acetonitrile seguita da purificazione mediante GPC automatizzata. I recuperi medi ottenuti per ciascun pesticida sono compresi tra 63 e 108%.

Per l'estrazione di pesticidi apolari da prodotti ortofrutticoli a elevato contenuto di acqua è necessario aggiungere un agente disidratante, come sodio solfato anidro, terra di diatomee (Hydromatrix) o cellulosa (Carabias-Martínez et al, 2005; Sun et al, 2012). L'elevato contenuto di acqua che caratterizza questo tipo di campioni impedisce infatti al solvente organico non polare di raggiungere gli analiti. Per estendere la gamma di pesticidi estraibili, si ricorre all'impiego di solventi più polari (acetonitrile, metanolo, acetato di etile, diclorometano) o a miscele di solventi (esano/acetone, cicloesano/etilacetato, esano/acetonitrile, esano/propanolo). Per l'estrazione di N-metilcarbammati da campioni vegetali, Herrera et al (2002) hanno proposto l'impiego di acqua in una combinazione di estrazione in modalità statica e dinamica accoppiata on-line ad analisi HPLC con rivelatore fluorimetrico. Per evitare problemi di degradazione degli analiti, non si devono superare i 75 °C. Aggiungendo piccole quantità di modificanti organici (metanolo, etanolo, acetonitrile o acetone), l'acqua può essere impiegata con successo per queste estrazioni senza dover operare a temperature eccessivamente elevate. Gli interferenti co-estratti vengono generalmente eliminati attraverso un successivo passaggio di purificazione/concentrazione, come estrazione liquido-liquido, GPC, SPE, SPME o SBSE, oppure mediante purificazione in cella con un opportuno adsorbente (Carabias-Martínez et al, 2005).

3.5.3 Residui di farmaci veterinari, anabolizzanti e altri contaminanti

Le applicazioni della PLE nel settore dei residui di farmaci veterinari e anabolizzanti riguardano soprattutto l'estrazione di ormoni steroidei (Hooijerink et al, 2003; Draisci et al, 2001) e antibiotici (Carretero et al, 2008; Gentili et al, 2004), utilizzati illecitamente come promotori della crescita. La preparazione del campione per l'estrazione di questi residui dai tessuti animali può risultare molto laboriosa a causa della complessità della matrice e della presenza di lipidi che devono essere allontanati. La PLE permette di integrare la fase di estrazione e quella di purificazione del campione. Hooijerink et al (2003) hanno proposto un metodo per l'estrazione di sette steroidi anabolizzanti da tessuto adiposo. La cella di estrazione viene riempita, dal basso verso l'alto, con strati di allumina, sodio solfato anidro e campione fuso. Il metodo ottimizzato prevede due cicli di estrazione: il primo con esano, per eliminare i lipidi interferenti, e il secondo con acetonitrile, per estrarre gli analiti. Analogamente, per l'estrazione di corticosteroidi da tessuti animali, prima dell'analisi LC-MS, Draisci et al (2001) effettuano un lavaggio con esano per eliminare l'interferenza dei lipidi, seguito da estrazione con miscela esano/etilacetato.

Carretero et al (2008) hanno messo a punto e validato un metodo PLE seguito da LC-MS/MS per la determinazione in tracce di 31 antimicrobici, tra i quali sulfamidici e tetracicline, in campioni di carne. Il metodo ottimizzato prevede di porre direttamente in cella il campione omogeneizzato con sabbia trattata con EDTA (che ha la funzione di complessare le impurezze metalliche determinando un aumento dei recuperi di alcune classi di antibiotici) e di effettuare un ciclo di estrazione con acqua a 70 °C (100 atm). Residui di sulfamidici sono stati estratti da carne e alimenti per l'infanzia da Gentili et al (2004) effettuando una purificazione in cella riempita con adsorbente C18. L'impiego di acqua come solvente di estrazione (10 mL a 160 °C e 100 atm) rende possibile l'iniezione diretta dell'estratto in LC-MS/MS.

Altre applicazioni nel settore dei contaminanti riguardano l'estrazione di micotossine da diverse matrici alimentari (Pérez-Torrado et al, 2010; Rodríguez-Carrasco et al, 2012), di ammine eterocicliche aromatiche da prodotti ittici e carnei (Khan et al, 2008) e di acrilammide da caffè e cioccolato (Pardo et al, 2007) e da prodotti a base di cereali (Yusà et al, 2006).

3.5.4 Composti bioattivi e nutraceutici

La PLE, ma ancor più la SWE, si sono ampiamente diffuse anche per l'estrazione di nutraceutici o composti bioattivi, quali polifenoli, carotenoidi, vitamine e oli essenziali. Il processo di estrazione rappresenta un aspetto critico della determinazione analitica di questi componenti. Come dimostrato da alcuni studi comparativi, che hanno confrontato le prestazioni di queste tecniche con quelle dei metodi di estrazione convenzionali (Luthria et al, 2007; Hartonen et al, 2007), la PLE e la SWE rappresentano due approcci molto interessanti, in quanto permettono di ottenere rese comparabili o addirittura migliori rispetto ai metodi classici, in tempi più brevi e con un minor consumo di solventi organici.

Poiché l'estrazione avviene in un sistema chiuso, lontano dal contatto con l'aria e al riparo dalla luce, la PLE risulta inoltre particolarmente adatta all'estrazione di composti sensibili all'ossigeno e alla luce, come le vitamine (Mustafa, Turner, 2011).

Per quanto riguarda i polifenoli, Alonso-Salces et al (2001) hanno messo a punto una metodica PLE per campioni di mele (estrazione con metanolo) seguita da analisi HPLC/DAD che non richiede un'ulteriore purificazione. Adil et al (2007) hanno dimostrato che l'aggiunta di anidride carbonica al solvente utilizzato per la PLE (etanolo) permette di migliorare la solubilità dei polifenoli nel solvente di estrazione, e quindi di aumentare le rese di estrazione da bucce di mela e pesca.

Herrero et al (2006) hanno ottimizzato un metodo per l'estrazione di carotenoidi ad attività antiossidante da microalghe, testando diversi solventi (esano, etanolo e acqua), diverse temperature (40-160 °C) e diversi tempi di estrazione (5-30 minuti). Le rese di estrazione migliori sono state ottenute con etanolo a 60 °C per 30 min.

3.5.5 *Estrazione del grasso*

La determinazione del contenuto di grasso negli alimenti rappresenta attualmente una delle analisi più effettuate, anche in seguito all'introduzione dell'obbligo di indicare in etichetta le informazioni nutrizionali. La tecnica PLE consente di ridurre sia la quantità di solvente necessario sia i tempi di estrazione, con risultati comparabili a quelli delle metodiche tradizionali di riferimento. La composizione del grasso estratto non viene alterata dalle temperature di estrazione generalmente impiegate (80-100 °C). Diverse note applicative dei produttori di estrattori PLE riportano le condizioni ottimizzate per l'estrazione del grasso da prodotti da forno, prodotti carnei, prodotti lattiero-caseari, semi oleosi ecc.

Per quanto riguarda i prodotti da forno (sostituti del pane, biscotti e snack), in molti casi la PLE permette di ottenere risultati coerenti con quelli riportati in etichetta ed equivalenti a quelli ottenuti mediante Soxhlet (Dionex, 2004; Büchi Labortechnik, 2009a). I parametri di estrazione, e in particolare il tipo di solvente, vanno ottimizzati in funzione della matrice. Se il campione contiene grassi insaturi, che possono andare incontro a ossidazione durante l'estrazione, il solvente deve essere degasato. Di norma, impiegando gli stessi solventi utilizzati con il Soxhlet, si ottengono recuperi paragonabili a quelli ottenibili con questo metodo di riferimento. In altri casi, grazie alla sua maggiore efficienza, la tecnica PLE ha consentito di sostituire solventi più tossici (come la miscela cloroformio/metanolo utilizzata per l'estrazione con Soxhlet) con altri meno tossici (come esano/isopropanolo), ottenendo risultati comparabili. Va ricordato che oggi molti metodi sono oggetto di revisione proprio per eliminare l'uso di solventi tossici dai laboratori.

Diversi autori hanno descritto l'effetto di differenti miscele binarie o ternarie sull'estrazione del grasso totale (Carabias-Martínez et al, 2005). È stato osservato che solventi non polari, come etere di petrolio o esano, sono efficaci per l'estrazione di lipidi non polari, ma non altrettanto per l'estrazione di lipidi polari, come i fosfolipidi. In questi casi sono preferibili miscele binarie di solventi, come cloroformio/metanolo ed esano/isopropanolo, o addirittura miscele ternarie, come esano/diclorometano/metanolo o etere di petrolio/acetone/isopropanolo.

La tecnica PLE si è dimostrata valida anche per l'estrazione del grasso da alcuni prodotti lattiero-caseari, per i quali i metodi ufficiali prevedono un trattamento di idrolisi in ambiente acido o alcalino per liberare il grasso dalla matrice e renderlo disponibile alla successiva estrazione con solvente organico. I metodi di riferimento prevedono tempi lunghi (4-24 ore) ed elevato consumo di solventi. Con la PLE si ottengono risultati comparabili con un consumo di solventi notevolmente ridotto; ovviamente, le condizioni di estrazione devono essere attentamente ottimizzate in funzione della matrice (Richardson, 2001). I principali parametri da ottimizzare sono il solvente e la temperatura di estrazione. Talvolta l'estrazione comporta un'inevitabile co-estrazione di componenti non lipidici, che devono essere eliminati mediante un successivo passaggio di ri-estrazione dei lipidi in etere di petrolio. Vanno evitate temperature troppo elevate (superiori a 110 °C), in quanto causano eccessiva co-estrazione di materiale non lipidico e formazione di prodotti di decomposizione.

In letteratura sono descritte anche procedure PLE per campioni di difficile estrazione (caratterizzati da una quota di lipidi legati alla componente proteica e/o glucidica), che prevedono un rapido trattamento di idrolisi acida o basica seguito da estrazione PLE con esano. L'impiego di resine a scambio ionico, mescolate direttamente in cella con terra di diatomee, permette di neutralizzare gli acidi o le basi del campione idrolizzato, che può essere così caricato direttamente in cella, senza dare problemi di corrosione (Ullah et al, 2011). Il grasso ottenuto è idoneo alla determinazione gravimetrica o gascromatografica.

3.6 Subcritical water extraction (SWE)

Quando come solvente di estrazione si utilizza acqua ad alta temperatura (>150 °C) e alta pressione la tecnica di estrazione è definita *subcritical water extraction* (SWE) o *pressurized hot water extraction* (PHWE). Poiché questa tecnica prevede temperature comprese tra 150 e 250 °C, sarebbe più corretto parlare di SWE solo quando la temperatura si avvicina alla temperatura critica dell'acqua.

L'acqua è un solvente polare che a temperatura ambiente e pressione atmosferica ha un'elevata costante dielettrica ($\varepsilon \approx 80$), determinata dalla presenza di legami a ponte di idrogeno, per cui risulta inadatta all'estrazione di composti apolari. La polarità dell'acqua (e quindi la sua costante dielettrica) può essere variata in un intervallo piuttosto ampio semplicemente aumentando la temperatura in condizioni di pressione moderata, in modo da mantenere l'acqua allo stato liquido. A 250 °C (50 atm) la costante dielettrica dell'acqua scende a 27, valore che si colloca tra quello del metanolo ($\varepsilon = 33$) e quello dell'etanolo ($\varepsilon = 24$) a 25 °C (Teo et al, 2010); ciò ne rende possibile l'impiego per l'estrazione di analiti moderatamente polari e apolari (Fig. 3.11). A 200 °C la solubilità di antracene, crisene e perilene aumenta di circa 20.000 volte. Moderati cambiamenti di pressione non determinano variazioni apprezzabili della solubilità finché l'acqua rimane allo stato liquido, presumibilmente perché la pressione non influenza significativamente la costante dielettrica dell'acqua. La pressione richiesta per mantenere liquida l'acqua ad alta temperatura è relativamente moderata: 15 atm a 200 °C e 85 atm a 300 °C (Smith, 2002). Se la pressione scende al di sotto di determinati livelli, si forma vapore surriscaldato. Sebbene abbia costante dielettrica più bassa dell'acqua liquida, il vapore risulta corrosivo e può degradare l'analita.

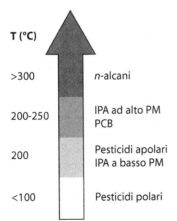

Fig. 3.11 Effetto dell'aumento della temperatura dell'acqua sull'estrazione di contaminanti e idrocarburi

Poiché la presenza di ossigeno può renderla estremamente corrosiva alle elevate temperature (anche nei confronti dell'acciaio), l'acqua deve essere degasata prima dell'impiego.

L'estrazione può essere condotta direttamente (senza dover essiccare o aggiungere disidratanti) anche su campioni umidi, in modalità statica o, più frequentemente, in modalità dinamica. In quest'ultimo caso si può effettuare sia una normale estrazione a una data temperatura e pressione, sia un'estrazione sequenziale a temperatura via via crescente per frazionare gli analiti in classi in funzione della loro diversa polarità (Ramos et al, 2002). I principali parametri che influenzano la selettività e l'efficienza dell'estrazione sono: temperatura, pressione, tempo di estrazione, velocità di flusso e presenza di modificanti/additivi. La temperatura rappresenta sicuramente il parametro più importante da ottimizzare, in quanto può in alcuni casi favorire la degradazione dell'analita. Per incrementare la solubilità dell'analita, si impiegano talvolta piccole percentuali di modificanti organici o additivi o si agisce sul pH dell'acqua (Teo et al, 2010). La strumentazione impiegata per la SWE è descritta nel par. 3.7; nella maggior parte dei casi si tratta di apparecchiature non commerciali assemblate in laboratorio. Le applicazioni riguardano l'estrazione di contaminanti (come IPA e PCB, soprattutto da matrici ambientali, ma anche da alimenti), di componenti bioattivi e di oli essenziali.

Ibañez et al (2003) hanno dimostrato la possibilità di ottenere estratti arricchiti di diversi polifenoli utilizzando acqua a differenti temperature (con gradiente da 25 a 200 °C). Lin et al (2009) hanno osservato che si possono aumentare le rese di estrazione applicando un trattamento di idrolisi enzimatica prima dell'applicazione della SWE. Ho et al (2008) hanno messo a punto un metodo SWE per l'estrazione di lignani (composti fenolici ad attività farmacologica) da semi di lino.

La SWE in modalità dinamica o statico-dinamica ha trovato un settore di applicazione importante anche nell'estrazione di oli essenziali da matrici vegetali (Gámiz-Gracia, Luque de Castro, 2000; Mustafa, Turner, 2011), ottenendo risultati comparabili a quelli dei metodi tradizionali di idrodistillazione.

3.7 Estrazione in modalità dinamica e accoppiamento on-line

Le apparecchiature PLE disponibili in commercio permettono di effettuare estrazioni in modalità statica e non si prestano ad accoppiamenti on-line con altre tecniche separative o di determinazione analitica finale. Per tale ragione, i lavori riportati in letteratura che sfruttano la PLE in modalità dinamica, in molti casi accoppiata on-line al sistema cromatografico per la determinazione analitica, sono stati in gran parte condotti con sistemi assemblati in laboratorio.

La Fig. 3.12 riporta lo schema di un sistema per estrazione dinamica semplice che comprende una pompa LC, una spirale di pre-riscaldamento (tubo HPLC), una cella di estrazione d'acciaio (100 × 4,6 mm) posta nel forno di un GC e un tubo di scarico. Questo sistema è stato per esempio impiegato per l'estrazione di un alcaloide (berberina) da una pianta medicinale (Ong et al, 2000). In questo caso, il campione – macinato (<0,5 mm), mescolato con sabbia e impaccato nella cella di estrazione – determina una contropressione al passaggio del solvente tale da mantenere il solvente allo stato liquido alla temperatura di estrazione (120 °C), senza dover utilizzare restrittori all'uscita della colonna. Estraendo il campione con metanolo (1,5 mL/min) a 120 °C per 15-20 minuti si ottengono, con un volume totale di 25-30 mL, quantitativi di analita paragonabili a quelli ottenuti con Soxhlet, in tempi più brevi e con un minor consumo di solvente. L'efficienza di estrazione è influenzata, oltre che dalla temperatura e dal solvente, anche dal diametro delle particelle dell'impaccamento (particelle più fini danno rese migliori).

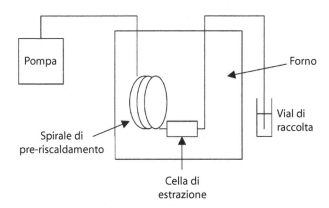

Fig. 3.12 Schema di un sistema PLE per estrazione dinamica semplice. (Da Ong et al, 2000. Riproduzione autorizzata)

La Fig. 3.13 mostra un altro sistema adatto per realizzare estrazioni statiche o dinamiche; esso è costituito da una pompa HPLC, una valvola di ingresso, un forno (al cui interno sono posti il sistema di pre-riscaldamento e la cella di estrazione), una valvola all'uscita della cella, un tubo di raffreddamento (immerso in un bagno freddo) e un recipiente per la raccolta dell'estratto. Un contropressore all'uscita assicura una pressione sufficiente per mantenere liquido il solvente alla temperatura di estrazione.

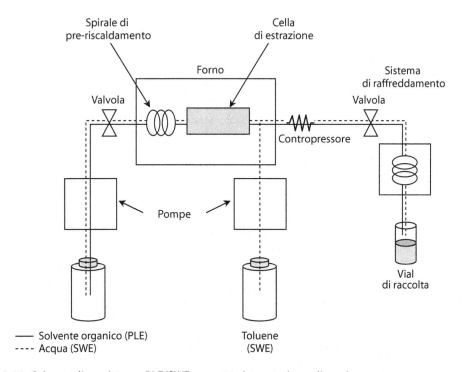

Fig. 3.13 Schema di un sistema PLE/SWE per estrazione statica e dinamica

Operativamente, la cella di estrazione viene caricata con il campione, macinato e mescolato con un opportuno agente disperdente, e posizionata all'interno del forno. Si comincia a pompare solvente nella cella fino a riempirla completamente (cioè fino a quando fuoriesce solvente dall'uscita). A questo punto si chiudono entrambe le valvole e si porta la temperatura del forno al valore prefissato per il tempo prestabilito. Si apre quindi lentamente la valvola di uscita per rilasciare gradualmente la pressione e si raccoglie l'estratto in una vial. Si inizia a pompare attraverso la cella solvente pulito (durante questa fase di estrazione dinamica la pressione viene regolata dal contropressore). Infine si utilizza un flusso di azoto per rimuovere il solvente residuo dalla cella.

Con una piccola modifica il sistema appena descritto può essere impiegato anche per realizzare una SWE, che come abbiamo visto permette l'estrazione di analiti moderatamente polari o apolari con acqua calda sotto pressione. Poiché, una volta ripristinate le condizioni iniziali di temperatura e pressione, gli analititendono a ripartirsi nuovamente nella matrice, è necessario in questo caso sottrarli dall'ambiente acquoso prima che l'acqua torni alle condizioni di temperatura ambiente.

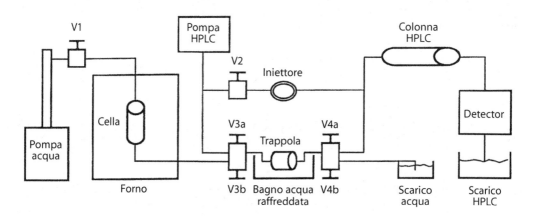

Fig. 3.14 Schema di un sistema SWE-HPLC on-line. Il sistema comprende una pompa per inviare l'acqua, una valvola di entrata (V1), una cella di estrazione (50 × 4,6 mm per SFE) posizionata in un forno, una valvola (V3) in uscita dalla cella, collegata a sua volta alla pompa HPLC e alla trappola solida immersa in un bagno di ghiaccio. All'uscita della trappola vi è un'altra valvola (V4), che collega la trappola allo scarico o alla colonna LC. Aprendo la valvola V2 e tenendo chiusa la V3a, la pompa LC può lavorare indipendentemente ed essere impiegata, per esempio, per effettuare la calibrazione con lo standard mentre si effettua un'estrazione. Dopo aver caricato il campione e posizionato la cella, si riscalda il forno mentre la pompa invia acqua in cella, inizialmente a un flusso basso. Una volta raggiunta la temperatura di estrazione, la pompa viene fatta lavorare a flussi più elevati e inizia il processo di estrazione. La pressione del sistema viene determinata dalla trappola solida e dal flusso impiegato, ed eventualmente dalla valvola di uscita V4. Durante l'estrazione rimangono aperte V3b e V4b, in modo che gli analiti vengano intrappolati nella cartuccia. Dopo l'estrazione si chiudono V2, V3b e V4b e si aprono V3a e V4a: in questo modo la fase mobile HPLC (metanolo/acqua in diverse percentuali, a seconda dell'applicazione) eluisce gli analiti adsorbiti nella cartuccia inviandoli alla colonna. (Da Li et al, 2000. Riproduzione autorizzata)

In Fig. 3.13 si può osservare anche lo schema tipico di un sistema per SWE, caratterizzato da una pompa addizionale che, attraverso un T in acciaio, invia toluene all'uscita della cella di estrazione (nella zona calda all'interno del forno) (Ramos et al, 2002). La miscela analita/acqua/toluene viene in seguito raffreddata in un capillare d'acciaio immerso in un bagno di ghiaccio. In questo modo gli analiti vengono estratti nel toluene nella zona calda e se ne previene la deposizione sulle superfici di contatto in seguito al raffreddamento. La ripartizione liquido-liquido on-line in toluene determina anche una purificazione dell'estratto.

L'accoppiamento on-line può essere realizzato attraverso un'interfaccia costituita da una cartuccia C18 (*solid trapping*). In questo caso il sistema è ancora più semplice, poiché non è necessaria la pompa addizionale per il solvente organico.

In Fig. 3.14 è riportato lo schema di un sistema SWE-HPLC on-line impiegato per l'estrazione di caffeina, fenoli clorurati, cloro- e metilaniline, nitrotoluene e PCB (Li et al, 2000). Per fenoli, aniline e caffeina sono stati ottenuti recuperi quantitativi già a 100 °C, mentre per nitrotoluene e PCB sono state necessarie temperature, rispettivamente, di 200 e 250 °C.

Bibliografia

Adil IH, Çetin HI, Yener ME, Bayindirli A (2007) Subcritical (carbon dioxide + ethanol) extraction of polyphenols from apple and peach pomaces, and determination of the antioxidant activities of the extracts. *The Journal of Supercritical Fluids*, 43(1): 55-63

Alonso-Salces RM, Korta E, Barranco A et al (2001) Pressurized liquid extraction for the determination of polyphenols in apple. *Journal of Chromatography A*, 933(1-2): 37-43

Björklund E, Müller A, von Holst C (2001) Comparison of fat retainers in accelerated solvent extraction for the selective extraction of PCBs from fat-containing samples. *Analytical Chemistry*, 73(16): 4050-4053

Büchi Labortechnik (2009a) Fat Determination in Shortbread using the SpeedExtractor E-916. Application note 005/2009 http://www.buchi.com/en/system/files/AN_005-2009_Petit_Beurre_p.pdf

Büchi Labortechnik (2009b) Pre-Extraction and Extraction of Hypericin in St. John's Wort (Hypericum perforatum) using the SpeedExtractor E-916Application note 015/2009 http://www.buchi.com/ensystem/files/ AN_015-2009_Hypericin.pdf

Büchi Labortechnik (2009c) SpeedExtractor Application Booklet http://www.buchi.com/en/system/files/downloads/SpeedExtractor_Application_Booklet.pdf

Büchi Labortechnik (2012) SpeedExtractor E-916/914 Operation Manual http://www.buchi.com/en/system/files/downloads/E914_916_OM_EN_C_LR.pdf

Carabias-Martínez R, Rodríguez-Gonzalo E, Revilla-Ruiz P, Hernández-Méndez JR (2005) Pressurized liquid extraction in the analysis of food and biological samples. *Journal of Chromatography A*, 1089(1-2): 1-17

Carretero V, Blasco C, Picó Y (2008) Multi-class determination of antimicrobials in meat by pressurized liquid extraction and liquid chromatography-tandem mass spectrometry. *Journal of Chromatography A*, 1209(1-2): 162-173

Cervera MI, Medina C, Portolés T et al (2010) Multi-residue determination of 130 multiclass pesticides in fruits an d vegetables by gas chromatography coupled to triple quadrupole tandem mass spectrometry. *Analytical and Bioanalytical Chemistry*, 397(7): 2873-2891

Dionex (2001) Technical Note 206 http://www.dionex.com/en-us/webdocs/ 4731-TN206-ASE-Thermal-Degradation-TN71096_E.pdf

Dionex (2004) Application Note 321 http://www.dionex.com/en-us/webdocs/ 4322-AN321-ASE-Fat-Food-28Apr2011-LPN0763-03.pdf

Dionex (2008) Technical Note 208 http://www.dionex.com/en-us/webdocs/ 4736-TN208_FINAL.pdf

Dionex (2011) ASE 350 Accelerated Solvent Extractor Operator's Manual. Document No. 065220, Rev. 04, December 2011 http://www.dionex.com/en-us/webdocs/75689-Man-ASE-ASE350-Operators-Dec2011-DOC065220-04.pdf

Draisci R, Marchiafava C, Palleschi L et al (2001) Accelerated solvent extraction and liquid chromatography-tandem mass spectrometry quantitation of corticosteroid residues in bovine liver. *Journal of Chromatography B*, 753(2): 217-223

Ezzell JL, Richter BE, Francis ES (1996) Selective extraction of polychlorinated biphenyls from fish tissue using accelerated solvent extraction. *American Environmental Laboratory*, 8(12): 12-13

Gámiz-Gracia L, Luque de Castro MD (2000) Continuous subcritical water extraction of medicinal plant essential oil: comparison with conventional techniques. *Talanta*, 51(6): 1179-1185

Gentili A, Perret D, Marchese S et al (2004) Determination of phytic acid and inositol pentakisphosphates in foods by high-performance ion chromatography. *Journal of Agricultural and Food Chemistry*, 52(15): 4614-4624

Gómez-Ariza JL, Bujalance M, Giráldez I et al (2002) Determination of polychlorinated biphenyls in biota samples using simultaneous pressurized liquid extraction and purification. *Journal of Chromatography A*, 946(1-2): 209-219

Haglund P, Sporring S, Wiberg K, Björklund E (2007) Shape-selective extraction of PCBs and dioxins from fish and fish oil using in-cell carbon fractionation pressurized liquid extraction. *Analytical Chemistry*, 79(7): 2945-2951

Hartonen K, Parshintsev J, Sandberg K et al (2007) Isolation of flavonoids from aspen knotwood by pressurized hot water extraction and comparison with other extraction techniques. *Talanta*, 74(1): 32-38

Herrera MC, Prados-Rosales RC, Luque-García JL, Luque de Castro MD (2002) Static-dynamic pressurized hot water extraction coupled to on-line filtration-solid-phase extraction-high-performance liquid chromatography-post-column derivatization-fluorescence detection for the analysis of N-methylcarbamates in food. *Analytica Chimica Acta*, 463(2): 189-197

Herrero M, Jaime L, Martín-Álvarez PJ et al (2006) Optimization of the extraction of antioxidants from Dunaliella salina microalga by pressurized liquids. *Journal of Agricultural and Food Chemistry*, 54(15): 5597-5603

Ho CHL, Cacace JE, Mazza G (2008) Mass transfer during pressurized low polarity water extraction of lignans from flaxseed meal. *Journal of Food Engineering*, 89(1): 64-71

Hooijerink H, van Bennekom EO, Nielen MWF (2003) Screening for gestagens in kidney fat using accelerated solvent extraction and liquid chromatography electrospray tandem mass spectrometry. *Analytica Chimica Acta*, 483(1-2): 51-59

Ibañez E, Kubátová A, Señoráns FJ et al (2003) Subcritical water extraction of antioxidant compounds from rosemary plants. *Journal of Agricultural and Food Chemistry*, 51(2): 375-382

Kettle A (2013) *Use of accelerated solvent extraction with in-cell cleanup to eliminate sample cleanup during sample preparation*. Thermo Scientific, Sunnyvale http://www.dionex.com/en-us/webdocs/114403-WP-ASE-InCell-Cleanup_WP70632_E.pdf

Khan MR, Busquets R, Santos FJ, Puignou L (2008) New method for the analysis of heterocyclic amines in meat extracts using pressurised liquid extraction and liquid chromatography-tandem mass spectrometry. *Journal of Chromatography A*, 1191(2): 155-160

Li B, Yang Y, Gan Y et al (2000) On-line coupling of subcritical water extraction with high-performance liquid chromatography via solid-phase trapping. *Journal of Chromatography A*, 873(2): 175-184

Lin S-C, Chang C-MJ, Deng T-S (2009) Enzymatic hot pressurized fluids extraction of polyphenolics from Pinus taiwanensis and Pinus morrisonicola. *Journal of the Taiwan Institute of Chemical Engineers*, 40(2): 136-142

Lund M, Duedahl-Olesen L, Christensen JH (2009) Extraction of polycyclic aromatic hydrocarbons from smoked fish using pressurized liquid extraction with integrated fat removal. *Talanta*, 79(1): 10-15

Luque de Castro MD, Priego-Capote F (2012) Soxhlet extraction versus accelerated solvent extraction. In: Pawliszyn J (ed) *Comprehensive sampling and sample preparation*, Vol. 2. Elsevier, Amsterdam

Luthria DL, Biswas R, Natarajan S (2007) Comparison of extraction solvents and techniques used for the assay of isoflavones from soybean. *Food Chemistry*, 105(1): 325-333

Moret S, Sander M, Purcaro G et al (2013) Optimization of pressurized liquid extraction (PLE) for rapid determination of mineral oil saturated (MOSH) and aromatic hydrocarbons (MOAH) in cardboard and paper intended for food contact. *Talanta*, 115: 246-252

Moret S, Scolaro M, Barp L et al (2014) Optimisation of pressurised liquid extraction (PLE) for rapid and efficient extraction of superficial and total mineral oil contamination from dry foods. *Food Chemistry*, 157: 470-475

Müller A, Björklund E, von Holst C (2001) On-line clean-up of pressurized liquid extracts for the determination of polychlorinated biphenyls in feedingstuffs and food matrices using gas chromatography-mass spectrometry. *Journal of Chromatography A*, 925 (1-2): 197-205

Mustafa A, Turner C (2011) Pressurized liquid extraction as a green approach in food and herbal plants extraction: A review. *Analytica Chimica Acta*, 703(1): 8-18

Ong E, Woo S, Yong Y (2000) Pressurized liquid extraction of berberine and aristolochic acids in medicinal plants. *Journal of Chromatography A*, 904(1-2): 57-64

Pang G-F, Liu Y-M, Fan C-L et al (2006) Simultaneous determination of 405 pesticide residues in grain by accelerated solvent extraction then gas chromatography-mass spectrometry or liquid chromatography-tandem mass spectrometry. *Analytical and Bioanalytical Chemistry*, 384(6): 1366-1408

Pardo O, Yusà V, Coscollà C et al (2007) Determination of acrylamide in coffee and chocolate by pressurised fluid extraction and liquid chromatography-tandem mass spectrometry. *Food Additives and Contaminants*, 24(7): 663-672

Pérez-Torrado E, Blesa J, Moltó JC, Font G (2010) Pressurized liquid extraction followed by liquid chromatography-mass spectrometry for determination of zearalenone in cereal flours. *Food Control*, 21(4): 399-402

Perry RH, Green DW, Maloney JO (1984) *Perry's Chemical Engineers' Handbook*, 6th edn. McGraw-Hill, New York

Ramos L, Kristenson EM, Brinkman UATh (2002) Current use of pressurised liquid extraction and subcritical water extraction in environmental analysis. *Journal of Chromatography A*, 975(1): 3-29

Richardson RK (2001) Determination of fat in dairy products using pressurized solvent extraction. *Journal of AOAC International*, 84(5): 1522-1533

Richter BE, Henderson SE, Murphy BJ et al (2006) *Accelerated solvent extraction (ASE) as an extraction technique for the determination of contaminants, pollutants, and poisons in animal tissues.* PittCon 2006 Presentation http://www.dionex.com/en-us/webdocs/38881-LPN%201789-01_ASE.pdf

Richter BE, Jones BA, Ezzel JL et al (1996) Accelerated solvent extraction: a technique for sample preparation. *Analytical Chemistry*, 68(6): 1033-1039

Richter BE, Raynie D (2012) Accelerated solvent extraction (ASE) and high-temperature water extraction. In: Pawliszyn J (ed) *Comprehensive sampling and sample preparation*, Vol. 2. Elsevier, Amsterdam

Rodríguez-Carrasco Y, Berrada H, Font G, Mañes J (2012) Multi-mycotoxin analysis in wheat semolina using an acetonitrile-based extraction procedure and gas chromatography-tandem mass spectrometry. *Journal of Chromatography A*, 1270: 28-40

Smith RM (2002) Extractions with superheated water. *Journal of Chromatography A*, 975(1): 31-46

Sporring S, Björklund E (2004) Selective pressurized liquid extraction of polychlorinated biphenyls from fat-containing food and feed samples: Influence of cell dimensions, solvent type, temperature and flush volume. *Journal of Chromatography A*, 1040(2): 155-161

Srinivas K, King JW, Monrad JK et al (2009) Optimization of subcritical fluid extraction of bioactive compounds using hansen solubility parameters. *Journal of Food Science*, 74(6): E342-E354

Sun H, Ge X, Lv Y, Wang A (2012) Application of accelerated solvent extraction in the analysis of organic contaminants, bioactive and nutritional compounds in food and feed. *Journal of Chromatography A*, 1237: 1-2

Teo CC, Tan SN, Yong JWH et al (2010) Pressurized hot water extraction (PHWE). *Journal of Chromatography A*, 1217(16): 2484-2494

Ullah SMR, Murphy B, Dorich B et al (2011) Fat extraction from acid- and base-hydrolyzed food samples using accelerated solvent extraction. *Journal of Agricultural and Food Chemistry*, 59(6): 2169-2174

Wiberg K, Sporring S, Haglund P, Björklund E (2007) Selective pressurized liquid extraction of polychlorinated dibenzo-p-dioxins, dibenzofurans and dioxin-like polychlorinated biphenyls from food and feed samples. *Journal of Chromatography A*, 1138(1-2) 55-64

Wu G, Bao X, Zhao S et al (2011) Analysis of multi-pesticide residues in the foods of animal origin by GC-MS coupled with accelerated solvent extraction and gel permeation chromatography cleanup. *Food Chemistry*, 126(2): 646-654

Yusà V, Quintás G, Pardo O et al (2006) Determination of acrylamide in foods by pressurized fluid extraction and liquid chromatography-tandem mass spectrometry used for a survey of Spanish cereal-based foods. *Food Additives and Contaminants*, 23(3): 237-244

Zhang Z, Ohiozebau E, Rhind SM (2011) Simultaneous extraction and clean-up of polybrominated diphenyl ethers and polychlorinated biphenyls from sheep liver tissue by selective pressurized liquid extraction and analysis by gas chromatography-mass spectrometry. *Journal of Chromatography A*, 1218(8): 1203-1209

Capitolo 4
Estrazione assistita con microonde (MAE)

Sabrina Moret

4.1 Introduzione

L'estrazione assistita con microonde, o *microwave-assisted extraction* (MAE), è una tecnica di estrazione rapida ed efficiente basata sull'impiego di microonde per riscaldare la miscela campione/solvente allo scopo di facilitare e velocizzare l'estrazione dell'analita. A differenza delle fonti di calore tradizionali, che agiscono su una superficie, dalla quale il calore si diffonde verso gli strati interni del corpo per conduzione e convezione, una fonte di calore a microonde agisce sull'intero volume (se il mezzo è omogeneo) o su centri riscaldanti localizzati, costituiti dalle molecole polari presenti nel prodotto. Pertanto, mentre con il riscaldamento convenzionale è richiesto un certo tempo per riscaldare il recipiente prima che il calore venga trasferito alla soluzione, le microonde riscaldano direttamente la soluzione e il gradiente di temperatura viene mantenuto al minimo.

Il primo impiego delle microonde in laboratorio (realizzato con un apparecchio domestico) risale al 1975, quando l'energia delle microonde fu applicata all'analisi di metalli in tracce in campioni biologici (Abu-Samra et al, 1975). In seguito sono stati sviluppati numerosi metodi di digestione, che hanno consentito di ridurre i tempi di preparazione del campione da 1-2 ore a meno di 15 minuti, rimpiazzando le convenzionali tecniche di digestione termica. Successivamente, questa tecnologia è stata estesa ad altri settori: essiccamento del campione, misure di umidità, idrolisi acida e basica, sintesi organiche e inorganiche e, infine, estrazione con solvente. Sebbene il passo tra le procedure di digestione e quelle di estrazione con solvente non sia grande, ci sono voluti più di dieci anni perché comparisse la prima pubblicazione sull'impiego delle microonde per l'estrazione con solvente (Ganzler et al, 1986). Da allora si sono susseguite numerose pubblicazioni relative all'impiego delle microonde per l'estrazione di contaminanti da matrici ambientali e di sostanze attive, ingredienti e nutrienti da vegetali e piante medicinali; seppure in misura minore, la tecnica ha trovato applicazione anche per l'analisi di campioni biologici (siero, tessuti, capelli) e alimenti (estrazione di grasso, contaminanti organici, metalli, componenti bioattivi e nutrienti).

Diversi studi comparativi hanno dimostrato le ottime prestazioni, in termini di recupero e precisione, ottenibili con la MAE rispetto ad altre tecniche di estrazione tradizionali (per esempio estrazione con Soxhlet) e la sua superiorità in termini di riduzione del consumo di solventi e tempi di estrazione. Recentemente sono state sviluppate anche tecniche di estrazione con microonde che non impiegano solvente, utilizzate soprattutto per l'estrazione di oli essenziali.

In questo capitolo l'attenzione è focalizzata principalmente sulle tecniche di estrazione con solvente ampiamente utilizzate nella preparazione del campione per l'analisi di alimenti.

S. Moret, G. Purcaro, L.S. Conte, *Il campione per l'analisi chimica*
DOI 10.1007/978-88-470-5738-8_4 © Springer-Verlag Italia 2014

4.1.1 Le microonde

Le microonde sono radiazioni non ionizzanti, di frequenza compresa tra 300 e 300.000 Mhz, in grado di attivare i livelli energetici rotazionali delle molecole. Le microonde utilizzate a scopi scientifici e domestici hanno una frequenza di 2.450 Mhz (pari a una lunghezza d'onda di 12,25 cm), che non interferisce con le reti radar e di telecomunicazioni.

Il riscaldamento mediante microonde è basato sugli effetti di rotazione del dipolo e di conduzione ionica che le microonde esercitano, rispettivamente, sulle molecole dipolari e sulle molecole elettricamente cariche (ioni) (Sparr Eskilsson, Björklund, 2000; Dean, 2012).

Le molecole dipolari come l'acqua, caratterizzate da un'estremità con carica elettrica positiva e un'altra con carica negativa, sono sensibili al campo elettrico alternato generato dalle microonde, che cambiando continuamente il proprio verso induce le molecole a ruotare (per allineare il proprio dipolo con quello del campo elettrico). Alla frequenza di 2.450 Mhz il dipolo si allinea e randomizza $4,9 \times 10^9$ volte al secondo, forzando la molecola a muoversi rapidamente e quindi a riscaldarsi molto velocemente. Per effetto delle forze di attrito con le molecole vicine, infatti, questo movimento genera calore determinando un rapido riscaldamento. Il riscaldamento è generato non solo dal movimento delle molecole dipolari, ma anche dalla migrazione elettroforetica degli ioni (conduzione ionica) in presenza di un campo elettrico. La resistenza opposta dalla soluzione del campione a questo flusso di ioni determina anch'essa una frizione che riscalda ulteriormente la soluzione. In molte applicazioni si sfruttano contemporaneamente emtrambi i fenomeni (rotazione del dipolo e conduzione ionica) (Sparr Eskilsson, Björklund, 2000; Polesello, 2006).

La capacità di una molecola di riscaldarsi in un campo elettrico generato da microonde dipende dal *fattore di dissipazione* ($\tan\delta = \varepsilon''/\varepsilon'$), che a sua volta dipende dalla *perdita dielettrica* (ε''), una misura dell'efficienza della conversione dell'energia delle microonde in calore, e dalla *costante dielettrica* (ε'), una misura della polarizzabilità di una molecola in un campo elettromagnetico. Le molecole polari e le soluzioni ioniche assorbono fortemente le microonde, in quanto possiedono un momento dipolare permanente che ne viene influenzato; i solventi apolari, come l'esano, invece, non si riscaldano quando sottoposti alle microonde. La Tabella 4.1 riporta alcuni parametri, tra i quali costante dielettrica e fattore di dissipazione, dei più comuni solventi impiegati per l'estrazione. Da un semplice confronto tra metanolo e acqua, risulta che il metanolo assorbe meno facilmente le microonde (minore costante dielettrica), ma ha una maggiore capacità di trasformarne l'energia in calore (maggiore perdi-

Tabella 4.1 Costanti fisiche e fattore di dissipazione dei più comuni solventi usati per la MAE

Solvente	Costante dielettrica[a] (ε')	Momento dipolare[b]	Fattore di dissipazione $\tan\delta$ ($\times 10^{-4}$)	Punto di ebollizione[c] (°C)	Temperatura in recipiente chiuso (°C)
Acetone	20,7			56	164
Acetonitrile	37,5			82	194
Etanolo	24,3	1,96	2.500	78	164
Esano	1,89			69	–
Metanolo	32,6	2,87	6.400	65	151
Acqua	78,3	2,30	1.570	100	

[a] A 20 °C. [b] A 25 °C. [c] A pressione atmosferica. [d] A 1.207 kPa.
Modificata da: Sparr Eskilsson, Björklund, 2000.

ta dielettrica). Il fatto che sostanze chimiche diverse assorbano le microonde in maniera diversa implica che il riscaldamento generato nel mezzo circostante varia a seconda delle sostanze. Quindi per campioni con caratteristiche strutturali non omogenee, o contenenti specie chimiche con proprietà dielettriche diverse disperse in un ambiente omogeneo, è possibile produrre un riscaldamento selettivo di alcune aree o componenti del campione. Questo fenomeno è definito super-riscaldamento (Sparr Eskilsson, Björklund, 2000). A differenza del riscaldamento per conduzione, il riscaldamento indotto da microonde è quindi campione-dipendente.

Come si può osservare dalla Tabella 4.1, quando il campione e il solvente vengono esposti alle microonde in recipienti sigillati, si possono raggiungere temperature ben superiori al punto di ebollizione del solvente, per cui la velocità di desorbimento dell'analita dal campione risulta significativamente aumentata. La Tabella 4.1 mostra la temperatura raggiunta da diversi solventi in un sistema chiuso a 1.207 kPa (circa 12 atm).

4.1.2 Il generatore di microonde (magnetron)

Il magnetron (Fig. 4.1a) è un tubo elettronico generatore di onde elettromagnetiche ad alta frequenza. Il tipo più utilizzato è quello a cavità multiple, costituito da due elettrodi cilindrici coassiali posti in un campo magnetico uniforme, con direzione parallela all'asse degli elettrodi, generato da un magnete permanente o da un elettromagnete (Polesello, 2006).

Il catodo in posizione centrale è costituito da un cilindro cavo ricoperto di ossido di bario contenente un filamento incandescente, che emette una forte corrente per effetto termoionico. L'anodo è costituito da un cilindro cavo di rame piuttosto spesso dotato di cavità cilindriche nella parte aperta verso il catodo che fungono da risonatori. Applicando una differenza di potenziale positiva (tensione di alimentazione) tra gli elettrodi, gli elettroni emessi dal catodo tendono a muoversi verso l'anodo; la presenza di un campo magnetico determina una curvatura nella loro traiettoria, portandoli a seguire un percorso a cicloide. Sotto l'azione combinata del campo elettrico e del campo magnetico, gli elettroni tendono a riunirsi in fasci e a ruotare ad altissima velocità intorno al centro del tubo (Fig. 4.1b). Scorrendo di fronte

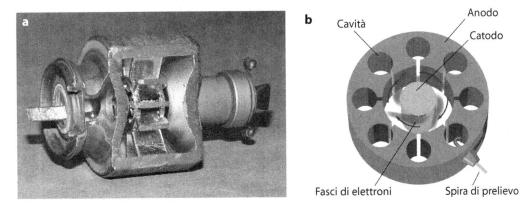

Fig. 4.1 Generatore di microonde a cavità multiple. **a** Sezione di un magnetron. **b** Schema di funzionamento. (Da: [a] HCRS Home Labor Page 2005, http://commons.wikimedia.org/wiki/File:Magnetron2.jpg, sotto licenza CC-BY-SA 2.0; [b] Svjo 2013, http://commons.wikimedia.org/wiki/File:Magnetron-1.png, sotto licenza CC-BY-SA 3.0)

alle fessure delle cavità, essi cedono la propria energia e per risonanza oscillano ad alta frequenza, generando le onde elettromagnetiche (Polesello, 2006). La dimensione delle cavità determina la frequenza di risonanza, e quindi la frequenza delle onde prodotte. Parte delle microonde generate viene prelevata da una spira, connessa a una guida d'onda (costituita da condotti metallici rigidi cavi, a sezione rettangolare, in grado di convogliare le microonde in una direzione), e quindi, a seconda del tipo di apparecchiatura, viene inviata alla cavità di risonanza o focalizzata direttamente sulla cella contenente il campione.

4.2 Principio della tecnica

Come già accennato, la MAE è una tecnica di estrazione che utilizza l'energia delle microonde per riscaldare rapidamente la miscela solvente/campione in modo da favorire il desorbimento dell'analita, il trasferimento di massa degli analiti dal campione al solvente e la loro solubilizzazione nel solvente. Le microonde generate da un magnetron vengono focalizzate direttamente sul campione o diffuse all'interno di una cavità nella quale questo è collocato. Il riscaldamento può essere effettuato in contenitori aperti muniti di refrigerante a ricadere a pressione atmosferica o in contenitori chiusi sotto pressione.

Utilizzando recipienti chiusi sotto pressione (*pressurized microwave-assisted extraction*, PMAE) l'estrazione può essere condotta a temperature superiori al punto di ebollizione del solvente, velocizzando ulteriormente il processo. I volumi di solvente impiegati per l'estrazione (tipicamente 10-30 mL), come pure i tempi di estrazione (10-30 minuti), sono notevolmente ridotti rispetto alle tecniche tradizionali, ed è inoltre possibile processare più campioni contemporaneamente. Nei sistemi a microonde focalizzate (*focused microwave-assisted extraction*, FMAE) che lavorano a pressione atmosferica le microonde vengono focalizzate sulla parte inferiore del contenitore (dove si trova la miscela campione/solvente), consentendo così di ridurre le potenze applicate e la dispersione di energia elettromagnetica.

4.3 Ottimizzazione del processo di estrazione

4.3.1 Pre-trattamento del campione ed effetto matrice

Il campione da trattare è generalmente un solido finemente macinato, più raramente un liquido o un liquido adsorbito su una matrice solida. I trattamenti più comuni ai quali può essere sottoposto il campione sono quindi: essiccamento, liofilizzazione, omogeneizzazione, macinazione e setacciatura.

Come per gli altri metodi di estrazione, l'efficienza dell'estrazione assistita con microonde è matrice-dipendente. Talvolta l'effetto matrice può essere molto evidente; per esempio, nell'estrazione di pesticidi da campioni di lattuga e pomodoro, per alcuni componenti si sono ottenuti recuperi fino a tre volte superiori nei pomodori rispetto alla lattuga (Kodba, Marsel, 1999).

La presenza di acqua nel campione può influenzare negativamente l'estrazione degli analiti dalla matrice (in questo caso si preferisce essiccare preventivamente il campione), specie quando l'estrazione viene effettuata con un solvente apolare; in alcuni casi, tuttavia, la presenza di acqua può invece favorire l'estrazione (CalEPA, 2000). Data l'elevata costante dielettrica dell'acqua, il riscaldamento del campione è tanto più rapido quanto maggiore è il suo contenuto di acqua. L'acqua può anche favorire un "rigonfiamento" della matrice e influenzare le interazioni matrice-analita, rendendo l'analita più disponibile al solvente di estrazione.

Come già accennato, l'effetto dell'acqua dipende ovviamente, oltre che dagli analiti, anche dal solvente di estrazione utilizzato. Per esempio, nell'estrazione dal terreno degli idrocarburi policiclici aromatici (IPA) con miscela esano/acetone o con diclorometano (Budzinsky et al, 1999; Shu, Lai, 2001), come pure nell'estrazione di altri analiti, è stato dimostrato che si ottengono recuperi migliori dal campione non essiccato. Ciò può essere spiegato con il fatto che l'acqua residua nel campione, soggetta a super-riscaldamento, passa allo stato gassoso determinando un'espansione dei pori della matrice che facilita la penetrazione del solvente e quindi l'estrazione degli analiti. Utilizzando come solvente di estrazione il diclorometano, si è osservato che la quantità di IPA estratta dal campione aumenta all'aumentare della quantità di acqua (da 0 a 30%) (Budzinsky et al, 1999). Con contenuti di acqua superiori al 30% i recuperi diminuiscono, dapprima leggermente e poi in modo più drastico. Probabilmente all'aumentare della percentuale di acqua diventano più importanti i problemi di miscibilità con il solvente organico, in quanto l'acqua agisce come barriera ostacolando il trasferimento degli analiti dalla matrice al solvente. Un contenuto di acqua ottimale (30%) permette di ottenere un incremento del recupero del 10% circa e risultati comparabili a quelli ottenibili mediante Soxhlet. Poiché il contenuto naturale di acqua nei sedimenti si aggira intorno al 20-40%, e nell'intorno di questi valori la differenza di recupero è minima, in questo caso può risultare conveniente estrarre i campioni nativi non essiccati.

L'effetto del diverso contenuto di acqua sulla temperatura di estrazione, e quindi sulle rese di estrazione, va comunque verificato di volta in volta. Se all'interno di uno stesso ciclo di estrazione vengono processati campioni con diverso contenuto di acqua, i campioni più umidi possono raggiungere temperature più elevate rispetto a quelli con minor tasso di umidità, determinando rese di estrazione diverse e/o perdite di analiti termolabili.

4.3.2 Solvente di estrazione

Una corretta scelta del solvente di estrazione è fondamentale per ottimizzare il processo. Per tale scelta, è essenziale considerare: la capacità del solvente di assorbire le microonde, le interazioni del solvente con la matrice, la solubilità dell'analita nel solvente e la compatibilità del solvente con il metodo analitico finale. Il solvente dovrebbe presentare un'elevata selettività per l'analita di interesse (Sparr Eskilsson, Björklund, 2000).

Solventi polari con costanti dielettriche elevate si riscaldano velocemente in un campo di microonde, mentre solventi non polari risultano trasparenti e non si riscaldano.

L'estrazione con solvente può avvenire essenzialmente secondo i seguenti meccanismi.

1. Il campione viene immerso in un solvente o in una miscela di solventi che assorbono fortemente l'energia delle microonde. Questo meccanismo è adatto all'estrazione di analiti essenzialmente polari o mediamente polari.
2. Il campione viene estratto con una combinazione di due solventi: uno apolare, trasparente alle microonde, ma in grado di estrarre l'analita; l'altro polare (elevata costante dielettrica), in grado di riscaldare rapidamente la miscela campione/solvente. Questo meccanismo è utilizzato per le applicazioni (estrazione di composti organici essenzialmente apolari) che richiedono l'impiego di solventi non polari trasparenti alle microonde, e presenta lo svantaggio di essere poco selettivo (vengono estratti analiti in un ampio spettro di polarità) (Sparr Eskilsson, Björklund, 2000). Un esempio è costituito dalla miscela esano/acetone (1/1 v/v): se sottoposto alle microonde l'esano da solo non si riscalda, ma in presenza di acetone si riscalda in pochi secondi. Questa miscela è stata ampiamente utilizzata per estrarre IPA, policlorobifenili (PCB), fenoli, idrocarburi alifatici e altri contaminanti da diverse matrici ambientali e alimentari. Altre miscele che lavorano sullo stesso principio

sono etilacetato/cicloesano (1/1) (utilizzato per esempio per l'estrazione di pesticidi organoclorurati) e isottano/acetone (1/1) (utilizzato per l'estrazione di IPA).

3. Il campione, con elevata costante dielettrica, viene estratto con un solvente trasparente alle microonde. Tale meccanismo si adatta molto bene all'estrazione di analiti termolabili (per esempio componenti solforati dell'aglio) e di oli essenziali da matrici vegetali con elevato contenuto di acqua. Le microonde interagiscono con l'acqua libera presente nel tessuto vegetale determinando una notevole espansione, con conseguente rottura del tessuto. In questo modo l'olio essenziale o gli analiti di interesse fluiscono verso il solvente organico che rimane freddo (o si riscalda debolmente).

4. Il campione – generalmente disidratato o con basso contenuto di acqua – viene immerso in un solvente apolare trasparente alle microonde (per esempio esano), in presenza di un assorbitore secondario di microonde (costituito da un involucro di materiale fluoropolimerico, trasparente alle microonde e chimicamente inerte, riempito di carbone) in grado di assorbire efficacemente l'energia delle microonde e di trasferire altrettanto velocemente al solvente non polare l'energia termica generata. A questo scopo vengono impiegate barrette in Carboflon (CEM Corporation, http://www.cem.com/) o Weflon (Milestone, http://www.milestonesci.com). Le prime sono state per esempio impiegate per l'estrazione di IPA da carne affumicata liofilizzata utilizzando come solvente esano (Purcaro et al, 2009). In questo modo è stato possibile ottenere estratti più puliti rispetto a quelli ottenuti con una miscela esano/acetone, che consente rese comparabili ma determina la co-estrazione di composti in un ampio intervallo di polarità (estrazione meno selettiva).

4.3.3 Volume di solvente

La quantità di solvente necessaria per un campione (1-10 g) è generalmente di circa 10-30 mL. Il volume di solvente deve essere sufficiente per assicurare che l'intero campione risulti immerso. La proporzione di campione nel solvente di estrazione non dovrebbe superare il 30-35% (p/v). A differenza di quanto osservato con altre tecniche di estrazione convenzionali, con le quali i recuperi aumentano all'aumentare del volume del solvente, nella MAE questo effetto non è sempre evidente. In alcuni casi (estrazione di amminoacidi liberi da prodotti alimentari) si sono addirittura osservati recuperi più elevati quando l'estrazione veniva effettuata con volumi minori di solvente (forse a causa di un inadeguato rimescolamento) (Sparr Eskilsson, Björklund, 2000).

4.3.4 Temperatura e tempo di estrazione

Come già accennato, quando il riscaldamento viene condotto in recipiente chiuso, la temperatura può raggiungere valori superiori al punto di ebollizione del solvente. Queste elevate temperature determinano una migliorata efficienza di estrazione, poiché viene favorito il desorbimento degli analiti dalla matrice e aumenta la solubilità dell'analita nel solvente. All'aumentare della temperatura, inoltre, diminuiscono la tensione superficiale e la viscosità del solvente e migliorano la bagnabilità del campione e la capacità di penetrazione del solvente nella matrice.

In generale, con l'eccezione degli analiti termolabili, l'efficienza di estrazione aumenta quindi all'aumentare della temperatura. In qualche caso (per esempio, estrazione di fenoli), si osserva un calo dei recuperi all'aumentare della temperatura, dovuto più a reazioni che avvengono in presenza della matrice che a processi di degradazione termica, come dimostrato dagli elevati recuperi ottenuti nelle stesse condizioni in assenza di matrice (Sparr Eskilsson, Björklund, 2000).

La temperatura ottimale di estrazione dipende, oltre che dall'analita, anche dalla matrice. Ciò è risultato evidente nell'estrazione di amminoacidi da diverse matrici alimentari: mentre per il cavolfiore non sono state osservate differenze delle rese a temperature comprese tra 40 e 80 °C, nel caso dei formaggi le rese più alte si sono ottenute a 50 °C (Kovács et al, 1998). La temperatura ha un effetto notevole anche sull'efficienza di estrazione di additivi da polimeri olefinici. Alcuni studi hanno dimostrato che una temperatura di 125 °C è ottimale, in quanto il polimero diventa più permeabile al solvente (Marcato, Vianello, 2000). Temperature superiori a 125 °C possono causare collasso o fusione del polimero, mentre temperature inferiori possono dare recuperi incompleti per insufficiente solvatazione della matrice.

Per quanto riguarda i tempi di estrazione, questi risultano notevolmente ridotti rispetto alle tecniche tradizionali: spesso sono sufficienti 5-10 minuti, mentre i metodi di estrazione tradizionali richiedono ore. In alcuni casi, tempi lunghi di estrazione peggiorano i recuperi (per esempio estrazione di pesticidi o di alcune ammine aromatiche), mentre in altri casi non sembrano danneggiare gli analiti (per esempio estrazione di amminoacidi) (Kovács et al, 1998).

Nella messa a punto di un metodo è sempre utile testare l'effetto della temperatura e del tempo di estrazione. Talvolta, nonostante si ottengano recuperi ottimali a temperature e tempi più elevati, si sceglie comunque di utilizzare temperature di estrazione più basse o tempi più brevi per minimizzare la co-estrazione di interferenti.

4.4 Pressurized microwave-assisted extraction (PMAE)

4.4.1 Strumentazione

I primi lavori sull'impiego in laboratorio dell'estrazione assistita con microonde sono stati realizzati con apparecchi domestici a microonde diffuse in contenitori chiusi sotto pressione, con notevoli rischi dal punto di vista della sicurezza. Oggi sono disponibili in commercio diversi apparecchi per effettuare l'estrazione assistita con microonde in totale sicurezza.

Nella Fig. 4.2 sono rappresentati i principali componenti di un sistema a microonde diffuse (CalEPA, 2000). Questi includono: magnetron, isolatore, guida d'onda, cavità e diffusore di microonde.

Permettendo il passaggio dell'energia dal magnetron alla cavità, ma non viceversa, l'isolatore protegge il magnetron dall'energia riflessa (non assorbita dal campione) che può danneggiarlo. Le microonde emesse raggiungono la zona in cui si trova il campione mediante guide d'onda, oppure tramite un diffusore a motore. Nella parte superiore della cavità è situato un diffusore (*mode stirrer*), a forma di piramide tronca, in grado di concentrare il campo di energia nella zona centrale e assicurare una migliore distribuzione e omogeneità di riscaldamento. Il modello di ultima generazione della CEM Corporation (MARS 6) monta una guida d'onda appositamente progettata per permettere l'immissione diretta delle microonde al centro della cavità, dove viene alloggiato il rotore portacampioni, senza l'impiego di diffusori a rotazione. La cavità, che contiene l'energia fino a quando questa non viene assorbita dal campione, presenta pareti metalliche rivestite internamente da più strati di materiale plastico anticorrosione trasparente alle microonde. Per assicurare una distribuzione uniforme dell'energia, si utilizza una piattaforma girevole che fa ruotare il carico dei campioni all'interno della cavità; questa piattaforma contiene le celle standard per i campioni e una cella pilota per il controllo di temperatura e pressione.

Attualmente le case costruttrici propongono apparecchiature dotate di rotori portacampioni intercambiabili, caratterizzati da un numero diverso di postazioni, ai quali si adattano

Fig. 4.2 Componenti principali di un sistema a microonde diffuse. (Da CalEPA,
2000)

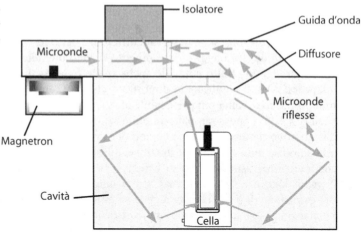

varie tipologie di contenitori progettati per resistere, a seconda dei modelli, a temperature
fino a 200-300 °C e a pressioni generalmente comprese tra 10 e oltre 35 atm (per applicazioni particolari fino a oltre 100 atm). Quasi tutti i sistemi di estrazione a microonde sono dotati di un dispositivo di agitazione magnetica per favorire il contatto superficiale tra campione e solvente, migliorando l'efficienza di estrazione e riducendo il consumo di solventi. Il
magnete di rotazione è situato sotto il pavimento della cavità, mentre le ancorette magnetiche vengono poste direttamente nella cella di estrazione (se utilizzate per applicazioni con
solventi non polari sono rivestite di fluoropolimero e riempite di carbone).

   In commercio sono disponibili diversi strumenti per estrazione assistita con microonde.
Alcuni modelli prevedono un sistema integrato di filtrazione sotto vuoto e di concentrazione dopo l'estrazione del campione, con recupero del solvente che può essere così riciclato.
Le diverse fasi vengono realizzate senza trasferire gli estratti, riducendo al minimo la manipolazione del campione e migliorando quindi la precisione del metodo.

   Il MARS 6 (Fig. 4.3), della CEM Corporation, è un sistema versatile dotato di un potente
magnetron (1.800 W) che, a seconda del rotore montato, permette di processare fino a 12, 24
o 40 campioni di diverso formato (10-100 mL); l'apparecchio può essere configurato per realizzare mineralizzazioni, estrazioni e sintesi, o come sistema combinato di digestione/estrazio-
ne. Grazie a un'apposita apertura sulla parete superiore, può essere utilizzato con contenitori
aperti e un condensatore per realizzare un'estrazione assistita con microonde a pressione atmosferica (*atmospheric pressure microwave-assisted extraction*, APMAE).

   Anche Anton Paar (http://www.anton-paar.com) ha sviluppato un modello versatile (Multi-
wave PRO) che, a seconda dei diversi rotori e accessori montati, può essere impiegato per
realizzare estrazioni, digestioni, sintesi, essiccamento del campione ed evaporazione del solvente. In particolare, per l'estrazione è disponibile un rotore a 16 postazioni.

   Milestone propone invece Star E, un modello di estrattore a microonde dedicato alla sola
estrazione con solvente. Star E è dotato di un magnetron da 1.200 W, con rotori portacampioni da 6 a 42 postazioni per contenitori di capacità variabile da 65 a 270 mL. Sono inoltre
disponibili altri modelli dedicati alla mineralizzazione.

   Ovviamente, poiché si tratta di strumentazione in continua evoluzione, per informazioni
aggiornate si consiglia di visitare i siti dei singoli produttori.

Fig. 4.3 Sistema commerciale a microonde diffuse MARS 6: **a** configurazione per PMAE; **b** configurazione per APMAE a singola postazione. (CEM Corporation. Riproduzione autorizzata)

b

4.4.2 Contenitori

I contenitori o celle di estrazione devono essere costituiti di materiali trasparenti alle microonde (in modo che il campione e il solvente assorbano la massima quantità di energia), inerti (in modo da non esporre il campione a siti attivi alle elevate temperature e pressioni di esercizio), ma anche resistenti alle alte pressioni. Per questo si utilizzano contenitori in PTFE (politetrafluoroetilene, Teflon), PFA (perfluoroalcossi), vetro o quarzo, a loro volta inseriti in contenitori meno resistenti ai solventi ma più resistenti dal punto di vista meccanico: polieterimmidi o polietereterchetone (PEEK) rinforzato con fibra di vetro. I contenitori in quarzo sono particolarmente adatti ad analisi in tracce, in quanto sono facilmente lavabili e non presentano problemi di cessione o di effetto memoria.

Mentre la prima generazione di contenitori poteva lavorare al massimo fino a 7 atm, sono oggi disponibili contenitori per applicazioni che prevedono pressioni massime da 10 a oltre 100 atm e temperature massime di esercizio fino a 200-300 °C.

I contenitori che lavorano a pressioni relativamente basse (non oltre 14 atm) in genere non prevedono sistemi di sfiato e vengono chiusi ermeticamente con un'apposita chiave o manualmente. La chiusura ermetica viene assicurata applicando una pressione esterna sulla testa del contenitore.

I contenitori che lavorano a pressioni più elevate sono dotati di differenti sistemi di rilascio della sovrapressione, che evitano rischi di esplosione se si supera la pressione massima di tenuta: (1) sistemi a rottura di membrana; (2) sistemi a sfiato autoregolante; (3) sistemi che permettono lo sfiato automatico seguito da una rapida richiusura del contenitore (sistemi *vent and reseal*, della Milestone).

Il primo sistema utilizza membrane di rottura tarate per resistere a una determinata pressione, oltre la quale si rompono (e vanno quindi sostituite); il secondo sistema prevede il rilascio della sovrapressione attraverso la guarnizione montata sul tappo, che si deforma senza riprendere la forma originale. Quando entrano in funzione, entrambi questi sistemi determinano perdite sostanziali del campione. Il terzo sistema prevede che l'eventuale eccesso di pressione venga smaltito attraverso una molla posta sul tappo del contenitore; la molla viene caricata a una certa pressione di lavoro mediante una chiave dinamometrica. In questo caso, tra un'analisi e la successiva non vi sono parti da sostituire, ma l'operatore deve chiudere manualmente uno a uno i contenitori con la chiave dinamometrica. Il grande vantaggio di quest'ultimo sistema, rispetto a quelli a rottura di membrana e a rilascio autoregolato, è che non si hanno perdite apprezzabili di campione. Appositi sensori all'interno della cavità dell'apparecchio a microonde sono inoltre in grado di rilevare tracce di vapori acidi o solventi. Su segnale del sensore, il software di controllo del generatore abbassa la potenza del magnetron, e quindi la pressione all'interno del contenitore, evitando di giungere allo sfiato della cella di estrazione (Polesello, 2006).

In Fig. 4.4 è raffigurato il sistema "vent and reseal". Come si può osservare, il tappo del contenitore è mantenuto in sede da una molla a forma di cupola (Fig. 4.4a). In caso di sovrapressione la molla, sollecitata da una forza contraria a quella che la mantiene in sede, si appiattisce permettendo il rilascio dell'eccesso di pressione (Fig. 4.4b). Rilasciato l'eccesso di pressione, la molla riprende la forma originaria risigillando il contenitore (Fig. 4.4c).

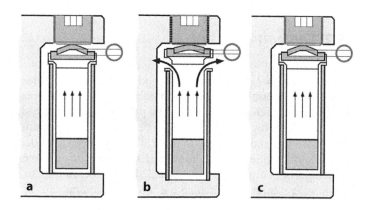

Fig. 4.4 Sistema di sfiato dei contenitori "vent and reseal" (Milestone): **a** contenitore sigillato; **b** rilascio di pressione; **c** contenitore risigillato. (Milestone. Riproduzione autorizzata)

4.4.3 Controllo della temperatura e della pressione

Il controllo della temperatura è indispensabile per ottimizzare l'efficienza dell'estrazione, impedire la degradazione termica degli analiti e ottenere prestazioni riproducibili. Tale controllo viene effettuato nella cella di riferimento mediante termocoppie metalliche, isolate e rivestite di PTFE, oppure mediante sistemi a fibre ottiche con sensore al fosforo. Queste ultime permettono di selezionare temperature comprese tra 20 e 200 °C e presentano il vantaggio di essere trasparenti alle microonde e di non autoriscaldarsi, fornendo misure più precise. Il fosforo, eccitato per impulso elettrico, emette un segnale di fluorescenza il cui decadimento è dipendente dalla temperatura. Un sistema di controllo a feedback, gestito da un microprocessore, consente di modulare la potenza del magnetron in funzione della temperatura misurata, in modo da mantenere le condizioni di temperatura al valore prestabilito evitando di sovrariscaldare il campione. Molti sistemi montano, sulla parete laterale o sul pavimento della cavità, un sensore esterno a infrarossi che al passaggio di ogni vaso ne rileva la temperatura.

In Fig. 4.5 è rappresentato il sistema di sensori del MARS 6. Un sensore interno controlla la pressione nella cella pilota, mentre un sensore esterno monitora in continuo la qualità dell'aria espulsa dal sistema, bloccando l'alimentazione del magnetron qualora si renda necessario. Il controllo della temperatura viene effettuato mediante un sensore interno a immersione (fibra ottica) e uno esterno a raggi infrarossi, installato sul fondo della cavità in modo da permettere una lettura ravvicinata del contenitore, più precisa di quella fornita da sensori montati lateralmente. Combinando le informazioni ottenute dai due sensori, è possibile individuare automaticamente, in modo dinamico, il contenitore più caldo cui affidare il controllo della temperatura, in modo da ottenere un riscaldamento estremamente omogeneo dei diversi contenitori (Fig. 4.6).

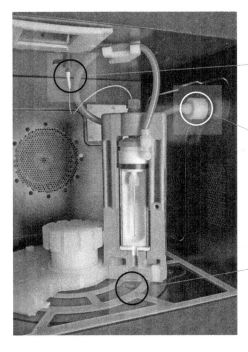

Lettura della temperatura nella cella pilota mediante sensore interno

Lettura della pressione nella cella pilota mediante sensore interno

Lettura della temperatura di tutte le celle mediante sensore IR esterno

Fig. 4.5 Sistema di controllo della temperatura e della pressione del MARS 6. (CEM Corporation. Riproduzione autorizzata)

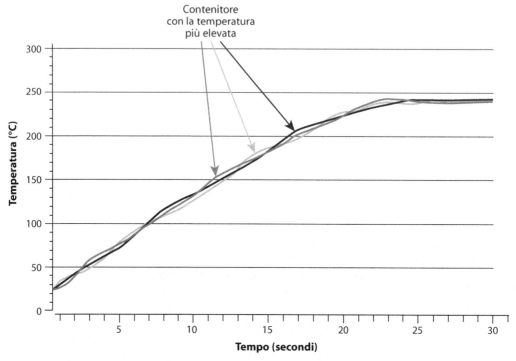

Fig. 4.6 Controllo dinamico della temperatura mediante sistema DuoTemp. (CEM Corporation. Riproduzione autorizzata)

4.4.4 Sistemi di sicurezza

Poiché numerosi solventi organici sono infiammabili, il loro riscaldamento in un forno a microonde pone problemi di sicurezza.

Oltre ai dispositivi di sfiato dei contenitori in cui viene effettuata l'estrazione, i sistemi di sicurezza presenti negli strumenti in commercio includono generalmente una valvola di scarico (ventola di evacuazione) per sfiatare l'aria contenuta nella cavità, che si apre approssimativamente una volta al secondo, e un rivelatore di solventi che blocca l'alimentazione del magnetron quando ci si avvicina a un determinato livello di sicurezza oltre il quale possono esservi rischi di esplosione o incendio. Lo sportello di apertura è inoltre predisposto per sostenere un'esplosione. Se la ventola si blocca o si presenta un blocco a valle del ventilatore, un sistema di sicurezza interrompe automaticamente l'alimentazione del magnetron.

La cavità del forno è rivestita con materiale isolante (come PTFE) per prevenire possibili scariche elettriche provenienti dal magnete utilizzato per l'agitazione del campione.

La protezione dell'operatore dalle microonde è garantita, poiché l'esposizione è ben inferiore ai limiti di sicurezza e sono presenti interruttori che spengono automaticamente il magnetron in caso di apertura dello sportello. Anche l'esposizione ai solventi è minimizzata, in quanto i vasi sono sigillati; eventuali perdite vengono immediatamente rilevate dal sistema di sicurezza, che blocca automaticamente il processo (CalEPA, 2000; Polesello, 2006).

4.4.5 Procedura standard

Il processo di estrazione inizia con il caricamento del campione (5-10 g) nel recipiente di estrazione, l'aggiunta del solvente (25-30 mL) e la chiusura della cella di estrazione. Si avvia il processo con uno step di pre-riscaldamento, in modo da portare rapidamente il solvente alla temperatura desiderata (generalmente intorno a 100-120 °C, massimo 200 °C). Il tempo necessario per raggiungere la temperatura di lavoro dipende dal numero e dal tipo di campioni. Normalmente la fase di pre-riscaldamento richiede meno di 2 minuti. Il campione viene quindi irradiato ed estratto per un certo periodo di tempo (10-30 min). Dopo l'estrazione, prima dell'apertura, il vaso viene lasciato raffreddare (20 min) a temperatura ambiente, per evitare la perdita di analiti. L'estratto viene successivamente separato dalle particelle solide – tramite decantazione, centrifugazione o filtrazione – e sottoposto a determinazione analitica con i metodi usuali. In molti casi è necessaria una fase di purificazione (per esempio mediante estrazione in fase solida) per eliminare eventuali interferenti co-estratti.

4.4.6 Applicazioni

La PMAE è largamente impiegata per la mineralizzazione del campione nell'analisi di metalli in tracce (Nóbrega et al, 2002). Come testimoniato dall'elevato numero di pubblicazioni su questo argomento e da una recente revisione della letteratura (Reyes et al, 2011), negli ultimi anni è cresciuto notevolmente l'utilizzo di questa tecnica di estrazione per la determinazione e speciazione del metilmercurio (seguita da analisi HPLC o GC-ICP-MS), in matrici ambientali, biologiche e alimentari.

Per quanto riguarda l'analisi degli alimenti, il settore con il maggior numero di applicazioni è quello dei contaminanti organici. Si ricordano in particolare le seguenti estrazioni: zearalenone da campioni di orzo e mais (seguita da determinazione LC-MS) (Pallaroni et al, 2002); pesticidi di diversa polarità da latte in polvere (seguita da analisi LC-MS) (Fang et al, 2012); PCB da tessuti ittici (seguita da analisi GC-MS) (Carro et al, 2000); IPA da prodotti carnei (seguita da analisi HPLC con rivelazione spettrofluorimetrica) (Purcaro et al, 2009).

Con poche eccezioni, come nell'estrazione di zearalenone da cereali, l'estratto ottenuto dopo MAE non può essere iniettato direttamente nel sistema cromatografico, ma necessita di ulteriore purificazione (solitamente condotta mediante SPE) per eliminare trigliceridi e/o altri interferenti co-estratti.

Altre applicazioni riguardano l'estrazione di amminoacidi (Kovács et al, 1998), polifenoli (Li et al, 2011) e componenti bioattivi da vegetali (Chan et al, 2011) e di grasso da diverse matrici alimentari, per esempio cioccolato (Simoneau et al, 2000).

4.5 Focused microwave-assisted extraction (FMAE)

4.5.1 Strumentazione

In Fig. 4.7 è riportato lo schema del Soxwave 100, il primo sistema di estrazione a microonde focalizzate (con potenza regolabile da 0 a 300 W) disponibile commercialmente, prodotto dalla francese Prolabo (che ha cessato l'attività nel 2000). Come nell'estrattore Soxhlet, il campione viene pesato in un ditale di cellulosa e inserito nella cella di estrazione di quarzo (da 250 mL) contenente il solvente.

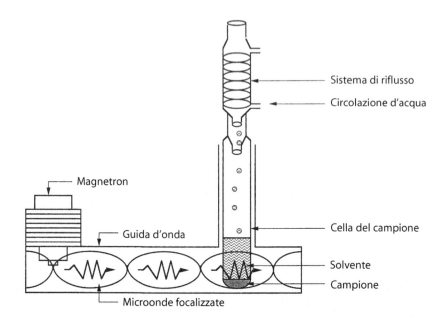

Fig. 4.7 Apparecchio a microonde focalizzate Soxwave 100, Prolabo. (Da Budzinsky et al, 1999. Riproduzione autorizzata)

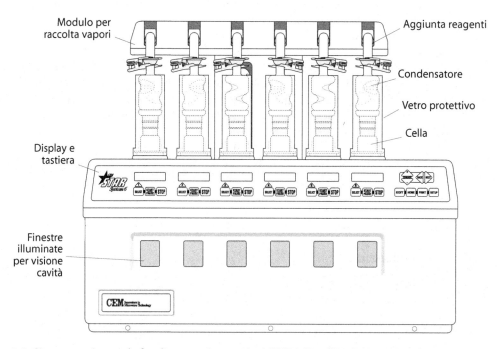

Fig. 4.8 Sistema a microonde focalizzate a 6 postazioni STAR6. (Da CEM Corporation, 2001. Riproduzione autorizzata)

Le microonde vengono focalizzate esattamente nella parte inferiore del contenitore, dove si trova la miscela campione/reagenti. In questo modo si lavora a pressione atmosferica con contenitori aperti muniti di refrigerante a ricadere, senza dover controllare temperatura e pressione. Per ottimizzare il processo, si può agire sul tempo di estrazione, sulla potenza delle microonde, sulla natura e sul volume del solvente.

Il principale vantaggio di questo sistema è che permette di ottenere un trattamento più omogeneo e riproducibile del campione e riduce la dispersione dell'energia elettromagnetica, consentendo così di ridurre (anche di 10 volte) le potenze applicate per conseguire un determinato effetto. Anche l'attrezzatura risulta meno costosa, in quanto non occorrono recipienti compatibili con le alte pressioni. Inoltre, l'utilizzo di pressioni e temperature più basse evita problemi di degradazione degli analiti più labili e rende più sicuro il sistema. Infine, una volta terminato il processo, non è necessario aspettare il raffreddamento del campione prima di aprire la cella di estrazione. Per contro, generalmente si può processare un solo campione alla volta. Successivamente sono stati sviluppati sistemi a più postazioni – come lo STAR2 (a 2 postazioni) e lo STAR6 (a 6 postazioni) della CEM Corporation (Fig. 4.8) – dedicati soprattutto alle mineralizzazioni, ma utilizzati anche per estrazione con solvente di contaminanti e componenti bioattivi da diverse matrici.

4.5.2 *Focused microwave-assisted Soxhlet extraction (FMASE)*

Mentre a livello commerciale l'impiego dei sistemi a microonde focalizzate viene proposto quasi esclusivamente per la mineralizzazione dei campioni, a livello di laboratorio vi è un notevole interesse, dimostrato da diverse pubblicazioni scientifiche, per l'uso di sistemi a microonde focalizzate per l'estrazione di grasso e altri analiti dagli alimenti. Tale interesse ha portato allo sviluppo di diversi prototipi che sfruttano lo stesso principio del Soxhlet. Per questo motivo, la tecnica è comunemente indicata con l'acronimo FMASE (*focused microwave-assisted Soxhlet extraction*). Il Soxwave 100 (Prolabo), ora fuori commercio, può essere considerato il capostipite degli apparecchi a microonde focalizzate. A parte il fatto che sfrutta l'energia delle microonde per riscaldare il campione o la miscela solvente/campione, questo apparecchio lavora sul principio del Soxhlet automatizzato (Soxtec, Foss), poiché il campione si trova immerso nel solvente di estrazione; tuttavia differisce dal Soxhlet tradizionale in quanto il campione non viene ripetutamente a contatto con solvente fresco (manca il sistema di sifonamento del solvente). Nel corso degli anni sono stati sviluppati diversi prototipi, con l'obiettivo di rendere il sistema da un lato più simile al Soxhlet originale, dall'altro più efficiente, versatile e facilmente automatizzabile (Luque-Garcia, Luque de Castro, 2004; Luque de Castro, Priego-Capote, 2010).

In Fig. 4.9a è mostrato lo schema di un prototipo FMASE della Prolabo: la cella di estrazione è collegata a un refrigerante e alla beuta di distillazione munita di sifone, che permette di riciclare il 75-85% del solvente utilizzato. In pratica, il sistema funziona come un estrattore Soxhlet tradizionale con la possibilità di effettuare estrazioni multiple con aliquote di solvente fresco riciclato. Il solvente di estrazione viene riscaldato elettricamente, rendendo il processo adatto anche a solventi con bassa polarità. Il sistema può essere automatizzato sostituendo il sifone con due pompe collegate a tubi flessibili (Fig. 4.9b). In questo caso il processo consiste in un certo numero di cicli, ciascuno dei quali comprende tre step: (1) riempimento della cella di estrazione con un'aliquota di solvente fresco distillato dispensato da una pompa; (2) irraggiamento con microonde della cella contenente il campione e il solvente; (3) svuotamento della cella di estrazione mediante una pompa che reinvia il solvente alla beuta di distillazione.

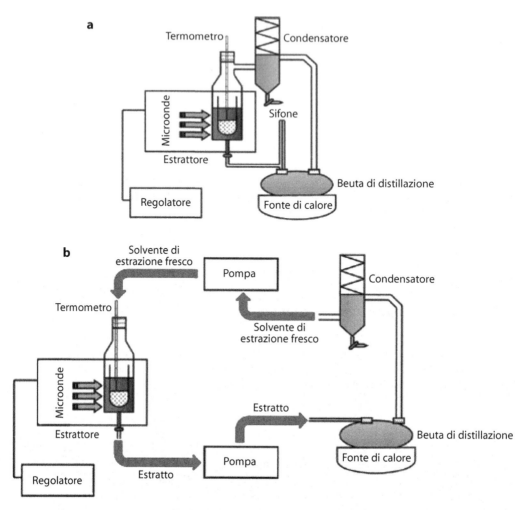

Fig. 4.9 Estrazione con tecnica FMASE: **a** prototipo; **b** sistema automatizzato. (Da Luque-Garcia, Luque de Castro, 2004. Riproduzione autorizzata)

In Fig. 4.10a è riportato lo schema del prototipo MIC II, della messicana SEV, nel quale, grazie alla riduzione del percorso del sistema di distillazione, è possibile utilizzare per l'estrazione anche acqua e altri solventi altobollenti. Il sifone è sostituito da una valvola che consente il riempimento della cella contenente il campione o il suo drenaggio nella beuta di distillazione.

L'ultima evoluzione è rappresentata dal sistema MIC V (SEV), che permette di processare simultaneamente due campioni (Fig. 4.10b). Quando il solvente raggiunge il livello prestabilito nel sifone, un sensore ottico posizionato a una determinata altezza avvia il magnetron e lo mantiene in funzione per un tempo prestabilito. Al termine del periodo di irraggiamento una valvola solenoide permette lo svuotamento del sifone. Variando l'altezza del sensore, è possibile regolare a ogni ciclo di estrazione il volume di solvente a contatto con il campione.

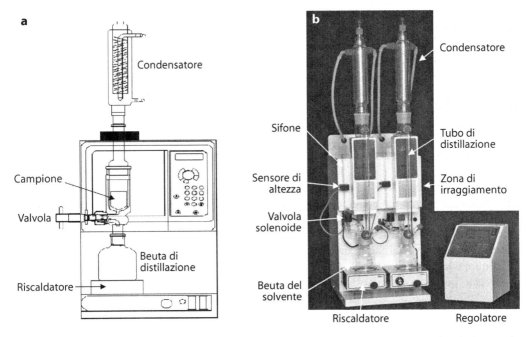

Fig. 4.10 Prototipi per estrazione con tecnica FMASE: **a** MIC II ; **b** MIC V. (Da Luque-Garcia, Luque de Castro, 2004. Riproduzione autorizzata)

Il punto di forza della FMASE è che mantiene i vantaggi dell'estrazione tradizionale con Soxhlet (prevede il contatto ripetuto con solvente fresco e non richiede filtrazione dopo l'estrazione) migliorandone alcuni aspetti: notevole riduzione dei tempi e dei volumi di solvente necessari per l'estrazione (25-30 mL), possibilità di utilizzare anche solventi altobollenti, di automatizzare facilmente il processo e di realizzare sistemi on-line (Chen et al, 2008).

4.5.3 Applicazioni

Come la PMAE, anche la FMAE è stata ampiamente impiegata per l'analisi di metalli pesanti e la speciazione del metilmercurio, nonché per l'estrazione di contaminanti organici (come IPA, PCB e pesticidi) da diverse matrici alimentari e di sostanze bioattive da vegetali (Chan et al, 2011). La FMASE è stata principalmente utilizzata per l'estrazione del grasso da matrici alimentari – in particolare latte e formaggio (García-Ayuso et al, 1999a; García-Ayuso et al, 1999b), prodotti ittici (Batista et al, 2001), snack e prodotti da forno (Priego-Capote et al, 2004; Priego-Capote, Luque de Castro, 2005) – ottenendo risultati comparabili con quelli delle metodiche di riferimento, sicuramente più onerose in termini di consumo di solventi e tempi di estrazione. Per esempio, i risultati ottenuti nel caso dei prodotti lattiero-caseari sono comparabili con quelli ottenuti con la procedura di riferimento Weibull-Berntrop (che prevede l'idrolisi del campione con HCl 6N, seguita da estrazione con Soxhlet tradizionale). L'uso delle microonde ha permesso di ridurre da 60 a 10 minuti il tempo necessario per l'idrolisi e da 10 ore a 50 minuti il tempo necessario per l'estrazione (solvente di estrazione: esano; 3 cicli), riducendo nel contempo anche la degradazione dei trigliceridi.

Un'altra applicazione riguarda l'estrazione di vitamine facilmente ossidabili e polifenoli da prodotti vegetali. Per limitare la degradazione dell'analita, l'estrazione può essere condotta al riparo dall'ossigeno e quindi sotto vuoto (Xiao et al, 2009) o in atmosfera di azoto (Yu et al, 2009). Dopo aver applicato un vuoto leggero per eliminare l'aria presente nel contenitore in cui si trovano il campione e il solvente, prima di avviare l'estrazione viene introdotto azoto nel sistema attraverso una valvola a T posta in testa al condensatore (collegata a una pompa da vuoto e a una bombola di azoto).

4.6 Accoppiamento on-line

La MAE può essere accoppiata on-line direttamente a un rivelatore selettivo nei confronti dell'analita estratto, o più comunemente a un sistema HPLC (spesso impiegando come interfaccia una colonnina SPE). Le applicazioni riguardano soprattutto l'estrazione e la determinazione di contaminanti in matrici ambientali. L'accoppiamento può essere effettuato in modalità statica o in modalità dinamica (Chen et al, 2008); nel primo caso dopo il trattamento un'aliquota del campione viene aspirata da una pompa per la successiva analisi, nel secondo il solvente passa in continuo attraverso il campione. L'estrazione può avvenire in sistemi chiusi (con ricircolo del solvente) o aperti (il campione è continuamente esposto ad aliquote di solvente fresco).

Nonostante i vantaggi in termini di tempi di analisi, consumo di solventi e perdita di analiti, i sistemi on-line non sono molto diffusi in questo settore e molte applicazioni sono state realizzate utilizzando sistemi costruiti in laboratorio, che possono presentare problemi di sicurezza per l'operatore.

4.7 Altre tecniche di estrazione basate sull'impiego di microonde

4.7.1 Microwave-assisted saponification (MAS)

Alcune procedure di preparazione del campione prevedono una fase di saponificazione per disgregare la matrice – al fine di rompere le interazioni analita-matrice, così da permettere un'estrazione esaustiva degli analiti (per esempio nell'analisi di contaminanti lipofili) – o per eliminare l'interferenza dei trigliceridi (come nell'analisi di componenti minori degli oli vegetali e di contaminanti). La saponificazione condotta con metodi tradizionali prevede una fase di ebollizione a riflusso in presenza di KOH alcolica seguita da più passaggi di estrazione dell'insaponificabile con un solvente organico e lavaggi con acqua. Si tratta quindi di una procedura lunga e laboriosa, che richiede elevati volumi di solvente organico.

La MAS rappresenta un'alternativa interessante alla saponificazione condotta con metodi tradizionali e può essere vantaggiosamente realizzata in un sistema a microonde diffuse, con il vantaggio di poter processare contemporaneamente un elevato numero di campioni (Pena et al, 2006; Akpambang et al, 2009; Moret et al, 2010). In sintesi, un'aliquota del campione viene addizionata con un'aliquota di miscela saponificante (KOH in metanolo) ed esano. Alla fine del processo di saponificazione e simultanea estrazione dell'insaponificabile, gli analiti apolari si ripartiscono nella fase esanica. Questa tecnica è stata applicata con successo per l'estrazione di IPA da tessuti ittici e carnei (Pena et al, 2006; Akpambang et al, 2009) e da campioni di propoli grezza ed estratti idroalcolici (Moret et al, 2010); più recentemente è stata impiegata per l'estrazione di oli minerali da diverse matrici alimentari. La Fig. 4.11

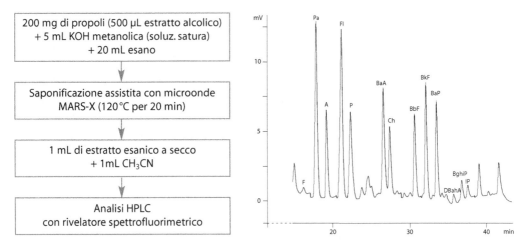

Fig. 4.11 Procedura per l'analisi di campioni di propoli grezza mediante estrazione assistita con microonde e relativo tracciato HPLC (rivelatore spettrofluorimetrico). F, fluorene; Pa, fenantrene; A, antracene; Fl, fluorantene; P, pirene; BaA, benzo(a)antracene; Ch, crisene; BbF, benzo(b)fluorantene; BkF, benzo(k)fluorantene; BaP, benzo(a)pirene; DBahA, dibenzo(a,h)antracene; BghiP, benzo[g,h,i] perilene; IP, indenopirene. (Da Moret et al, 2010. Riproduzione autorizzata)

riporta la procedura utilizzata per l'analisi di campioni di propoli e il tracciato HPLC di un campione di propoli grezza naturalmente contaminato (Moret et al, 2010).

Contrariamente all'estrazione tradizionale con solvente (esano), in questo caso la MAS permette di ottenere recuperi praticamente quantitativi degli analiti di interesse. L'estratto esanico ottenuto dopo saponificazione (120 °C per 20 min) non necessita, in questa procedura, di ulteriori passaggi di purificazione e, previa evaporazione dell'esano e dissoluzione in isopropanolo, può essere iniettato direttamente nel sistema HPLC (colonna C18; rivelazione spettrofluorimetrica).

Più in generale, i vantaggi di questa tecnica rispetto alla MAE sono rappresentati dal fatto che si ottengono rese di estrazione quantitative anche nel caso di matrici complesse di difficile estrazione, non è necessario pre-essiccare il campione e viene eliminata l'interferenza dei trigliceridi (che vengono saponificati). Rispetto alla saponificazione tradizionale sono inoltre ridotti notevolmente la manipolazione del campione, il consumo di solventi e i tempi di analisi.

4.7.2 Tecniche "solvent-free"

Brevettata nel 2004 (Lucchesi et al, 2004), la *solvent-free microwave extraction* (SFME) è una tecnica per l'estrazione di oli essenziali da piante aromatiche che permette di ridurre i tempi di estrazione e il consumo di energia, eliminando nel contempo l'impiego di solventi. Si tratta di un'originale combinazione di riscaldamento a microonde e distillazione a pressione atmosferica.

Il materiale vegetale viene posto in un pallone di distillazione senza aggiunta di solvente o di acqua. L'acqua contenuta nel prodotto, sottoposta a super-riscaldamento, si espande rapidamente passando allo stato gassoso e determina la rottura della struttura cellulare e delle

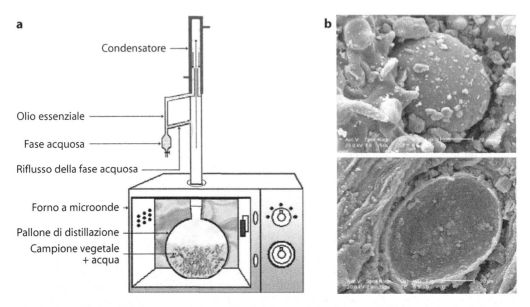

Fig. 4.12 **a** Schema di un apparecchio per SFME. **b** Immagini della superficie di una foglia di timo ottenute con microscopio a scansione elettronica prima (*in alto*) e dopo (*in basso*) l'estrazione con SFME. (Da Golmakani, Rezaei, 2008. Riproduzione autorizzata)

ghiandole oleifere, con fuoriuscita degli oli essenziali e dei componenti bioattivi. La Fig. 4.12 riporta lo schema di un apparecchio per SFME e un'immagine, ottenuta con microscopio elettronico a scansione, della superficie di una foglia di timo prima e dopo SFME. Gli oli essenziali vengono distillati e quindi ricondensati, mentre l'acqua rifluisce nella cella di estrazione mantenendo il grado di umidità originario del campione.

Secondo la procedura operativa standard, 250 g di materiale vegetale vengono riscaldati per 30 minuti a una potenza costante di 500 W. La temperatura di estrazione è quella di ebollizione dell'acqua a pressione atmosferica (100 °C). Il processo viene generalmente protratto fino all'estrazione completa dell'olio essenziale. Per raggiungere la temperatura di estrazione sono necessari solo 5 minuti, contro i 90 della tecnica convenzionale. In 30 minuti si ottengono rese comparabili a quelle ottenibili in tempi più lunghi (4,5 ore) con la procedura classica (Lucchesi et al, 2004). Dal punto di vista qualitativo, il prodotto risultante è paragonabile a quello ottenuto con i metodi convenzionali di idrodistillazione (HD); inoltre, grazie al ridotto stress termico e idrolitico, è più ricco di sostanze ossigenate odorose.

Le rese di estrazione sono influenzate dalla potenza applicata, dal tempo di estrazione e dal contenuto di acqua del materiale vegetale. La potenza applicata (che dipende dalla quantità di campione da trattare) dovrebbe essere sufficiente per permettere il rapido raggiungimento del punto di ebollizione dell'acqua, ma non tale da causare perdite di sostanze volatili e degradazione di componenti bioattivi. La Fig. 4.13 mostra i profili di riscaldamento e le rese di estrazione in funzione del tempo per l'olio essenziale estratto da timo mediante tecnica SFME e HD convenzionale (Lucchesi et al, 2004; Golmakani, Rezaei, 2008).

Una tecnica simile alla SFME è la *microwave hydrodiffusion and gravity* (MHG). Anche la MHG permette l'estrazione in assenza di solvente, ma si differenzia dalla SFME perché

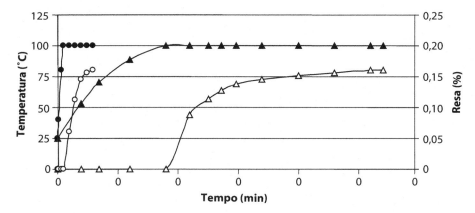

Fig. 4.13 Estrazione di olio essenziale di timo con tecnica SFME e idrodistillazione convenzionale: temperature (● SFME; ▲ HD) e rese di estrazione (O SFME; △ HD) in funzione del tempo. (Da Lucchesi et al, 2004. Riproduzione autorizzata)

utilizza un alambicco capovolto – costituito da un pallone contenente un disco in pyrex perforato per tenere in sede il materiale vegetale – collegato in basso a un condensatore (posto all'esterno del forno a microonde) e a una beuta o pallone di raccolta (Fig. 4.14). L'olio essenziale e l'acqua che fuoriescono dal campione per idrodiffusione scendono per gravità nel recipiente di raccolta, attraversando il condensatore. L'olio essenziale, più leggero, rimane in

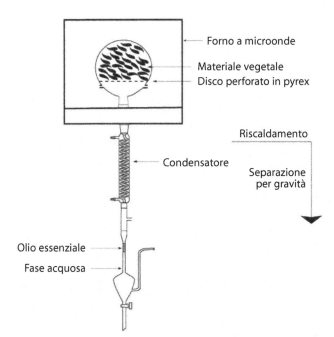

Fig. 4.14 Schema di un apparecchio per MHG. (Da Vian et al, 2008. Riproduzione autorizzata)

superficie, mentre l'acqua si raccoglie sul fondo, dal quale può essere facilmente allontana-
ta. In questo modo l'olio essenziale viene estratto evitando le fasi di distillazione e di evaporazione, con ulteriore risparmio energetico. Oltre che per l'estrazione di oli essenziali, le
tecniche solvent-free sono state applicate all'estrazione di antiossidanti, pigmenti, aromi e
altri composti organici da matrici vegetali (Li et al, 2013).

L'estrazione in assenza di solvente può essere condotta anche in recipienti chiusi; in questo
caso la tecnica è denominata *pressurized solvent-free microwave extraction* (PSFME). Il principio di estrazione è analogo a quello della SFME: il materiale vegetale (che deve contenere
almeno il 70-80% di acqua) viene posto in un recipiente chiuso e sottoposto a irraggiamento
alternato finché l'acqua contenuta nel materiale determina la rottura delle pareti cellulari e la
fuoriuscita dei soluti (Michel et al, 2011). Poiché la polarità e la viscosità dell'acqua diminuiscono ad alta temperatura (180 °C) e l'alta pressione facilita la dissoluzione dei componenti
meno polari, questa tecnica risulta adatta anche per l'estrazione di componenti meno polari
(flavonoli, agliconi) che non verrebbero estratti a temperatura e pressione ambiente. I parametri da ottimizzare sono: tempo di estrazione (10-50 secondi), potenza applicata (200-1.000 W)
e numero di cicli di estrazione (1-5 cicli). Per evitare di superare le pressioni massime di tenuta del contenitore, con conseguente perdita del campione, è necessario effettuare brevi cicli di
estrazione intervallati da fasi di raffreddamento (in bagno di ghiaccio).

Bibliografia

Abu-Samra A, Morris JS, Koirtyohann SR (1975) Wet ashing of some biological samples in a micro-
    wave oven. *Analytical Chemistry*, 47(8): 1475-1477
Akpambang VOE, Purcaro G, Lajide L et al (2009) Determination of polycyclic aromatic hydrocarbons
    (PAHs) in commonly consumed Nigerian smoked/grilled fish and meat. *Food Additives and Conta-
    minants*, 26(7): 1096-1103
Batista A, Vetter W, Luckas B (2001) Use of focused open vessel microwave-assisted extraction as prelude
    for the determination of the fatty acid profile of fish – A comparison with results obtained after liquid-
    liquid extraction according to Bligh and Dyer. *European Food Research Technology*, 212(3): 377-384
Budzinsky H, Letellier M, Garrigues P, Le Menach K (1999) Optimisation of the microwave-assisted
    extraction in open cell of polycyclic aromatic hydrocarbons from soils and sediments - Study of
    moisture effect. *Journal of Chromatography A*, 837(1): 187-200
CalEPA - California Environmental Protection Agency (2000) Department of toxic substance control.
    Evaluation Report. Microwave-accelerated reaction system, model MARS - X, for the extraction of
    organic pollutants from solid matrices http://infohouse.p2ric.org/ref/14/13364.pdf
Carro N, García I, Llompart M (2000) Clossed-vessel assisted microwave extraction of polychlorinated
    biphenyls in marine mussels. *Analusis*, 28: 720-724
CEM Corporation (2001) *Operation Manual STAR System 2 and STAR System 6*, Rev 3. Matthews,
    NC http://www.sirbanks.com/manuals/Opman/600121.pdf
Chan C-H, Yusoff R, Ngoh G-C, Kung FW-L (2011) Microwave-assisted extractions of active ingredients
    from plants. *Journal of Chromatography A*, 1218(37): 6213-6225
Chen L, Song D, Tian Y et al (2008) Application of on-line microwave sample-preparation techniques.
    Trends in Analytical Chemistry, 27(2): 151-159
Dean JR (2012) Microwave extraction. In: Pawliszyn J (ed) *Comprehensive sampling and sample pre-
    paration*, Vol. 2. Elsevier, Amsterdam
Fang G, Lau HF, Law WS, Li SF (2012) Systematic optimisation of coupled microwave-assisted extraction-
    solid phase extraction for the determination of pesticides in infant milk formula via LC-MS/MS. *Food
    Chemistry*, 134(4): 2473-2480

Ganzler K, Salgó A, Valkó K (1986) Microwave extraction. A novel sample preparation method for chromatography. *Journal of Chromatography A*, 371: 299-306

García-Ayuso LE, Velasco J, Dobarganes MC, Luque De Castro MD (1999a) Accelerated extraction of the fat content in cheese using a focused microwave-assisted Soxhlet device. *Journal of the Agriculture and Food Chemistry*, 47(6) 2308-2315

García-Ayuso LE, Velasco J, Dobarganes MC, Luque De Castro MD (1999b) Double use of focused microwave irradiation for accelerated matrix hydrolysis and lipid extraction in milk samples. *International Dairy Journal*, 9(10): 667-674

Golmakani M-T, Rezaei K (2008) Comparison of microwave-assisted hydrodistillation with the traditional hydrodistillation method in the extraction of essential oils from Thymus vulgaris L. *Food Chemistry*, 109(4): 925-930

Kodba ZC, Marsel J (1999) Microwave assisted extraction and sonication of polychlorobiphenils from river sediments and risk assesment by toxic equivalency factors. *Chromatographia*, 49(1-2): 21-27

Kovács Á, Ganzler K, Simon-Sarkadi L (1998) Microwave-assisted extraction of free amino acids from foods. *Zeitschrift für Lebensmittel-Untersuchung und-Forschung A*, 207(1): 26-30

Li Y, Fabiano-Tixier AS, Vian MA, Chemat F (2013) Solvent-free microwave extraction of bioactive compounds provides a tool for green analytical chemistry. *Trends in Analytical Chemistry*, 47: 1-11

Li Y, Skouroumounis GK, Elsey GM, Taylor DK (2011) Microwave-assistance provides very rapid and efficient extraction of grape seed polyphenols. *Food Chemistry*, 129(2): 570-576

Lucchesi ME, Chemat F, Smadja J (2004) Solvent-free microwave extraction of essential oil from aromatic herbs: comparison with conventional hydro-distillation. *Journal of Chomatography A* 1043(2): 323-327

Luque de Castro MD, Priego-Capote F (2010) Soxhlet extraction: Past and present panacea. *Journal of Chromatography A*, 1217(16): 2383-2389

Luque-García JL, Luque de Castro MD (2004) Focused microwave-assisted Soxhlet extraction: devices and applications. *Talanta*, 64(3): 571-577

Marcato B, Vianello M (2000) Microwave-assisted extraction by fast sample preparation for the systematic analysis of additives in polyolefins by high-performance liquid chromatography. *Journal of Chromatography A*, 869(1-2): 285-300

Michel T, Destandau E, Elfakir C (2011) Evaluation of a simple and promising method for extraction of antioxidants from sea buckthorn (Hippophaë rhamnoides L.) berries: Pressurised solvent-free microwave assisted extraction. *Food Chemistry*, 126(3): 1380-1386

Moret S, Purcaro G, Conte LS (2010) Polycyclic aromatic hydrocarbons (PAHs) levels in propolis and propolis-based dietary supplements from the Italian market. *Food Chemistry*, 122(1): 333-338

Nóbrega JA, Trevizan LC, Araújo GCL, Nogueira AA (2002) Focused-microwave-assisted strategies for sample preparation. *Spectrochimica Acta Part B*, 57(12): 1855-1876

Pallaroni L, von Holst C, Eskilsson S, Bjoklund E (2002) Microwave-assisted extraction of zearalenone from wheat and corn. *Analytical and Bioanalytical Chemistry*, 374: 161-166

Pena T, Pensado L, Casais C et al (2006) Optimization of a microwave-assisted extraction method for the analysis of polycyclic aromatic hydrocarbons from fish samples. *Journal of Chromatography A*, 1121(2): 163-169

Polesello S (2006) Le microonde nei laboratori. In: Polesello A, Guenzi S, Polesello S (eds) *Attrezzature e kit per il laboratorio chimico e biologico*. Tecniche Nuove, Milano

Priego-Capote F, Luque de Castro MD (2005) Focused microwave-assisted Soxhlet extraction: a convincing alternative for total fat isolation from bakery products. *Talanta*, 65 (1): 98-103

Priego-Capote F, Ruiz-Jiménez J, García-Olmo J, Luque de Castro MD (2004) Fast method for the determination of total fat and trans fatty-acids content in bakery products based on microwave-assisted Soxhlet extraction and medium infrared spectroscopy detection. *Analytica Chimica Acta*, 517(1-2): 13-20

Purcaro G, Moret S, Conte LS (2009) Optimisation of microwave assisted extraction (MAE) for polycyclic aromatic hydrocarbon (PAH) determination in smoked meat. *Meat Science*, 81(1): 275-280

Reyes LH, Guzmán Mar JL, Hernández-Ramírez A et al (2011) Microwave assisted extraction for mercury speciation analysis. *Microchimica Acta*, 172(1-2): 3-14

Shu YY, Lai TL (2001) Effect of moisture on the extraction efficiency of polycyclic aromatic hydrocarbons from soils under atmospheric pressure by focused microwave-assisted extraction. *Journal of Chromatography A*, 927(1-2): 131-141

Simoneau C, Naudin C, Hannaert P, Anklam E (2000) Comparison of classical and alternative extraction methods for the quantitative extraction of fat from plain chocolate and the subsequent application to the detection of added foreign fats to plain chocolate formulations. *Food Research International*, 33(9): 733-741

Sparr Eskilsson C, Björklund E (2000) Analytical-scale microwave-assisted extraction. *Journal of Chromatography A*, 902(1): 227-250

Vian MA, Fernandez X, Visinoni F, Chemat F (2008) Microwave hydrodiffusion and gravity, a new technique for extraction of essential oils. *Journal of Chromatography A*, 1190(1-2): 14-17

Xiao XH, Wang JX, Wang G et al (2009) Evaluation of vacuum microwave-assisted extraction technique for the extraction of antioxidants from plant samples. *Journal of Chromatography A*, 1216(51): 8867-8873

Yu Y, Chen B, Chen Y et al (2009) Nitrogen-protected microwave-assisted extraction of ascorbic acid from fruit and vegetables. *Journal of Separation Science*, 32(23-24): 4227-4233

Capitolo 5

Tecniche di estrazione on-line basate sull'utilizzo di membrane

Sabrina Moret

5.1 Introduzione

Il primo impiego delle membrane in chimica analitica risale al 1963, quando membrane semipermeabili in polietilene (PE) e in politetrafluoroetilene (PTFE, Teflon) vennero impiegate come interfaccia allo spettrometro di massa per il campionamento in continuo di sostanze gassose volatili da campioni acquosi (Hoch, Kok, 1963). Le prime applicazioni delle membrane per separare, purificare ed estrarre analiti da matrici complesse prima della cromatografia liquida ad alte prestazioni (HPLC) o della gascromatografia ad alta risoluzione (HRGC) risalgono agli inizi degli anni Ottanta del secolo scorso (Barri, Jönsson, 2008).

Attualmente le tecniche di estrazione basate sull'utilizzo di membrane sono in forte espansione in vari settori della chimica analitica, applicata al controllo di campioni nel settore ambientale, biomedico e farmaceutico, e dell'analisi chimica degli alimenti. Sono oggi disponibili diverse tecniche di estrazione su membrana in grado di rimuovere grandi quantità di interferenti e/o di effettuare estrazioni selettive di analiti anche da matrici complesse come gli alimenti.

Il punto di forza di queste tecniche è rappresentato dal fatto che non richiedono attrezzature costose, eliminano o riducono sensibilmente il consumo di solventi organici, operano a temperatura ambiente (sono particolarmente adatte a componenti termolabili) e possono essere accoppiate on-line con un'ampia varietà di tecniche analitiche, quali: HPLC, gascromatografia (GC), spettrometria di massa (MS), spettrometria di massa a plasma accoppiato induttivamente (ICP-MS), spettroscopia ad assorbimento atomico (AAS) ed elettroforesi capillare (CE).

In questo capitolo sono trattate esclusivamente le tecniche che possono essere facilmente interfacciate on-line, in particolare con strumentazione HPLC, GC o CE. Per l'approfondimento delle tecniche utilizzate per l'interfacciamento diretto alla MS, si rimanda a Ketola et al, 2012.

5.2 Processi di separazione su membrana

Genericamente una membrana può essere definita come una barriera tra due fasi, una delle quali rappresenta il campione (*fase donatrice*) e l'altra il permeato (*fase accettrice*). Le due fasi sono solitamente liquide, ma possono talvolta essere gassose. In presenza di una forza motrice si ha un trasporto di materia (e in particolare dell'analita) attraverso la membrana, dalla fase donatrice alla fase accettrice (Cordero et al, 2000).

S. Moret, G. Purcaro, L.S. Conte, *Il campione per l'analisi chimica*
DOI 10.1007/978-88-470-5738-8_5 © Springer-Verlag Italia 2014

Fig. 5.1 Estrazione selettiva. Si realizza, in presenza di una forza motrice e di una membrana che lascia permeare solo gli analiti, che vengono quindi concentrati selettivamente nella fase accettrice

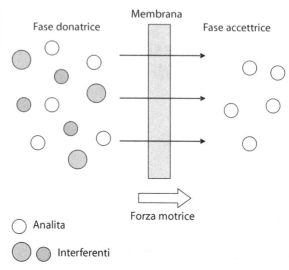

Nei processi di estrazione su membrana la separazione delle specie chimiche è il risultato delle diverse velocità con cui queste attraversano la membrana. Le specie con velocità di trasporto molto bassa (o nulla) rimangono nella fase donatrice, mentre quelle trasportate più velocemente si concentrano nella fase accettrice (van de Merbel, 1999). Quando alcuni componenti vengono trasportati in misura maggiore rispetto ad altri, si realizza un'estrazione selettiva; nel caso ideale, un solo componente viene trasferito alla fase accettrice, mentre tutti gli altri vengono totalmente trattenuti nella fase donatrice (Fig. 5.1).

Il trasferimento di massa attraverso la membrana può essere di tipo:

– *passivo*, ossia i componenti vengono trasportati in virtù di una forza motrice determinata da un gradiente di potenziale elettrochimico;
– *facilitato* dalla presenza nella membrana di un *carrier* in grado di aumentare la capacità di permeazione dell'analita;
– *attivo*, quando può avvenire anche contro il gradiente di potenziale elettrochimico ed è determinato da una reazione all'interno della membrana; tale modalità rappresenta il meccanismo di trasporto attraverso le membrane cellulari, ma al momento non trova applicazioni analitiche (Buldini, Mevoli, 2012).

Per descrivere meglio un processo di estrazione su membrana si utilizzano due parametri: il fattore di arricchimento (*EF, enrichment factor*), definito come il rapporto tra la concentrazione iniziale dell'analita nella fase accettrice e la concentrazione finale dell'analita nella fase donatrice ($EF = C_a/C_d$), e l'efficienza di estrazione (*EE, extraction efficiency*), che rappresenta la frazione di analita che viene estratta nella fase accettrice (Hylton, Mitra, 2007). Si ha quindi:

$$EE = \frac{m_a}{m_d} = \frac{C_a V_a}{C_d V_d} = EF \frac{V_a}{V_d}$$

dove m_a e m_d rappresentano, rispettivamente, la massa totale di analita nella fase accettrice e nella fase donatrice e V_a e V_d i volumi delle due fasi.

Le forze in grado di generare un trasporto di massa attraverso una membrana possono essere correlate a:

– un gradiente di concentrazione che determina un trasporto di molecole in accordo con la prima legge di Fick: $J_m = -DA \, dC/dx$
– una differenza di potenziale elettrico che determina un flusso di cariche in accordo con la legge di Ohm: $J_c = -RA \, dE/dx$
– una differenza di pressione che determina un flusso di volume in accordo con la legge di Hagen-Poiseulle $J_v = d_m/d_t = -KA \, dP/dx$.

In tutte e tre le equazioni compare una costante che corrisponde, rispettivamente, al coefficiente di diffusione (D), alla resistenza elettrica (R) e alla permeabilità idrodinamica (K); compaiono inoltre l'area (A) e lo spessore (dx) della membrana; dC, dE e dP si riferiscono, rispettivamente, a differenze di concentrazione, potenziale elettrico e pressione (Cordero et al, 2000).

I processi di estrazione su membrana dipendono in generale da una serie di parametri legati alla natura della membrana, alla sua geometria (area superficiale, spessore, dimensione dei pori o del supporto poroso), alle caratteristiche della fase donatrice e di quella accettrice (natura, volumi, modalità di contatto, velocità di flusso) e dell'analita (natura, dimensioni, forma, carica). Il processo di estrazione è influenzato dai coefficienti di diffusione e dalla costante di ripartizione dell'analita, che a loro volta dipendono anche da fattori esterni come la temperatura: com'è noto, all'aumentare della temperatura i coefficienti di diffusione aumentano, mentre la costante di ripartizione diminuisce, per cui un aumento di temperatura non sempre determina un aumento della velocità di trasporto attraverso la membrana.

5.3 Membrane

Le membrane possono essere classificate sulla base delle loro caratteristiche: morfologia (microporose e non porose), struttura (omogenee, asimmetriche e composite), geometria (piane e capillari) e natura. Mentre le membrane omogenee hanno una distribuzione dei pori uniforme, quelle asimmetriche presentano strati con diversa porosità, e quelle composite sono generalmente costituite da due polimeri, di cui uno poroso e l'altro non poroso (Hylton, Mitra, 2007).

Dimensioni, forma e distribuzione dei pori di una membrana dipendono largamente dal processo di fabbricazione e influenzano notevolmente il processo di separazione. Le membrane porose presentano delle aperture che permettono il passaggio delle molecole a seconda della loro dimensione e della loro forma (attraverso un meccanismo di esclusione molecolare) e vengono comunemente utilizzate per dialisi e filtrazione. Qualunque molecola in grado di permeare attraverso i pori della membrana (dimensione dei pori tra 10^1 e 10^4 nm), la può attraversare. Di conseguenza, con queste membrane si ottengono elevate velocità di flusso ma scarsa selettività (Hylton, Mitra, 2007).

In una membrana solida non porosa il trasporto delle molecole avviene per diffusione e la separazione è influenzata dalle costanti di ripartizione e dalla diffusività dei componenti nella membrana. La membrana può essere attraversata solo da molecole in grado di diffondere attraverso di essa e quindi la compatibilità dell'analita con la membrana rappresenta un aspetto importante.

In base alla loro forma, le membrane vengono distinte in piane e capillari (o a forma tubolare, *hallow fibres*). Le prime vengono utilizzate quasi esclusivamente per applicazioni online, mentre le seconde prevalentemente per applicazioni off-line (il ridotto diametro interno le espone a problemi di intasamento). Le membrane possono essere classificate anche in base alla loro natura idrofobica o idrofilica (Miró, Frenzel, 2004) e vengono impiegate per isolare principalmente composti organici volatili e semivolatili (ma anche composti inorganici, come ioni metallici) da campioni liquidi o gassosi. Le membrane idrofiliche sono generalmente in acetato di cellulosa, cellulosa rigenerata, polisulfone (PSU), policarbonato (PC), poliammide (PA), polieteresulfone (PES) e scambiatori ionici. Queste membrane vengono impiegate per isolare specie ioniche o polari da solventi acquosi o organici. Le membrane idrofobiche sono prevalentemente costituite da politetrafluoroetilene (PTFE, Teflon), polipropilene (PP), polivinilcloruro (PVC), polivinilidenfluoruro (PVDF) e silicone o polidimetilsilossano (PDMS). Sono anche disponibili membrane in materiali metallici o in ceramica. Tra le più utilizzate sono sicuramente le membrane siliconiche non porose e le membrane in PP microporoso.

5.4 Classificazione dei processi di estrazione su membrana

Membrane porose e non porose di natura prevalentemente organica (liquide o solide) possono essere utilizzate a contatto con fasi donatrici e accettrici di diversa natura (acquosa o organica), dando origine a sistemi di estrazione a una fase (quando fase donatrice e fase accettrice hanno la stessa natura), a due fasi (quando fase donatrice e fase accettrice hanno natura diversa) o a tre fasi (quando fase donatrice e fase accettrice sono entrambe acquose e la membrana è organica). Questi diversi sistemi di estrazione, che trovano differenti campi di applicazione, sono schematicamente rappresentati in Fig. 5.2 e illustrati in maggiore dettaglio nei paragrafi successivi.

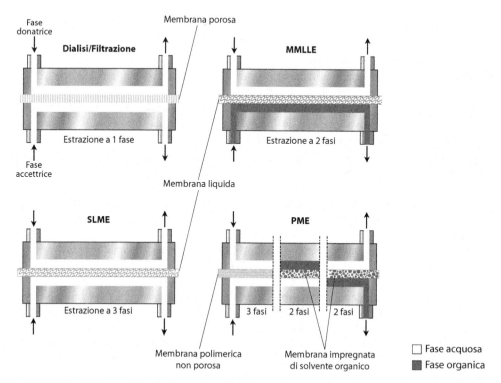

Fig. 5.2 Principali sistemi di estrazione su membrana. MMLLE, microporous membrane liquid-liquid extraction; SLLE, supported liquid-liquid extraction; PME, polymeric membrane extraction

Tabella 5.1 Principali tecniche di estrazione con membrana

Tecnica	Tipologia di membrana	Fasi donatrice-accettrice	Sistema di estrazione	Principali fattori che influenzano la separazione	Forza motrice
Dialisi	Porosa solida	Acquosa-acquosa	1 fase	Esclusione molecolare coefficiente di diffusione	Differenza di concentrazione
Elettrodialisi	Porosa solida	Acquosa-acquosa	1 fase	Esclusione molecolare carica elettrica coefficiente di diffusione	Differenza di potenziale
Filtrazione	Porosa solida	Acquosa-acquosa	1 fase	Esclusione molecolare coefficiente di diffusione	Differenza di pressione
Microporous membrane liquid-liquid extraction (MMLLE)	Non porosa liquida (organica)	Acquosa-organica	2 fasi	Esclusione molecolare coefficiente di diffusione/ costante di ripartizione	Differenza di concentrazione
Supported liquid membrane extraction (SLME)	Non porosa liquida (organica)	Acquosa-acquosa	3 fasi	Esclusione molecolare coefficiente di diffusione/ costante di ripartizione	Differenza di concentrazione
Polymeric membrane extraction (PME)	Non porosa solida (polimero)	Acquosa-acquosa organica-acquosa acquosa-organica	3 fasi 2 fasi 2 fasi	Coefficiente di diffusione/ costante di ripartizione	Differenza di concentrazione
Membrane extraction with a sorbent interface (MESI)	Non porosa solida (polimero)	Gas-gas	1 fase	Coefficiente di diffusione/ costante di ripartizione	Differenza di concentrazione

La Fig. 5.2a riporta lo schema di una membrana porosa in un sistema di estrazione a una fase, che trova applicazione con tecniche quali dialisi, elettrodialisi e filtrazione. In questo caso la fase donatrice e quella accettrice hanno la stessa natura (generalmente acquosa, talvolta organica o gassosa), sono separate da una membrana solida (solitamente un polimero o una membrana idrofilica) ma sono fisicamente connesse attraverso i pori della stessa. L'arricchimento dell'analita avviene a fronte di un gradiente di potenziale elettrochimico. L'analita non è soggetto a ripartizione di fase, ma a un processo di diffusione attraverso la membrana.

Le membrane porose possono essere utilizzate per discriminare molecole di diversa massa molecolare, ma generalmente non riescono a ottenere elevati gradi di arricchimento dell'analita. Tecniche di estrazione più potenti possono essere sviluppate utilizzando membrane non porose.

Esistono due tipologie di membrane non porose:
- *membrane liquide*, supportate da un reticolo poroso che, oltre a trattenere la membrana liquida nei suoi pori per capillarità, determina anche una selezione delle molecole in base alle loro dimensioni molecolari;
- *membrane polimeriche*, costituite da polimeri solidi nei quali le molecole devono solubilizzarsi per poter attraversare la membrana.

Impiegando membrane liquide (organiche) si possono realizzare estrazioni a due fasi (Fig. 5.2b), quando fase donatrice e fase accettrice hanno natura diversa, e a tre fasi (Fig. 5.2c) quando le fasi sono entrambe acquose: nel primo caso la tecnica è nota come *microporous membrane liquid-liquid extraction* (MMLLE) e nel secondo come *supported liquid-liquid extraction* (SLME).

Utilizzando membrane polimeriche non porose si possono realizzare estrazioni a due o a tre fasi, in modo analogo a quanto avviene con le tecniche MMLLE e SLME (in relazione alla natura delle fasi accettrice e donatrice), con la differenza che il processo di diffusione attraverso il polimero è più lento (Fig. 5.2d). Questa tecnica di estrazione è denominata *polymeric membrane extraction* (PME). Le membrane polimeriche solide vengono impiegate anche in presenza di una fase accettrice gassosa e una fase donatrice gassosa o acquosa. In questo caso si parla di *membrane extraction with a sorbent interface* (MESI).

In Tabella 5.1 sono riassunte le caratteristiche delle principali tecniche di estrazione su membrana trattate in questo capitolo; di queste, tre sono basate sull'impiego di membrane porose (dialisi, elettrodialisi e filtrazione) e quattro sull'impiego di membrane non porose (MMLLE, SLME, PME e MESI).

5.5 Dispositivi per l'estrazione su membrana

Nel caso delle membrane piane i dispositivi per l'estrazione sono perlopiù rappresentati da due blocchi di materiale inerte (avvitati uno all'altro) che presentano una scanalatura speculare sulle due facce che racchiudono la membrana. In questo modo la membrana separa il canale in cui scorre la fase donatrice da quello in cui scorre la fase accettrice. Il volume di questi canali è in genere molto piccolo (10-1.000 µL).

Nel caso delle membrane capillari, la fase accettrice fluisce all'interno della membrana, mentre la fase donatrice fluisce nell'intercapedine tra la membrana e un tubo che la racchiude. Gli svantaggi di queste membrane capillari sono rappresentati dalla difficoltà di pulizia dopo l'utilizzo e dal limitato potenziale di automazione. Con questa configurazione si possono ottenere canali con volumi variabili (da meno di un microlitro a qualche millilitro) e di

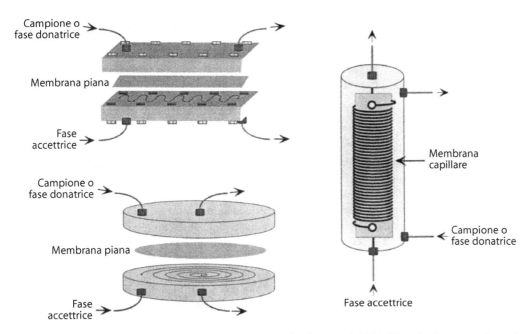

Fig. 5.3 Dispositivi per estrazione su membrana. (Da Cordero et al, 2000. Riproduzione autorizzata)

diversa area superficiale. Utilizzando più fibre capillari disposte parallelamente a formare un fascio, si possono ottenere, con volumi di pochi millilitri, aree superficiali superiori a 150 cm^2. Per aumentare l'area superficiale disponibile per la diffusione dell'analita attraverso la membrana, la membrana capillare può anche essere avvolta a spirale e immersa nel campione. Questa configurazione può essere utilizzata solo con volumi di campione relativamente alti (superiori a 25 mL) ed è quindi adatta solo se il volume di campione non rappresenta un fattore limitante. Con appropriate modifiche, queste membrane (Fig. 5.3) possono essere applicate alle diverse tecniche di estrazione con membrana (Jönsson, Mathiasson, 2000).

5.6 Estrazione con membrane porose

La separazione su membrana porosa sfrutta il meccanismo di esclusione molecolare: le molecole sufficientemente piccole possono permeare attraverso i pori della membrana, mentre quelle più grandi vengono escluse. Per migliorare la selettività dell'estrazione si possono utilizzare membrane a scambio ionico, che presentano gruppi carichi (positivi o negativi) legati covalentemente alla membrana polimerica. La separazione in questo caso è basata non solo sulle dimensioni molecolari, ma anche sul fatto che composti ionici che presentano la stessa carica della membrana vengono esclusi.

Come anticipato, le tecniche di separazione che utilizzano membrane porose sono essenzialmente la dialisi, l'elettrodialisi e la filtrazione. Queste tecniche si differenziano per la forza motrice coinvolta nel processo: nella dialisi si sfrutta una differenza di concentrazione (che determina un flusso di molecole dal comparto a maggior concentrazione verso quello a minor concentrazione); nell'elettrodialisi una differenza di potenziale (flusso di molecole cariche);

nella filtrazione una differenza di pressione (trasporto di massa di molecole di dimensioni inferiori ai pori della membrana). In un processo di separazione su membrana sono spesso coinvolti più meccanismi contemporaneamente, ma generalmente uno predomina sugli altri. I principi e i parametri che influiscono sui processi di estrazione e le applicazioni delle tecniche di separazione su membrana porosa sono state descritte in modo approfondito da van de Merbel (1999).

5.6.1 Dialisi

Il campione viene introdotto nel canale della fase donatrice e tutte le molecole di dimensioni appropriate diffondono nella fase accettrice attraverso i pori della membrana per effetto di un gradiente di concentrazione. Il numero di molecole che passa attraverso la membrana nell'unità di tempo (*flusso*) dipende dal gradiente di concentrazione e da diversi altri parametri, tra i quali l'area e lo spessore della membrana, nonché dal coefficiente di diffusione dell'analita, che a sua volta varia a seconda della viscosità del campione, della temperatura e delle dimensioni molecolari dell'analita. Per massimizzare il flusso e ottenere elevati recuperi dell'analita, è necessario ottimizzare tutti questi parametri. È quindi importante usare un blocco da dialisi ben costruito e scegliere la membrana più adatta. I recuperi dell'analita possono essere migliorati aumentando l'area superficiale, diminuendone lo spessore (che mediamente è di 20 µm) e diminuendo la profondità del canale della fase accettrice (che nella maggior parte dei casi è di 0,2 mm). Per aumentare l'area superficiale della membrana, si ricorre spesso a membrane capillari (van de Merbel, 1999; Buldini, Mevoli, 2012).

Un altro importante parametro che influenza il flusso è il diametro dei pori della membrana, o più precisamente la distribuzione dei pori nella membrana (poiché in una membrana vi sono pori di varie dimensioni). Ogni membrana è caratterizzata da un valore di *cut-off*, definito come il peso molecolare (PM) del composto più piccolo che viene trattenuto per più del 90%. Per ogni applicazione si dovrebbe scegliere una membrana in grado di trattenere il materiale interferente e permettere allo stesso tempo un rapido trasporto degli analiti. In molti casi lo scopo della dialisi è trattenere proteine o altri biopolimeri e si utilizzano membrane con cut-off di 10-15 kDa; per trattenere composti più piccoli, si possono utilizzare membrane con pori più piccoli.

In teoria la diffusione attraverso la membrana può essere migliorata riducendo la viscosità del campione, per esempio diluendolo; tuttavia, il guadagno in termini di recupero non è elevato, in quanto la diluizione comporta ovviamente una perdita di sensibilità.

Anche un aumento di temperatura migliora la diffusione dell'analita attraverso la membrana. È stato dimostrato che a 50 °C si possono ottenere recuperi migliori che a temperatura ambiente, ma per ragioni pratiche la maggior parte delle applicazioni viene realizzata a temperatura ambiente.

Infine, è essenziale mantenere attraverso la membrana il gradiente di concentrazione più alto possibile. Se la fase donatrice e quella accettrice rimangono in contatto statico, dopo un certo tempo le concentrazioni degli analiti da entrambi i lati della membrana diventeranno uguali; ciò significa che il gradiente di concentrazione viene ridotto a zero e che non vi sarà ulteriore trasporto netto di analita. Con questo tipo di dialisi, chiamata "dialisi di equilibrio", si possono ottenere recuperi massimi del 50%. Per migliorare il recupero, il gradiente di concentrazione deve essere mantenuto il più alto possibile e ciò si può ottenere rimuovendo l'analita dalla fase accettrice o, in altre parole, utilizzando una fase accettrice mobile con un flusso continuo o pulsato. Questa tecnica, denominata "dialisi in continuo", permette in linea di principio un trasferimento quantitativo dell'analita dal campione al sistema analitico.

D'altra parte, l'impiego di una fase accettrice mobile determina una diluizione dell'estratto che può essere compensata da una successiva riconcentrazione dell'analita in una pre-colonna di concentrazione. Se il volume totale del campione supera quello della fase donatrice, il campione può essere suddiviso in più aliquote che vengono dializzate in successione; in alternativa il campione può essere pompato in continuo attraverso il canale della fase donatrice.

L'efficienza del processo di dialisi può essere anche influenzata negativamente dall'instaurarsi di interazioni di tipo elettrostatico o idrofobico tra analiti e siti attivi presenti sulla membrana. Tali interazioni possono essere limitate aggiungendo nel campione dei reagenti in grado di interagire con i siti attivi della membrana neutralizzandoli. Anche il legame dell'analita con proteine presenti nel campione può influenzare negativamente i recuperi; per liberare gli analiti dalle proteine può essere necessario agire sul pH o aggiungere piccole quantità di opportuni solventi (acetonitrile, metanolo) o reagenti che competono con l'analita per il legame con le proteine (van de Merbel, 1999).

5.6.2 Elettrodialisi

Nell'elettrodialisi entrambi i blocchi del dispositivo di estrazione che racchiudono la membrana porosa contengono un elettrodo. Se necessario, gli elettrodi vengono protetti da membrane a scambio ionico per impedire che sulla loro superficie si verifichi la degradazione elettrolitica degli analiti. La diffusione degli analiti è regolata dal gradiente di concentrazione e dalla differenza di potenziale tra i due elettrodi. Gli analiti di carica opposta a quella dell'elettrodo della fase accettrice diffonderanno liberamente nella fase accettrice, mentre gli analiti della stessa carica verranno attratti dall'elettrodo della fase donatrice. Gli analiti neutri saranno invece soggetti a diffusione passiva. In questo caso, oltre alla selettività basata sulle dimensioni molecolari, si introduce un'ulteriore selettività basata sulla carica dell'analita. Anche quando la concentrazione degli analiti ai due lati della membrana diventa uguale, continua un flusso netto di analiti carichi verso la fase accettrice, consentendo in pratica un trasferimento quantitativo nella fase accettrice. Oltre che dai parametri già discussi per la dialisi, le prestazioni dell'elettrodialisi dipendono ovviamente dal potenziale elettrico applicato. In genere non si applicano potenziali superiori a 10 V, in quanto determinerebbero un rapido deterioramento della membrana (soprattutto quando si tratta di membrane a base di cellulosa).

L'efficienza dell'estrazione è influenzata dalla composizione del campione e diminuisce notevolmente all'aumentare della sua forza ionica. Tale fenomeno può essere spiegato con il fatto che, a differenza di potenziale applicata costante, la forza del campo elettrico diminuisce all'aumentare della conducibilità (ovvero della forza ionica del campione). Per massimizzare la forza del campo elettrico, conviene utilizzare come fase accettrice acqua pura. Se gli analiti di interesse non sono composti permanentemente carichi, ma piuttosto acidi o basi deboli, è importante aggiustare il pH delle due fasi in modo che gli analiti siano carichi, tenendo conto che il pH può anche cambiare nel corso del processo. Va osservato che il processo di dialisi arricchisce tutti i composti di carica opposta a quella dell'elettrodo della fase accettrice; quindi, nel caso siano presenti specie della stessa carica e delle stesse dimensioni molecolari dell'analita di interesse, non si otterrà un arricchimento selettivo del solo analita. Qualora il campione contenga alte concentrazioni di molecole cariche di elevate dimensioni molecolari, queste – spinte dalla forza motrice determinata dalla differenza di potenziale – tenderanno ad ammassarsi contro la membrana, riducendone la permeabilità. Tale problema può essere risolto invertendo il potenziale degli elettrodi alla fine del processo, in modo da rimuovere questi componenti dalla membrana (van de Merbel, 1999; Buldini, Mevoli, 2012).

5.6.3 Filtrazione

La separazione tramite filtrazione (o ultrafiltrazione) si ottiene ponendo il campione liquido da un lato della membrana e applicando una differenza di pressione per trasportare tutte le molecole di dimensioni appropriate (comprese quelle di solvente) dall'altro lato, attraverso i pori della membrana. Nelle applicazioni *off-line* la differenza di pressione viene generalmente creata applicando il vuoto o una forza centrifuga, mentre nelle applicazioni *on-line* il campione viene pompato attraverso la membrana e la pressione creata da un restringimento del tubo di uscita.

Il flusso attraverso la membrana è determinato dal gradiente di pressione, dalla viscosità del campione e dalla resistenza opposta dalla membrana, che a sua volta dipende dalla sua area, dal suo spessore e dalla dimensione dei pori. La velocità di flusso aumenta all'aumentare dell'area e delle dimensioni dei pori e al diminuire dello spessore della membrana. Per la maggior parte delle applicazioni si utilizzano membrane con cut-off di 50-100 kDa.

La resistenza al trasferimento di massa è determinata anche dallo strato di composti che non passano attraverso i pori della membrana e che si accumulano sulla sua superficie. Questo contributo è piccolo quando la pressione applicata è bassa, ma diventa importante a pressioni elevate e ha un effetto negativo sul flusso, che non rimane costante ma decresce gradualmente fino ad azzerarsi. Tale effetto può essere minimizzato mantenendo in agitazione il campione o sfruttando lo stesso flusso turbolento del campione (meglio se tangenziale rispetto alla superficie della membrana) per rimuovere lo strato di composti accumulatisi sulla superficie della membrana. Durante il processo di filtrazione i pori della membrana tendono a bloccarsi per accumulo di materiale, ciò determina un deterioramento irreversibile della membrana stessa che si manifesta nel tempo con una lenta diminuzione della velocità di flusso (van de Merbel, 1999; Buldini, Mevoli, 2012).

5.7 Estrazione con membrane non porose

Le tecniche che utilizzano membrane non porose permettono di effettuare estrazioni altamente selettive e di raggiungere elevati fattori di concentrazione, evitando o riducendo al minimo l'impiego di solventi organici. In particolare, le tecniche MESI e PME con fase accettrice gassosa o acquosa non richiedono l'impiego di solvente organico, la SLME richiede solo piccolissime quantità di solvente nella membrana e, infine, la MMLLE e la PME con fase accettrice organica richiedono modeste quantità di solvente organico (in genere meno di 1 mL).

Nonostante le loro enormi potenzialità, queste tecniche di estrazione non hanno finora trovato un'ampia applicazione, probabilmente anche a causa della mancanza di attrezzature e dispositivi di estrazione standardizzati disponibili commercialmente. La maggior parte delle applicazioni in questo settore analitico fa ancora oggi impiego di dispositivi non standardizzati assemblati in laboratorio (Buldini, Mevoli, 2012).

Altri svantaggi riguardano l'area di applicabilità (queste tecniche sono infatti applicabili solo a determinate classi di analiti) e la stabilità a lungo termine di alcune membrane. Le tecniche PME e MESI utilizzano membrane polimeriche che non presentano problemi di stabilità. Nel caso della MMLLE e della SLME è invece importante che l'inevitabile differenza di pressione sulla membrana rimanga sufficientemente bassa, in modo che il solvente organico che costituisce la membrana liquida venga trattenuto per capillarità all'interno dei pori del supporto solido (membrana porosa) (vedi par. 5.7.2). I problemi relativi all'accumulo di sporco sulla membrana possono essere risolti inserendo uno step di lavaggio che può essere facilmente automatizzato.

5.7.1 *Microporous membrane liquid-liquid extraction (MMLLE)*

In questa tecnica la fase accettrice è rappresentata da un solvente organico e lo stesso solvente costituisce la membrana liquida che riempie i pori di una membrana porosa idrofobica (che funge da supporto), che la separa dalla fase donatrice acquosa. In linea teorica è possibile anche la situazione opposta, nella quale la fase donatrice è organica, mentre quella accettrice è acquosa, ma l'unica applicazione riportata per questa variante riguarda l'estrazione di fenoli da oli di pirolisi (Hyötyläinen et al, 2001). Va sottolineato che il termine *microporous* si riferisce al supporto poroso e non alla membrana vera e propria, che di fatto è liquida e quindi non porosa.

L'efficienza dell'estrazione dipende dalla costante di ripartizione dell'analita $K_p = C_o/C_w$, dove C_o e C_w rappresentano, rispettivamente, la concentrazione all'equilibrio dell'analita nella fase organica e nella fase acquosa. L'arricchimento dell'analita nella fase accettrice è condizionato dal gradiente di concentrazione e dalla costante di ripartizione. Si tratta quindi di una tecnica particolarmente adatta all'estrazione di componenti idrofobici (idrocarburi) con elevati valori di $K_{o/w}$. Quando si lavora con una fase accettrice statica, il massimo valore raggiungibile di *EF* coincide con la costante di ripartizione dell'analita. Se la costante di ripartizione è bassa, può essere necessario utilizzare un flusso di fase accettrice per rimuovere l'analita estratto (per mantenere elevato il gradiente di concentrazione), favorendo così la diffusione dell'analita attraverso la membrana. Ciò porta inevitabilmente a una diluizione del campione, alla quale si può comunque ovviare inviando l'estratto a una pre-colonna di concentrazione.

Poiché membrana e fase accettrice sono costituite dallo stesso solvente, la velocità di diffusione degli analiti attraverso la membrana è elevata e non si hanno problemi di *carry-over* (incompleta estrazione dell'analita dalla membrana, con conseguente effetto memoria nell'analisi successiva). Chimicamente è lo stesso principio dell'estrazione liquido-liquido convenzionale (LLE) a due fasi, ma realizzato in un sistema sotto flusso che può essere facilmente automatizzato e interfacciato ad analisi HPLC e GC.

La MMLLE permette di realizzare facilmente un'estrazione liquido-liquido on-line. A differenza della LLE on-line classica, nella quale fase organica e fase acquosa vengono mescolate nello stesso canale di flusso per essere in seguito separate, nella MMLLE le fasi non vengono mai mescolate e il trasferimento di massa tra le due fasi avviene attraverso la membrana, evitando problemi legati alla formazione di emulsione che rendono spesso difficoltosa la separazione di fase (Jönsson, Mathiasson, 2000).

5.7.2 *Supported liquid membrane extraction (SLME)*

In questa tecnica un solvente organico (immiscibile con acqua) viene mantenuto da forze capillari nei pori di una membrana porosa idrofobica (supporto in PP o PTFE), che separa le fasi donatrice e accettrice (entrambe acquose): la vera membrana è rappresentata dallo stesso solvente organico. Poiché anche il supporto poroso contribuisce a determinare la composizione del permeato (attraverso un meccanismo di esclusione molecolare), il processo di estrazione può essere considerato una combinazione tra dialisi ed estrazione liquido-liquido a tre fasi (Jönsson, 2012a).

Le membrane liquide possono presentare problemi di rilascio nelle fasi donatrice e accettrice con cui sono a contatto. Membrane impregnate con solventi non polari, insolubili in acqua, sono generalmente stabili per parecchie settimane e non necessitano di essere rigenerate di frequente. Membrane impregnate con solventi più polari necessitano invece di essere rigenerate più spesso. La rigenerazione della membrana può essere effettuata semplicemente immergendo il supporto (reticolo poroso) nel solvente utilizzato in origine per impregnare il supporto solido.

Per ottenere recuperi elevati di analita, e quindi sensibilità elevate, la solubilità dell'analita nel solvente organico deve essere la più alta possibile; di conseguenza, la membrana liquida dovrebbe avere una polarità ottimale per l'analita di interesse. I solventi organici utilizzati a tale scopo sono idrocarburi a catena lunga (undecano, kerosene) o solventi più polari come il dietiletere (o il dioctilfosfato). Generalmente, con opportune miscele di questi solventi è possibile ottenere velocità di estrazione soddisfacenti per la maggior parte degli analiti apolari e moderatamente polari. Per facilitare l'estrazione di componenti polari, si può addizionare alla membrana liquida un reagente in grado di formare legami idrogeno (ossido di trioctilfosfina).

Idealmente l'analita dovrebbe essere facilmente estratto dalla fase donatrice nella membrana, per poi essere altrettanto facilmente rilasciato alla fase accettrice. Nel caso di composti relativamente idrofili, con basse costanti di ripartizione, l'analita è insufficientemente estratto nella membrana organica. Per i composti con elevate costanti di ripartizione (composti molto idrofobici), il fattore limitante diventa invece il passaggio dell'analita dalla membrana alla fase accettrice. In questo caso una quantità maggiore di analita rimane nella membrana, con problemi di recupero e possibile rilascio nelle analisi successive. Le migliori efficienze di estrazione si ottengono per analiti con costanti di ripartizione intermedie; uno studio ha infatti dimostrato che l'efficienza di estrazione è massima quando l'idrofobicità degli analiti – espressa come costante di ripartizione ottanolo-acqua ($K_{o/w}$) – è circa pari a 10.000 (si prende come riferimento l'ottanolo, in quanto le costanti di ripartizione ottanolo-acqua di molti analiti si trovano facilmente tabulate). Oltre che dalle costanti di ripartizione, il processo di estrazione dipende anche dai coefficienti di diffusione degli analiti nella membrana, che nel caso di membrane liquide sono comunque elevati.

Un modo per favorire l'estrazione dell'analita di interesse consiste nel mantenere sempre alto il gradiente di concentrazione, lavorando per esempio con fase donatrice mobile; in questo caso è importante ottimizzare anche la velocità di flusso della fase donatrice. Se l'analita viene facilmente estratto nella membrana, aumentando la velocità di flusso della fase donatrice, aumenta anche la quantità di analita trasportata nella fase accettrice in un determinato lasso di tempo. Se il volume del campione è elevato, conviene utilizzare elevate velocità di flusso (1-2 mL/min), che permettono di migliorare i limiti di rilevabilità. Viceversa, se il volume del campione disponibile è limitato, e l'analita necessita di tempi lunghi per diffondere nella fase accettrice, è bene utilizzare basse velocità di flusso (25-50 µL/min), in modo da estrarre dal campione la maggior quantità possibile di analita. Per migliorare i recuperi può essere vantaggioso far ricircolare il campione nel canale della fase donatrice (Jönsson, Mathiasson, 2000).

Da quanto detto, emerge che il principale svantaggio della SLME consiste nel fatto che la sua applicabilità è limitata a composti organici neutri con $K_{o/w}$ intermedie. La selettività della membrana può essere aumentata anche addizionando dei *carrier* in grado di formare complessi con particolari classi di composti, quali amminoacidi o metalli. Aggiungendo un agente chelante o un reagente di coppia ionica, è possibile estrarre metalli o composti permanentemente carichi (Hylton, Mitra, 2007). Come risultato, all'interfaccia fase donatrice-membrana si formano specie neutre, che dopo ripartizione nella membrana liquida vengono irreversibilmente trattenute nella fase accettrice. L'obiettivo è trattenere gli analiti nella fase accettrice impedendone la ri-estrazione nella membrana. A tale scopo si possono utilizzare anche altri metodi: per esempio aggiungere anticorpi solubili in grado di formare complessi con gli analiti di interesse nella fase accettrice, oppure, nel caso di analiti ionizzabili, agire sul pH.

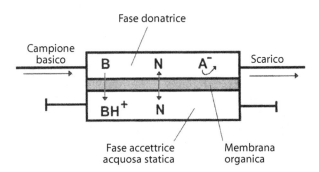

Fig. 5.4 Illustrazione schematica del principio della SLME per l'arricchimento selettivo di analiti basici. B, base debole neutra; BH⁺, base debole ionizzata; A⁻, acido debole ionizzato; N, composto neutro. (Da Jönsson, Mathiasson, 2000. Riproduzione autorizzata)

La SLME risulta particolarmente adatta all'estrazione di specie debolmente basiche o acide. Aggiustando opportunamente il pH della fase donatrice e quello della fase accettrice, è possibile ottenere rese praticamente quantitative dell'analita. Il processo è simile a un'estrazione liquido-liquido a tre fasi condotta in imbuto separatore allo scopo di estrarre selettivamente analiti che siano acidi o basi deboli. Nella prima estrazione il campione acquoso viene basificato o acidificato (in funzione della natura basica o acida dell'analita di interesse), in modo da neutralizzare l'analita e renderne possibile l'estrazione con un solvente organico. Successivamente, la stessa specie può essere nuovamente estratta con acqua portata a pH acido o basico (Jönsson, Mathiasson, 2000).

La Fig. 5.4 illustra schematicamente il processo di estrazione per analiti basici (ammine). Il campione viene in questo caso basificato; il suo pH deve essere sufficientemente alto affinché le ammine siano in forma neutra e possano quindi venire estratte nella membrana organica. Il canale della fase accettrice, dall'altro lato della membrana, viene riempito con un tampone acido. In questo modo le ammine, una volta diffuse attraverso la membrana, vengono immediatamente protonate (all'interfaccia membrana-fase accettrice). I composti acidi (in quanto carichi) non diffondono attraverso la membrana, ma rimangono nella fase donatrice. I composti neutri si ripartiscono tra le fasi, ma non vengono concentrati nella fase accettrice. Macromolecole come le proteine sono generalmente cariche e quindi rimangono nella fase donatrice. In queste condizioni l'estrazione risulta altamente selettiva per piccole molecole basiche.

Analogamente, invertendo le condizioni di pH nella fase donatrice e accettrice, è possibile estrarre selettivamente analiti acidi (Jönsson, Mathiasson, 2000).

In definitiva, la SLME è una tecnica di estrazione molto potente, in quanto la sua efficienza dipende – oltre che dalle caratteristiche e dalle dimensioni della membrana, dalla costante di ripartizione dell'analita tra le diverse fasi e dal gradiente di concentrazione – anche dalle condizioni di *trapping* dell'analita nella fase accettrice.

5.7.3 *Polymeric membrane extraction (PME)*

Il materiale più comunemente utilizzato per questo tipo di membrane è la gomma siliconica, o PDMS, che, presentando valori di solubilità simili a quelli dell'esano, è utilizzata più frequentemente con analiti non polari, con i quali offre le maggiori velocità di permeazione. In alternativa vengono utilizzate membrane in PE. L'analita viene estratto in modo selettivo quando la sua solubilità nel polimero e il suo coefficiente di diffusione attraverso il polimero sono più elevati rispetto ad altre molecole.

I coefficienti di diffusione nel polimero sono comunque più bassi che in un liquido; di conseguenza il trasferimento di massa e l'estrazione risultano più lenti. Oltre che dal coefficiente di diffusione nella membrana, la velocità di estrazione dipende anche dai processi di ripartizione dell'analita tra la fase donatrice e il polimero e tra questo e la fase accettrice. Rispetto a quelle liquide, le membrane polimeriche sono più robuste e stabili, ma hanno una composizione fissa che non può essere modificata chimicamente. Ciò non permette di utilizzare carrier che potrebbero migliorare il trasferimento di massa e la selettività dell'estrazione. La selettività della tecnica può comunque essere migliorata aggiustando opportunamente le condizioni nella fase accettrice, in modo da impedire la ri-estrazione dell'analita nella fase donatrice.

Le membrane polimeriche sono resistenti e stabili, possono essere utilizzate con solventi sia acquosi sia organici e non danno problemi di *carry-over*. Se utilizzate con fasi acquose lavorano in modo analogo alla SLME, mentre quando vengono utilizzate con un solvente organico questo penetra nel polimero e ne determina il rigonfiamento, dando luogo a una situazione simile a quella di una MMLLE (Jönsson, Mathiasson, 2000; Jönsson, 2012a).

5.7.4 Membrane extraction with sorbent interface (MESI)

Le tecniche precedentemente considerate vengono utilizzate con fasi liquide. In alcuni casi, per migliorare la compatibilità con il GC, è più conveniente utilizzare una fase accettrice gassosa (tecnica MESI). La MESI si presta molto bene al monitoraggio in continuo di composti organici volatili e semivolatili (anche idrocarburi policiclici aromatici) in campioni ambientali (acqua, aria). Il campione può essere gassoso o liquido e in genere si utilizzano membrane capillari (Yang, Pawliszyn, 1996; Jönsson, Mathiasson, 2000). L'interfaccia adsorbente comprende una trappola adsorbente per la concentrazione on-line dell'analita (generalmente carbone attivo, PDMS) o una trappola criogenica; per il desorbimento si utilizza una resistenza riscaldante (Cordero et al, 2000).

La membrana può essere a contatto con il campione liquido o con il suo spazio di testa; il processo prevede due passaggi: estrazione dell'analita dalla matrice da parte della membrana e strippaggio dell'analita dalla membrana da parte di un gas inerte che funge anche da gas di trasporto nel sistema cromatografico (N_2 e He per i composti volatili e CO_2 ad alta densità per quelli semivolatili). Il campione fluisce all'interno del capillare, mentre il gas di strippaggio

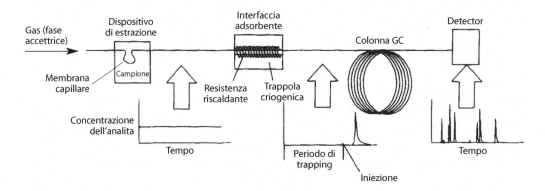

Fig. 5.5 Schema di un sistema MESI. (Da Pawliszyn, 1995. Riproduzione autorizzata)

fluisce all'esterno (al contrario, per l'analisi dello spazio di testa il gas di trasporto fluisce all'interno della membrana e il campione gassoso all'esterno) e trasporta gli analiti in una trappola adsorbente raffreddata, nella quale vengono trattenuti per essere in seguito desorbiti termicamente e trasferiti al GC (Fig. 5.5). La tecnica dello spazio di testa presenta il vantaggio di allungare la vita della membrana prevenendone il contatto con campioni sporchi.

Le membrane sono in silicone, o anche in PP microporoso, e agiscono come barriere selettive che impediscono all'acqua e alle molecole di alto PM di entrare nella colonna GC. La sensibilità del metodo dipende dalle dimensioni della membrana e dalla velocità di flusso (i risultati migliori si ottengono con elevate velocità di flusso e membrane lunghe). La selettività della tecnica è basata sulle differenze di solubilità e diffusività tra i diversi componenti nei polimeri porosi.

5.8 Interfacciamento on-line e applicazioni

Le tecniche di estrazione con membrana possono essere facilmente accoppiate on-line con un sistema cromatografico e automatizzate: è sufficiente disporre di una pompa peristaltica e di valvole multivia attuabili pneumaticamente (o elettricamente), controllate da timer elettronici attraverso un computer (van de Merbel, 1999).

I sistemi di estrazione a tre fasi con fase accettrice acquosa – come la SLME (acquosa/organica/acquosa) e la PME (acquosa/polimerica/acquosa) – si prestano meglio all'estrazione di analiti polari (quali acidi, basi o metalli) e risultano adatti a un interfacciamento diretto (on-line) con HPLC a fase inversa.

L'accoppiamento on-line con l'HPLC attraverso un *loop* collegato a una valvola è il più diretto (Fig. 5.6), ma è utilizzabile solo quando gli analiti sono presenti in concentrazione adeguata. Per le analisi in tracce, è preferibile utilizzare una membrana miniaturizzata con un piccolo volume di fase accettrice, che può essere completamente iniettata, oppure concentrare l'intera frazione in una pre-colonna di concentrazione inserita nel loop di una valvola. In genere la sequenza di attuazione delle valvole può essere aggiustata in modo da sovrapporre la fase di estrazione di un campione con la separazione cromatografica del campione precedente, aumentando così il numero dei campioni che possono essere analizzati in un certo intervallo di tempo.

I sistemi di estrazione a due fasi (acquosa/organica) – come la MMLLE e la PME con fase accettrice organica – si adattano meglio all'estrazione di analiti apolari e all'interfacciamento con GC. Solitamente un'aliquota della fase accettrice viene inviata in un loop e iniettata *large volume* nel sistema cromatografico. Anche in questo caso si può inserire una pre-colonna di concentrazione a livello del loop. Vi sono comunque anche alcuni esempi di interfacciamento MMLLE-HPLC. In questo caso il campione viene adsorbito su una fase solida, che prima di essere desorbita con un opportuno solvente organico viene essiccata con un flusso di gas.

Per sua natura, la tecnica MESI è quella che si presta meglio all'interfacciamento con il GC, in quanto utilizza una fase accettrice gassosa; tuttavia è adatta solo all'analisi di componenti volatili e semivolatili.

5.8.1 Dialisi e filtrazione

Nel settore dell'analisi chimica degli alimenti la dialisi è stata applicata per la determinazione di zuccheri, acidi organici (Vérette et al, 1995; Kritsunankul et al, 2009) e amminoacidi

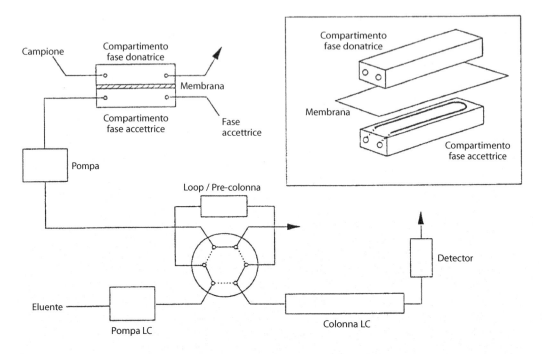

Fig. 5.6 Sistema per interfacciamento on-line dialisi-HPLC. (Da van de Merbel, Brinkman, 1993. Riproduzione autorizzata)

(Heems et al, 1998) in diverse bevande, residui di micotossine in succhi di frutta (Sheu, Shyu, 1999) e residui di antibiotici in tessuti carnei (Snippe et al, 1994). Un dispositivo per dialisi può essere facilmente accoppiato on-line a un sistema LC (Fig. 5.6).

Nella dialisi di equilibrio il contenuto (o parte del contenuto) del canale accettore può essere trasportato in un loop e introdotto nel sistema LC attraverso una valvola. Poiché, in questo caso, la quantità di analita recuperata è bassa, tale sistema viene utilizzato quando la sensibilità non è un fattore limitante, come nella determinazione di zuccheri, acidi organici e amminoacidi in alimenti. Nonostante i bassi recuperi (<10%), gli analiti possono essere facilmente determinati grazie alle elevate concentrazioni alle quali sono generalmente presenti nel campione.

Per le analisi in tracce si applica la dialisi in continuo e si utilizza quasi sempre una colonna di riconcentrazione, dalla quale gli analiti vengono generalmente eluiti in controcorrente per essere inviati alla colonna LC.

A causa dei limiti relativi ad applicabilità, necessità di controllare il pH e problemi di degradazione della membrana a potenziali elevati, l'elettrodialisi non ha trovato ampia applicazione nel settore analitico. L'interfacciamento on-line è in genere realizzato via loop di iniezione (collegato all'apparato cromatografico), senza dover ricorrere a una pre-colonna di concentrazione (van de Merbel, 1999).

Le tecniche di filtrazione trovano applicazione soprattutto nel settore biotecnologico (controllo dei brodi di fermentazione utilizzati per la crescita di microrganismi, per esempio produttori di antibiotici). Per ottenere elevate rese di prodotto, è necessario controllare in continuo che le concentrazioni dei componenti necessari per la crescita microbica siano ai livelli ottimali. Ciò può essere realizzato in modo automatico, pompando in continuo il brodo di fermentazione attraverso la membrana di filtrazione e prelevandone un'aliquota per l'analisi (van de Merbel et al, 1996). Un'altra applicazione riguarda la determinazione di aflatossine in campioni di mais e riso (Reiter et al, 2009). Per le applicazioni on-line il filtrato viene generalmente inviato a un loop di iniezione e da qui, attraverso una valvola, al sistema analitico. Nel caso di campioni complessi, può essere necessario inserire prima della determinazione analitica un passaggio di purificazione SPE.

5.8.2 Tecniche basate sull'impiego di membrane liquide

La MMLLE si adatta bene all'estrazione di analiti idrofobici, come contaminanti organici e idrocarburi policiclici aromatici, da acque superficiali (Lüthje et al, 2004). Nel settore dell'analisi chimica degli alimenti, questa tecnica è utilizzata per esempio per l'estrazione di pesticidi. Un'applicazione riguarda la determinazione MMLLE-GC on-line di 18 diversi pesticidi in campioni di vino (Hyötyläinen et al, 2004). Il sistema messo a punto prevede l'impiego di una membrana in PP e di toluene come fase accettrice. Poiché elevate concentrazioni di alcol possono influenzare negativamente il processo di estrazione, prima dell'analisi il campione deve essere diluito 1:3 con acqua deionizzata e filtrato.

Le tecniche SLME hanno trovato applicazione soprattutto nel settore ambientale per l'estrazione di composti fenolici, pesticidi acidi o basici e altri contaminanti organici (Jönsson, 2012b). In Fig. 5.7 sono riportati i tracciati HPLC di due campioni di acqua fortificati con una miscela standard di triazine (metossi-s-triazine). Il tracciato ottenuto dopo SPE (Fig. 5.7a) mostra una caratteristica "collina" dovuta alla presenza di acidi umici che interferisce con la determinazione quantitativa delle triazine. Il tracciato ottenuto dopo estrazione con membrana (SLME) (Fig. 5.7b) si presenta più pulito (considerando anche che in questo caso la concentrazione degli analiti è la metà rispetto a quella del campione precedente); da ciò risulta una migliore selettività, che si traduce in un miglioramento dei limiti di rilevabilità.

Appare interessante la possibilità di ottenere una concentrazione media dell'analita di interesse effettuando un campionamento prolungato nel tempo (24 ore), pompando il campione

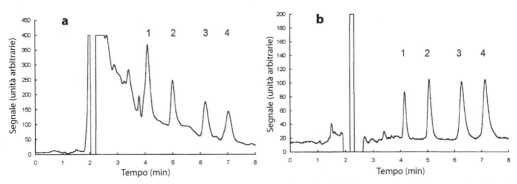

Fig. 5.7 Tracciati HPLC-UV di erbicidi triazinici (metossi-s-triazine) in campioni di acqua fortificati con 1,0 μg/L di ciascun analita, dopo SPE (**a**) e in campioni di acqua fortificati con 0,5 μg/L di ciascun analita, dopo SLME (**b**). Picchi: (1) simetone, (2) atratone, (3) secbumetone, (4) terbumetone. (Da Megersa et al, 1999. Riproduzione autorizzata)

acquoso direttamente attraverso il canale della fase donatrice a velocità di flusso relativamente elevate (van de Merbel, 1999).

Vi sono diversi esempi di applicazione della tecnica SLME anche nel settore alimentare (Buldini, Mevoli, 2012), abbinata ad analisi LC-MS di residui di antibiotici, antielmintici e fungicidi. Altri esempi riguardano: la determinazione di vanillina in prodotti dolciari e cioccolato, con interfacciamento diretto (tramite cella di flusso) con un rivelatore amperometrico (Luque et al, 2000); la determinazione di caffeina in bevande nervine, con interfacciamento on-line con un sensore piezoelettrico (Zougagh et al, 2005); l'estrazione di ammine biogene nel vino (Romero et al, 2002). In quest'ultimo esempio, le ammine vengono estratte dalla fase donatrice (campione di vino diluito con tampone acetato pH 5) come coppie ioniche, utilizzando una membrana liquida di esilfosfato addizionata con un carrier anionico (acido 2-etilesilfosforico, DEHPA). Il carrier reagisce con le ammine protonate all'interfaccia fase donatrice-membrana, formando una coppia ionica (rilasciando un protone) che passa facilmente nella fase accettrice acida. Segue derivatizzazione off-line (dabsilcloruro) e analisi HPLC.

5.8.3 Tecniche basate sull'impiego di membrane polimeriche

Per la loro natura solida, le membrane polimeriche sono versatili e utilizzabili con campioni di vario tipo (organici, acquosi e gassosi).

Per quanto riguarda la PME, in letteratura sono descritte sia tecniche con fase accettrice acquosa, che si adattano ad analiti polari (fenoli, acido salicilico e triazine), sia tecniche con fase accettrice organica, che si adattano ad analiti apolari. In Fig. 5.8 sono mostrati i tracciati ottenuti dopo separazione su membrana siliconica di diversi fenoli estratti da uno standard

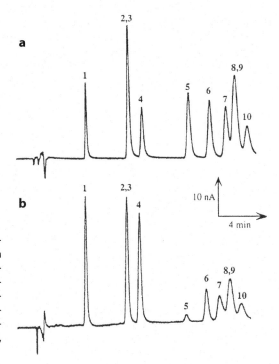

Fig. 5.8 Tracciato HPLC (rivelazione amperometrica) di una miscela standard di fenoli in esano (**a**) e di un campione di olio grezzo diluito in esano (**b**). Picchi: (1) fenolo, (2) *m*-cresolo, (3) *p*-cresolo, (4) *o*-cresolo, (5) 3,4-dimetilfenolo, (6) 3,5-dimetilfenolo, (7) 2,3-dimetilfenolo, (8) 2,4-dimetilfenolo (9) 2,5-dimetilfenolo, (10) 2,6-dimetilfenolo. (Da Cordero et al, 2000. Riproduzione autorizzata)

preparato in esano (Fig. 5.8a) e da un campione di olio minerale grezzo (Fig. 5.8b). Data l'elevata selettività di queste tecniche, non è infrequente ottenere tracciati di campioni confrontabili con quelli ottenuti da miscele standard.

Tra le applicazioni nel settore dell'analisi chimica degli alimenti si ricorda la determinazione della vitamina E nel burro (Delgado-Zamarreño et al, 1999) e negli oli vegetali (Sánchez-Pérez et al, 2000), quest'ultima condotta sul campione non saponificato, utilizzando una membrana siliconica non porosa accoppiata on-line con il sistema cromatografico (RP-HPLC). Durante l'arricchimento, l'analita presente nella fase donatrice (campione di olio disciolto in un surfactante non ionico, Triton X-114, in presenza di metanolo ed esano) attraversa la membrana e viene trattenuto nella fase accettrice (acetonitrile). Al termine dell'arricchimento la fase accettrice viene inviata in un loop e automaticamente iniettata nel sistema cromatografico munito di rivelatore elettrochimico.

Un'altra applicazione riguarda la determinazione HPLC-UV di erbicidi triazinici in estratti lipidici di alimenti complessi come le uova (Carabias-Martínez et al, 2000). Anche in questo caso si utilizza una membrana siliconica: la fase donatrice è costituita dal campione disciolto in esano, mentre la fase accettrice è una soluzione di acido fosforico 0,01 M in metanolo/acqua 70:30 v/v (contatto statico per 20 minuti o con fase donatrice mobile, in funzione della sensibilità richiesta). In questo modo l'analita viene ionizzato all'interfaccia membrana-fase accettrice e non può più essere ri-estratto nella fase donatrice. Per evitare effetti memoria tra una corsa e l'altra, è necessario effettuare un lavaggio con esano nel comparto della fase donatrice e con metanolo/acqua (70:30) nel comparto della fase accettrice. Nella Fig. 5.9 è riportato lo schema del sistema on-line utilizzato per questa determinazione; la Fig. 5.10 mostra il tracciato HPLC-UV di un campione di uova fortificato con una miscela standard di pesticidi.

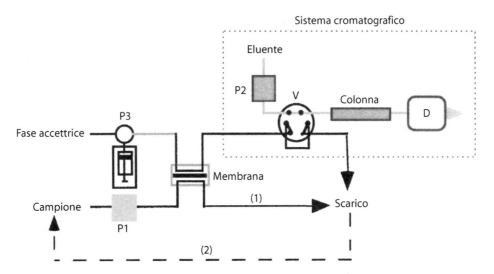

Fig. 5.9 Sistema PME-HPLC-UV on-line per la determinazione della vitamina E in oli vegetali. (1) Il campione fluisce attraverso il canale della fase donatrice e va allo scarico; (2) il campione fluisce in continuo (ricircola) attraverso il canale della fase donatrice. P1, P2, P3, pompe; V, valvola a 6 vie; D, detector. (Da Carabias-Martínez et al, 2000. Riproduzione autorizzata)

Fig. 5.10 Cromatogramma PME-HPLC-UV on-line di un estratto concentrato di un campione di uova fortificato con 0,25 mg/kg di: (1) diclorvos; (2) propoxur+interferenza; (3) primicarb; (4) atrazina; (5) paraoxon; (6) ametrina; (7) azinfos-metile (8) terbutrina. (Da Carabias-Martínez et al, 2000. Riproduzione autorizzata)

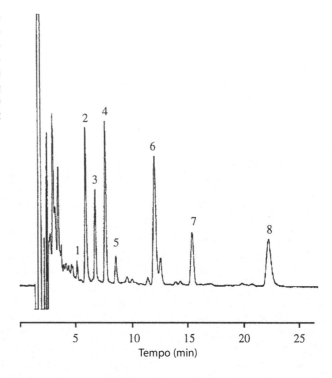

La tecnica MESI ha trovato importanti applicazioni soprattutto nei settori ambientale e biomedico; le più importanti nel settore ambientale sono relative alla determinazione di composti volatili organici in campioni acquosi o gassosi. Un'applicazione recente riguarda proprio la determinazione di BTEX (benzene, toluene, etilbenzene e xilene) in campioni di acqua utilizzando una cella di estrazione con membrana piana in silicone accoppiata a un GC-MS (Kim et al, 2012).

La semplicità della tecnica MESI e la sua compatibilità con sistemi di micro-GC portatili ne permettono l'utilizzo per il monitoraggio di sostanze volatili in campo.

Un'interessante applicazione nel settore biomedico riguarda l'analisi, a scopo diagnostico non invasivo, di componenti volatili presenti nell'aria espirata da soggetti affetti da determinate patologie (Ma et al, 2010).

Bibliografia

Barri T, Jönsson J-Å (2008) Advances and developments in membrane extraction for gas chromatography: Techniques and applications. *Journal of Chromatography A*, 1186(1-2): 16-38

Buldini PL, Mevoli A (2012) Membrane-based extraction techniques in food analysis. In: Pawliszyn J (ed) *Comprehensive sampling and sample preparation*, Vol. 4. Elsevier, Amsterdam

Carabias-Martínez R, Rodríguez-Gonzalo E, Paniagua-Marcos PH, Hernández-Méndez J (2000) Analysis of pesticide residues in matrices with high lipid contents by membrane separation coupled on-line to a high-performance liquid chromatography system. *Journal of Chromatography A*, 869(1-2): 427-439

Cordero MB, Pérez-Pavón JL, García-Pinto C et al (2000) Analytical applications of membrane extraction in chromatography and electrophoresis. *Journal of Chromatography A*, 902(1): 195-204

Delgado-Zamarreño MM, A Sánchez Pérez A, Bustamante-Rangel M, Hernández-Méndez J (1999) Automated analysis for vitamin E in butter by coupling sample treatment-continuous membrane extraction-liquid chromatography with electrochemical detection. *Analytica Chimica Acta*, 386(1-2): 99-106

Heems D, Luck G, Fraudeau C, Vérette E (1998) Fully automated precolumn derivatization, on-line dialysis and high-performance liquid chromatographic analysis of amino acids in food, beverages and feedstuff. *Journal of Chromatography A*, 798(1-2): 9-17

Hoch G, Kok B (1963) A mass spectrometer inlet system for sampling gases dissolved in liquid phases. *Archives of Biochemistry and Biophysics*, 101(1): 160-170

Hylton K, Mitra S (2007) Automated, on-line membrane extraction. *Journal of Chromatography A*, 1152(1-2): 199-214

Hyötyläinen T, Andersson T, Jussila M et al (2001) Determination of phenols in pyrolysis oil by on-line coupled microporous membrane liquid-liquid extraction and multidimensional liquid chromatography. *Journal of Separation Science*, 24(7): 544-550

Hyötyläinen T, Lüthje K, Rautiainen-Rämä M, Riekkola M-L (2004) Determination of pesticides in red wines with on-line coupled microporous membrane liquid-liquid extraction-gas chromatography. *Journal of Chromatography A*, 1056(1-2): 267-271

Jönsson JÅ (2012a) Membrane extraction: general overview and basic techniques. In: Pawliszyn J (ed) *Comprehensive sampling and sample preparation*, Vol. 2. Elsevier, Amsterdam

Jönsson JÅ (2012b) Membrane-based extraction for environmental analysis. In: Pawliszyn J (ed) *Comprehensive sampling and sample preparation*, Vol. 3. Elsevier, Amsterdam

Jönsson JÅ, Mathiasson L (2000) Membrane-based techniques for sample enrichment. *Journal of Chromatography A*, 902(1): 205-225

Ketola RA, Short RT, Bell RJ (2012) Membrane inlets for mass spectrometry. In: Pawliszyn J (ed) *Comprehensive sampling and sample preparation*, Vol. 2. Elsevier, Amsterdam

Kim H, Kim S, Lee S (2012) Use of flat-sheet membrane extraction with a sorbent interface for solvent-free determination of BTEX in water. *Talanta*, 97: 432-437

Kritsunankul O, Pramote B, Jakmunee J (2009) Flow injection on-line dialysis coupled to high performance liquid chromatography for the determination of some organic acids in wine. *Talanta*, 79(4): 1042-1049

Luque M, Luque-Pérez E, Ríos A, Valcárcel M (2000) Supported liquid membranes for the determination of vanillin in food samples with amperometric detection. *Analitica Chimica Acta*, 410 (1-2): 127-134

Lüthje K, Hyötyläinen T, Riekkola ML (2004) On-line coupling of microporous membrane liquid-liquid extraction and gas chromatography in the analysis of organic pollutants in water. *Analytical and Bioanalytical Chemistry*, 378(2004): 1991-1998

Ma V, Lord H, Morley M, Pawliszyn J (2010) Applications of membrane extraction with sorbent interface for breath analysis. In: Uppu RM, Murty SN, Pryor WA, Parinandi NL (eds) *Free radicals and antioxidant protocols*, 2nd edn. Humana Press

Megersa N, Solomon T, Jönsson JÅ (1999) Supported liquid membrane extraction for sample work-up and preconcentration of methoxy-s-triazine herbicides in a flow system. *Journal of Chromatography A*, 830(1): 203-210

Miró M, Frenzel W (2004) Automated membrane-based sampling and sample preparation exploiting flow-injection analysis. *Trends in Analytical Chemistry*, 23(9): 624-636

Pawliszyn J (1995) New directions in sample preparation for analysis of organic compounds. *Trends in Analytical Chemistry*, 14 (3): 113-132

Reiter EV, Cichna-Markl M, Chung D-H et al (2009) Immuno-ultrafiltration as a new strategy in sample clean-up of aflatoxins. *Journal of Separation Science*, 32(10): 1729-1739

Romero R, Jönsson JÅ, Gázquez D et al (2002) Multivariate optimization of supported liquid membrane extraction of biogenic amines from wine samples prior to liquid chromatography determination as dabsyl derivatives. *Journal of Separation Science*, 25(9): 584-592

Sánchez-Pérez A, Delgado-Zamarreño MM, Bustamante-Rangel M, Hernández-Méndez J (2000) Automated analysis of vitamin E isomers in vegetable oils by continuous membrane extraction and liquid
chromatography-electrochemical detection. *Journal of Chromatography A*, 881(1-2): 229-241

Sheu F, Shyu YT (1999) Analysis of patulin in apple juice by diphasic dialysis extraction with in situ
acylation and mass spectrometric determination. *Journal of Agricultural and Food Chemistry*,
47(7): 2711-2714

Snippe N, van de Merbel NC, Ruiter FPM (1994) Automated column liquid chromatographic determination of amoxicillin and cefadroxil in bovine serum and muscle tissue using on-line dialysis for
sample preparation. *Journal of Chromatography B: Biomedical Sciences and Applications*, 662(1):
61-70

van de Merbel NC (1999) Membrane-based sample preparation coupled on-line to chromatography or
electrophoresis. *Journal of Chromatography A*, 856(1-2): 55-82

van de Merebel NC, Brinkman UATh (1993) On-line dialysis as a sample-preparation technique for
column liquid chromatography. *Trends in Analytical Chemistry*, 12(6): 249-256

van de Merbel NC, Lingeman H, Brinkman UATh (1996) Sampling and analytical strategies in on-line
bioprocess monitoring and control. *Journal of Chromatography A*, 725(1): 13-27

Vérette E, Qian F, Mangani F (1995) On-line dialysis with high-performance liquid chromatography
for the automated preparation and analysis of sugars and organic acids in foods and beverages.
Journal of Chromatography A, 705(2): 195-203

Yang MJ, Pawliszyn J (1996) Membrane extraction with a sorbent interface. *LC-GC International*,
9(5): 283-296

Zougagh M, Ríos A, Valcárcel M (2005) Automatic selective determination of caffeine in coffee and tea
samples by using a supported liquid membrane-modified piezoelectric flow sensor with molecularly
imprinted polymer. *Analitica Chimica Acta*, 539(1-2): 117-124

Capitolo 6
Estrazione in fase solida (SPE)

Sabrina Moret, Lanfranco S. Conte

6.1 Introduzione

L'estrazione in fase solida (SPE, *solid-phase extraction*) rappresenta attualmente la tecnica di preparazione del campione più nota e utilizzata per le analisi chimiche in diversi settori (clinico, ambientale, farmaceutico e, non ultimo, alimentare). Il processo di estrazione è basato sull'interazione degli analiti da estrarre, disciolti in una fase liquida (o talvolta gassosa), con una fase solida (adsorbente). Dopo un preliminare condizionamento dell'adsorbente, il processo di estrazione prevede generalmente una fase di caricamento del campione liquido (o passaggio del campione gassoso) e ritenzione degli analiti, seguita da una fase di eluizione con un opportuno solvente. Nel caso di campioni gassosi (per esempio nell'analisi di sostanze volatili) il desorbimento può essere effettuato anche per via termica.

La SPE è stata inizialmente introdotta come alternativa all'estrazione liquido-liquido (LLE), per isolare e concentrare tracce di contaminanti organici apolari da campioni acquosi. La LLE richiede l'impiego di una presa del campione adeguata (talvolta dell'ordine del litro), e quindi elevati volumi di solventi organici che devono poi essere riconcentrati. Sfruttando le interazioni apolari tra un adsorbente apolare e gli analiti apolari, è possibile caricare elevati volumi di campione acquoso su piccole quantità di adsorbente ed eluire gli analiti con pochi millilitri di solvente organico, ottenendo elevati fattori di arricchimento dell'analita e riducendo nel contempo i tempi di analisi e le possibili contaminazioni da impurezze presenti nei solventi.

Le prime applicazioni dell'estrazione in fase solida risalgono agli anni Settanta del secolo scorso e prevedevano l'impiego di colonne impaccate preparate in laboratorio. La prima applicazione con cartucce pre-impaccate pronte per l'uso è della fine degli anni Settanta (Subden et al, 1978) e riguardava l'isolamento di istamina da campioni di vino su una fase octadecilsilano (C18). Da allora si sono susseguite numerose applicazioni e si sono rese disponibili in commercio diverse fasi adsorbenti adatte a diversi impieghi (Buszewski et al, 2012). Scegliendo adsorbenti con interazioni specifiche per gli analiti di interesse, si possono realizzare estrazioni estremamente selettive anche da matrici complesse.

6.1.1 Principio della SPE

Il principio della SPE è analogo a quello dell'estrazione liquido-solido (LSE): in un opportuno recipiente, il campione liquido viene messo a contatto con l'adsorbente solido, e quindi si agita per un tempo prestabilito (Huck, Bonn, 2000). Gli analiti affini all'adsorbente solido

S. Moret, G. Purcaro, L.S. Conte, *Il campione per l'analisi chimica*
DOI 10.1007/978-88-470-5738-8_6 © Springer-Verlag Italia 2014

vengono da questo adsorbiti e possono essere successivamente eluiti con un solvente caratterizzato da maggiore affinità nei loro confronti. In pratica, la SPE si colloca tra la classica LSE e la cromatografia liquida su colonna, in quanto la fase adsorbente è posta in una colonnina o cartuccia nella quale viene fatto passare il campione liquido. Se gli analiti hanno affinità maggiore per l'adsorbente che per il solvente nel quale si trovano disciolti, essi vengono ritenuti e si concentrano sulla superficie dell'adsorbente, mentre gli interferenti vengono trascinati via dal solvente di eluizione (o successivamente da un solvente di lavaggio). Se la fase adsorbente risulta più affine nei confronti degli interferenti, saranno questi a essere trattenuti dall'adsorbente, mentre verranno eluiti gli analiti. Il primo approccio è quello generalmente preferito; in primo luogo perché consente di ottenere una concentrazione dell'analita (in quanto il volume di eluizione è inferiore a quello di caricamento) e, in secondo luogo, perché la ritenzione selettiva del solo analita richiede meno adsorbente rispetto alla ritenzione di tutti gli interferenti.

La SPE sfrutta le stesse interazioni analita-adsorbente utilizzate in una tecnica di separazione molto potente entrata nella routine dei laboratori, ovvero l'HPLC. A differenza di quanto avviene con l'HPLC, in questo caso l'obiettivo non è separare gli analiti sulla base della loro diversa affinità nei confronti della fase stazionaria e della fase liquida, ma ritenere fortemente l'analita o una classe di analiti in fase di caricamento del campione, per poi eluirli in modo completo, con il minor volume di solvente possibile. Va ricordato che, rispetto a una colonna HPLC, una colonnina SPE ha un numero di piatti teorici (N) molto inferiore (circa 20).

6.1.2 Vantaggi della SPE

La SPE può rappresentare una valida alternativa alla classica LLE. Rispetto alla LLE, la SPE permette di ridurre notevolmente il consumo di solventi, ottenere fattori di concentrazione e recuperi più elevati ed estratti altamente purificati; consente inoltre di estrarre analiti entro un più ampio range di polarità. A differenza della LLE, che permette di utilizzare solo solventi non miscibili con il campione, la SPE può risultare estremamente selettiva, in quanto è possibile scegliere tra un'ampia gamma di adsorbenti e di solventi.

Rispetto alle tecniche convenzionali di preparazione del campione (in particolare rispetto alla LLE), la SPE presenta numerosi vantaggi: richiede tempi di estrazione più brevi, è relativamente poco costosa, si presta al campionamento in campo, facilita lo stoccaggio del campione ed è facilmente automatizzabile e interfacciabile a tecniche di separazione cromatografica o spettroscopiche (Camel, 2003). All'occorrenza può facilitare anche la fase di derivatizzazione del campione (Rosenfeld, 1999).

6.2 Formati e attrezzature per SPE

Gli adsorbenti per SPE sono disponibili in vari formati: cartucce, colonnine, dischi (membrane), puntali di pipette e pre-colonne in acciaio da collegare direttamente on-line (Fig. 6.1).

6.2.1 Cartucce e colonnine

Le cartucce (introdotte alla fine degli anni Settanta) hanno un corpo cilindrico di polietilene (PE) o polipropilene (PP) con un attacco *luer* femmina all'estremità superiore, per applicare una pressione positiva, e un attacco *luer* maschio all'estremità inferiore (Fig. 6.1a), per col-

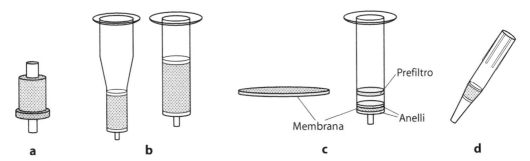

Fig. 6.1 Formati per SPE: **a** colonnine di diverso formato; **b** cartuccia; **c** dischi di diverso formato; **d** puntale di pipetta

legare tra loro più cartucce o applicare il vuoto. Il materiale di impaccamento (0,1-1 g) è tenuto in sede da due *frit* (setti) in PE o PP (20 μm). In passato i materiali dei frit e dell'involucro delle cartucce spesso rilasciavano impurezze; pertanto, sono stati successivamente introdotti materiali *medical-grade* a bassa cessione (Fritz, Macka, 2002).

La *colonnina* SPE, spesso indicata con il termine *cartuccia*, è costituita da un corpo cilindrico simile a quello di una siringa senza pistone (Fig. 6.1b). Anche in questo caso la fase adsorbente, con diametro delle particelle generalmente compreso tra 20 e 60 μm, è mantenuta in sede da due frit (Poole, Poole, 2012). Sono disponibili in commercio colonnine di diverse dimensioni e masse di adsorbente: le dimensioni variano da 1 a 60 mL, mentre il peso dell'adsorbente varia da 50 mg a 10 g (Camel, 2003). Per evitare fenomeni di *channeling* (formazione di cammini preferenziali, causa di scarsa riproducibilità ed efficienza), le particelle di adsorbente devono avere una dimensione quanto più possibile costante.

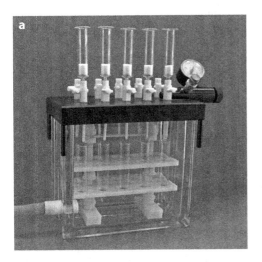
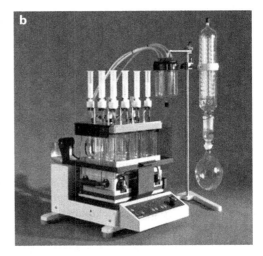

Fig. 6.2 a Dispositivo sottovuoto per SPE (International Sorbent Technology). **b** Dispositivo sottovuoto per SPE integrato con sistema di concentrazione (Büchi Labortechnik). (Da http://www.buchi.com. Riproduzione autorizzata)

Le colonnine possono essere processate in appositi dispositivi collegati a una pompa da vuoto e muniti di attacchi per le cartucce e di un portaprovette per posizionare le vials di raccolta (Fig. 6.2). Oltre a facilitare il passaggio di campioni o solventi viscosi, l'applicazione del vuoto permette di essiccare più agevolmente l'adsorbente quando si impiegano in successione solventi tra loro non miscibili.

6.2.2 Dischi di estrazione a membrana

I dischi di estrazione a membrana sono stati introdotti più recentemente e rappresentano il formato più conveniente per numerose procedure SPE (Majors, 2001; Camel, 2003). In questo caso le particelle di adsorbente (del diametro di circa 10 μm) non si trovano libere, ma disperse in una matrice solida che può essere in PTFE o fibra di vetro. L'adsorbente rappresenta il 90% circa della massa della membrana. Le membrane in PTFE sono flessibili e hanno uno spessore di circa 0,5 mm, mentre quelle in fibra di vetro hanno spessore maggiore e sono più rigide.

Sono disponibili dischi di vario diametro (4-90 mm), ma i più diffusi sono quelli di 47 mm, che possono essere impiegati con i comuni dispositivi per filtrazione sotto vuoto, raggiungendo velocità di flusso di 200 mL/min. Le membrane di diametro minore si adattano al formato della colonnina e vengono poste tra due anelli che le mantengono in sede, con un prefiltro superiore (Fig. 6.1c). Il disco ha il vantaggio di non richiedere una preliminare filtrazione del campione e di permettere flussi più elevati, velocizzando la fase di caricamento del campione (soprattutto quando sono coinvolti volumi di campione elevati). Anche il processo di estrazione è più efficiente, in quanto le cinetiche di estrazione sono più rapide. Poiché le particelle di adsorbente sono immobilizzate nella membrana, non si verifica il fenomeno del *channeling*. L'eluizione è quindi più rapida (diminuisce la contropressione) ed efficiente e, grazie al diminuito spessore della fase, richiede un volume di eluente minore. Inoltre i dischi possono essere più convenientemente utilizzati per effettuare campionamenti passivi in campo e stoccare il campione prima dell'analisi.

Per contro, rispetto alle cartucce o alle colonnine, i dischi sono più costosi, hanno un ridotto volume di *breakthrough* (vedi par. 6.5.4) e una minore capacità; nel caso di campioni contenenti elevate quantità di interferenti che possono interagire con l'adsorbente ciò può causare bassi recuperi.

6.2.3 Puntali di pipetta

In Fig. 6.1d è mostrato un puntale di pipetta, impaccato con una piccola quantità di fase adsorbente. Questo formato si adatta a campioni di piccolo volume e presenta il vantaggio di richiedere modesti volumi di solvente. In fase di campionamento il campione liquido viene aspirato e dispensato più volte con la pipetta; può seguire, con la stessa modalità, una fase di lavaggio con un opportuno solvente per eliminare gli interferenti e, infine, l'eluizione con pochi microlitri di solvente. Questo sistema consente inoltre un flusso bi-direzionale e può essere impiegato con pipette multicanale; tuttavia, può andare facilmente incontro a problemi di intasamento a causa del diametro ridotto del puntale (Majors, 2001). In altri casi la fase adsorbente non è impaccata e le operazioni di aspirazione e dispensazione del solvente vengono effettuate per mezzo di una siringa che si adatta al puntale. Durante la fase di aspirazione del campione l'adsorbente si mescola al campione, favorendo il contatto e rendendo più rapido ed efficiente il processo di estrazione, che richiede volumi di solvente molto bassi e permette di ottenere un campione che non necessita di ulteriore concentrazione.

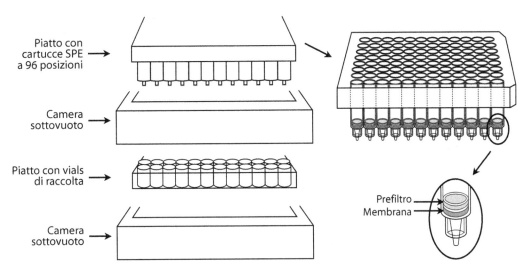

Piatto con cartucce SPE a 96 posizioni →

Camera sottovuoto →

Piatto con vials di raccolta →

Camera sottovuoto →

Prefiltro ⎯
Membrana ⎯

Fig. 6.3 Schema semplificato di dispositivo automatizzato per SPE

6.2.4 Sistemi automatizzati

Rispetto ad altre tecniche di preparazione del campione (come la LLE), la SPE si presta meglio all'automazione. Attualmente sono disponibili sul mercato parecchi strumenti in grado di realizzare in sequenza tutte le operazioni della SPE, tranne il trasferimento dell'eluato, che viene realizzato off-line (sistemi semiautomatici). Alcuni strumenti sono anche in grado di trasferire l'eluato all'iniettore HPLC e realizzare l'analisi cromatografica automaticamente (sistemi completamente automatizzati). I sistemi automatizzati impiegano gli stessi formati – cartucce, dischi o puntali di pipette – che vengono impiegati per la SPE manuale, con la differenza che i formati vengono posti in un *rack* in modo da processare più campioni contemporaneamente. Le altre parti dell'apparecchio consistono in un sistema di dispensazione dei solventi, un raccoglitore di frazioni e un sistema di scarico (Majors, 2001).

La Fig. 6.3 mostra un tipico dispositivo fisso con piatto a 96 pozzetti. Ciascun pozzetto può alloggiare una singola colonnina SPE. I piatti sono detti fissi poiché hanno solitamente un volume e una quantità di adsorbente prefissati. Esistono anche versioni "flessibili", costituite da un piatto forato nei cui fori si possono inserire colonnine impaccate di diverso formato o colonnine munite di dischi. Sono disponibili anche sistemi automatizzati per puntali di pipetta (*disposable pipette extraction*), in grado di processare più campioni contemporaneamente; questi sistemi sono impiegati principalmente per l'analisi di pesticidi in prodotti ortofrutticoli (Lambert, 2009).

6.3 Meccanismi di interazione analita-adsorbente

La comprensione dei meccanismi di interazione tra analita e adsorbente permette di selezionare l'adsorbente più idoneo per una determinata applicazione; ciò implica la conoscenza delle proprietà di entrambi.

I meccanismi di ritenzione maggiormente sfruttati nella SPE sono basati su forze di van der Waals (interazioni non polari), legami idrogeno, forze dipolo-dipolo (interazioni polari) e interazioni di scambio anionico o cationico (interazioni ioniche) (Zief, Kiser, 1988). Meno impiegate risultano le interazioni di natura covalente e quelle tra ioni metallici (Ag$^+$, Cu^{2+}) in grado di formare complessi, rispettivamente, con analiti che presentano legami carbonio-carbonio multipli e con analiti che contengono gruppi amminici (Blevins et al, 1993). Alcuni adsorbenti sfruttano anche meccanismi basati sull'esclusione molecolare.

6.3.1 *Interazioni non polari*

Le interazioni non polari intercorrono tra i legami C–H dei gruppi funzionali dell'adsorbente e i legami C–H presenti nella molecola dell'analita (Fig. 6.4a); sono comunemente note come forze di van der Waals o forze di dispersione (Blevins et al, 1993). Queste interazioni vengono sfruttate per realizzare SPE a fase inversa; con il termine fase inversa si indica una fase stazionaria (adsorbente) più apolare del campione, generalmente impiegata con campioni acquosi.

Le interazioni non polari sono condivise da molti adsorbenti e analiti. Tutte le fasi di silice legata presentano gruppi funzionali legati a uno scheletro di silice attraverso catene carboniose più o meno lunghe e possono quindi dare origine a interazioni non polari, anche se in alcuni casi i gruppi funzionali mascherano tali caratteristiche apolari. Anche gruppi funzionali aliciclici, aromatici e in generale con elevata percentuale di legami C–H possono dare origine a interazioni non polari. A eccezione degli ioni inorganici e dei composti come gli zuccheri (la cui struttura contiene molti gruppi polari o ionici che mascherano la struttura carboniosa della molecola), praticamente tutti gli analiti sono in grado di dare origine a interazioni non polari.

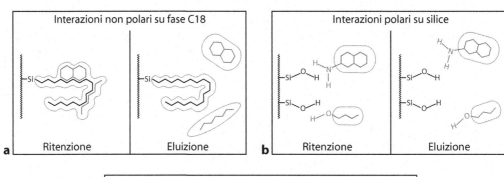

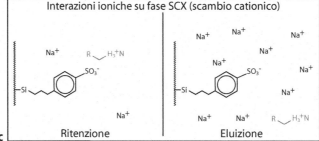

Fig. 6.4 Esempi di interazioni non polari (**a**), polari (**b**) e ioniche (**c**)

Le interazioni non polari sono molto efficaci per isolare gruppi di componenti (anche molto diversi per struttura) e rappresentano la tecnica di elezione in numerose applicazioni ambientali dirette a isolare simultaneamente un elevato numero di componenti con differenti proprietà chimiche. In generale, tutte le estrazioni basate su interazioni non polari sono di fatto meno specifiche di quelle basate su interazioni polari o di scambio ionico, specie quando l'analita ha una struttura chimica simile a quella degli interferenti presenti nella matrice. Queste estrazioni diventano molto selettive solo quando l'analita è non polare e tutti gli altri componenti della matrice sono troppo polari per essere ritenuti mediante interazioni non polari.

Le interazioni non polari sono favorite da ambienti creati da solventi fortemente polari. Perfino quando l'analita presenta un gruppo polare, le altre parti non polari della sua molecola sono in grado, in un mezzo altamente polare (per esempio, acqua), di interagire fortemente con l'adsorbente non polare. I solventi più utilizzati a questo scopo sono: acqua, tamponi organici di bassa forza ionica (<0,1 M), miscele di acqua o tampone di bassa forza ionica con piccole percentuali di solvente organico.

Viceversa, le interazioni non polari tra l'analita e l'adsorbente vengono "rotte" da solventi non polari. Si impiegano a tale scopo solventi organici (metanolo, acetonitrile, etilacetato, tetraidrofurano, cloroformio, diclorometano, esano e altri solventi non polari), miscele di acqua o tamponi con solventi organici in quantità sufficiente a determinare l'eluizione dell'analita. Ovviamente i solventi maggiormente apolari rompono più efficacemente le interazioni non polari e la forza dell'eluente va scelta in relazione alla forza di interazione. Per alcuni analiti moderatamente apolari, anche un solvente normalmente considerato polare come il metanolo può risultare in certe situazioni abbastanza non polare da determinare l'eluizione dell'analita. Per analiti più apolari, l'eluizione avviene solo ricorrendo a solventi assolutamente non polari, come l'esano.

Un altro fattore da tenere in considerazione è la forza ionica del solvente (cioè la concentrazione di sali): tamponi o matrici acquose di elevata forza ionica possono promuovere l'eluizione dell'analita riducendone l'interazione con i gruppi funzionali dell'adsorbente. Se forza ionica del campione è troppo elevata per l'applicazione di questa tecnica, può essere ridotta mediante diluizione.

6.3.2 Interazioni polari

Le interazioni polari vengono sfruttate nella SPE a fase diretta, caratterizzata da una fase stazionaria (adsorbente) più polare del campione (solvente organico contenente l'analita). In queste interazioni (Fig. 6.4b) sono coinvolti diversi gruppi funzionali dell'analita e dell'adsorbente che possono dare origine a legami idrogeno, interazioni dipolo-dipolo e dipolo-dipolo indotto, oppure gruppi funzionali che presentano una distribuzione degli elettroni non uniforme che conferisce polarità positiva o negativa alla molecola. Classicamente si tratta di interazioni nelle quali sono coinvolti gruppi idrossilici, amminici, carbonilici, sulfidrilici, doppi legami, anelli aromatici e gruppi contenenti eteroatomi come O, N, S e P (Blevins et al, 1993; Camel, 2003).

Le interazioni polari sono quindi assai specifiche e possono essere sfruttate per la separazione di molecole aventi strutture molto simili (elevata selettività). Vengono favorite da solventi non polari quali esano, isottano, cloroformio, diclorometano, combinazioni di questi e di altri solventi apolari, tetraidrofurano ed etilacetato (gli ultimi due solo con analiti molto polari). Per rompere queste interazioni sono necessari solventi polari, sia perché gli analiti polari sono più solubili in solventi polari, sia perché i solventi polari possono competere più efficacemente con l'analita per l'adsorbente. Si impiegano a tale scopo metanolo, acqua, tetraidrofurano, isopropanolo, acido acetico, acetonitrile, acetone, tamponi a elevata forza ionica (organici, inorganici e loro combinazioni), ammine. A causa della presenza residua di silanoli liberi, le interazioni polari sono tipiche di tutte le silici legate, in particolare di quelle *non end-capped* (i cui silanoli residui non sono stati derivatizzati).

6.3.3 *Interazioni ioniche*

Queste interazioni hanno luogo tra una molecola di analita che possiede una carica (positiva o negativa) e un adsorbente che possiede una carica di segno opposto (Fig. 6.4c).

Gli adsorbenti che consentono lo scambio ionico possono essere suddivisi in due classi:
- resine a scambio anionico: presentano gruppi funzionali cationici, quali ammine primarie, secondarie, terziarie e quaternarie, nonché cationi inorganici, quali Ca^{2+}, Na^+ e Mg^{2+}, che interagiscono con analiti caratterizzati da gruppi acidi (con carica negativa) e anioni inorganici;
- resine a scambio cationico: presentano gruppi funzionali anionici, quali acidi carbossilici e solfonici, fosfati e gruppi analoghi, che reagiscono con analiti caratterizzati da gruppi basici (con carica positiva) e cationi inorganici.

Le resine a scambio cationico o anionico forti (con valori di pKa estremi) sono sempre cariche, mentre le resine a scambio ionico deboli possono essere o meno cariche in relazione al pH del mezzo (Blevins et al, 1993). I fattori che influenzano l'efficienza di estrazione sono: pH, selettività del controione, forza ionica, presenza di solventi organici in fase di eluizione e velocità di flusso (Zief, Kiser, 1988).

Il pH ottimale per ottenere l'analita in forma ionizzata dipende dal pKa dell'analita, definito come valore di pH al quale il 50% dei gruppi ionizzabili in soluzione è carico, mentre il restante 50% è in forma neutra. Per favorire la ionizzazione, è sufficiente abbassare il pH nel caso di analiti basici e alzarlo nel caso di analiti acidi. La variazione di 1 unità di pH determina la variazione della concentrazione delle molecole cariche (o neutre) di un fattore 10; per cui, per essere certi che il 99,5% dei gruppi funzionali sia nello stato desiderato, è preferibile porsi a un valore di pH che sia di almeno 2 unità al di sopra o al di sotto del valore di pKa del gruppo funzionale. Per esempio, l'acido acetico ha un valore di pKa di 4,74: a pH 6,74 (o superiore), essendo quasi tutte le molecole (>99,5%) cariche, l'acido acetico verrà trattenuto da una resina a scambio anionico, mentre la sua eluizione si potrà ottenere con un tampone a pH 2,74 o inferiore (99,5% delle molecole in forma neutra). Va ricordato che la presenza di altri gruppi funzionali nella molecola dell'analita può influenzare il valore di pKa del gruppo funzionale di interesse (Blevins et al, 1993).

Poiché lo scambio ionico è un meccanismo competitivo, la ritenzione dell'analita è funzione anche del numero di altre specie ioniche della stessa carica dell'analita che possono competere per la disponibilità di gruppi ionici sull'adsorbente (forza ionica). Una bassa forza ionica promuove la ritenzione dell'analita, mentre un'elevata forza ionica ne promuove l'eluizione (Fig. 6.4c).

Nel caso di matrici con elevata forza ionica la ritenzione può essere favorita diluendo il campione o eliminando le specie ioniche interferenti, per esempio desalinizzando il campione (Zief, Kiser, 1988; Blevins et al, 1993).

La ritenzione e l'eluizione dell'analita vengono influenzate anche dalla selettività del controione (specie con carica opposta a quella del gruppo funzionale dell'adsorbente e che si trova a esso associato). La selettività di un controione è la misura della sua capacità di competere con altri controioni per i gruppi carichi sull'adsorbente a scambio ionico. La ritenzione è facilitata su adsorbenti equilibrati con controioni di selettività più bassa rispetto al gruppo ionico dell'analita, mentre l'eluizione è facilitata da tamponi contenenti controioni altamente selettivi capaci di spostare l'analita dall'adsorbente. In altre parole, la selettività del controione si riferisce alla preferenza mostrata da molti adsorbenti per determinati controioni rispetto ad altri. Un adsorbente con gruppi funzionali di ammina quaternaria, per esempio, mostra una preferenza 250 volte maggiore per l'anione citrato che per l'anione acetato; pertanto, un analita viene più facilmente ritenuto quando l'adsorbente è equilibrato con acetato piuttosto che con citrato. Per la stessa ragione, un tampone citrato presenta potere eluente maggiore dell'acetato (Blevins et al, 1993). Il controione può essere cambiato facendo passare attraverso l'adsorbente un volume appropriato di tampone contenente il controione desiderato.

Riassumendo, affinché venga promossa la ritenzione dell'analita, matrice e solvente devono trovarsi a un pH al quale sia l'analita sia l'adsorbente sono carichi e non devono contenere elevate concentrazioni di specie ioniche competitive con la stessa carica dell'analita (bassa forza ionica); inoltre, l'adsorbente a scambio ionico deve essere equilibrato con un controione di bassa selettività (in questo modo l'analita ha maggiori possibilità di spostare il controione dall'adsorbente ed esser ritenuto). Al contrario, per eluire l'analita è necessario rompere le interazioni a scambio ionico. Ciò può essere ottenuto agendo sul pH per neutralizzare la carica dell'adsorbente o dell'analita; a tale scopo, si impiega un tampone a elevata forza ionica ($>0,1$ M) o un tampone contenente un controione altamente selettivo nei confronti dell'adsorbente (in grado di spostare facilmente l'analita dall'adsorbente), oppure una combinazione di entrambe queste modalità.

Quando la forma neutra dell'analita è molto meno solubile in acqua rispetto alla forma ionizzata, per ottenere un'eluizione efficiente occorre aggiungere un solvente organico (miscibile con acqua).

Poiché le cinetiche dello scambio ionico sono più lente rispetto a quelle che vedono coinvolti gli altri meccanismi di interazione, si consiglia di non superare flussi di 5 mL/min. Se si osserva una ritenzione eccessiva dell'analita, si deve scegliere un adsorbente più debole. Di regola è infatti previsto l'impiego di scambiatori forti con acidi e basi deboli e, viceversa, di scambiatori deboli per acidi e basi forti (Zief, Kiser, 1988; Blevins et al, 1993).

6.3.4 Interazioni di coppia ionica

I reagenti di coppia ionica vengono comunemente impiegati in HPLC per la loro capacità di modificare le proprietà di un analita ionico e renderne possibile la ritenzione su una colonna a fase inversa (C18). Si tratta di una tecnica relativamente poco impiegata in SPE, poiché per l'estrazione di sostanze polari ci si indirizza generalmente verso adsorbenti polari, e nel caso di matrici acquose verso lo scambio ionico.

Gli analiti polari sono spesso ionici e i reagenti in grado di formare una coppia ionica contengono una porzione non polare (una lunga catena alifatica) e una porzione polare (un acido o una base). I tipici reagenti di coppia ionica per analiti basici sono, per esempio, sodio dodecilsolfato o acidi solfonici con una catena alchilica contenente da 3 a 12 atomi di carbonio. La porzione polare del reagente di coppia ionica interagisce con il gruppo carico dell'analita, formando una coppia ionica neutra, mentre la porzione non polare interagisce con l'adsorbente non polare. In altre parole, il reagente di coppia ionica funge da derivatizzante dell'analita, in quanto ne modifica la natura rendendolo apolare e quindi in grado di interagire con un adsorbente apolare.

La ritenzione dell'analita può essere aumentata incrementando la concentrazione e la lunghezza della catena carboniosa del reagente di coppia ionica; ciò significa che è possibile aumentare il volume del campione da caricare, migliorando i limiti di rilevabilità. Dal punto di vista operativo l'adsorbente, attivato con metanolo e acqua, viene condizionato con il reagente di coppia ionica (a concentrazione variabile tra 0,005 e 0,2 M). Lo stesso reagente viene aggiunto al campione prima dell'applicazione sulla cartuccia condizionata. Successivamente la cartuccia può essere lavata con una soluzione acquosa del reagente di coppia ionica (al fine di eliminare potenziali interferenti) prima dell'eluizione con un solvente organico più forte (come metanolo) che può o meno contenere lo stesso reagente di coppia ionica (Carson, 2000).

Rispetto all'estrazione su fase diretta o allo scambio ionico, la SPE a coppia ionica ha il vantaggio di essere compatibile con solventi acquosi e quindi di non richiedere una dissoluzione o un'estrazione del campione in un solvente non polare.

6.4 Adsorbenti

Gli adsorbenti utilizzati nella SPE sono numerosi e la ricerca in questo settore porta continuamente all'introduzione di nuovi materiali. L'ampia varietà di adsorbenti disponibili rappresenta uno dei punti di forza più importanti della tecnica SPE, in quanto permette di realizzare estrazioni altamente selettive.

Gli adsorbenti possono essere suddivisi a seconda della natura del materiale (a base di ossidi inorganici, polimerici, a base di carbone), ma anche a seconda delle interazioni che possono dare (adsorbenti polari, non polari, ionici o misti, ad accesso ristretto, immunoadsorbenti, polimeri a stampo molecolare o *molecular imprinted polymers*).

Tra gli ossidi inorganici, la silice (SiO_2) è sicuramente quella più impiegata, ma vi sono esempi di applicazioni anche con adsorbenti a base di allumina (Al_2O_3), magnesia (MgO), zirconia (ZrO_2) e titania (TiO_2) (Camel, 2003).

Negli ultimi anni hanno trovato notevole impiego, soprattutto nel settore biomedico, i materiali ad accesso ristretto (RAM, *restricted-access media*), che permettono di isolare gli analiti in base sia alle interazioni selettive sia al principio dell'esclusione molecolare (Buszewski et al, 2012). Si tratta di materiali a base di silice o anche di polimeri che presentano una superficie ritentiva solo all'interno dei pori, per cui macromolecole quali le proteine, che a causa delle loro dimensioni non possono entrare nei pori, passano non ritenute, mentre gli analiti che possono entrare nei pori vengono ritenuti e possono essere isolati selettivamente anche da matrici complesse, evitando laboriosi pre-trattamenti della matrice.

Va ricordato che la ritenzione di un analita da parte di un adsorbente dipende dall'equilibrio di ripartizione dell'analita tra campione e fase adsorbente; quanto più elevata è l'area superficiale dell'adsorbente, tanto più questo equilibrio sarà spostato verso la fase solida. I diversi adsorbenti possono avere area superficiale molto diversa, generalmente compresa tra 400 e 1.000 m^2/g.

6.4.1 Adsorbenti a base di silice

Gli adsorbenti a base di silice sono di gran lunga i più utilizzati e sono impiegati sia in forma nativa (non derivatizzata) sia, più frequentemente, in forma legata. Il legame con gruppi funzionali apolari o ionici modifica profondamente le proprietà del materiale e le interazioni che può dare con l'analita. Talvolta i gruppi funzionali non vengono legati attraverso una reazione chimica ma vengono adsorbiti fisicamente sulla superficie della silice, per esempio facendo passare una soluzione contenente il reagente di interesse attraverso il letto adsorbente. Si tratta solitamente di reagenti di scambio ionico o agenti chelanti, che vengono impiegati per isolare metalli in tracce (Camel, 2003).

6.4.1.1 Produzione e proprietà

Le fasi legate vengono prodotte mediante reazione di organosilani con silice attivata. Il risultato è un adsorbente con i gruppi funzionali degli organosilani attaccati al substrato silice attraverso un legame sililetere; rimane un certo numero di residui silanolici liberi. Come illustrato in Fig. 6.5, la reazione chimica con monoclorosilano coinvolge un solo silanolo libero del substrato silice, mentre la reazione con triclorosilano coinvolge diversi gruppi silanolici (Zief, Kiser, 1988).

Le silici legate ottenute con i due tipi di reazione presentano proprietà diverse. Gli adsorbenti ottenuti con silano monofunzionale hanno una minore percentuale di carbonio legato (carico di carbonio) e un maggior numero di silanoli liberi, che risultano più accessibili all'analita. Gli adsorbenti trifunzionali sono più stabili a pH estremi, in quanto i punti di legame con il substrato di silice sono maggiori e ciò rallenta il processo di idrolisi.

Poiché i gruppi silanolici residui possono dare origine a interazioni secondarie di scambio cationico (in ambiente polare) e a interazioni polari (in ambiente non polare), sono disponibili in commercio sia fasi *end-capped* – derivatizzate allo scopo di originare una superficie le cui caratteristiche principali siano dovute ai gruppi funzionali, con interazioni minime da parte del substrato di silice – sia fasi *non end-capped*. È impossibile deattivare tutti i silanoli liberi, poiché l'ingombro sterico determinato da un gruppo derivatizzato non permette la derivatizzazione di un silanolo adiacente. In Fig. 6.6 è illustrata la derivatizzazione con trimetilclorosilano per ottenere una fase end-capped (Zief, Kiser, 1988).

Le prime fasi SPE a base di silice modificata erano end-capped. La tendenza era minimizzare il numero di silanoli liberi realizzando la reazione di legame con triclorooctadecilsilano

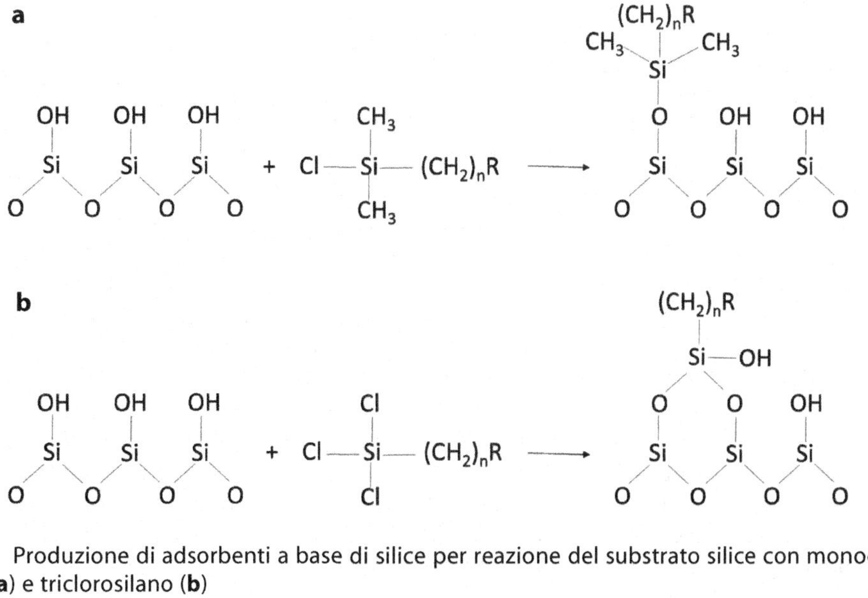

Fig. 6.5 Produzione di adsorbenti a base di silice per reazione del substrato silice con monoclorosilano (**a**) e triclorosilano (**b**)

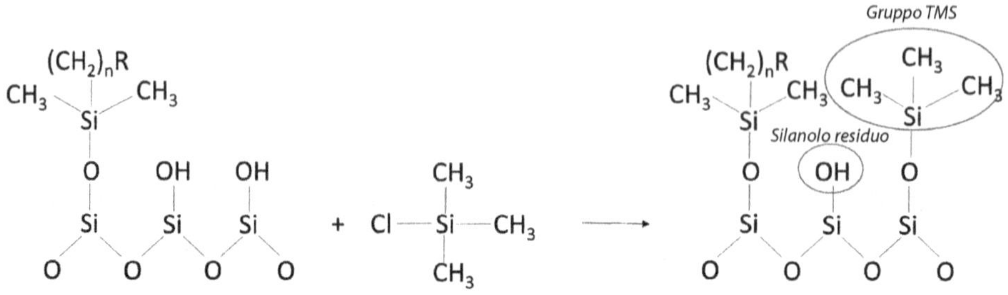

Fig. 6.6 Reazione di end-capping (reazione con trimetilclorosilano)

e facendo reagire i silanoli residui con trimetilsilano. In seguito si è riconosciuto che le proprietà adsorbenti della silice variano in base sia alla percentuale di carbonio nella fase sia ai residui di silanoli liberi; dopo aver compreso che si poteva sfruttare vantaggiosamente l'attività residua dei silanoli liberi, per rendere possibile l'estrazione di un range più ampio di composti o migliorare la purificazione del campione, sono stati sviluppati adsorbenti non end-capped in grado di ritenere maggiormente i composti polari.

Oggi sono reperibili in commercio prodotti con diverse percentuali di carbonio (dall'8 al 18%) ottenuti per reazione con alchilsilani mono- o trifunzionali realizzando o meno un end-capping.

Il materiale ottenuto è stabile in un intervallo di pH compreso tra 2 e 7,5: al di sopra di tale intervallo la silice diviene solubile in soluzioni acquose, mentre al di sotto il legame sililetere si indebolisce e i gruppi funzionali superficiali iniziano a slegarsi, modificando le proprietà chimico-fisiche della matrice in maniera casuale e non riproducibile. Nella pratica, tuttavia, le colonnine a base di silice legata possono essere impiegate in un intervallo di pH da 1 a 14, poiché la degradazione è un processo lento e la fase viene in genere esposta all'azione delle soluzioni eluenti solo per tempi molto brevi.

Le fasi di silice legata si presentano come un materiale rigido, che non si rigonfia o disperde in differenti solventi (diversamente da molte resine a base di polistirene), ed entrano velocemente in equilibrio se sottoposte a cambiamenti di solvente. Tale caratteristica consente di realizzare complesse procedure di purificazione, che prevedono numerosi e rapidi cambiamenti di solvente.

Le silici più comunemente utilizzate per la fabbricazione delle silici legate sono costituite da materiale con granulometria compresa tra 15 e 100 µm (generalmente 40 µm) di forma per lo più irregolare. Queste caratteristiche permettono al solvente di fluire velocemente attraverso il letto adsorbente in blande condizioni di vuoto o di pressione (circa 0,7-1 atm). La porosità nominale della maggior parte degli adsorbenti utilizzati nella SPE è intorno ai 60 Å, adatta a composti con peso molecolare (PM) sino a 15.000. Essendo escluse dai pori di 60 Å, le molecole più grandi risultano esposte ad aree di adsorbente troppo piccole per dare origine a interazioni di qualche interesse e di conseguenza non vengono ritenute dall'adsorbente. Questa caratteristica può essere sfruttata vantaggiosamente per rimuovere le macromolecole da una miscela da purificare. Per l'estrazione di molecole a PM più elevato si possono utilizzare adsorbenti con maggiore porosità (4.000 Å) (Blevins et al, 1993; IST, 2001).

Di seguito sono descritte le più importanti fasi a base di silice legata, suddivise in Tabella 6.1 in base alle loro caratteristiche e al meccanismo di interazione.

Tabella 6.1 Adsorbenti a base di silice

Meccanismo di separazione	Tipo di fase	Struttura	Interazione primaria	secondaria
Fase inversa (polare)	Octadecil (C18)	$-(CH_2)_{17}CH_3$	NP	P SC
	Octil (C8)	$-(CH_2)_7CH_3$	NP	P SC
	Cicloesil (CH)	$-CH_2CH_2-\bigcirc$	NP	P SC
	Fenil (PH)	$-(CH_2)_3-\bigcirc$	NP	P SC
	Cianopropil (CN)	$-(CH_2)_3CN$	NP P	SC
	Etil (C2)	$-CH_2CH_3$	NP P	P SC
Fase normale (non polare)	Diolo (2OH)	$-(CH_2)_3OCH_2CH(OH)-CH_2(OH)$	P NP	SC
	Ammino (NH2)	$-(CH_2)_3NH$	P SA	NP SC
	Silice	$-(CH_2)_{17}CH_{23}$	P	
Scambio anionico	Etilendiammino-N-propil (PSA)	$-(CH_2)_3NHCH_2CH_2NH_2$	P SA CHE	SC NP
	Dietilamminopropil (DEA)	$-(CH_2)_3NH(CH_2CH_3)_2$	P SA	SC NP
	Trimetilamminopropil (SAX)	$-(CH_2)_3N(CH_3)_3$	SA	NP P SC
Scambio cationico	Carbossimetil (CBA)	$-(CH_2)_2COO^-$	SC	NP P
	Sulfonilpropil (PRS)	$-(CH_2)_3SO_3^-$	SC	NP P
	Propilbenzensulfonil (SCX)	$-(CH_2)_3-\bigcirc-SO_3^-$	NP SC	P

NP, non polare; P, polare; SC, scambio cationico; SA, scambio anionico; CHE, chelazione.

6.4.1.2 Fasi non polari

Le fasi non polari sono elencate in Tabella 6.1 in ordine di apolarità decrescente.

L'adsorbente non polare maggiormente utilizzato è la fase octadecilsilano (C18), che essendo in grado di ritenere molti analiti, è in genere classificato come aspecifico. La fase C18 presenta una certa polarità residua dovuta ai silanoli liberi del substrato silice; la polarità residua varia in funzione del carico di carbonio e dell'eventuale derivatizzazione dei silanoli residui.

Composti estremamente apolari (ad alto PM) sono talvolta eluiti con difficoltà da una C18, che viene in questo caso sostituita vantaggiosamente con una C8. Per contro, le fasi C8 risentono maggiormente delle interazioni dovute ai silanoli residui.

Le fasi cicloesil e fenil hanno polarità simile alla C8 e sono selettive verso alcune molecole. La fase fenil risulta per esempio selettiva nei confronti di molecole aromatiche.

La fase cianopropil (CN) è un adsorbente di media polarità, molto versatile, utilizzato per molecole che possono essere trattenute troppo fortemente da adsorbenti più apolari (C8 o C18) o più polari (silice o diolo). Le cianopropil hanno una percentuale di carbonio dell'8-9%, per cui le interazioni idrofobiche non sono trascurabili. Il gruppo CN conferisce una particolare selettività, che può essere opportunamente modulata impiegando diverse miscele metanolo/acetonitrile.

A causa della catena laterale molto corta, che lascia la superficie silicea scoperta, la C2 è una fase adsorbente leggermente polare (polarità di poco superiore a quella della CN); viene utilizzata quando l'analita sarebbe trattenuto troppo fortemente da una C18 o una C8 (Blevins et al, 1993).

6.4.1.3 Fasi polari

Oltre alla silice non derivatizzata, gli adsorbenti polari più impiegati sono la fase diolo (2OH) e la fase ammino (NH2). A causa della sua elevata polarità, la silice non derivatizzata può dare problemi di adsorbimento irreversibile di acqua; per garantire la riproducibilità dei risultati, deve quindi essere tenuta al riparo dall'umidità dell'aria e non deve essere condizionata con solventi molto polari (metanolo).

A differenza della silice non derivatizzata, la fase diolo non adsorbe acqua e altri composti molto polari; inoltre, analogamente alla silice, tende a formare legami H. In ambiente polare può essere impiegata come adsorbente non polare, in quanto la catena carboniosa, che agisce da distanziatore tra substrato e gruppo funzionale, conferisce alla fase sufficienti caratteristiche di non polarità per ritenere analiti non polari da matrici polari. La fase diolo è l'adsorbente ottimale per separare isomeri strutturali o composti con piccole differenze di polarità. Ciò può essere ottenuto applicando le molecole in esame in un solvente non polare e aumentando gradualmente la polarità del solvente con concentrazioni crescenti di un modificante più polare.

La fase NH2 è un adsorbente molto polare in grado di esplicare anche interazioni di scambio anionico (avendo un pKa di 9,8 può essere totalmente neutralizzata a pH intorno a 11,8) e non polari; per ottenere le interazioni desiderate, è dunque importante scegliere la giusta combinazione solvente/matrice. Questa fase rappresenta l'adsorbente di elezione quando si devono trattenere anioni molto forti (acidi solfonici), che sarebbero trattenuti irreversibilmente su una resina a scambio anionico forte SAX (sempre carica). Come gli altri adsorbenti polari, è eccellente per la separazione di isomeri strutturali (Blevins et al, 1993).

6.4.1.4 Fasi a scambio anionico

Rispetto alla fase NH2, che è lo scambiatore anionico più debole, la etilendiammino-N-propil (PSA) presenta due gruppi amminici e una maggiore capacità ionica (1,4 mEq/g contro 1,1 della NH2). Il pKa dei suoi gruppi amminici primario e secondario è, rispettivamente, 10,1 e 10,9. Il contenuto di carbonio più alto, rispetto alla NH2, la rende maggiormente apolare e quindi più adatta per composti molto polari che potrebbero essere trattenuti troppo fortemente su NH2. La dietilamminopropil (DEA) ha un pKa di 10,7; rispetto alla NH2 ha una capacità ionica leggermente inferiore (1,0 mEq/g) e un carattere apolare maggiore dovuto alla presenza di una catena carboniosa addizionale. La trimetilamminopropil (SAX) ha come gruppo funzionale un'ammina quaternaria sempre carica ed è quindi lo scambiatore anionico più forte. Non viene impiegata per la ritenzione di anioni molto forti (acidi solfonici), che sarebbero eluiti con difficoltà, bensì per la ritenzione di anioni deboli (per esempio acidi carbossilici), che sarebbero trattenuti troppo debolmente su scambiatori più deboli. Poiché la SAX non può essere neutralizzata, per ottenere l'eluizione è necessario neutralizzare l'analita o impiegare controioni altamente selettivi. Questa fase offre minime interazioni non polari, in quanto l'effetto degli atomi di C presenti nel gruppo funzionale è mascherato dall'ammina; in ambiente non polare mostra deboli proprietà polari, ma non è un buon legante dell'idrogeno a causa dell'impedimento sterico in prossimità dell'ammina e della natura quaternaria del gruppo funzionale (Blevins et al, 1993).

6.4.1.5 Fasi a scambio cationico

La carbossimetil (CBA) è un adsorbente di media polarità in grado di dare interazioni sia polari sia non polari, a seconda del solvente impiegato. Presenta deboli proprietà di scambio cationico (pKa 4,8), per cui è particolarmente adatta a trattenere cationi molto forti, quali ammine con elevato pKa che eluirebbero con difficoltà da scambiatori forti. La fase sulfonil-propil (PRS) è un adsorbente a scambio cationico forte (sempre carico) che presenta apprezzabili interazioni polari (in solventi non polari è in grado di dare legami H) e scarse interazioni non polari. La PRS ha un pKa molto basso, per cui gli analiti (cationi deboli) devono essere eluiti neutralizzandone la carica e impiegando un'elevata forza ionica. La fase propilbenzen-sulfonil (SCX) è uno scambiatore cationico forte (sempre carico) simile alla PRS, con un valore di pKa molto basso. A differenza della PRS, ha un potenziale maggiore per le interazioni non polari grazie alla presenza di un anello benzenico (Blevins et al, 1993).

6.4.1.6 Interazioni secondarie

Come accennato, molti adsorbenti sono in grado di dare, oltre a una o più interazioni primarie, anche interazioni secondarie. Se non opportunamente controllate, queste interazioni possono dare origine a comportamenti inaspettati, ma possono anche essere sfruttate vantaggiosamente per migliorare la purificazione dell'analita (Blevins et al, 1993; IST, 2001).

Le caratteristiche di adsorbimento e ritenzione della silice legata sono determinate, oltre che dalla natura dei gruppi funzionali legati al substrato, anche dai silanoli non legati presenti sulla superficie della silice stessa. In molti casi le interazioni secondarie tra silanoli liberi e analita condizionano in maniera predominante le caratteristiche di ritenzione della fase adsorbente. Nello specifico, le caratteristiche di polarità dei silanoli potranno determinare la formazione di legami idrogeno con ammine e gruppi idrossilici degli analiti in ambienti di solventi non polari (interazioni polari), mentre in ambiente acquoso le caratteristiche acide dei silanoli non legati causeranno interazioni ioniche con i gruppi ionici delle molecole di analita (per esempio ammine protonate). Negli adsorbenti polari la presenza di silanoli liberi è responsabile di interazioni di natura polare e di scambio ionico. In ambiente apolare diventano importanti le interazioni polari determinate dai residui silanolici liberi in grado di formare ponti H con gruppi amminici o idrossilici.

L'importanza di queste interazioni secondarie è tanto maggiore quanto più corta è la catena alchilica legata alla silice. Per esempio, una fase C2 legata è molto più polare di una fase C18 legata, in quanto risente maggiormente dell'attività dei silanoli liberi.

In Fig. 6.7 sono illustrate l'interazione primaria (non polare) tra la catena alchilica di un adsorbente non polare (C8) e l'anello esanico di un analita (cicloesilammina) e l'interazione secondaria tra un residuo silanolico libero e il gruppo NH_2 dello stesso analita (che si manifesta in ambiente non polare). Tale caratteristica può essere sfruttata per isolare selettivamente analiti in grado di dare entrambe le interazioni. Una volta caricato l'analita in ambiente acquoso, si possono effettuare lavaggi con acqua per eliminare tutti gli interferenti che non sono in grado di dare interazioni non polari. Successivamente si possono effettuare lavaggi con un solvente non polare per eliminare tutti gli interferenti che non sono in grado di dare interazioni polari. Dopo i lavaggi, sull'adsorbente rimangono solo gli analiti in grado di dare sia interazioni non polari sia interazioni polari. Per eluire l'analita, sarà necessario rompere entrambe le interazioni impiegando un solvente non polare contenente per esempio un'ammina, che andrà a competere con l'analita per il legame con l'adsorbente.

In ambiente acquoso, quando i silanoli sono ionizzati, in presenza di analiti cationici (ammine) possono instaurarsi interazioni ioniche altamente energetiche. L'interazione secondaria diventa evidente quando si cerca di eluire l'analita con una miscela acqua/metanolo. Anche se la concentrazione di metanolo è adeguata per rompere le interazioni non polari, le interazioni secondarie polari impediscono l'eluizione dell'analita. Queste interazioni secondarie possono

Fig. 6.7 Esempio di interazione secondaria polare tra analita (cicloesilammina) e adsorbente non polare (C8). (Modificata con autorizzazione da Blevins et al, 1993)

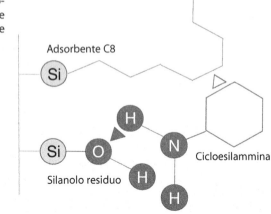

Adsorbente C8

Cicloesilammina

△ Interazione idrofobica

▲ Interazione polare (ponte idrogeno)

Silanolo residuo

essere rotte con un cambiamento di pH (pH molto alti neutralizzano l'ammina, mentre pH molto bassi neutralizzano i silanoli liberi) o aggiungendo al solvente di eluizione un opportuno modificante (dietil- o trietilammina) che compete con l'analita per i silanoli dell'adsorbente.

Anche se il pKa dei gruppi silanolici dipende dalle condizioni circostanti, si può considerare che a pH >2 aumenta gradualmente il grado di dissociazione, che risulta evidente a pH >4. Mentre le interazioni idrofobiche (forze di dispersione, dipolo-dipolo, dipolo-dipolo indotto) hanno energie di legame che variano da 1 a 10 kcal/mol e i legami H che coinvolgono gruppi polari hanno energie di legame simili (comprese tra 5 e 10 kcal/mol), le interazioni ioniche sono molto più forti (50-200 kcal/mol) e quindi difficili da rompere. Ciò spiega il ruolo importante dei residui di silanoli liberi nel comportamento di ritenzione dell'analita, anche se sono presenti in piccola quantità.

Fatta eccezione per la silice non modificata, le altre fasi polari a base di silice modificata (diolo, ammino) possono presentare interazioni non polari (in ambiente polare) dovute alla catena alchilica alla quale sono attaccati i diversi gruppi funzionali.

Adsorbenti a scambio ionico possono esibire interazioni non polari specie se il contenuto in carbonio del gruppo funzionale è elevato (come nel caso di un adsorbente SCX). Quando l'analita è una specie ionica con caratteristiche non polari (può essere sempre il caso della cicloesilammina), è possibile sfruttare vantaggiosamente queste interazioni secondarie per migliorare la purificazione del campione (Fig. 6.8). Si può per esempio lavare la resina a scambio ionico prima con solventi non polari, eliminando tutti gli interferenti in grado di dare solo interazioni non polari (durante questo lavaggio gli analiti vengono ritenuti da interazioni ioniche), e poi con un tampone acquoso concentrato o con solventi ad alta forza ionica, per eliminare tutti gli interferenti in grado di dare solo interazioni ioniche (gli analiti vengono ritenuti da interazioni non polari). L'analita può essere successivamente eluito con un solvente in grado di vincere sia l'interazione ionica sia quella non polare, per esempio con metanolo acidificato con HCl.

In opportune condizioni di pH, i residui silanolici liberi di scambiatori anionici a base di silice legata possono dare interazioni secondarie a scambio cationico. Non è raccomandabile cercare di sfruttare questa interazione secondaria, poiché può alterare, in modo poco prevedibile, il comportamento dell'analita in fase di ritenzione ed eluizione.

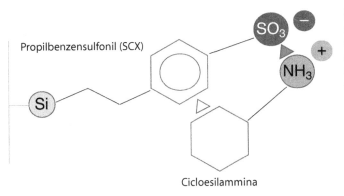

Propilbenzensulfonil (SCX)

Cicloesilammina

Fig. 6.8 Esempio di interazione secondaria non polare tra analita (cicloesilammina) e adsorbente a scambio cationico (SCX). (Modificata con autorizzazione da Blevins et al, 1993)

△ Interazione idrofobica

▲ Interazione ionica

6.4.2 Adsorbenti a base di copolimeri

Negli anni Settanta del secolo scorso furono introdotte le prime resine di polistirene-divinilbenzene (PS-DVB) (serie XAD). Inizialmente il loro impiego era limitato dall'assenza in commercio di materiali a elevata area superficiale e appropriate dimensioni delle particelle, in forma purificata (Pichon, 2000). La sintesi del PS-DVB può essere condotta in presenza di stirene, divinilbenzene, di un opportuno solvente (per esempio dodecanolo) e di un iniziatore di radicali liberi (azoisobutirronitrile, AIBN). In queste condizioni la polimerizzazione avviene entro 16 ore a 75 °C (Fig. 6.9). Questa sintesi molto rapida produce un blocco polimerico che può essere facilmente ridotto in particelle. In relazione al solvente utilizzato e alla concentrazione dell'iniziatore di radicali liberi, durante la polimerizzazione si possono ottenere materiali di differente porosità e area superficiale.

Inizialmente le particelle di adsorbente del diametro desiderato dovevano essere preparate in laboratorio, frantumando e setacciando il polimero di partenza; tale operazione determinava il rilascio di numerose impurezze intrappolate durante lo step di polimerizzazione (naftalene, stirene, idrocarburi, ftalati, etilbenzene, acido benzoico e altre), costringendo a una laboriosa procedura di purificazione prima dell'utilizzo. I limiti di rilevabilità erano naturalmente condizionati dalla quantità di impurezze rilasciate dall'adsorbente.

Rispetto agli adsorbenti C18, i copolimeri di PS-DVB (Amberlite tipo XAD) – soprattutto quelli di ultima generazione, caratterizzati da un'elevata percentuale di legami incrociati e quindi da un'elevata area superficiale (700-1.200 m^2/g) – presentano una ritenzione notevolmente migliorata per i componenti più polari. A differenza degli adsorbenti a base di silice, i copolimeri di PS-DVB possono inoltre essere utilizzati nell'intero range di pH, ma richiedono un condizionamento più lungo.

Come gli adsorbenti a base di silice alchilata, anche i copolimeri apolari sono materiali idrofobici che necessitano di essere solvatati. Per questo motivo, fino a qualche tempo fa la maggior parte degli adsorbenti polimerici richiedeva un pre-trattamento con metanolo per rendere la superficie idrofobica maggiormente compatibile con i campioni acquosi. In seguito sono state create nuove resine derivatizzate, con sostituenti idrossimetil, cianometil, acetil o carbossil sull'anello benzenico, che rendono la superficie dell'adsorbente permanentemente idrofila e permettono quindi l'impiego dell'adsorbente senza preliminare solvatazione con metanolo. Anche l'introduzione di gruppi solfonici rende la superficie più idrofila, senza comprometterne la capacità di ritenere sostanze organiche. La presenza di questi gruppi

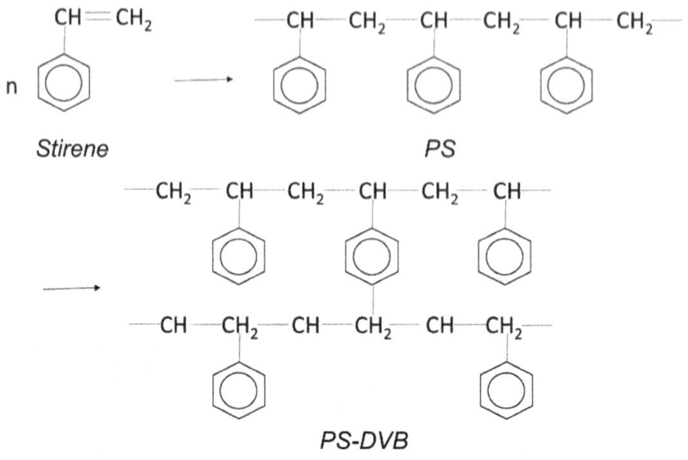

Fig. 6.9 Polimerizzazione del polistirene (PS) e formazione del copolimero PS-DVB in presenza di divinilbenzene (DVB)

funzionali polari ha permesso di migliorare ulteriormente i recuperi per fenoli, alcoli, aldeidi, esteri e chetoni e altri composti polari (Fritz, Macka, 2002).

Mediante solfonazione è possibile convertire una resina polimerica in uno scambiatore cationico. Se la solfonazione viene condotta rapidamente in condizioni blande, gli analiti possono essere ritenuti con due diversi meccanismi. I composti neutri vengono ritenuti per semplice adsorbimento, mentre le basi protonate vengono ritenute per scambio anionico. Ciò significa che è possibile estrarre da campioni acquosi sostanze organiche neutre e basiche (passando un campione acquoso aggiustato a pH 2), che possono poi essere eluite separatamente: i componenti neutri vengono eluiti con diclorometano, quelli basici con metanolo contenente metilammina 2 M; infine si rigenera la resina con HCl 2 M (Huck, Bonn, 2000).

Negli ultimi anni sono stati introdotti copolimeri di DVB e N-vinilpirrolidone (i cosiddetti adsorbenti idrofili-lipofili bilanciati) capaci di estrarre composti acidi, basici e neutri polari e apolari. L'elevata capacità di estrazione per componenti polari relativamente piccoli può essere spiegata, oltre che con l'elevata area superficiale ($800\ m^2/g$), con la capacità del gruppo pirrolidone di agire come accettore di idrogeno (Fritz, Macka, 2002).

6.4.3 Adsorbenti a base di carbone

Uno dei primi materiali utilizzati come fase adsorbente è stato il carbone attivo, ben presto soppiantato dall'introduzione di materiali a base di silice modificata. In seguito, con il miglioramento della tecnologia di preparazione degli adsorbenti, si sono resi disponibili nuovi materiali a base di carbone con struttura più omogenea e caratteristiche più riproducibili (Liška, 2000). Questi adsorbenti hanno il vantaggio di presentare migliore ritenzione verso gli analiti più polari a basso peso molecolare, elevata stabilità e comportamento selettivo nei confronti di alcune classi di componenti.

Tra i più diffusi, si ricordano il carbone nero grafitato (GCB) e il carbone grafitato poroso (GPC) (Pichon, 2000).

Il primo si ottiene per riscaldamento del carbone nero (nero fumo) a elevate temperature (2.700-3.000 °C); è caratterizzato da elevata omogeneità e struttura non porosa e ordinata con un'area superficiale specifica non molto elevata (120 m²/g). Nonostante la bassa area superficiale, è ben nota la sua capacità di ritenere componenti polari molto più efficacemente di una C18. Sono state realizzate diverse applicazioni che prevedono la contemporanea estrazione di componenti acidi, neutri e basici seguita da due step di eluizione, uno per i componenti neutri e basici e l'altro per i componenti acidi.

Il carbone grafitato poroso (210 m²/g) è caratterizzato da una struttura cristallina costituita di larghi fogli di grafite tenuti insieme da deboli forze di van der Waals (Pichon, 2000). Gli analiti sono ritenuti sia da forze idrofobiche sia da interazioni elettroniche; ciò consente di ottenere, rispetto agli adsorbenti C18 e PS-DVB, recuperi più elevati sia di componenti apolari sia di componenti molto polari e solubili in acqua. Generalmente si ottengono ritenzioni elevate per molecole planari che presentano gruppi polari con cariche elettriche delocalizzate (legami π).

6.4.4 Adsorbenti selettivi

In generale, non esiste un adsorbente universale, ideale per tutte le applicazioni, e ogni materiale risulta vantaggioso per alcune applicazioni e non per altre.

L'impiego di adsorbenti non selettivi può essere problematico quando gli analiti di interesse sono presenti a livelli molto bassi e gli interferenti a livelli alti (come nel caso degli acidi umici e fulvici, presenti in elevate quantità nel suolo e nelle acque naturali, che interferiscono con la determinazione della maggior parte dei composti polari organici). In questo caso può essere utile disporre di adsorbenti per SPE altamente selettivi in grado di estrarre, concentrare e purificare il campione in un unico step.

6.4.4.1 Immunoadsorbenti

Si tratta di adsorbenti basati sul riconoscimento molecolare antigene-anticorpo. Gli anticorpi prodotti contro un determinato analita (antigene) vengono immobilizzati covalentemente su un supporto (immunoadsorbente), generalmente a base di silice (Pichon, 2000; Pichon et al, 2012). Il vantaggio di questi adsorbenti è che permettono di realizzare estrazione e purificazione del campione in un unico step (grazie all'elevata affinità e selettività delle interazioni coinvolte). Gli anticorpi possono legare una o più molecole con struttura simile a quella dell'analita che ha indotto la risposta immunitaria (reattività crociata degli anticorpi), in questo modo si possono ottenere adsorbenti selettivi verso una determinata classe di componenti. L'eluizione dell'analita viene generalmente effettuata con una miscela di acqua e solvente organico.

Il desorbimento avviene più efficacemente impiegando elevate percentuali di solvente organico che distrugge le interazioni antigene-anticorpo, probabilmente deformando la conformazione della proteina. Poiché l'anticorpo è stato stabilizzato con legami covalenti alla silice, tale deformazione è reversibile e l'immunoadsorbente può essere facilmente rigenerato con un tampone fosfato. L'elevata selettività di un immunoadsorbente è ben visibile nei tracciati di Fig. 6.10, relativi all'analisi di alcuni erbicidi (sulfoniluree) in campioni di patate, utilizzando un adsorbente selettivo anti-sulfonilurea (tracciato A) e un adsorbente polimerico non selettivo (tracciato B). Oltre che per l'analisi di residui di altri erbicidi (feniluree e triazine), gli immunoadsorbenti sono stati utilizzati principalmente per l'analisi di micotossine e residui di anabolizzanti (Pichon et al, 2012).

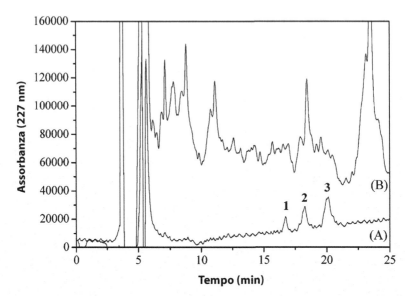

Fig. 6.10 Tracciati HPLC-UV-DAD di sulfoniluree isolate da campioni fortificati di patata con un immunoadsorbente selettivo anti-sulfonilurea (A) e con un adsorbente polimerico non selettivo (B). (Da Degelmann et al, 2006. Riproduzione autorizzata)

6.4.4.2 Polimeri a stampo molecolare (MIP)

L'elevata selettività degli immunoadsorbenti ha orientato la ricerca verso la sintesi di fasi che imitano l'azione degli anticorpi, conducendo allo sviluppo dei *molecular imprinted polymers* (MIP). Si tratta di polimeri altamente stabili con siti di riconoscimento specifici per l'analita, basati sulla forma molecolare e sulla presenza di gruppi funzionali. All'aumentare del numero di gruppi funzionali, aumenta la selettività dell'adsorbente, ma diventa più difficile ottenere l'eluizione dell'analita (Pichon, 2000; Ensing et al, 2001).

La sintesi di questi polimeri viene condotta sciogliendo l'analita da utilizzare come stampo in un opportuno solvente con i monomeri (contenenti gruppi funzionali in grado di interagire con l'analita) da assemblare attorno alle molecole stampo. Si induce la reazione di polimerizzazione in presenza di un opportuno iniziatore e di un largo eccesso di monomeri in grado di dare legami incrociati, in modo da ottenere un materiale rigido. Le molecole utilizzate come stampo vengono poi rimosse mediante lavaggio o digestione e il polimero risultante presenta delle "cavità" (o *imprint*), che rappresentano i siti di riconoscimento per l'analita (Fig. 6.11). La polimerizzazione permette di ottenere un blocco unico, che deve essere frantumato e setacciato per ottenere particelle del diametro desiderato, o singole particelle (quest'ultimo approccio viene applicato raramente).

I MIP possono essere prodotti con modalità covalente o non covalente. Nel primo caso la molecola stampo è legata covalentemente a uno dei blocchi del polimero e dopo la polimerizzazione tale legame deve essere rotto per ottenere un sito di legame selettivo libero. Nella modalità non covalente (la più diffusa) non vi sono legami veri e propri, ma solo interazioni tra i gruppi funzionali dell'analita e quelli del polimero.

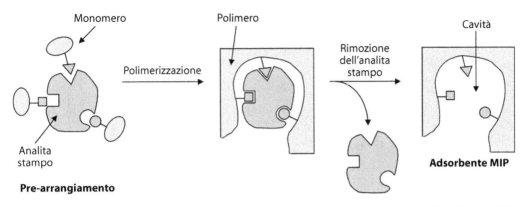

Fig. 6.11 Produzione di una fase adsorbente MIP. (Da Satanaka, http://commons.wikimedia.org/wiki/ File:Molecular_imprinting.png, sotto licenza CC BY-SA 3.0)

Le fasi MIP vengono utilizzate come tutte le altre fasi adsorbenti per SPE. Sono possibili due approcci: uno sfrutta solo le interazioni selettive, l'altro anche quelle non selettive; in generale, le interazioni selettive sono favorite nei solventi organici nei quali i polimeri vengono prodotti (toluene, diclorometano, acetonitrile), ma alcuni analiti vengono riconosciuti bene anche in mezzi acquosi.

Come per gli immunoadsorbenti, il riconoscimento è basato sia sulla forma sia su interazioni molecolari (essenzialmente legami H, ma anche interazioni ioniche e idrofobiche). Rispetto agli immunoadsorbenti, i MIP richiedono una preparazione più facile e veloce (tempi di preparazione di settimane contro un anno per le colonnine di immunoaffinità) e sono stabili ad alte temperature (fino a 120 °C), in solventi organici e a pH estremi. Per contro, talvolta risulta difficile eliminare dal polimero tutte le molecole utilizzate come stampo (nonostante ripetuti lavaggi) e ciò può essere causa di una loro lenta cessione nel tempo (*bleeding*), con possibile compromissione del dato analitico, soprattutto nelle determinazioni in tracce. Per evitare questo problema, è possibile utilizzare come stampo una molecola diversa dall'analita da determinare, ma con una struttura molto simile in grado di interagire con gli stessi siti di riconoscimento.

Nella Fig. 6.12 è mostrato un esempio della determinazione del clenbuterolo (un farmaco neuroattivo illecitamente impiegato per aumentare la massa muscolare negli animali da carne) in un campione di urina bovina, impiegando come molecola stampo un analogo molto simile (bromobuterolo).

Un ulteriore problema emerge dalla difficoltà di ottenere un desorbimento rapido e quantitativo a causa dell'elevata avidità del MIP per l'analita.

I MIP possono riconoscere una molecola o un gruppo di molecole aventi struttura molto simile. La selettività di questa tecnica è illustrata dal confronto dei tracciati HPLC-UV di Fig. 6.13, ottenuti dall'analisi di triazine in un campione di acqua dopo pre-concentrazione su colonna di silice seguita da purificazione SPE su fase MIP (Bjarnason et al, 1999).

In letteratura sono descritte applicazioni relative all'analisi di erbicidi e micotossine. Per un approfondimento di questo argomento si rimanda il lettore alle interessanti revisioni di Manesiotis et al (2012) e di Lasáková e Jandera (2009).

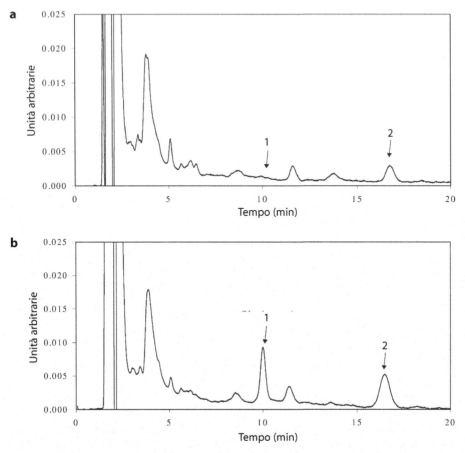

Fig. 6.12 Tracciato HPLC-UV (210 nm) di un campione di urina bovina non contaminato (bianco) (**a**) e di un campione fortificato con clenbuterolo (5 ng/mL) (**b**). Picchi: (1) clenbuterolo, (2) bromobuterolo. (Blomgren et al, 2002. Riproduzione autorizzata)

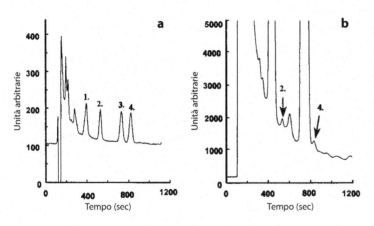

Fig. 6.13 Tracciati HPLC-UV ottenuti dopo pre-concentrazione (su colonna C18) di 200 mL di acqua contenente 20 mg/kg di acidi umici e 0,5 µg/L di: (1) simazina, (2) atrazina, (3) propazina, (4) terbutilazina, rispettivamente con (**a**) e senza (**b**) passaggio SPE su fase MIP. (Da Bjarnason et al, 1999. Riproduzione autorizzata)

6.5 Fattori importanti nella pratica della SPE e aspetti teorici

6.5.1 *Ritenzione ed eluizione*

Per ritenzione si intende l'interazione che si instaura tra le molecole di analita e l'adsorbente e che causa l'immobilizzazione dell'analita sulla superficie dell'adsorbente in fase di caricamento del campione. La ritenzione è funzione delle caratteristiche dell'analita, del solvente e dell'adsorbente. Ci si può quindi attendere che l'entità della ritenzione di un determinato analita possa variare a seconda del solvente e dell'adsorbente utilizzati. L'obiettivo della SPE è ritenere un analita su un adsorbente in maniera abbastanza forte da impedirgli di muoversi attraverso il letto di adsorbente fino a quando non si utilizza il solvente di eluizione.

L'eluizione è il processo mediante il quale un analita viene rimosso dalla superficie dell'adsorbente sul quale era stato ritenuto; viene ottenuta introducendo un solvente in grado di attrarre maggiormente l'analita rispetto all'adsorbente.

Vi è un'importante differenza tra gli obiettivi della SPE e quelli della cromatografia tradizionale, anch'essa basata su ritenzione ed eluizione. Nella SPE la concentrazione di analita nell'estratto finale deve essere la massima possibile; per ottenere ciò, l'analita non deve diffondere attraverso il letto adsorbente ma deve essere concentrato in banda stretta, quindi eluito con il minor volume possibile di solvente forte.

Quando un analita è fortemente ritenuto dall'adsorbente, non servono meticolose misurazioni dei volumi di solvente in gioco e l'adsorbente può essere lavato con elevati volumi di eluente senza rischio di perdite di analita. Se la ritenzione è più debole, è necessario assicurarsi che i lavaggi non determinino perdita di analita.

L'unità di misura più comunemente utilizzata per caratterizzare la ritenzione e l'eluizione è il volume del letto (o volume vuoto o morto), che rappresenta la quantità di solvente richiesta per riempire tutti i pori interni e gli spazi interstiziali delle particelle di un determinato volume di adsorbente. Nel caso di un comune adsorbente, con particelle del diametro di 40 μm e pori del diametro di 60 Å, il volume del letto è dell'ordine di 120 μL per 100 mg di adsorbente. La ritenzione viene definita abbastanza forte quando è possibile far passare almeno 20 volumi di solvente attraverso un adsorbente senza determinare l'eluizione dell'analita di interesse, mentre un'eluizione ottimale non dovrebbe richiedere più di 5 volumi di eluente.

6.5.2 *Capacità e selettività*

La capacità di un determinato adsorbente è definita come la massa totale di analita che può essere fortemente ritenuta da una data massa di adsorbente in condizioni ottimali.

La capacità di differenti adsorbenti a base di silice legata varia in un intervallo piuttosto ampio. Per meccanismi di scambio ionico, la capacità è in genere misurata in milliequivalenti per grammo di adsorbente in funzione del numero di gruppi ionici disponibili sull'adsorbente stesso. Gli adsorbenti a scambio ionico legati alla silice hanno in genere capacità compresa tra 0,5 e 1,5 mEq/g, mentre altri adsorbenti hanno capacità variabile dall'1 al 5% della propria massa (cioè 100 mg di adsorbente possono ritenere al massimo 5 mg di analita).

La capacità di un determinato adsorbente selettivo non dipende solo dalla quantità di analita, ma anche dalla quantità di componenti non desiderati (interferenti) presenti nel campione, che possono essere co-ritenuti con l'analita di interesse. Per esempio, se si devono ritenere i contaminanti lipofili non polari in un estratto lipidico, la quantità di analita di interesse raramente eccederà la capacità dell'adsorbente, mentre la quantità di adsorbente necessaria sarà definita dalla quantità di grasso. In questo caso si può utilizzare un eccesso di adsorbente, in modo da assicurare una completa ritenzione dalla matrice; tuttavia, ciò può tradursi nella necessità di maggiori quantità di solvente nella successiva fase di eluizione. Un approccio migliore consiste nell'ottimizzare la selettività dell'adsorbente, cioè la sua capacità di discriminare tra l'analita di interesse e tutti gli altri componenti della matrice; in altri termini, la proprietà di ritenere selettivamente l'analita escludendo tutte le altre sostanze presenti nel campione.

La selettività di un'estrazione dipende da tre fattori: proprietà dell'adsorbente, struttura chimica dell'analita e composizione chimica della matrice del campione. La massima selettività si ottiene scegliendo un adsorbente in grado di interagire con i gruppi funzionali della molecola dell'analita di interesse e non con quelli delle altre sostanze presenti nel campione. Riprendendo l'esempio della determinazione di contaminanti apolari in un estratto lipidico, se la capacità dell'adsorbente è pari al 5% in peso, l'estrazione di 1 µg di contaminanti da 250 mg di grasso richiederà almeno 5 g di adsorbente non selettivo oppure solo 20 µg di adsorbente altamente selettivo per l'analita di interesse (Blevins et al, 1993).

6.5.3 Flusso

Un altro importante fattore da considerare è il flusso del solvente. Il flusso massimo accettabile è funzione della forza con la quale l'analita viene ritenuto dall'adsorbente e delle dimensioni del letto di adsorbente; in genere, per letti di circa 100 mg si utilizzano flussi fino a un massimo di 5-10 mL/min.

Nel caso di meccanismi di ritenzione basati sullo scambio ionico, può essere vantaggioso operare con flussi più ridotti (inferiori a 5 mL/min), sufficienti per consentire ai componenti del campione di diffondere dalla soluzione alla superficie dell'adsorbente.

Se la ritenzione dell'analita di interesse è inadeguata, il flusso nella fase di applicazione del campione o in quella di eluizione va attentamente valutato, lavorando su soluzioni standard e su campioni fortificati con l'analita di interesse.

6.5.4 Aspetti teorici

Uno dei principali parametri da controllare durante lo sviluppo di un metodo SPE è il volume di *breakthrough*, ossia il volume al quale un soluto continuamente introdotto in una colonna comincia a eluire. In pratica questo parametro è funzione della capacità di ritenzione dello specifico adsorbente SPE utilizzato e può essere variato solo cambiando adsorbente (Huck, Bonn, 2000). In Fig. 6.14 è riportata una curva di breakthrough che termina quando il segnale raggiunge il 99% di quello del campione (V_c), indicando che in pratica tutto l'analita caricato è stato eluito (Poole et al, 2000).

V_b rappresenta il volume eluito quando il segnale letto è pari all'1% del segnale del campione e corrisponde al volume di breakthrough; in pratica è un indice del volume massimo di campione che si può caricare sulla colonna mantenendo un recupero praticamente quantitativo dell'analita (Fritz, Macka, 2012).

Il volume di breakthrough può essere determinato per via diretta, monitorando in continuo il segnale in uscita dalla cartuccia (con rivelatore collegato all'uscita nei sistemi on-line) o su frazioni successive di eluato (nei sistemi off-line). La lettura dell'1% del segnale è difficile e poco accurata, poiché, per evitare la saturazione del supporto, l'analita deve essere presente in tracce nel campione caricato.

In alternativa, il volume di breakthrough può essere estrapolato da dati di ritenzione cromatografica. Il punto di flesso V_r della curva di breakthrough rappresenta il volume di ritenzione di un soluto iniettato in una colonna ed eluito con un solvente identico a quello usato

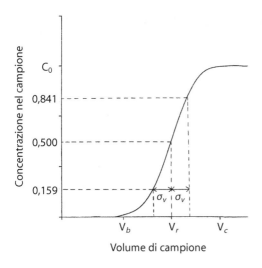

Fig. 6.14 Curva di breakthrough. V_b volume di breakthrough; V_r volume cromatografico di eluizione; V_c volume corrispondente all'eluizione del 99% dell'analita; σ_v deviazione standard. (Da Poole et al, 2000)

per determinare la curva stessa (per esempio acqua). Dalla teoria generale della cromatografia frontale, è possibile derivare una relazione tra i due volumi:

$$V_b = V_r - 2,3\,\sigma_v \tag{6.1}$$

dove σ_v è la deviazione standard, che dipende dalla dispersione assiale dell'analita lungo la cartuccia e viene valutata attraverso l'equazione:

$$\sigma_v = \frac{V_m}{\sqrt{N}}\left(1 + K_s\right) \tag{6.2}$$

dove V_m rappresenta il volume morto, K_s è il fattore di ritenzione del soluto e N è il numero di piatti teorici, calcolati attraverso l'equazione:

$$N = \frac{V_r\left(V_r - \sigma_v\right)}{\sigma_v^2} \tag{6.3}$$

In via di principio, è possibile calcolare V_b mediante queste equazioni, determinando V_m e N e misurando V_r (o K_s) per l'analita di interesse. Le eq. 6.1-6.3 sono valide se il numero di piatti teorici dell'adsorbente è ragionevolmente grande. Per adsorbenti con N basso si dovrebbe applicare più convenientemente l'equazione descritta da Lövkist e Jönsson (1987). Per una trattazione più approfondita degli aspetti teorici della SPE, del calcolo dei volumi di eluizione, del contributo cinetico alla ritenzione e dei metodi di calcolo dei fattori di ritenzione, si rimanda al lavoro di Fritz e Macka (2012).

6.6 Pratica della SPE

In generale, una procedura di estrazione in fase solida consta di quattro step – condizionamento/pre-equilibrazione, applicazione del campione, lavaggio degli interferenti ed eluizione degli analiti (Fig. 6.15) – preceduti da una fase di pre-trattamento del campione (Blevins et al, 1993; Sigma-Aldrich, 1998). Per le procedure a fase inversa, diretta o di scambio ioni-co sono richiesti tutti e quattro i passaggi, mentre per alcune procedure di purificazione, che prevedono la ritenzione degli interferenti, sono sufficienti i primi due.

I meccanismi che si possono sfruttare nella SPE per separare gli analiti dai potenziali in-terferenti sono essenzialmente tre (Sigma-Aldrich, 1998). Il primo prevede un'estrazione se-lettiva dell'analita o degli interferenti in fase di caricamento del campione (Fig. 6.16a); il se-condo prevede un lavaggio selettivo con un solvente sufficientemente forte da determinare l'eluizione dell'interferente, ma non quella dell'analita (Fig. 6.16b); il terzo un'eluizione se-lettiva con un solvente in grado di eluire l'analita ma non gli interferenti, che vengono rite-nuti dall'adsorbente (Fig. 6.16c).

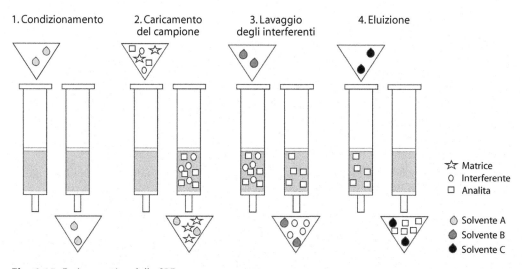

Fig. 6.15 Fasi operative della SPE

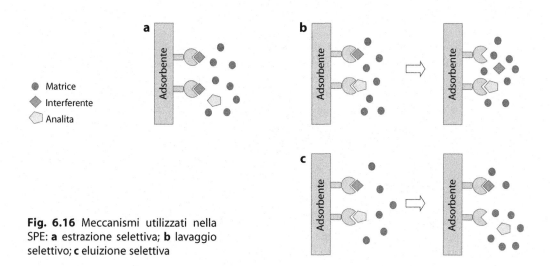

Fig. 6.16 Meccanismi utilizzati nella SPE: **a** estrazione selettiva; **b** lavaggio selettivo; **c** eluizione selettiva

6.6.1 Pre-trattamento del campione

In molti casi, prima di essere caricato sull'adsorbente, il campione necessita di un pre-trattamento allo scopo di soddisfare i seguenti requisiti.

1. La matrice deve essere liquida e avere una viscosità sufficientemente bassa da permettere un agevole passaggio attraverso l'adsorbente.
2. L'ambiente della matrice deve facilitare la ritenzione dell'analita (è quindi importante scegliere il pre-trattamento più opportuno affinché si realizzi tale condizione).
3. La matrice deve essere priva di particelle solide (che possono essere rimosse mediante centrifugazione, filtrazione o altre modalità).

Se il campione è liquido, in fase di caricamento può essere necessario diluirlo in un solvente appropriato per ridurne la viscosità e/o facilitare la ritenzione dell'analita. Se si sfruttano interazioni non polari, il campione può essere diluito con acqua o con un tampone; se il solvente è già un tampone, occorre valutare l'effetto di diversi tamponi. Va ricordato che tamponi di forza ionica superiore a 0,1 M spesso sopprimono la ritenzione dell'analita. Se l'analita è ionizzato, è meglio sopprimerne la ionizzazione quando si vogliono sfruttare le interazioni non polari: nel caso di un campione acido, si può portare il suo pH a un valore inferiore di 2 unità rispetto al pKa dell'analita; nel caso di un campione basico, si può portare il suo pH a un valore superiore di 2 unità rispetto al pKa dell'analita (diluendo la matrice con un opportuno tampone). Se invece si vogliono sfruttare le interazioni secondarie dei silanoli liberi, presenti sulla superficie delle fasi silice legate, per ritenere un composto basico su una fase non polare, occorre aggiustare il pH del campione in modo da protonare l'analita di interesse e nel contempo ionizzare i gruppi silanolici (in genere, in questi casi il pH ottimale è compreso tra 3 e 8). Se si vogliono sfruttare le interazioni polari, il campione deve essere reso meno polare possibile; a tale scopo, la matrice può essere diluita con esano, etere di petrolio o altri solventi non polari. Volendo invece sfruttare le interazioni di scambio ionico, può essere necessario diluire il campione con opportuni tamponi o con acqua per aggiustare il pH o ridurre la forza ionica. Un'altra tecnica per favorire la ritenzione dell'analita consiste nell'aggiungere un sale (generalmente NaCl) nella matrice: ciò diminuisce la solubilità dell'analita nella matrice e ne favorisce l'interazione con l'adsorbente.

Al contrario di quanto avviene con le tecniche cromatografiche, per le quali è essenziale che il campione venga caricato in banda stretta, nella SPE il volume del campione non costituisce un problema, poiché la diluizione del campione viene successivamente compensata mediante riconcentrazione sull'adsorbente. La forte ritenzione mostrata dall'adsorbente in fase di caricamento del campione rende possibile l'impiego di elevati volumi di liquido, ottenendo elevati fattori di concentrazione.

Le matrici solide devono essere rese liquide; a tale scopo, è possibile:

– omogeneizzare o disciogliere il campione in un opportuno solvente;
– liofilizzare il campione per poi ricostituirlo in un mezzo liquido;
– sottoporre il campione originale a estrazione con un solvente in grado di estrarre l'analita, in modo che il solvente di estrazione diventi la nuova matrice.

Il solvente utilizzato a tale scopo deve, da un lato, solubilizzare bene la matrice, dall'altro, favorire la ritenzione dell'analita in fase di caricamento. Quando per il pre-trattamento del campione non è possibile utilizzare un solvente che favorisca al meglio la ritenzione dell'analita, il campione andrebbe diluito con tale solvente in un secondo momento. Per esempio, se si vogliono sfruttare le interazioni non polari, e la matrice è stata estratta con metanolo, la matrice può essere resa più polare diluendola successivamente con acqua (Blevins et al, 1993).

6.6.2 Condizionamento e pre-equilibrazione dell'adsorbente

Il condizionamento di un adsorbente consiste nel suo lavaggio con un solvente forte per quel determinato adsorbente; generalmente il solvente è lo stesso che sarà utilizzato per l'eluizione finale. È importante bagnare l'adsorbente per prepararlo al contatto con il campione liquido e lavare via le impurezze che potrebbero essere rilasciate durante l'eluizione. I materiali adsorbenti oggi disponibili sono praticamente privi di impurezze; tuttavia, poiché si possono accumulare anche impurezze provenienti dai materiali di stoccaggio o dall'aria, per alcune applicazioni (contaminanti in tracce) può essere utile lavare le cartucce con un solvente organico prima del loro utilizzo.

Per ritenere gli analiti in maniera riproducibile, alcuni adsorbenti non polari (C8 e C18) devono essere solvatati. In pratica, la solvatazione permette di bagnare l'adsorbente con un solvente di polarità intermedia in grado di creare un ambiente favorevole alla ritenzione degli analiti (tra l'analita da estrarre e l'adsorbente si crea un'interfaccia liquida che agisce da coadiuvante al trattenimento dell'analita di interesse). La Fig. 6.17 mostra l'effetto della solvatazione su una fase C8. Parte del solvente organico di solvatazione viene adsorbito sulla superficie dell'adsorbente rendendola più idrofila e quindi maggiormente compatibile con una soluzione acquosa. Il rapporto ottimale tra volume di solvatazione e quantità di fase adsorbente è di circa 1 mL per 100 mg. Il metanolo è un agente solvatante molto efficace; in alternativa si possono impiegare acetonitrile, isopropanolo e tetraidrofurano. Una volta realizzata la solvatazione, l'eccesso di metanolo (o altro solvente di solvatazione) viene eliminato dal solvente che prepara l'adsorbente a ricevere la soluzione di campione, ma una piccola quantità di metanolo rimane associata alla fase.

In genere viene fatto passare attraverso la cartuccia un appropriato volume di solvente di solvatazione, seguito da un pari volume di liquido di natura simile a quella della matrice del campione: per esempio, per una cartuccia C18 di 100 mg si fa passare, prima del caricamento del campione acquoso, 1 mL di metanolo, seguito da 1 mL di acqua distillata. Una volta solvatato, l'adsorbente non deve essere essiccato, in particolare prima dell'applicazione del campione. Se ciò accade, si deve ripetere nuovamente la procedura di solvatazione. Una volta che l'analita è stato adsorbito, l'adsorbente può essere essiccato senza problemi, anzi l'essiccamento è spesso raccomandato quando sono previsti cambi di eluenti tra loro non miscibili. Nel caso di un campione acquoso di elevato volume, è necessario compensare la progressiva perdita di solvatazione durante il caricamento del campione. Tale effetto è già sensibile con campioni di volume dell'ordine di 20 mL e si può eliminare aggiungendo lo 0,5-5% di metanolo o isopropanolo al campione stesso.

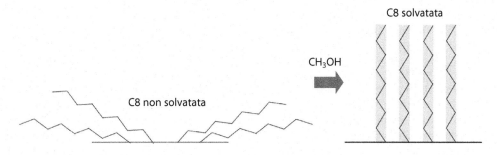

Fig. 6.17 Rappresentazione schematica dell'effetto della solvatazione su una fase C8

È bene ricordare che adsorbenti polari di silice non devono essere solvatati con acqua o solventi troppo polari come il metanolo, poiché questi si legherebbero in maniera irreversibile al substrato di silice modificandone l'attività.

6.6.3 Applicazione del campione (ritenzione dell'analita)

Il campione liquido viene fatto percolare attraverso l'adsorbente (per gravità oppure con l'aiuto del vuoto o di una pressione positiva) mantenendo un flusso costante. Prima di applicare il campione, è necessario verificare che esistano le condizioni per promuovere le interazioni matrice/adsorbente, accertarsi della miscibilità dei solventi impiegati e aggiustare il flusso di eluizione. Se la cinetica di legame dell'analita è lenta, la velocità di flusso può diventare un fattore critico: è quindi importante controllare i recuperi alla velocità di flusso applicata.

6.6.4 Lavaggio degli interferenti

Lo scopo del lavaggio è rimuovere gli interferenti senza eluire l'analita di interesse. Nel caso di campioni acquosi, l'acqua rappresenta un solvente di lavaggio appropriato. Se gli interferenti non vengono lavati via con l'acqua, si aggiungono piccole percentuali di solvente organico (10-20%), in modo da evitare l'eluizione dell'analita.

È necessario assicurarsi che i solventi utilizzati siano completamente miscibili, poiché in caso contrario il lavaggio perde la propria efficacia. Eventualmente, è possibile ovviare a questo problema essiccando la cartuccia prima di cambiare solvente, oppure utilizzando un solvente che faccia da ponte tra i due solventi immiscibili: per esempio, acqua e diclorometano sono immiscibili, ma è possibile passare dall'uno all'altro effettuando un passaggio intermedio con etilacetato (miscibile con entrambi).

6.6.5 Eluizione

In fase di eluizione si fa passare attraverso l'adsorbente un opportuno solvente in grado di rompere le interazioni analita/adsorbente e determinare l'eluizione dell'analita con il minimo volume di eluente possibile. Il volume minimo di eluizione corrisponde almeno al doppio del volume morto della colonnina (circa 240 µL per 100 mg di adsorbente). Se si impiega un eluente immiscibile con acqua, è necessario essiccare preventivamente la cartuccia. Il solvente di eluizione dovrebbe essere compatibile con la successiva determinazione analitica, libero da impurezze, non costoso e non tossico. Anche nel passaggio di eluizione la velocità di flusso, se troppo elevata, può influenzare negativamente i recuperi (Blevins et al, 1993).

6.7 Sviluppo di un metodo SPE

La conoscenza delle proprietà dell'analita e della matrice è fondamentale per lo sviluppo di un metodo SPE efficace e per la scelta ottimale del meccanismo di interazione e dell'adsorbente (Blevins et al, 1993).

Nello sviluppo di un metodo SPE occorre considerare diversi tipi di interazioni.
- *Interazioni analita-adsorbente.* Dipendono in particolare dalle proprietà chimiche (struttura complessiva, presenza di gruppi funzionali) dell'analita e dell'adsorbente. In base alle proprietà dell'analita, vengono scelti la fase adsorbente e il meccanismo di interazione più adatti.

- *Interazioni analita-matrice.* Nel caso si sfruttino le interazioni ioniche, alcune proprietà della matrice (per esempio pH, forza ionica e selettività del controione) possono influenzare la ritenzione dell'analita. La matrice può anche essere responsabile di scarso recupero dell'analita in fase di estrazione a causa dell'adsorbimento dell'analita sul particolato presente nel campione originale e/o del legame dell'analita con le proteine presenti nella matrice.
- *Interazioni matrice-adsorbente.* I componenti della matrice che possiedono proprietà analoghe a quelle dell'analita possono interferire con la sua ritenzione. È quindi essenziale scegliere un meccanismo di estrazione che sia condiviso dal minor numero possibile di interferenti presenti nella matrice. Per esempio, se un analita presenta proprietà sia ioniche sia non polari e deve essere estratto da una matrice contenente grandi quantità di specie ioniche interferenti (matrice con elevato contenuto di sali), è più opportuno sfruttare le interazioni non polari, in grado di ritenere selettivamente gli analiti e non gli interferenti. Talvolta può essere utile rimuovere la maggior parte degli interferenti mediante un opportuno pre-trattamento del campione.

Lo sviluppo di un metodo SPE prevede quattro fasi:
1. definizione degli obiettivi e dei requisiti del metodo;
2. scelta del meccanismo di interazione e dell'adsorbente;
3. verifiche sull'adsorbente scelto;
4. verifiche sul metodo.

6.7.1 Definizione degli obiettivi e dei requisiti del metodo

Occorre definire con precisione il grado di purezza richiesto per l'analita, la concentrazione finale di analita nell'estratto, il tipo di solvente più adatto per il proseguimento dell'analisi e le esigenze di pre-trattamento della matrice.

Il grado di purezza richiesto in fase di preparazione del campione è condizionato dalla selettività della determinazione analitica finale. Per esempio, se la determinazione analitica finale HPLC impiega un rivelatore selettivo (spettrofluorimetro), la SPE può prevedere solo un rapido *clean-up* della matrice; viceversa, impiegando un rivelatore poco selettivo (UV), sarà necessario un grado di purificazione maggiore. Se viene richiesta un'elevata concentrazione finale dell'analita nell'eluato, si dovrà utilizzare la quantità minima possibile di adsorbente (optando per un adsorbente altamente selettivo nei confronti dell'analita).

Anche l'esigenza di utilizzare un solvente di eluizione compatibile con il proseguimento dell'analisi (determinazione analitica) può condizionare la scelta dell'adsorbente. Se occorre concentrare ulteriormente l'eluato prima dell'analisi finale, conviene impiegare un eluente volatile (in questo caso non è consigliabile utilizzare un adsorbente polare che richieda un solvente di eluizione polare altobollente).

Se non è possibile eluire l'analita con il solvente desiderato, si può ricorrere a un secondo passaggio su un adsorbente in grado di trattenere l'analita e permetterne l'eluizione con il solvente desiderato. Questa tecnica è indicata anche per concentrare ulteriormente un analita purificato.

6.7.2 Scelta del meccanismo di interazione e dell'adsorbente

La scelta del meccanismo di interazione e dell'adsorbente dipende innanzitutto dalle proprietà dell'analita e della matrice. Eventuali dati cromatografici sull'analita possono fornire informazioni utili sul suo comportamento verso un determinato adsorbente. Le informazioni sulle proprietà della matrice riguardano: stato fisico, composizione chimica (in particolare presenza di grandi quantità di alcune classi di componenti, quali grassi, proteine e sali), proprietà degli altri componenti della matrice (possibili interferenti).

La scelta del meccanismo di interazione, e quindi dell'adsorbente, può essere condizionata anche dalla necessità di effettuare un determinato pre-trattamento del campione. Quando sono disponibili più meccanismi di interazione per l'analita, la scelta ottimale è quella che meglio si adatta alle esigenze di pre-trattamento del campione. Per esempio, dovendo determinare un analita che presenta sia proprietà polari sia proprietà apolari in una matrice contenente elevate quantità di grasso, la scelta del solvente è condizionata dalla natura apolare della matrice. Il solvente migliore per omogeneizzare il campione è in questo caso un solvente non polare come l'esano. L'impiego di tale solvente condiziona la scelta del meccanismo di interazione: si sceglierà di sfruttare le interazioni polari, che sono esaltate da un solvente non polare, come l'esano, in grado di favorire la ritenzione dell'analita.

Nella pratica, per selezionare un adsorbente o un gruppo di adsorbenti da testare, si procede come segue.

1. Basandosi su struttura, presenza e distribuzione dei gruppi funzionali dell'analita, si elencano tutte le interazioni che si possono sfruttare per la sua ritenzione, indicando per ciascuna di esse il solvente da impiegare in fase di ritenzione e il pH al quale l'analita è carico se si sfruttano interazioni di scambio ionico.

2. Si elencano i solventi utilizzabili per il trattamento della matrice (diluizione e/o omogeneizzazione). Come accennato, il solvente impiegato per il pre-trattamento della matrice dovrebbe promuovere la ritenzione dell'analita con il meccanismo selezionato. Si confrontano questi solventi con quelli elencati al punto 1, per scegliere il meccanismo di interazione compatibile con il pre-trattamento più semplice della matrice. Per esempio, se l'analita ha una struttura tale da poter essere ritenuto sfruttando sia le interazioni polari sia quelle non polari e il campione è un olio, il pre-trattamento migliore del campione consiste in una semplice diluizione con un solvente non polare. La scelta del meccanismo di interazione deve in questo caso sfruttare le interazioni polari (che sono esaltate in un ambiente non polare).

3. Si elencano le interazioni più probabili dei componenti presenti in elevate quantità nella matrice. È importante conoscere tutte le possibili interazioni, e non solo la principale o quella che si intende sfruttare. Si orienta la scelta verso un pre-trattamento in grado di eliminare gli interferenti a monte della SPE oppure si seleziona un meccanismo di interazione per l'analita che non sia condiviso dagli altri componenti della matrice. Le interazioni condivise dall'analita e da questi possibili interferenti potrebbero determinare una competizione tra matrice e analita per l'adsorbente.

4. Si elencano ulteriori caratteristiche/proprietà dell'analita che possono influenzarne l'estrazione (legame con proteine, proprietà di adsorbimento dell'analita, solubilità, stabilità, pKa). Le condizioni per testare gli adsorbenti dovrebbero considerare anche questi parametri. Se l'analita è stabile in un limitato numero di solventi o entro un ristretto intervallo di pH, è necessario scegliere un meccanismo di estrazione che si adatti a queste limitazioni.

Dopo aver scelto un meccanismo di estrazione, occorre individuare un gruppo di adsorbenti da testare, in grado di dare l'interazione che si vuole sfruttare. Il principale vantaggio di raggruppare i diversi adsorbenti in relazione al meccanismo di interazione è che all'interno di uno stesso gruppo tutti gli adsorbenti possono essere trattati allo stesso modo, cioè possono essere solvatati ed equilibrati con i medesimi solventi.

6.7.3 Verifiche sull'adsorbente scelto

Una volta selezionati il meccanismo di ritenzione e l'adsorbente, occorre ottimizzare le condizioni di estrazione e di eluizione dell'analita (scelta dei solventi e dei volumi di caricamento, lavaggio ed eluizione).

Di seguito sono riportati i passaggi per testare un determinato adsorbente.

6.7.3.1 Ottimizzazione della ritenzione

L'ottimizzazione della fase di ritenzione viene solitamente effettuata con soluzioni standard dell'analita disciolte nello stesso solvente, o nel solvente che meglio riproduce la matrice. L'adsorbente deve essere preparato a ricevere lo standard come descritto nel par. 6.6.2.

La scelta del solvente per il condizionamento è funzione del meccanismo di ritenzione che si intende sfruttare. Per esempio, volendo sfruttare le interazioni di scambio ionico, si equilibra l'adsorbente con l'appropriato controione; quindi si equilibra l'adsorbente al pH desiderato usando un tampone con lo stesso controione dello step precedente e la stessa forza ionica della soluzione standard da testare. A questo punto si carica il campione (miscela standard) e si raccoglie l'eluato. Per verificare che l'analita non venga lentamente eluito con il solvente in cui si trova disciolta la miscela standard, è necessario far passare elevati volumi di questo solvente attraverso l'adsorbente. Le diverse frazioni di eluato raccolte saranno testate per verificare la presenza o meno dell'analita (l'assenza indica una buona ritenzione).

Problemi di inadeguata ritenzione dello standard sono da ricondurre a errata preparazione dell'adsorbente prima dell'applicazione del campione o a inappropriato pre-trattamento del campione.

6.7.3.2 Ottimizzazione del lavaggio

I solventi più adatti per il lavaggio sono generalmente simili a quello utilizzato per l'eluizione ma più deboli nei confronti del meccanismo di ritenzione. Per esempio, se un'analita che viene ritenuto con un meccanismo non polare può essere eluito quantitativamente con metanolo al 100%, si potranno testare miscele di metanolo con percentuali crescenti di acqua che dovrebbero limitare l'eluizione dell'analita fino ad annullarla. La miscela più forte (con percentuale maggiore di metanolo) che non determina eluizione dell'analita rappresenta generalmente la miglior scelta come solvente di lavaggio. Anche i solventi in cui l'analita è insolubile sono potenzialmente ottimi per il lavaggio.

Qualora il passaggio attraverso un unico adsorbente non sia sufficiente per ottenere un'adeguata purificazione del campione, si può sviluppare un metodo che preveda l'impiego di più adsorbenti.

6.7.3.3 Ottimizzazione dell'eluizione

Come si è visto in precedenza, a seconda del meccanismo di ritenzione utilizzato, è possibile selezionare i solventi in grado di rompere le interazioni analita-adsorbente in modo più efficace ed eluire l'analita con il minimo volume possibile. In generale, le interazioni non polari vengono rotte in presenza di solventi sufficientemente non polari, mentre quelle polari vengono rotte in presenza di solventi sufficientemente polari.

Per una scelta ottimale del solvente di eluizione, è fondamentale conoscere la solubilità dell'analita nei diversi solventi e scegliere, possibilmente, quello in cui l'analita è maggiormente solubile. Per testare i diversi solventi, si raccolgono varie frazioni dell'eluato e si calcolano i recuperi. Si dovrebbe scegliere il solvente di eluizione che consente di ottenere i recuperi migliori nel minor volume possibile.

Interazioni analita-adsorbente troppo forti possono causare inadeguata eluizione dello standard. Questo problema può essere corretto con una scelta più accurata del solvente di eluizione o dell'adsorbente. Per esempio, se la ritenzione su una resina a scambio anionico forte è determinata dalla presenza del gruppo funzionale di un acido solfonico, sarà difficile rimuovere l'analita anche con un tampone di elevata forza ionica. In questo caso conviene utilizzare un adsorbente a scambio ionico più debole. Un'altra possibile causa di eluizione difficoltosa è rappresentata dalle interazioni secondarie, la più comune delle quali è quella determinata dai residui di silanoli liberi, che reagiscono soprattutto con gruppi amminici e idrossilici (in grado di formare legami H); in questo caso si deve agire in modo da rompere anche queste interazioni.

6.7.3.4 Test su matrici reali

Prima di scegliere definitivamente il solvente di eluizione, l'intera procedura va ripetuta su un campione reale (matrice). La scelta del solvente di eluizione è infatti condizionata anche dalla matrice. Si dovrebbe scegliere il solvente che permette di ottenere l'eluato più pulito (solvente più selettivo per l'analita di interesse). Se non si riesce a ottenere un eluato sufficientemente pulito, occorre testare sulla matrice i diversi solventi individuati per il lavaggio e quindi ri-testare il solvente di eluizione scelto.

6.7.4 *Verifiche sul metodo*

Dopo aver stabilito la procedura più idonea, si effettua una prova su un campione fortificato e si calcolano i recuperi (per confronto diretto dei dati prima e dopo aggiunta dello standard). Recuperi inadeguati o variabili possono dipendere da interazioni matrice-analita, che rendono l'analita indisponibile, o da interazioni matrice-adsorbente; in quest'ultimo caso componenti presenti nella matrice competono con l'analita per il legame con l'adsorbente. Questi problemi possono essere risolti mediante: scelta di un meccanismo di interazione più selettivo per l'analita; rimozione degli interferenti prima della SPE; incremento della massa dell'adsorbente, in modo da fornire sufficiente capacità sia per l'analita sia per gli interferenti. Andrebbe sempre effettuata anche una prova in bianco (tutto meno la matrice), in modo da valutare l'eventuale apporto di interferenti introdotti con i solventi e la preparazione del campione. In fase di validazione del metodo si effettuano prove di recupero con il metodo ottimizzato, prove di ripetibilità intra-laboratorio e prove di riproducibilità inter-laboratorio (*ring-test*). Per escludere comportamenti particolari legati al tipo di matrice, il metodo dovrebbe inoltre essere applicato a un elevato numero di campioni reali.

Se sono gli interferenti a essere trattenuti, mentre l'analita eluisce dalla cartuccia, lo sviluppo della procedura è analogo, tenendo conto che si dovrà selezionare un adsorbente che non trattiene l'analita. Se un analita è polare, si dovrebbero testare diversi adsorbenti non polari, rendendo la matrice più apolare possibile. Della natura e della quantità degli interferenti occorre tener conto nella scelta del tipo e della quantità dell'adsorbente.

Dopo aver condizionato i diversi adsorbenti da testare con il solvente della matrice, si deve applicare la soluzione standard. La frazione recuperata deve essere controllata per i recuperi (scegliendo gli adsorbenti che danno recuperi prossimi al 100%). Successivamente, con gli adsorbenti selezionati si effettua una prova sulla matrice reale. Una volta individuato l'adsorbente che determina la migliore purificazione del campione, si procede alla validazione del metodo.

6.8 Sistemi on-line

Le tecniche SPE hanno il vantaggio di essere facilmente interfacciabili all'HP(LC), realizzando sistemi on-line completamente automatizzati (Bovanová, Brandšteterová, 2000). Le tecniche on-line permettono di ottenere risultati più accurati, poiché minimizzando la manipolazione del campione sono associate a un minor rischio di perdite e/o contaminazione del campione. Si possono inoltre impiegare volumi minori di campione, in quanto tutti gli analiti intrappolati (e non solo una parte, come avviene nelle tecniche off-line) vengono trasferiti e analizzati.

Idealmente, l'approccio più semplice alle tecniche on-line non prevede l'impiego di una cartuccia SPE separata dalla colonna analitica, bensì la concentrazione diretta degli analiti in testa alla stessa colonna grazie al forte potere ritentivo della sua fase stazionaria. Gli analiti vengono poi sottoposti a separazione cromatografica impiegando un'eluizione isocratica o a gradiente.

Per prevenire il rapido deterioramento della colonna, è più conveniente impiegare una piccola pre-colonna di concentrazione separata dalla colonna analitica. Analogamente alle *guard-column* (pre-colonne) impiegate solitamente in testa alla colonna analitica per salvaguardarne la durata, queste pre-colonne di concentrazione possono essere sostituite all'occorrenza a costi relativamente bassi. Per indicare le cartucce per SPE on-line si impiega ancora oggi il termine pre-colonne, in quanto le prime applicazioni sono state realizzate proprio con le normali guard-column (Liška, 2000).

Per evitare un eccessivo allargamento della banda trasferita alla colonna HPLC, le pre-colonne SPE che si impiegano nelle applicazioni on-line devono obbligatoriamente avere dimensioni ridotte (2-15 mm di lunghezza e 1,0-4,6 mm di diametro interno). L'impiego di pre-colonne di piccole dimensioni è essenziale soprattutto quando si utilizza una separazione HPLC isocratica. L'impaccamento delle pre-colonne dovrebbe inoltre essere *HPLC-grade*, anche se attualmente si tende a impiegare particelle di diametro un po' più grande (15-40 μm, anziché 5-10 μm) per mantenere un'elevata velocità di flusso attraverso la pre-colonna (elevata velocità di campionamento).

Tra gli svantaggi della SPE on-line vi sono proprio la necessità di impiegare pre-colonne di dimensioni ridotte (generalmente con 20-100 mg di adsorbente), caratterizzate quindi da capacità limitata, e la compatibilità tra l'adsorbente della pre-colonna e quello della colonna analitica. Per evitare un eccessivo allargamento della banda degli analiti durante l'eluizione, il materiale adsorbente della pre-colonna dovrebbe avere un potere di ritenzione nei confronti dell'analita uguale o inferiore a quello della colonna analitica.

Un tipico arrangiamento on-line, facile da realizzare in laboratorio, utilizza un sistema di valvole multivia e pre-colonne disponibili in commercio insieme agli *holder* che le contengono. Sono disponibili anche holder particolari compatibili con i normali dischi per SPE. Per resistere alle elevate pressioni del sistema, le pre-colonne e gli holder devono essere in acciaio. La qualità dell'accoppiamento può essere facilmente controllata confrontando i tracciati cromatografici ottenuti da un'iniezione diretta con quelli ottenuti con il sistema on-line (Bovanová, Brandšteterová, 2000; Liška, 2000). La Fig. 6.18 riporta alcune possibili configurazioni di accoppiamento on-line SPE-HPLC.

La pre-colonna viene inserita al posto del loop in una valvola a 6 vie connessa a un'unità in grado di fornire il solvente di condizionamento, il campione e il solvente di lavaggio (Fig. 6.18a,b). Nella posizione di caricamento il campione viene spinto attraverso la pre-colonna; mentre gli analiti sono ritenuti, gli interferenti possono essere eluiti durante il caricamento del campione o con lavaggi successivi. Dopo aver ruotato la valvola in posizione di iniezione, la fase mobile della seconda unità HPLC, con un potere eluente superiore rispetto alla precedente, eluisce gli analiti dalla pre-colonna alla colonna analitica. Il desorbimento degli analiti dalla pre-colonna può essere realizzato con un flusso di eluente nella stessa direzione del normale flusso di caricamento del campione (Fig. 6.18a), oppure con un flusso di solvente in direzione opposta al normale flusso in colonna (*backflush*) (Fig. 6.18b). Con la seconda modalità si dovrebbe minimizzare l'allargamento della banda migliorando la forma del picco; tuttavia, poiché con i campioni reali possono esservi problemi di intasamento della colonna analitica, generalmente si preferisce desorbire la pre-colonna in direzione diretta. In questo modo la pre-colonna ha anche una funzione protettiva (funziona da guard-column) nei confronti della colonna analitica. Dopo aver completato il trasferimento, la valvola viene nuovamente ruotata: l'eluente fornito dalla seconda pompa viene così inviato direttamente nella colonna analitica, mentre la pre-colonna può essere ricondizionata.

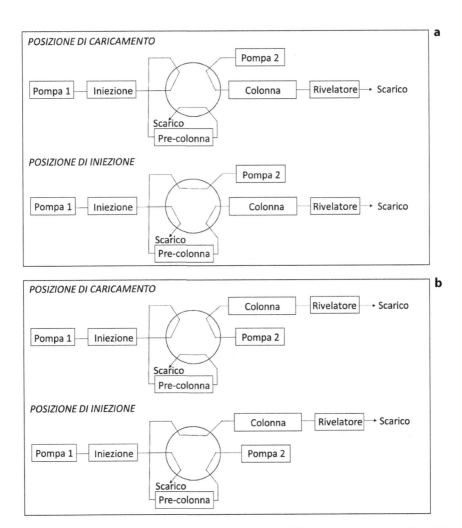

Fig. 6.18 Sistema di valvole per SPE-HPLC on-line (2 pompe HPLC) con eluizione degli analiti: **a** con flusso nello stessa direzione del caricamento del campione; **b** con flusso inverso (in modalità backflush). (Da Bovanová, Brandšteterová, 2000. Riproduzione autorizzata)

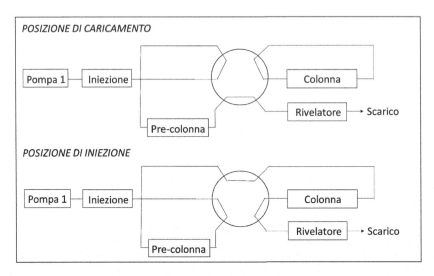

Fig. 6.19 Sistema di valvole per SPE-HPLC on-line (1 pompa HPLC) con eluizione degli analiti in modalità backflush. (Da Bovanová, Brandšteterová, 2000. Riproduzione autorizzata)

La Fig. 6.19 presenta una configurazione più semplice che non richiede una pompa addizionale; infatti, la stessa pompa effettua il condizionamento della pre-colonna e il caricamento del campione (eventuale lavaggio degli interferenti) e invia l'eluente per il desorbimento degli analiti (in modalità backflush). Lo svantaggio di questa configurazione, rispetto alle precedenti, è che le operazioni di lavaggio e ricondizionamento delle cartucce non possono essere condotte indipendentemente durante la corsa HPLC, con un allungamento dei tempi di analisi.

Esistono numerose applicazioni SPE-HPLC on-line, soprattutto nel settore della determinazione degli inquinanti nelle acque (per esempio pesticidi nelle acque superficiali).

L'accoppiamento on-line SPE-GC è più complesso da realizzare quando si analizzano campioni acquosi, poiché l'acqua deve essere rimossa completamente prima di effettuare il desorbimento per evitare che entri nella colonna GC (Liška, 2000). A tale scopo, sono stati sperimentati diversi sistemi di essiccamento basati sull'impiego di un flusso di azoto o sull'introduzione di una piccola cartuccia riempita di materiale disidratante (sodio solfato anidro o silice) dopo la cartuccia SPE. La prima applicazione SPE-GC è stata realizzata collegando, attraverso una valvola a 6 vie, una microcolonna impaccata con fase C8 (Noroozian et al, 1987): in fase di estrazione del campione acquoso, pesticidi clorurati e PCB venivano adsorbiti dalla fase alchilata; la pre-colonna veniva quindi essiccata per mezzo di un flusso di elio e del vuoto e gli analiti venivano successivamente eluiti con esano e inviati tramite un *retention gap* (capillare in silice fusa deattivata) alla colonna GC.

6.9 Applicazioni

Come si è visto, la SPE rappresenta la tecnica di preparazione del campione più utilizzata ed è veramente difficile trattarne in modo esaustivo le numerosissime applicazioni. Nei paragrafi che seguono l'attenzione è focalizzata sull'analisi di contaminanti in tracce nelle acque, il settore in cui questa tecnica ha trovato la più ampia diffusione; sono inoltre presentate alcune applicazioni su matrici alimentari.

6.9.1 Analisi di contaminanti in tracce nelle acque

Molti contaminanti organici sono presenti nelle acque in tracce (<1 µg/L); di conseguenza per monitorare il livello di contaminazione delle acque, e il trasporto di tali contaminanti nell'ambiente, sono richiesti limiti di rilevabilità molto bassi.

La LLE con solventi organici, eventualmente seguita da frazionamento su colonna impaccata, ha rappresentato per molti anni la tecnica più utilizzata per l'analisi dei contaminanti organici semivolatili nelle acque. Modificando opportunamente le condizioni di estrazione (pH) e il solvente di estrazione, la LLE può essere resa più selettiva e si possono estrarre separatamente composti acidi e basici di diversa polarità. Si tratta comunque di una tecnica di estrazione onerosa, in termini di tempo e consumo di solventi, che necessita di una fase di concentrazione prima della successiva determinazione analitica.

Lo sviluppo delle tecniche SPE in questo settore è stato stimolato – oltre che dall'esigenza di disporre di procedure più rapide e meno laboriose, caratterizzate da consumi limitati di solventi tossici e nocivi per l'ambiente – anche dall'inserimento nella lista dei microinquinanti ricercati nelle acque di analiti polari (prodotti di degradazione di sostanze organiche) parzialmente solubili in acqua, che non possono essere estratti con buoni recuperi per mezzo di solventi organici. Lo sviluppo della SPE in questo settore ha ricevuto notevole impulso dall'introduzione del formato del disco (che permette di utilizzare flussi più elevati, soprattutto in fase di caricamento) e dei sistemi di automazione per la preparazione del campione. L'impiego della SPE, in alternativa alla LLE, ha inoltre permesso di migliorare le caratteristiche di ripetibilità e riproducibilità del metodo.

6.9.1.1 Evoluzione dei metodi SPE

Prima degli anni Settanta del secolo scorso si conosceva molto poco sui contaminanti organici presenti nell'acqua potabile. I pesticidi venivano determinati sporadicamente per adsorbimento su un letto di carbone attivo, seguito da eluizione con cloroformio. Le proprietà adsorbenti del carbone attivo sono d'altra parte impiegate ancora oggi nei trattamenti di potabilizzazione delle acque. Divenne tuttavia ben presto evidente che la filtrazione su carbone presentava alcuni svantaggi, in particolare permetteva di ritenere solo determinati componenti, comportava problemi di adsorbimento irreversibile per altri componenti e poteva determinare modificazioni chimiche degli analiti adsorbiti (Liška, 2000). Gli sforzi si sono così concentrati verso la ricerca di un materiale alternativo, anche se recentemente gli adsorbenti a base di carbone sono stati reintrodotti, dopo che si sono resi disponibili materiali di struttura più omogenea e migliorate proprietà chimico-fisiche.

Nei primi anni Settanta fu introdotto il cosiddetto metodo del "polimero poroso", basato sull'impiego di particelle di PS (*cross-linked*) XAD2, che prevedeva la concentrazione dei contaminanti organici presenti in quantità elevate di acqua (150 L) e la loro eluizione con soli 15 mL di etere etilico (Junk et al, 1974). Effettuando un'analisi GC dell'eluato concentrato, si riuscì per la prima volta a isolare ben 85 differenti composti organici (alcoli, aldeidi, chetoni, esteri, IPA, acidi carbossilici, fenoli, pesticidi, composti alogenati, nitrocomposti). Pur essendo laborioso, perché a quel tempo ogni laboratorio doveva preparare e purificare l'adsorbente, questo metodo si dimostrò accurato e riproducibile e rappresentò una svolta verso la moderna SPE.

Successivamente sono stati resi disponibili in commercio anche materiali a base di silice legata: i più impiegati sono indubbiamente gli adsorbenti C8 e C18.

6.9.1.2 Scelta dell'adsorbente e comportamento degli analiti

Quando si devono estrarre componenti non polari o moderatamente polari si preferiscono le fasi alchiliche (C18), in quanto facilitano il desorbimento. Il campione viene diluito con piccole percentuali di un solvente organico (in genere, metanolo) in grado di migliorare la solubilità di questi componenti e prevenire l'estrazione di interferenti polari, che spesso producono un picco allargato all'inizio del cromatogramma (acidi umici e fulvici).

Quando occorre estrarre componenti entro un ampio range di polarità, l'attenzione dell'analista si concentra generalmente sulla bassa ritenzione degli analiti polari, che possono venire persi durante lo step di estrazione (in questo caso alla silice alchilata si preferiscono resine polimeriche PS-DVB, in grado di ritenere più efficientemente gli analiti più polari). Va comunque ricordato che anche i componenti non polari, scarsamente solubili in acqua, possono subire notevoli perdite dovute ad adsorbimento sulla superficie dei materiali con cui vengono a contatto o a incompleto desorbimento, nel caso di componenti fortemente ritenuti dall'adsorbente. L'entità delle perdite dovute a scarsa solubilità dell'analita nel campione acquoso non dipende dalla concentrazione dell'analita ma dall'area delle superfici con cui questo viene a contatto: può non essere apprezzabile se le concentrazioni da determinare sono relativamente grandi (intorno a 10 µg/L), ma diventare importante a concentrazioni dell'ordine di 0,1 µg/L.

Registrando i recuperi dei diversi analiti in funzione del volume di campione caricato, è stata dimostrata l'esistenza di tre diversi comportamenti (Pichon, 2000):

– i *componenti polari* mostrano recuperi quantitativi per bassi volumi di campione, ma al di sopra di un certo livello il recupero diminuisce all'aumentare del volume del campione;
– i *componenti apolari* mostrano recuperi che aumentano leggermente all'aumentare del volume di campione introdotto nell'adsorbente, in quanto una parte dell'analita viene adsorbita sulle superfici con cui viene a contatto;
– i *componenti moderatamente polari* tendono ad avere recuperi bassi con volumi di campione estremi, mentre presentano recuperi quantitativi con volumi compresi tra 10 e 100 mL.

Per eliminare i fenomeni di adsorbimento, si possono aggiungere al campione acquoso piccole quantità di solvente organico o tensioattivi che aumentano la solubilità degli analiti di interesse; d'altra parte questi accorgimenti diminuiscono la ritenzione dei componenti più polari ed è quindi necessario trovare un giusto compromesso.

In relazione all'incompleto desorbimento, quando il range di polarità degli analiti è molto ampio, può essere difficile individuare il solvente che permette di ottenere elevati fattori di concentrazione eluendo gli analiti nel minimo volume possibile, in quanto la forza eluente deve essere adattata a tutti i componenti. In alcuni casi è meglio optare per due procedure distinte: una per i componenti polari e moderatamente polari e un'altra per quelli apolari. Per esempio, è possibile estrarre i pesticidi polari e moderatamente polari su un disco di PS-DVB eluendoli con acetonitrile, ed estrarre i pesticidi apolari su C18, dopo aggiunta al campione del 10% di metanolo, eluendoli con una miscela CH_2Cl_2–CH_3OH (4:1) (Pichon et al, 1998a).

I composti ionizzabili possono essere ritenuti da una fase C18 solo nella forma neutra; quindi il pH del campione deve essere opportunamente aggiustato prima del caricamento. Nell'estrazione di erbicidi acidi e neutri dall'acqua potabile il campione deve essere acidificato (a pH 2-3); occorre inoltre considerare che l'acidificazione del campione può comportare problemi di stabilità per alcuni componenti (pesticidi organofosforici) (Pichon, 2000).

6.9.1.3 Possibilità di stoccaggio del campione

La SPE non offre solo la possibilità di estrarre, pre-concentrare e frazionare gli analiti da grandi quantità di campioni acquosi, ma anche quella di preservarli dall'attacco microbico dopo il campionamento, in attesa che venga effettuata l'analisi (Liška, 2000). Alcuni studi hanno infatti dimostrato che gli idrocarburi pre-concentrati da campioni di acqua su fasi adsorbenti polimeriche o C18 non sono degradati dai batteri se, in attesa dell'analisi, vengono conservati sull'adsorbente (per periodi fino a 100 gg). Gli stessi analiti subiscono invece una marcata degradazione, in tempi relativamente brevi, se il campione viene conservato allo stato acquoso. L'effetto preservante potrebbe dipendere dal fatto che i batteri sono troppo grandi per penetrare nei pori del gel di silice o della resina polimerica (Green, Lepape, 1987).

L'impiego di cartucce o dischi a membrana rappresenta una valida alternativa allo stoccaggio del campione originale in bottiglie di vetro a –20 °C. Un gruppo di ricercatori (Lacorté et al, 1995) ha studiato la stabilità di diversi pesticidi organofosforici su adsorbenti C18 e resine polimeriche. Alcuni dei pesticidi esaminati, caratterizzati da problemi di instabilità in acqua, sono stati preservati efficacemente per un periodo fino a 8 mesi a –20 °C su resine polimeriche. Resine polimeriche si sono dimostrate in grado di stabilizzare composti polari fenolici per 2 mesi a –20 °C e pesticidi polari per 7 settimane a temperatura ambiente o a 4 °C (Liška, Bìliková, 1998).

6.9.1.4 Alcuni esempi di determinazione

L'estrazione in fase solida ha trovato numerose applicazioni nel settore del controllo delle acque, tanto che in molti casi i metodi ufficiali, originariamente sviluppati sulla base di estrazioni liquido-liquido, hanno sostituito tale approccio con la SPE. In questo paragrafo è trattata, a titolo di esempio, l'analisi dei componenti organici semivolatili.

I composti organici semivolatili comprendono un vasto ed eterogeneo gruppo di sostanze (precisamente, 123), tra le quali idrocarburi alogenati, ftalati, IPA, PCB, pesticidi organoclorurati, triazine e fenoli, che possono essere determinate con il metodo EPA 525.3 (EPA, 2012) (Fig. 6.20).

Per l'EPA i PCB costituiscono una classe di contaminanti prioritari, che possono ritrovarsi nelle acque generalmente in tracce. Essendo componenti clorurati, possono essere determinati via GC impiegando un rivelatore a cattura di elettroni. In questo caso la fase C18 rappresenta una buona scelta, in quanto gli analiti sono non polari mentre la matrice è molto polare. L'impiego di un rivelatore a cattura di elettroni (molto selettivo) permette di effettuare un'estrazione non selettiva. Prima del caricamento, il campione di acqua viene addizionato con una piccola quantità di metanolo allo scopo di migliorare la solubilità dei PCB e mantenere la solvatazione della fase adsorbente. Come illustrato in Fig. 6.21, la colonnina viene quindi condizionata con esano (per eliminare le impurezze che potrebbero eluire in fase di eluizione del campione), solvatata con metanolo e pre-equilibrata con acqua. Seguono il caricamento del campione (200 mL di acqua addizionata con 2 mL di metanolo) e, infine, l'eluizione con esano (Blevins et al, 1993).

La presenza di IPA nell'acqua potabile può derivare da contaminazione ambientale o cessione da parte dei rivestimenti in catrame o bitume delle condutture di distribuzione. La Direttiva 98/83/CEE stabilisce un limite di 0,010 µg/L per il benzo[a]pirene e di 0,10 µg/L per la somma di benzo[b]fluorantene, benzo[k]fluorantene, benzo[g,h,i]perilene e indeno[1,2,3-*cd*]pirene.

Il metodo raccomandato dall'EPA per l'analisi degli IPA in campioni di acqua potabile è la SPE su adsorbente C18 con l'impiego di diclorometano come solvente di eluizione. Oltre

Fig. 6.20 Metodo EPA 525.3 per la determinazione di composti organici semivolatili nelle acque

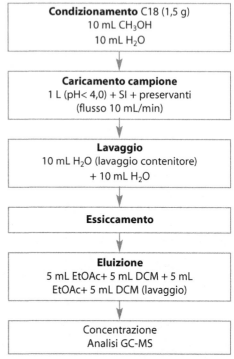

Condizionamento C18 (1,5 g)
10 mL CH$_3$OH
10 mL H$_2$O

↓

Caricamento campione
1 L (pH< 4,0) + SI + preservanti
(flusso 10 mL/min)

↓

Lavaggio
10 mL H$_2$O (lavaggio contenitore)
+ 10 mL H$_2$O

↓

Essiccamento

↓

Eluizione
5 mL EtOAc+ 5 mL DCM + 5 mL
EtOAc+ 5 mL DCM (lavaggio)

↓

Concentrazione
Analisi GC-MS

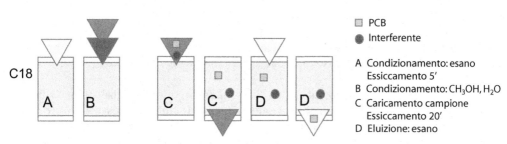

C18

☐ PCB
● Interferente

A Condizionamento: esano
   Essiccamento 5'
B Condizionamento: CH$_3$OH, H$_2$O
C Caricamento campione
   Essiccamento 20'
D Eluizione: esano

Fig. 6.21 Estrazione di PCB da campioni di acqua (analisi GC con rivelatore ECD selettivo). (Modificata con autorizzazione da Blevins et al, 1993)

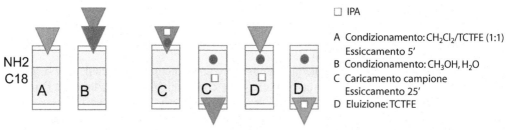

NH2
C18

☐ IPA

A Condizionamento: CH$_2$Cl$_2$/TCTFE (1:1)
   Essiccamento 5'
B Condizionamento: CH$_3$OH, H$_2$O
C Caricamento campione
   Essiccamento 25'
D Eluizione: TCTFE

Fig. 6.22 Estrazione di IPA da campioni di acqua (analisi HPLC con rivelatore UV non selettivo). (Modificata con autorizzazione da Blevins et al, 1993)

alle cartucce C18, sono state impiegate anche cartucce C8 e copolimeri apolari di PS-DVB. Quando sono disponibili solo rivelatori non selettivi (per esempio UV), occorre migliorare la selettività dell'estrazione; ciò può essere realizzato impiegando per esempio una fase mista (1,5 g di C18 + 0,5 g di NH2). In questo caso la fase ammino viene utilizzata per trattenere interferenti più polari che potrebbero eluire dalla cartuccia C18 (Fig. 6.22).

6.9.2 Applicazioni su matrici alimentari

6.9.2.1 Frazionamento dei componenti del vino

Acidi organici, zuccheri e antocianine rappresentano tre classi di componenti fissi del vino la cui determinazione riveste un'enorme importanza per il controllo di qualità di questo prodotto. A causa delle differenti strutture molecolari (Fig. 6.23), è tuttavia difficile separare e dosare questi componenti con un'unica procedura. Questo esempio dimostra come sia possibile realizzare un efficiente frazionamento mediante l'applicazione simultanea di estrazioni multiple (Blevins et al, 1993).

Gli zuccheri sono analiti molto polari, solubili solo in solventi acquosi, mentre gli acidi organici sono molecole piccole, anch'esse molto polari, ionizzate a pH neutro. Le antocianine, infine, sono composti moderatamente polari che vengono ritenuti da adsorbenti non polari. La matrice è acquosa e molto polare. Per la separazione di queste tre classi di componenti si utilizzano due adsorbenti: una fase cicloesil (CH) e una fase trimetilamminopropil (SAX). La fase CH esplica interazioni primarie di tipo non polare, oltre a interazioni secondarie di tipo polare e di scambio cationico. La fase SAX, invece, è uno scambiatore anionico forte (ammina quaternaria sempre carica) e offre minime interazioni non polari.

La procedura di estrazione prevede il collegamento in serie delle 2 colonnine (la CH sopra e la SAX sotto) e il condizionamento di entrambe con metanolo e acqua, prima di applicare il campione (Fig. 6.24). Non essendo né ionici né apolari, gli zuccheri non vengono trattenuti da nessuna delle due fasi ed eluiscono quindi durante il caricamento del campione; gli acidi organici sono troppo polari per essere trattenuti dalla CH, ma vengono trattenuti dalla SAX, mentre le antocianine vengono trattenute dalla CH (mediante interazioni non polari). Dopo il caricamento del campione, le due fasi vengono scollegate in modo da eluire separatamente gli acidi organici dalla SAX (con HCl 1N) e le antocianine dalla CH (con HCl metanolico).

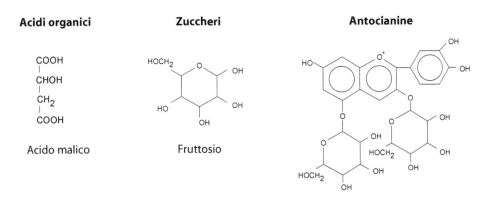

Fig. 6.23 Esempi di formule di struttura di acidi organici, zuccheri e antocianine

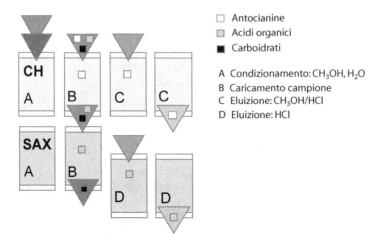

□ Antocianine
▨ Acidi organici
■ Carboidrati

A Condizionamento: CH_3OH, H_2O
B Caricamento campione
C Eluizione: CH_3OH/HCl
D Eluizione: HCl

Fig. 6.24 Frazionamento dei componenti del vino (antocianine, acidi organici e carboidrati). (Modificata con autorizzazione da Blevins et al, 1993)

6.9.2.2 Determinazione dell'atrazina

L'atrazina (Fig. 6.25) è un erbicida utilizzato in molte colture erbacee, come soia e mais. Si tratta di un composto moderatamente polare con gruppi amminici in grado di ionizzarsi (a pH neutro o acido): può dunque essere ritenuta mediante interazioni polari, non polari o ioniche. A seconda della matrice in cui deve essere determinata, tra i possibili meccanismi di interazione si può quindi scegliere quello che facilita il pre-trattamento del campione (Blevins et al, 1993). Di seguito sono illustrati tre casi: semi di soia, carne e olio (Fig. 6.26).

Nel caso dei semi di soia si può utilizzare una resina a scambio cationico forte (SCX), caratterizzata da gruppi funzionali propilbenzensulfonil. I semi di soia vengono macinati ed estratti con acetonitrile. L'estratto viene filtrato e diluito con acido acetico all'1% e caricato in cartuccia (precedentemente condizionata con metanolo e acqua contenente l'1% di acido acetico). Si lavano via gli interferenti con acido acetico 1%, acetonitrile e tampone fosfato 0,1 M e si eluisce l'atrazina con tampone fosfato 0,1 M (50%) in acetonitrile (si devono rompere sia le interazioni ioniche sia quelle non polari).

Nel caso di una matrice carnea, l'elevato contenuto di acqua del campione porta a sfruttare le interazioni non polari. Si omogeneizza il campione con metanolo (solvente in cui l'atrazina si solubilizza facilmente), si filtra, si diluisce 1:10 con acqua (per favorire le interazioni non polari) e si carica il campione su una cartuccia C18 (precedentemente condizionata con metanolo e acqua); si lavano gli interferenti con acqua e si eluisce l'atrazina con metanolo.

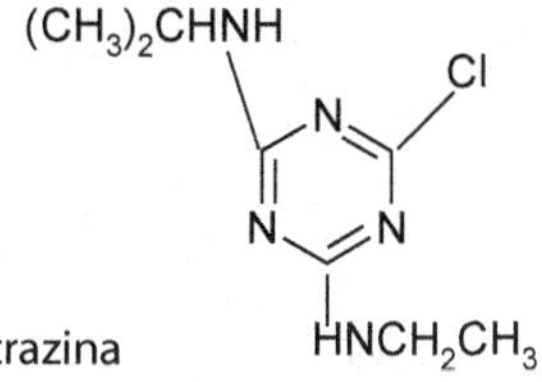

$(CH_3)_2CHNH$

Fig. 6.25 Formula di struttura dell'atrazina

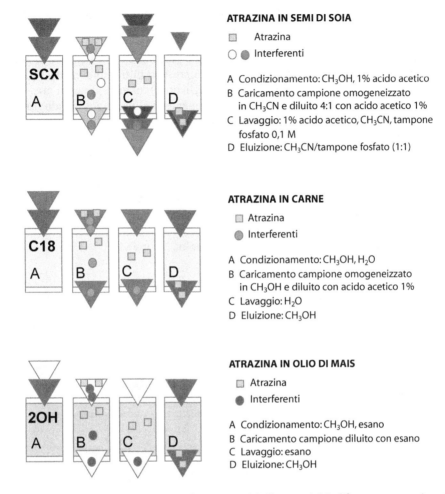

ATRAZINA IN SEMI DI SOIA

☐ Atrazina

○ ● Interferenti

A Condizionamento: CH_3OH, 1% acido acetico
B Caricamento campione omogeneizzato
   in CH_3CN e diluito 4:1 con acido acetico 1%
C Lavaggio: 1% acido acetico, CH_3CN, tampone
   fosfato 0,1 M
D Eluizione: CH_3CN/tampone fosfato (1:1)

ATRAZINA IN CARNE

☐ Atrazina

● Interferenti

A Condizionamento: CH_3OH, H_2O
B Caricamento campione omogeneizzato
   in CH_3OH e diluito con acido acetico 1%
C Lavaggio: H_2O
D Eluizione: CH_3OH

ATRAZINA IN OLIO DI MAIS

☐ Atrazina

● Interferenti

A Condizionamento: CH_3OH, esano
B Caricamento campione diluito con esano
C Lavaggio: esano
D Eluizione: CH_3OH

Fig. 6.26 Determinazione dell'atrazina in diverse matrici alimentari. (Modificata con autorizzazione da Blevins et al, 1993)

Nel caso dell'olio (olio di mais), trattandosi di una matrice assolutamente non polare, il pre-trattamento più semplice del campione consiste in una diluizione con solvente non polare, e ciò porta a sfruttare le interazioni polari (che vengono esaltate in ambiente non polare). In questo caso si utilizza una fase diolo (interazione primaria polare, con interazione secondaria a scambio cationico). La colonnina viene condizionata con metanolo e *n*-esano, quindi si applica il campione diluito 10:1 con *n*-esano, si eluiscono gli interferenti (la matrice trigliceridica) con *n*-esano, si essicca l'adsorbente e si eluisce l'atrazina con metanolo.

6.9.2.3 Frazionamento di una matrice lipidica

Oltre che per isolare selettivamente un analita o una classe di analiti, la SPE può essere impiegata anche per frazionare classi di componenti sfruttando leggere differenze di polarità. A questo scopo, come già accennato, si prestano assai bene le fasi polari. Poiché la fase silice

risente notevolmente della presenza di acqua, si utilizzano in alternativa le fasi NH2 e diolo. La procedura riportata di seguito è stata messa a punto da Kaluzny et al (1985) e impiega tre colonnine NH2 precedentemente condizionate con *n*-esano (Fig. 6.27): si applica il
campione (solubilizzato in *n*-esano) sulla prima colonnina e si eluisce con una miscela clo-
roformio/isopropanolo (2:1 v/v). Nell'eluato saranno presenti tutti i lipidi neutri (esteri degli
steroli, trigliceridi, steroli liberi, digliceridi e monogliceridi), mentre gli acidi grassi liberi e
i fosfolipidi rimangono nella colonnina. Successivamente si eluiscono gli acidi grassi liberi
con etere etilico contenente il 2% di acido acetico e i fosfolipidi con metanolo.

La frazione di lipidi neutri eluita dalla prima colonnina viene concentrata, ripresa in esano e fatta passare attraverso una seconda colonnina NH2. Dopo aver eluito gli esteri degli
steroli con esano, si applica una terza colonnina (NH2) sotto la seconda, in modo da intrappolare il colesterolo che eluirebbe parzialmente dalla cartuccia sovrastante durante l'eluizione dei trigliceridi con la miscela esano/diclorometano/etere dietilico (89:10:1). In seguito
vengono eluiti gli steroli liberi da entrambe le cartucce con esano contenente il 5% di etilacetato; quindi si eluiscono in successione dalla cartuccia superiore digliceridi (15% di etilacetato in esano) e monogliceridi (cloroformio/metanolo, 2:1 v/v).

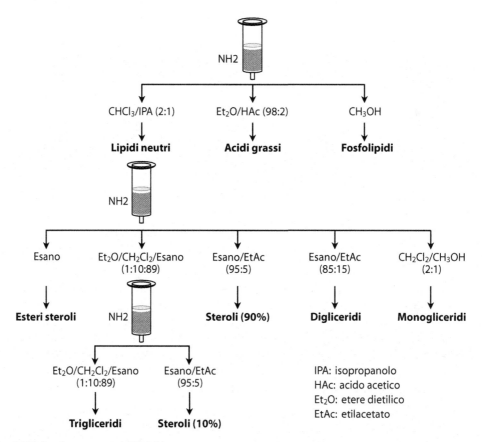

Fig. 6.27 Frazionamento dei lipidi

Per quanto riguarda i digliceridi, va sottolineato che la differenziazione tra le forme 1,2 e 1,3 rappresenta una valutazione analitica di una certa importanza, per esempio nel monitoraggio della stagionatura di formaggi a maturazione lipolitica o nella valutazione dell'età di un olio vegetale, dal momento che, con il trascorrere del tempo, si assiste a una isomerizzazione delle forme 1,2 a 1,3. Tale isomerizzazione può avere luogo anche durante la fase di preparazione e purificazione del campione. Da questo punto di vista, la SPE costituisce un passaggio particolarmente critico: è noto, infatti, che l'isomerizzazione avviene su fasi silice e su fasi NH2 e che solo l'uso di fasi diolo pone al riparo da simili inconvenienti (Ruiz-Gutiérrez, Pérez Camino, 2000).

6.9.2.4 Separazione dei lipidi in funzione del grado di insaturazione

Un'altra applicazione interessante, che dimostra la grande versatilità delle tecnica SPE, è quella relativa alla separazione dei metilesteri degli acidi grassi in funzione del loro grado di insaturazione (Christie, 1989).

Per questa applicazione si impiega un adsorbente SCX, pre-condizionato con 0,25 mL di acetonitrile/acqua (10:1) contenente 20 mg di nitrato di argento. Questo sale si fissa sull'adsorbente, conferendogli particolare selettività: l'orbitale esterno dello ione Ag^+, infatti, è di dimensioni tali da poter interagire selettivamente con gli elettroni dei legami π. Il campione viene caricato in CH_2Cl_2 (dopo lavaggio con 5 mL di CH_3CN, 5 mL di acetone e 10 mL di CH_2Cl_2) e quindi si eluiscono gli acidi grassi con miscele di polarità crescente (Fig. 6.28).

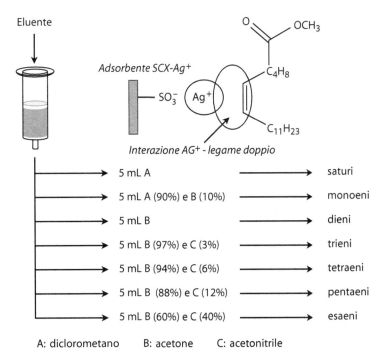

Fig. 6.28 Frazionamento di acidi grassi (grasso bovino) su SPE SCX (in forma Ag^+)

6.9.2.5 Determinazione degli IPA negli oli vegetali

A causa della presenza di grandi quantità di trigliceridi, l'analisi degli IPA condotta con i metodi tradizionali risulta laboriosa e dispendiosa in termini di tempo. Utilizzando una colonnina di silice (5 g) e una fase eluente di esano/diclorometano 70:30 (v/v), è possibile caricare 250 mg di olio sfruttando le interazioni polari per trattenere i trigliceridi più polari ed eluire una prima frazione (8 mL) contenente gli idrocarburi saturi (non polari), e poi una seconda frazione (8 mL) più polare contenente i sedici IPA ritenuti prioritari dall'EPA; quest'ultima frazione viene poi concentrata e analizzata all'HPLC (rivelazione spettrofluorimetrica) (Moret, Conte, 2002). Prima del caricamento del campione, la colonnina viene lavata con diclorometano per eliminare tracce di contaminanti presenti nell'adsorbente, asciugata e pre-equilibrata con esano. Il metodo è stato successivamente modificato (Purcaro et al, 2008) in modo da permettere il monitoraggio di tutti gli IPA considerati prioritari dalla normativa europea (Raccomandazione 2005/108/CE). Per isolare gli IPA dai trigliceridi, si possono anche utilizzare colonnine SPE a fase inversa (PS-DVB) sfruttando le interazioni non polari. Secondo il metodo messo a punto da Cortesi e Fusari (2005), si carica il campione disciolto in isottano/cicloesano, si lavano via i trigliceridi con la stessa miscela e, successivamente, gli IPA con un solvente più apolare (diclorometano). La Fig. 6.29 riporta uno schema delle due procedure.

È interessante osservare che nel primo caso sono gli interferenti (trigliceridi), presenti in grandi quantità nel campione, a essere trattenuti dalla fase, e sono quindi necessarie quantità di adsorbente relativamente elevate (5 g), mentre nel secondo caso sono gli analiti a essere trattenuti e sono quindi sufficienti quantità minori di adsorbente (1 g).

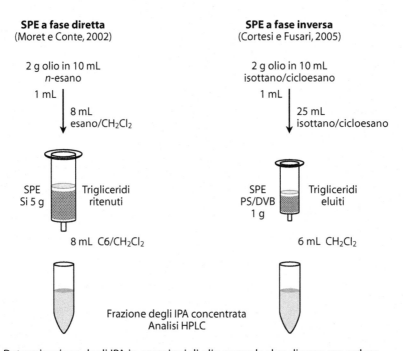

Fig. 6.29 Determinazione degli IPA in campioni di olio secondo due diverse procedure

6.10 Matrix solid-phase dispersion (MSPD) e dispersive solid-phase extraction (dSPE)

La *matrix solid-phase dispersion* (MSPD) è una tecnica di estrazione introdotta da Barcher et al (1989) che presenta alcuni punti in comune con la classica SPE. Il campione (solitamente solido, semisolido o altamente viscoso) viene omogeneizzato in un mortaio con una fase adsorbente; in questo modo viene uniformemente disperso sulla superficie della fase disperdente/adsorbente formando uno strato dello spessore di circa 100 μm, osservabile al microscopio elettronico (Barcher, 2007). Il tutto viene impaccato in una colonnina per SPE a forma di siringa, talvolta in presenza di uno o più strati di altri materiali adsorbenti per migliorare la purificazione del campione. Successivamente l'eventuale solvente di lavaggio e il solvente di eluizione vengono forzati a passare attraverso il letto impaccato, generalmente applicando una pressione positiva con il pistone della siringa. Il materiale disperdente più impiegato è senza dubbio la silice derivatizzata (C18 e C8). Non mancano comunque applicazioni anche con altri materiali (gel di silice, sabbia, Florisil, allumina ecc.), che però non sembrano avere le stesse proprietà disperdenti della silice derivatizzata. Le prestazioni del metodo dipendono, oltre che dal tipo di materiale, anche dal diametro delle particelle della fase disperdente. Per non rendere eccessivamente lunga la fase di eluizione, e/o richiedere pressioni troppo elevate per permettere il passaggio del solvente, le particelle della fase disperdente dovrebbero avere un diametro compreso tra 40 e 100 μm. Il diametro dei pori non sembra avere notevole influenza, mentre risulta importante il rapporto tra quantità di campione e quantità di fase, che per molte applicazioni è di 1:4. Come riportato da Barker (2007), questa tecnica è stata ampiamente impiegata per la determinazione di pesticidi e antibiotici in prodotti di origine vegetale e animale.

La *dispersive solid-phase extraction* (dSPE) è una variante della classica SPE che prevede di mettere a contatto il campione liquido con una fase adsorbente, o una combinazione di più fasi, in grado di ritenere selettivamente alcuni interferenti. La dSPE è parte integrante di una tecnica di estrazione e purificazione del campione nota come QuEChERS (un acronimo che ne riassume i vantaggi: *quick, easy, cheap, effective, rugged and safe*), sviluppata da Anastassiades et al (2003) per l'estrazione multiresiduale di pesticidi da prodotti vegetali e che successivamente ha trovato ampia diffusione anche per l'estrazione di altri contaminanti, quali IPA (Ramalhosa et al, 2009), micotossine (Garrido Frenich et al, 2011) e residui di farmaci veterinari (Villar-Pulido et al, 2011) da diverse matrici alimentari.

La tecnica QuEChERS rappresenta un'alternativa interessante alla classica estrazione liquido-liquido e all'estrazione in fase solida, poiché permette di risparmiare tempo e solventi; è infatti stata rapidamente accettata a livello mondiale, entrando nella pratica di routine in molti laboratori, ed è diventata metodo ufficiale del Committee of European Normalization (CEN, 2004) e dell'AOAC (AOAC International, 2007).

La QuEChERS (Fig. 6.30) è un processo a due fasi che prevede una fase di estrazione con solvente seguita da dSPE per eliminare sostanze interferenti co-estratte. In fase di estrazione il campione viene omogeneizzato (per massimizzare la superficie e migliorare l'efficienza di estrazione) ed estratto con un solvente organico miscibile con acqua (acetonitrile), in presenza di elevate quantità di sali (NaCl, $MgSO_4$), acidi e tamponi (tampone citrato) per migliorare la separazione di fase, l'efficienza di estrazione e proteggere gli analiti che potrebbero essere degradati.

La seconda parte del metodo QuEChERS prevede il trasferimento di una porzione dell'estratto organico in un tubo di PP contenente un agente disidratante, per rimuovere tracce di

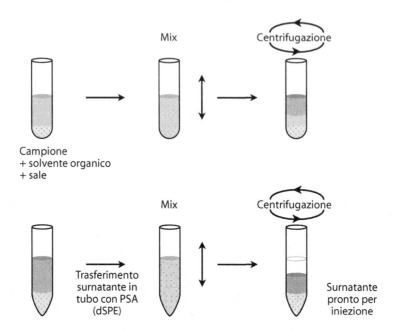

Fig. 6.30 Schema della procedura QuEChERS

acqua, e una combinazione di adsorbenti, per rimuovere componenti indesiderati. Dopo una breve ma vigorosa agitazione, il campione viene centrifugato. Prima dell'analisi GC-MS o LC-MS può essere necessario effettuare un aggiustamento del pH o un cambio di solvente.

Molte aziende che forniscono materiali e reagenti per laboratorio commercializzano materiali già predosati e pronti all'uso, in un'ampia gamma di formati a seconda delle diverse esigenze. Tutti contengono come fase adsorbente PSA (ammina primaria e secondaria) per rimuovere zuccheri e acidi grassi, e solfato di magnesio come agente disidratante. Sono disponibili anche tubi addizionati di altri adsorbenti per migliorare la purificazione del campione, quali carbone grafitato per rimuovere pigmenti e steroli e fase C18 per rimuovere interferenti non polari come i lipidi. Il carbone va utilizzato solo quando necessario, in quanto può adsorbire permanentemente alcuni analiti (composti con struttura aromatica planare).

Bibliografia

Anastassiades M, Lehotay SJ, Stajnbaher D, Schenck FJ (2003) Fast and easy multiresidue method employing acetonitrile extraction/partitioning and "dispersive solid-phase extraction" for the determination of pesticide residues in produce. *Journal of the AOAC International*, 86(2): 412-431

AOAC International (2007) *Pesticide residues in foods by acetonitrile extraction and partitioning with magnesium sulfate*. Official Method 2007.01 http://www.weber.hu/PDFs/QuEChERS/AOAC_2007_ 01.pdf

Barker SA (2007) Matrix solid phase dispersion (MSPD). *Journal of Biochemical Biophysical Methods*, 70(2): 151-162

Barker SA, Long AR, Short CR (1989) Isolation of drug residues from tissues by solid phase dispersion. *Journal of Chromatography A*, 475:353-361

Bjarnason B, Chimuka L, Ramström O (1999) On-line solid-phase extraction of triazine herbicides using a molecularly imprinted polymer for selective sample enrichment. *Analytical Chemistry*, 71(11): 2152-2156

Blevins DD, Burke MF, Good TJ et al (1993) In: Simpson N, Van Horne KC (eds) *Sorbent extraction technology handbook*. Varian, Lake Forest (© Agilent Technologies Inc.) http://www.crawfordscientific. com/downloads/Application-Notes/Techniques/SPE/spe-handbook.pdf

Blomgren A, Berggren C, Holmberg A (2002) Extraction of clenbuterol from calf urine using a molecularly imprinted polymer followed by quantitation by high-performance liquid chromatography with UV detection. *Journal of Chromatography*, 975(1): 157-164

Bovanová L, Brandšteterová E (2000) Direct analysis of food samples by high-performance liquid chromatography. *Journal of Chromatography A*, 880(1-2): 149-168

Brewer WE, Guan H, Morgan SL et al (2008) Automated disposable pipette extraction of pesticides from fruits and vegetables. Application note 1/2008. Gerstel

Buszewski B, Szultka M, Gadzala-Kopciuch R (2012) Sorbent chemistry, Evolution. In: Pawliszyn J (ed) *Comprehensive sampling and sample preparation*, Vol. 2. Elsevier, Amsterdam

Camel V (2003) Solid phase extraction of trace elements. *Spectrochimica Acta Part B*, 58(7): 1177-1233

Carson MC (2000) Ion-pair solid-phase extraction. *Journal of Chromatography A*, 885(1-2): 343-350

CEN - European Committee for Standardization (2008) *Foods of plant origin - Determination of pesticide residues using GC-MS and/or LC-MS/MS following acetonitrile extraction/partitioning and clean-up by dispersive SPE - QuEChERS-method*. EN 15662 Version 2.2.

Christie WW (1989) Silver ion chromatography using solid-phase extraction columns packed with a bonded-sulfonic acid phase. *Journal of Lipid Research*, 30: 1471-1473

Cortesi N, Fusari P (2005) Developments in the determination of polycyclic aromatic hydrocarbons in vegetable oils. *Rivista Italiana Sostanze Grasse*, 82(4): 167-172

Degelmann P, Egger S, Jürling H et al (2006) Determination of sulfonylurea herbicides in water and food samples using sol-gel glass-based immunoaffinity extraction and liquid chromatography-ultraviolet/diode array detection or liquid chromatography-tandem mass spectrometry. *Journal of Agricultural and Food Chemistry*, 54(6): 2003-2011

Ensing K, Berggren C, Majors RE (2001) Selective sorbents for solid-phase extraction based on molecularly imprinted polymers. *LC-GC* 19(9): 942-954

EPA - Environmental protection Agency (2012) *Determination of semivolatile organic chemicals in drinking waters by solid phase extraction and capillaru gas chromatograph/ mass spectrometry (GC/MS)*. EPA method 525.3, version 1.0 http://www.epa.gov/nerlcwww/documents/method%20525_ 3_feb21_2012%20final.pdf

Fritz JS, Macka M (2000) Solid-phase trapping of solutes for further chromatographic or electrophoretic analysis. *Journal of Chromatography A*, 902(1): 137-166

Garrido Frenich A, Romero-González R, Gómez-Pérez ML, Vidal JL (2011) Multi-mycotoxin analysis in eggs using a QuEChERS-based extraction procedure and ultra-high-pressure liquid chromatography coupled to triple quadrupole mass spectrometry. *Journal of Chromatography A*, 1218(28): 4349-4356

Green DR, Le Pape D (1987) Stability of hydrocarbon samples on solid-phase extraction columns. *Analytical Chemistry*, 59(5): 699-703

Huck CW, Bonn GK (2000) Recent developments in polymer-based sorbents for solid-phase extraction. *Journal of Chromatography A*, 885(1-2): 51-72

IST - International Sorbent Technology (2001) A guide to solid phase extraction. In: *Catalogue of sample preparation products and services* http://www.protechcro.com/images/ISTCat.pdf

Junk GA, Richard JJ, Grieser MD et al (1974) Use of macroreticular resins in the analysis of water for trace organic contaminants. *Journal of Chromatography A*, 99: 745-762

Kaluzny MA, Duncan LA, Merrit MV, Epps DE (1985) Rapid separation of lipid classes in high yield and purity using bonded phase columns. *Journal of Lipid Research*, 26: 135-140

Lacorté S, Ehresmann N, Barceló D (1995) Stability of organophosphorus pesticides on disposable solid-phase extraction precolumns. *Environmental Science & Technology*, 29(11): 2834-2841

Lambert S (2009) Disposable pipette tip extraction - leaner, greener sample preparation. *Chromatography Today*, 2(2) 12-14

Lasáková M, Jandera P (2009) Molecularly imprinted polymers and their application in solid phase extraction. *Journal of Separation Science*, 32(5-6): 799-812

Liška I (2000) Fifty years of solid-phase extraction in water analysis – Historical development and overview. *Journal of Chromatography A*, 885(1-2): 3-16

Liška I, Bìliková K (1998) Stability of polar pesticides on disposable solid-phase extraction precolumns. *Journal of Chromatography A*, 795(1): 61-69

Lövkvist P, Jönsson J-A (1987) Capacity of sampling and preconcentration columns with a low number of theoretical plates. *Analytical Chemistry*, 59(6): 818-821

Majors RE (2001) New designs and formats in solid-phase extraction sample preparation. *LCGC*, 19(7): 678-686

Manesiotis P, Fitzhenry L, Theodoridis G, Jandera P (2012) Applications of SPE-MIP in the field of food analysis. In: Pawliszyn J (ed) *Comprehensive sampling and sample preparation*, Vol. 4. Elsevier, Amsterdam

Moret S, Conte LS (2002) A rapid method for polycyclic aromatic hydrocarbon determination in vegetable oils. *Journal of Separation Science*, 25(1-2): 96-100

Noroozian E, Maris FA, Nielen MWF et al (1987) Liquid chromatographic trace enrichment with on-line capillary gas chromatography for the determination of organic pollutants in aqueous samples. *Journal of High Resolution Chromatography*, 10(1): 17-24

Pichon V (2000) Solid-phase extraction for multiresidue analysis of organic contaminants in water. *Journal of Chromatography A*, 885(1-2): 195-215

Pichon V, Bouzige M, Hennion M-C (1998) New trends in environmental trace-analysis of organic pollutants: class-selective immunoextraction and clean-up in one step using immunosorbents. *Analytica Chimica Acta*, 376(1): 21-35

Pichon V, Chapuis-Hugon F, Hennion M-C (2012) Bioaffinity sorbents. In: Pawliszyn J (ed) *Comprehensive sampling and sample preparation*, Vol. 2. Elsevier, Amsterdam

Pichon V, Charpak M, Hennion M-C (1998) Multiresidue analysis of pesticides using new laminar extraction disks and liquid chromatography and application to the French priority list. *Journal of Chromatography A*, 795(1): 83-92

Poole CF, Gunatilleka AD, Sethuraman R (2000) Contributions of theory to method development in solid-phase extraction. *Journal of Chromatography A*, 885(1-2): 17-39

Poole CF, Poole SK (2012) Principles and practice of solid-phase extraction. In: Pawliszyn J (ed) *Comprehensive sampling and sample preparation*, Vol. 2. Elsevier, Amsterdam

Purcaro G, Moret S, Conte LS (2008) Rapid SPE-HPLC determination of the 16 European priority polycyclic aromatic hydrocarbons in olive oils. *Journal of Separation Science*, 31(22): 3936-3944

Ramalhosa MJ, Paíga P, Morais S et al (2009) Analysis of polycyclic aromatic hydrocarbons in fish: evaluation of a quick, easy, cheap, effective, rugged, and safe extraction method. *Journal of Separation Science*, 32(20): 3529-3538

Rosenfeld JM (1999) Solid-phase analytical derivatization: enhancement of sensitivity and selectivity of analysis. *Journal of Chromatography A*, 843(1-2): 19-27

Ruiz-Gutiérrez V, Pérez Camino MC (2000) Update on solid-phase extraction for the analysis of lipid classes and related compounds. *Journal of Chromatography A*, 885(1-2): 321-341

Sigma-Aldrich (1998) Guide to solid phase extraction. *Supelco Bulletin*, 910 http://www.sigmaaldrich.com/Graphics/Supelco/objects/4600/4538.pdf

Subden RE, Brown RG, Noble AC (1978) Determination of histamines in wines and musts by reversed-phase high- performance liquid chromatography. *Journal of Chromatography A*, 166(1): 310-312

Villar-Pulido M, Gilbert-López B, García-Reyes JF et al (2011) Multiclass detection and quantitation of antibiotics and veterinary drugs in shrimps by fast liquid chromatography time-of-flight mass spectrometry. Talanta, 85(3): 1419-1427

Zief M, Kiser R (1988) *Solid phase extraction for sample preparation manual.* J.T. Baker, Phillipsburg http://www.serviquimia.com/upload/documentos/20110310184418.jtb_folleto-spe.pdf

Capitolo 7
Microestrazione in fase solida (SPME)

Giorgia Purcaro, Sabrina Moret, Lanfranco S. Conte

7.1 Introduzione

La microestrazione in fase solida (SPME, *solid-phase microextraction*), sviluppata da Pawliszyn e collaboratori nel 1989 (Arthur, Pawliszyn, 1990), è una tecnica che utilizza una fibra di silice fusa, rivestita esternamente da una piccola quantità di fase stazionaria adsorbente, che viene esposta al campione. Una volta completata l'estrazione, gli analiti vengono desorbiti direttamente nello strumento analitico. Tale tecnica è stata sviluppata per rispondere alla crescente esigenza di metodi rapidi e affidabili, in grado di eliminare o ridurre sensibilmente il consumo di solvente e di consentire l'estrazione e la purificazione in un unico step. Di fatto, nella SPME si può considerare incorporata anche la determinazione analitica finale, in quanto gli analiti vengono termodesorbiti direttamente nell'iniettore del gascromatografo (GC). Nel caso dell'iniezione in cromatografia liquida (LC) deve essere introdotto un passaggio di desorbimento con solvente, che come si vedrà può essere automatizzato.

I principali vantaggi della SPME possono essere riassunti come segue:
1. il consumo di solvente è ridotto al minimo o addirittura azzerato;
2. per effettuare l'analisi è sufficiente una piccola quantità di campione;
3. la preparazione del campione è molto semplice e veloce;
4. lo step di preparazione del campione può essere facilmente automatizzato;
5. gli analiti vengono non solo estratti ma anche pre-concentrati da qualsiasi tipo di matrice;
6. sono possibili anche campionamenti on-site e *in vivo*.

7.2 Dispositivi per l'estrazione e modalità operativa

I primi lavori sulla SPME prevedevano l'impiego di fibre ottiche di silice fusa rivestite, o meno, con fasi stazionarie polimeriche liquide o solide. Un'estremità della fibra veniva immersa in campioni acquosi contenenti soluzioni test di analiti e poi introdotta nell'iniettore GC. Quest'ultima fase richiedeva l'apertura dell'iniettore, con conseguente perdita di pressione in testa alla colonna cromatografica che comprometteva le performance (Arthur, Pawliszyn, 1990; Risticevic et al, 2013). Tuttavia, le potenzialità della tecnica furono subito evidenti e la SPME incontrò un rapido sviluppo, soprattutto grazie all'incorporazione della fibra all'interno dell'ago di una microsiringa, che consentiva di effettuare sia l'adsorbimento sia il desorbimento operando come in una normale iniezione GC, e proteggendo la fibra durante la penetrazione nel setto della vial o dell'iniettore.

S. Moret, G. Purcaro, L.S. Conte, *Il campione per l'analisi chimica*
DOI 10.1007/978-88-470-5738-8_7 © Springer-Verlag Italia 2014

Il primo dispositivo disponibile in commercio è stato introdotto dalla Supelco nel 1993, insieme alle prime fasi stazionarie immobilizzate su supporto di silice fusa, costituite da polidimetilsilossano (PDMS) e poliacrilato (PA).

La tecnica di estrazione SPME utilizza, quindi, una fibra di silice fusa (lunga circa 1 cm e con diametro di 0,110 mm) ricoperta da una piccola quantità di fase estraente (generalmente meno di 1 µL); questa può essere una fase polimerica liquida ad alto peso molecolare (PM), simile a quelle impiegate come fase stazionaria nelle colonne GC, o un adsorbente solido di elevata porosità, per incrementare la superficie disponibile per l'adsorbimento. La fibra di silice fusa così rivestita (fibra SPME) è attaccata, mediante una colla epossidica, a un'astina di metallo che funge da pistone e viene fatta scorrere all'interno di un ago. La versione attuale di questo dispositivo (detto *holder*), che può essere descritto come una siringa modificata, è schematizzata in Fig. 7.1.

Il movimento del pistone è limitato da una vite di bloccaggio che si muove in una fessura a Z. Durante l'introduzione e l'estrazione dell'ago la fibra viene retratta (all'interno dell'ago) e la vite si trova bloccata nella posizione più alta. Per esporre la fibra è necessario spingere il pistone verso il basso (in questo modo la vite di bloccaggio si viene a trovare in posizione centrale rispetto alla lunghezza della fessura) e ruotare l'holder in senso orario in modo da bloccare la vite e mantenere fissa questa posizione. Il pistone viene spinto nella posizione più bassa solo per sostituire la fibra, una volta svitato il supporto esterno.

Operativamente la tecnica è molto semplice. In una prima fase di estrazione, la fibra, precedentemente termocondizionata, viene esposta nello spazio di testa del campione (o immersa nel campione liquido) da analizzare; in tale fase gli analiti si ripartiscono tra il campione e la fibra fino al raggiungimento di un equilibrio (per i principi teorici, vedi par. 7.3). Dopo un tempo di estrazione opportunamente ottimizzato, la fibra viene ritirata entro l'ago e segue la fase di desorbimento, che può essere effettuata in un iniettore GC o in una camera di desorbimento HPLC. Le fasi di campionamento e desorbimento possono anche essere automatizzate, ottenendo un miglior rispetto dei tempi e, quindi, una maggiore ripetibilità dell'analisi. La tecnica SPME è conosciuta principalmente nella configurazione sopra descritta, ma esistono diverse altre configurazioni (Fig. 7.2), tutte riconducibili ai principi illustrati di seguito.

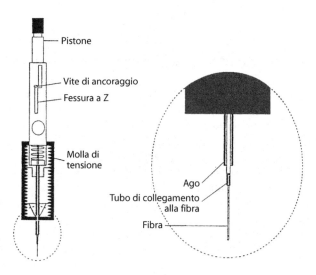

Fig. 7.1 Rappresentazione schematica di holder manuale disponibile in commercio. (Modificata con autorizzazione da Kataoka et al, 2000)

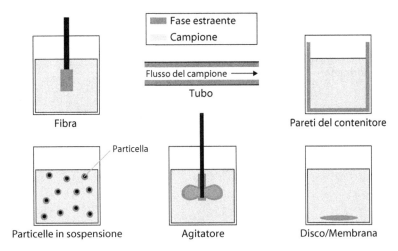

Fig. 7.2 Possibili configurazioni della tecnica SPME. (Da Pawliszyn, 2012. Riproduzione autorizzata)

Al primo utilizzo la fibra deve essere condizionata seguendo le indicazioni del produttore. Per il condizionamento la fibra viene esposta a una temperatura e per un tempo variabili, a seconda del tipo di fase immobilizzata, sotto costante flusso di gas (generalmente si usa l'iniettore di un GC). Le temperature di condizionamento variano da 210 a 320 °C, mentre i tempi raccomandati da 30 minuti a 4 ore. Durante il condizionamento della fibra in un iniettore GC si consiglia di mantenere la valvola di splittaggio dell'iniettore aperta, per evitare di sporcare la colonna. Generalmente una fibra può essere impiegata 50-100 volte.

7.3 Teoria e principi della tecnica SPME

La comprensione dei principi teorici alla base della SPME facilita lo sviluppo di nuovi metodi e l'identificazione dei parametri critici per una rigorosa ottimizzazione; l'applicazione corretta di tali principi riduce inoltre il numero di prove necessarie per l'ottimizzazione di un metodo. La SPME si basa su principi di termodinamica, che permettono di calcolare la quantità estratta all'equilibrio, e su principi di cinetica, che possono stimare il tempo di estrazione mediante equazioni differenziali che descrivono il trasferimento di massa. Per semplificare gli aspetti matematici, la teoria verrà illustrata considerando condizioni ideali. Queste ultime descrivono accuratamente l'estrazione di composti in tracce da matrici molto semplici, come aria o acqua potabile, in assenza di fattori secondari, quali espansione termica di polimeri, variazioni di coefficienti di diffusione dovute alla presenza di soluti nei polimeri ed eterogeneità della matrice. Anche nel caso di campioni più complessi, comunque, la teoria approssima bene alcuni dei parametri e le principali interazioni che possono esistere tra i parametri stessi e il tempo di estrazione e la quantità estratta.

Con la tecnica SPME possono essere effettuate principalmente tre tipologie di estrazione (Fig. 7.3):
1. estrazione dello spazio di testa (HS, *head space*), che prevede l'inserimento della fibra nello spazio di testa del campione solido o liquido;

Fig. 7.3 Modalità di estrazione SPME: **a** per immersione; **b** spazio di testa (HS); **c** mediata da membrana. (Da Lord, Pawliszyn, 2000. Riproduzione autorizzata)

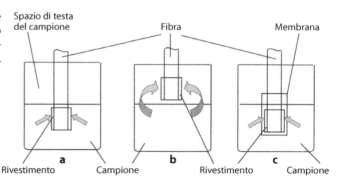

2. estrazione diretta, nella quale la fibra è immersa nel campione e gli analiti sono trasportati direttamente dal campione alla fibra;
3. estrazione mediata da membrana.

Per facilitare l'estrazione, il campione deve essere agitato, in modo da favorire il trasferimento di massa e la mobilità di composti a basso coefficiente di diffusione ed evitare la formazione di zone impoverite di analita in prossimità della fibra.

La tecnica più diffusa consiste nel porre a contatto, per un periodo di tempo predeterminato, una piccola quantità di fase estraente, associata a un supporto solido (fibra), con la matrice del campione o con lo spazio di testa. Durante l'esposizione ha subito inizio un fenomeno di ripartizione, dal campione alla fase estraente, per adsorbimento o absorbimento (a seconda della fase estraente) (Pawliszyn, 1997; Mills, Walker, 2000). Il processo di estrazione è considerato concluso quando la concentrazione degli analiti raggiunge l'equilibrio tra la matrice del campione e il rivestimento della fibra. All'equilibrio si ottiene la massima sensibilità e l'esposizione della fibra per un tempo più lungo non determina un aumento della resa di estrazione (Pawliszyn, 2009). La fase di estrazione può essere interrotta anche prima di raggiungere l'equilibrio, se la sensibilità necessaria è già stata raggiunta; in questi casi, però, l'analisi richiede un rispetto ancora più rigoroso dei tempi di estrazione.

7.3.1 Termodinamica

Se si considerano due fasi (per esempio, il campione e il rivestimento della fibra), come nel caso di un'estrazione per immersione, le condizioni di equilibrio possono essere descritte dalla seguente equazione:

$$C_0 V_s = C_f^\infty V_f + C_s^\infty V_s \tag{7.1}$$

dove, C_0 è la concentrazione iniziale dell'analita nel campione; C_f^∞ e C_s^∞ sono, rispettivamente, le concentrazioni all'equilibrio nella fibra e nel campione; V_f e V_s sono i volumi della fibra e del campione.

La costante di ripartizione ($K_{f/s}$) dell'analita tra rivestimento della fibra e campione è definita dall'equazione:

$$K_{f/s} = \frac{C_f^\infty}{C_s^\infty} \tag{7.2}$$

Le due equazioni possono essere combinate e riarrangiate, ottenendo:

$$C_f^\infty = C_0 \frac{K_{f/s} V_s}{K_{f/s} V_f + V_s} \tag{7.3}$$

Infine, il numero di moli di analita estratto può essere calcolato con l'equazione:

$$n = C_f^\infty V_f = C_0 \frac{K_{f/s} V_s V_f}{K_{f/s} V_f + V_s} \tag{7.4}$$

Dall'eq. 7.4 risulta che il numero di moli estratto con la fibra è direttamente proporzionale alla concentrazione dell'analita nel campione (C_0), che rappresenta la base per la quantificazione analitica utilizzando la tecnica SPME.

Quando il volume del campione è molto grande ($V_s \gg K_{f/s} V_f$) l'eq. 7.4 può essere semplificata come segue:

$$n = K_{f/s} \, V_f \, C_0 \tag{7.5}$$

Tale semplificazione evidenzia l'utilità della tecnica anche quando il volume del campione è ignoto; ciò significa che la fibra può essere esposta direttamente all'ambiente, all'acqua ecc., poiché la quantità estratta è funzione diretta della sua concentrazione ed è indipendente dal volume del campione (V_s).

Frequentemente il sistema di estrazione è più complesso, come nel caso di un campione composto da una fase acquosa con particelle solide in sospensione, che possono interagire per adsorbimento con i composti di interesse, e da uno spazio di testa gassoso. Talvolta occorre anche considerare specifici fattori, come la perdita di analiti per adsorbimento sulla parete della vial di campionamento o la loro degradazione. Nella discussione che segue si prende in esame solo un sistema a tre fasi: rivestimento della fibra, spazio di testa e campione omogeneo (per esempio acqua pura). Durante l'estrazione gli analiti migrano in tutte e tre le fasi fino al raggiungimento dell'equilibrio, le cui condizioni sono descritte dall'equazione:

$$C_0 V_s = C_f^\infty V_f + C_s^\infty V_s + C_h^\infty V_h \tag{7.6}$$

dove C_0 è la concentrazione iniziale dell'analita nel campione; C_f^∞, C_s^∞ e C_h^∞ sono, rispettivamente, le concentrazioni all'equilibrio nella fibra, nel campione e nello spazio di testa; V_f, V_s e V_h sono i volumi della fibra, del campione e dello spazio di testa. Definite le costanti di ripartizione tra fibra e spazio di testa ($K_{f/h}$) e tra spazio di testa e campione ($K_{h/s}$) secondo le equazioni:

$$K_{f/h} = \frac{C_f^\infty}{C_h^\infty} \tag{7.7}$$

$$K_{h/s} = \frac{C_h^\infty}{C_s^\infty} \tag{7.8}$$

la massa di analita adsorbita nella fibra ($n = C_f^\infty V_f$) può essere ricavata dall'equazione:

$$n = \frac{K_{f/h} K_{h/s} V_f C_0 V_s}{K_{f/h} K_{h/s} V_f + K_{h/s} V_h + V_s} \tag{7.9}$$

Se l'effetto dell'umidità nello spazio di testa può essere ignorato, $K_{f/h}$ può essere approssimata alla costante di ripartizione fibra-gas ($K_{f/g}$) e $K_{h/s}$ può essere approssimata alla costante gas-campione ($K_{g/s}$), quindi:

$$K_{f/s} = K_{f/h} \ K_{h/s} = K_{f/g} \ K_{g/s} \qquad (7.10)$$

L'eq. 7.9 può dunque essere scritta come segue:

$$n = \frac{K_{f/s}V_f C_0 V_s}{K_{f/s}V_f + K_{h/s}V_h + V_s} \qquad (7.11)$$

Dall'eq. 7.11 si può pertanto dedurre che la quantità di analita estratto è indipendente dalla posizione della fibra nel sistema; se il volume della fibra, dello spazio di testa e del campione sono mantenuti costanti, la fibra può infatti essere esposta indifferentemente allo spazio di testa o in immersione.

Qualora non sia presente spazio di testa (come nel caso dell'immersione diretta della fibra), il termine $K_{h/s}$ può essere eliminato dal denominatore dell'eq. 7.11. Se $K_{h/s}$ è relativamente piccolo, come si verifica per molti analiti (per esempio, 0,26 per il benzene) o se $V_h \ll V_s$, il limite di determinazione diventa molto simile a quello che si otterrebbe per immersione diretta.

Per sistemi con n fasi, $K_{f/s}$ è il risultato del prodotto delle costanti di ripartizione tra ogni fase; quindi, la quantità di analita estratto si ottiene dall'equazione:

$$n = \frac{K_{f/s}V_e C_0 V_s}{K_{e/s}V_e + \sum_{i=l}^{i=m} K_{i/s}V_i + V_s} \qquad (7.12)$$

Dall'eq. 7.12 si può dedurre che la capacità estrattiva della fibra nei confronti degli analiti è correlata principalmente a $K_{f/s}$, che è indipendente dal numero di fasi presenti nel sistema, e alla capacità delle fasi presenti di ritenere l'analita. Se tale capacità è piccola (come nel caso dello spazio di testa), la quantità totale di analita estratto non sarà influenzata significativamente.

È chiaro, quindi, che la variazione della composizione della matrice analizzata influenza direttamente la quantità di analita estratto con la tecnica SPME; di conseguenza, un'attenta calibrazione è indispensabile per compensare l'effetto matrice.

Una volta raggiunto l'equilibrio, la quantità di analita estratto è proporzionale alla concentrazione iniziale dell'analita nel campione. Tuttavia, è bene ricordare che raramente le determinazioni SPME prevedono il raggiungimento dell'equilibrio. Attraverso ulteriori calcoli teorici, si può dimostrare che la relazione lineare tra n e C_0 sussiste anche prima del raggiungimento dell'equilibrio. In questo caso, però, la relazione è tempo-dipendente, ed è quindi necessario mantenere il tempo costante affinché la quantità di analita estratto risulti proporzionale alla quantità presente nel campione.

Il principio termodinamico fondamentale alla base di tutte le tecniche di estrazione comprende la costante di ripartizione dell'analita tra la matrice del campione e il mezzo estraente. Se il mezzo estraente è un liquido, la costante di ripartizione viene espressa secondo l'equazione:

$$K_{e/s} = \frac{a_e}{a_s} = \frac{C_e}{C_s} \qquad (7.13)$$

Tale equazione definisce le condizioni di equilibrio e il massimo fattore di arricchimento raggiungibile con la tecnica. Le attività degli analiti nell'estraente e nel campione (a_e e a_s) possono essere approssimate alle rispettive concentrazioni (C_e e C_s). La costante termodinamica $K_{e/s}$ è ampiamente utilizzata in cromatografia, in quanto definisce la ritenzione e la selettività della colonna di separazione; dipende da diverse variabili, come temperatura e pressione, e caratteristiche della matrice (pH, concentrazione di sali e sostanze organiche). Informazioni sul processo di ripartizione si possono ricavare anche utilizzando la tecnica SPME (Zhang, Pawliszyn, 1999). $K_{e/s}$ può essere stimata in base alle diverse caratteristiche della matrice e dell'analita, come si fa solitamente per valutare la costante di ripartizione ottanolo-acqua ($K_{o/w}$). Utilizzando appropriate fasi eluenti e stazionarie, $K_{e/s}$ può essere stimata anche valutando la ritenzione cromatografica.

Nel caso di estraenti solidi, l'equilibrio di adsorbimento può essere descritto dall'eq. 7.13, sostituendo però C_e con la superficie di adsorbimento disponibile della fase solida estraente (S_e). Ciò implica che si deve considerare la superficie della fibra, complicando quindi la calibrazione all'equilibrio, poiché bisogna tener conto dell'effetto di spostamento dell'analita da parte di interferenti presenti nella matrice e dell'isoterma di adsorbimento non lineare (Motlagh, Pawliszyn, 1993).

In particolare, si parla di *absorbimento* nel caso di fasi estraenti liquide (per esempio, PDMS) e di *adsorbimento* nel caso di fasi estraenti solide; in entrambi i casi il processo di estrazione inizia con l'adsorbimento dell'analita all'interfaccia fase/matrice.

Nel caso di rivestimenti liquidi, le molecole di analita vengono solvatate dalle molecole della fase estraente, dando luogo ad absorbimento. Se lo spessore della fase estraente è abbastanza piccolo, le molecole di analita penetrano nell'intero volume della fase estraente in un tempo di estrazione ragionevole. Nel caso di rivestimenti solidi, invece, l'analita rimane all'interfaccia del rivestimento solido; infatti, i rivestimenti solidi hanno una struttura cristallina ben

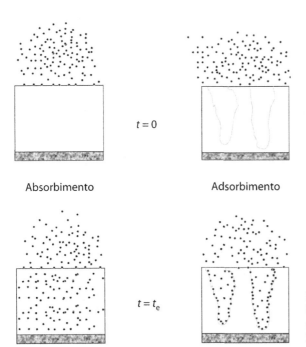

Absorbimento   Adsorbimento

$t = 0$

$t = t_e$

Fig. 7.4 Meccanismi di absorbimento in un liquido (*a sinistra*) e di adsorbimento in un estraente solido (*a destra*). (Da Pawliszyn, 2012. Riproduzione autorizzata)

definita e densa che riduce drasticamente i coefficienti di diffusione dell'analita entro la struttura. Di conseguenza, l'estrazione avviene solo sulla superficie del rivestimento (perlomeno entro il tempo di osservazione sperimentale). Tale comportamento è schematizzato nella Fig. 7.4.

Il principale vantaggio delle fasi estraenti liquide è che presentano un comportamento lineare in un ampio range di concentrazioni, in quanto le loro proprietà rimangono sostanzialmente immodificate fino a quando la quantità di materiale estratto rimane al di sotto dell'1% del loro peso. Nel caso di rivestimenti solidi, invece, si osserva un comportamento non lineare, dovuto alla più rapida saturazione dello spazio di adsorbimento disponibile e allo spostamento dell'analita da parte di composti interferenti presenti nella matrice (analiti con minor affinità per la fibra vengono sostituiti da composti con maggior affinità). Per ovviare a tale problema, si utilizzano tempi di estrazione inferiori a quelli necessari per raggiungere l'equilibrio, in modo che la fibra non sia saturata dalla quantità di analiti adsorbita. Per contro, i vantaggi degli adsorbenti solidi comprendono una maggiore selettività e capacità per gli analiti polari e volatili.

7.3.1.1 Stima della costante di ripartizione

Le costanti di ripartizione possono essere ricavate sperimentalmente dalle equazioni 7.4 e 7.9 all'equilibrio, da dati chimico-fisici o da parametri cromatografici.

La costante di ripartizione può essere calcolata in base al tempo di ritenzione (t_r) ottenuto da un'analisi GC in isoterma utilizzando una colonna rivestita con la stessa fase stazionaria della fibra. La natura della fase gassosa non modifica t_r, a meno che l'umidità presente nello spazio di testa non rigonfi il polimero determinando un cambiamento delle sue proprietà.

Un metodo più rapido per stimare la costante di ripartizione per il PDMS prevede l'utilizzo degli indici di ritenzione in programmata di temperatura lineare (LTPRI, *linear temperature programmed retention index*), che esprimono il tempo di ritenzione dei composti in funzione del tempo di ritenzione di una miscela di *n*-alcani, e che sono, per molti componenti, facilmente reperibili in letteratura. Il logaritmo della costante di ripartizione tra rivestimento e gas degli *n*-alcani può essere espresso secondo la funzione lineare:

$$\ln K_{f/g} = 0{,}00415 \; LTPRI - 0{,}188 \tag{7.14}$$

La costante di ripartizione tra rivestimento della fibra e acqua ($K_{f/w}$) può essere invece calcolata partendo dall'equazione:

$$K_{f/w} = K_{f/g} \; K_{g/w} \tag{7.15}$$

dove $K_{f/g}$ si calcola da dati cromatografici, come spiegato sopra, mentre $K_{g/w}$ è la costante di ripartizione gas-acqua, cioè la costante di Henry, che può essere ottenuta da dati chimico-fisici tabulati o essere stimata con il metodo dei contributi unitari (Góreki et al, 1999). Per esempio, combinando le equazioni 7.14 e 7.15, si ottiene l'eq. 7.16, valida per rivestimenti di PDMS in matrici acquose:

$$\ln K_{f/w} = 0{,}00415 \; LTPRI - 0{,}188 + \log_{10} K_{g/w} \tag{7.16}$$

Inoltre, la costante di Henry è simile per composti appartenenti alla stessa classe chimica (alcani ramificati, ciclopentani, cicloesani ecc.); è quindi sufficiente calcolare una sola regressione per un gruppo di composti correlati. È anche vero che si può evidenziare una correlazione tra $K_{o/w}$ e $K_{f/w}$, ma va ricordato che questa vale solo all'interno di gruppi di composti con struttura simile.

7.3.2 Cinetica dell'estrazione

La resa e il tempo di estrazione sono influenzati anche da alcuni parametri cinetici, a seconda del metodo di campionamento utilizzato. Come visto in precedenza, il campionamento può essere realizzato con tre diverse modalità: estrazione diretta, estrazione dello spazio di testa ed estrazione con membrana di protezione (Fig. 7.3).

Per l'*estrazione diretta* (DI-SPME) la fibra viene inserita nel campione liquido e gli analiti vengono trasferiti direttamente dalla matrice alla fibra. Per favorire una rapida estrazione, è richiesto un certo livello di agitazione del sistema. Per campioni gassosi è sufficiente il naturale moto convettivo dell'aria, mentre per campioni acquosi sono necessari sistemi di agitazione più efficienti (flusso del campione, rapido movimento della fibra o della vial, agitazione magnetica, ultrasuoni ecc.).

In una situazione ideale, il tempo richiesto per raggiungere l'equilibrio è infinito e dipende dal coefficiente di diffusione dell'analita nella fibra (D_f) e dallo spessore del rivestimento della fibra ($b - a$), secondo l'equazione:

$$t_e = \frac{(b-a)^2}{2D_f}$$

(7.17)

Nella pratica, tuttavia, nonostante il grado di agitazione del liquido, esiste uno strato statico (detto di Prandtl) nel quale la concentrazione dell'analita dipende solo dalla diffusione dello stesso nel liquido da estrarre (Fig 7.5). Lo spessore di questo strato limite è determinato dalle condizioni di agitazione e dalla viscosità del liquido, che influisce sul coefficiente di diffusione dell'analita.

Con la *tecnica dello spazio di testa* (HS-SPME), gli analiti vengono estratti dalla fase gassosa in equilibrio con il campione. Questa modalità di estrazione permette di proteggere la fibra dal contatto con sostanze non volatili ad alto PM presenti nella matrice del campione (acidi umici, proteine) e di modificare la matrice (pH, sali) senza danneggiare la fibra.

Il tempo di estrazione e di equilibrazione per i componenti volatili è minore utilizzando la tecnica dello spazio di testa rispetto all'estrazione diretta, poiché una quantità notevole di

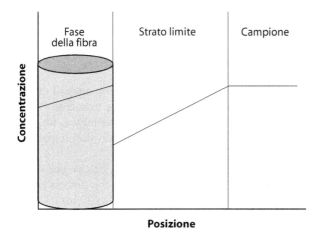

Fig. 7.5 Modello dello strato limite nell'estrazione con impiego di fibra

analita è già presente nello spazio di testa prima di iniziare il processo di estrazione e gli ordini di grandezza dei coefficienti di diffusione degli analiti in fase gassosa sono circa quattro volte maggiori di quelli degli analiti in fase liquida. Al contrario, la velocità di estrazione dei componenti semivolatili è bassa a temperatura ambiente, in quanto gli analiti, per venire estratti dalla fibra, devono prima passare nello spazio di testa (l'estrazione indiretta dalla matrice è quindi più lenta). In sostanza, la velocità di estrazione è maggiore per i composti con un valore elevato della costante di Henry. Quando si utilizza una fase estraente sottile, la fase iniziale di estrazione, e quindi il tempo di estrazione, è controllata dalla diffusione degli analiti presenti attraverso lo strato limite di Prandtl. La velocità di estrazione può comunque essere migliorata con un'efficiente agitazione o aumentando la temperatura (nel caso di composti meno volatili). In quest'ultimo caso, tuttavia, si determina una diminuzione della costante di ripartizione. L'approccio migliore sarebbe riscaldare il campione raffreddando contemporaneamente la fibra per aumentarne la capacità di adsorbimento.

Nell'*estrazione mediante membrana* fibra e campione sono separati da una membrana selettiva che lascia passare gli analiti bloccando gli interferenti. La funzione della membrana è proteggere la fibra nel caso di campioni particolarmente sporchi, in particolare quando gli analiti sono troppo poco volatili per poter essere determinati con la tecnica dello spazio di testa. Una scelta accurata della membrana può aumentare la selettività del metodo. Il processo di estrazione è più lento che nell'estrazione diretta, poiché gli analiti devono diffondere attraverso la membrana prima di raggiungere la fibra. L'utilizzo di membrane sottili e di temperature elevate può ridurre i tempi di estrazione.

7.4 Ottimizzazione dei parametri di estrazione

Nell'applicazione pratica della SPME devono essere considerati e opportunamente ottimizzati diversi fattori sperimentali. I parametri che influenzano la sensibilità e la ripetibilità del metodo SPME possono essere raggruppati in due principali categorie.
1. *Condizioni di estrazione*: comprendono tipo di rivestimento della fibra, metodo di estrazione, metodo di agitazione, tempo di estrazione e volume del campione.
2. *Modificazioni della matrice*: comprendono variazione di temperatura del campione, correzione del pH, modificazione della forza ionica, diluizione del campione, variazione del contenuto di solvente organico nel campione e derivatizzazione degli analiti di interesse.

7.4.1 Condizioni di estrazione

7.4.1.1 Scelta della fibra

La scelta della fibra è il primo step nell'ottimizzazione di una SPME. L'efficienza di estrazione è funzione della $K_{f/s}$, che descrive l'affinità reciproca tra analiti e fase estraente.

I polimeri di rivestimento ricoprono un supporto solido di silice fusa (StableFlex, un tipo di silice fusa più flessibile e meno soggetta a rotture); più recentemente sono stati introdotti anche supporti metallici in lega di nichel e titanio.

Attualmente l'unico produttore di fibre commerciali è Supelco (Sigma-Aldrich), che offre vari tipi di rivestimenti (composti da un solo polimero o da mix di polimeri con diversa polarità), vari spessori di rivestimento (7-100 μm) e due lunghezze della fibra (1 o 2 cm).

La disponibilità di diversi tipi di fibre consente, quindi, di selezionare di volta in volta quello più adatto; in genere, si può applicare la regola "il simile scioglie il simile".

Il rivestimento della fibra può essere classificato in base a quattro caratteristiche: tipo di fase; polarità della fase; spessore del rivestimento; meccanismo di estrazione (adsorbimento o absorbimento).

Il tipo di fase utilizzato per il rivestimento determina anche la polarità della fibra, e di conseguenza la sua selettività. Essenzialmente, però, tutte le fibre hanno una componente bipolare, riescono cioè a estrarre componenti sia polari sia non polari; ciò è dovuto al fatto che i pori delle fasi adsorbenti estraggono innanzitutto a seconda della dimensione dell'analita. La Fig. 7.6 propone alcuni criteri per selezionare la fibra più appropriata per estrarre l'analita di interesse.

Lo spessore della fibra determina sia la sua capacità di estrazione sia il tempo ottimale di estrazione. All'aumentare dello spessore, aumenta il tempo necessario per raggiungere l'equilibrio, ma gli analiti più volatili richiedono spessori maggiori per essere ritenuti. Inoltre, il processo di estrazione e il rilascio dei componenti (soprattutto di quelli più altobollenti) dalla fibra risultano più lenti con spessori maggiori, con il rischio di non completare il desorbimento e lasciare la fibra sporca. Viceversa, un rivestimento sottile assicura una veloce diffusione e un rapido rilascio dei componenti semivolatili durante il desorbimento. Come regola generale, per velocizzare il processo di campionamento si dovrebbe utilizzare il rivestimento più sottile in grado di offrire la sensibilità richiesta.

Infine, la fase di rivestimento può essere un absorbente – come PDMS, PA e polietilenglicole (PEG) – o un adsorbente. Nel caso di fasi absorbenti (composte da polimeri "liquido-simili"), l'analita migra all'interno e all'esterno del polimero di rivestimento in primo luogo in base alla polarità. Poiché la ritenzione degli analiti è anche funzione dello spessore della fase, molecole piccole si muoveranno più rapidamente e saranno ritenute più difficilmente, a meno che non si usi uno spessore di fase elevato. Nelle fasi di PA i coefficienti di diffusione sono più bassi che in quelle di PDMS; quindi, i tempi di estrazione sono più lunghi. Le fasi miste hanno proprietà intermedie, con coefficienti di diffusione più alti rispetto alle fasi di PDMS.

Nel caso di fasi adsorbenti (fasi solide), l'estrazione avviene principalmente per intrappolamento fisico: l'analita si muove nei pori del polimero solido, ma non migra al suo interno. La ritenzione degli analiti dipende sia dalle loro dimensioni sia da quelle dei pori del polimero,

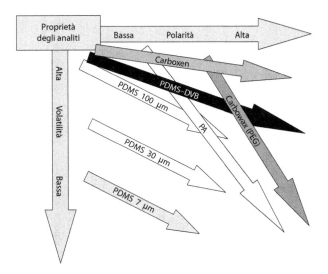

Fig. 7.6 Criteri per la selezione della fase di rivestimento da utilizzare in funzione degli analiti di interesse. (Da Pawliszyn, 2012. Riproduzione autorizzata)

Tabella 7.1 Caratteristiche delle fibre SPME commercialmente disponibili (Supelco) *

Rivestimento	Spessore rivestimento (µm)	Polarità	Meccanismo di estrazione	Procedure di condizionamento	Range di T (°C)	Range di pH	Applicazioni analitiche	Sistema analitico
PDMS	100	Non-polare	Absorbimento	30 min, 250 °C	200-280	2-10	Analiti non polari, volatili, range di PM 60-275	GC/HPLC
PDMS	30	Non-polare	Absorbimento	30 min, 250 °C	200-280	2-11	Analiti non polari, volatili e semivolatili, range di PM 60-275	GC/HPLC
PDMS	7	Non-polare	Absorbimento	60 min, 320 °C	220-320	2-11	Analiti non polari, volatili e semivolatili, range di PM 60-275	GC/HPLC
PA	85	Polare	Absorbimento	60 min, 280 °C	220-320	2-11	Analiti polari semivolatili, ideali per fenoli, range di PM 80-300	GC/HPLC
Carbowax-PEG	60	Polare	Absorbimento	30 min, 240 °C	200-250	2-9	Analiti polari, specifico per alcoli	GC/HPLC
PDMS/DVB	65	Bipolare	Absorbimento	30 min, 250 °C	200-270	2-11	Analiti polari volatili, ammine, composti nitroaromatici, range di PM 50-300	GC
PDMS/DVB	60	Bipolare	Adsorbimento			2-11	Applicazioni generali	HPLC
CAR/PDMS	75	Bipolare	Adsorbimento	60 min, 300 °C	250-310	2-11	Gas e volatili, range di PM 30-225	GC
CAR/PDMS	85	Bipolare	Adsorbimento	60 min, 300 °C	250-310	2-11	Gas e volatili, range di PM 30-225	GC
DVB/CAR/PDMS (1 cm o 2 cm di lunghezza)	50/30	Bipolare	Adsorbimento	60 min, 270 °C	230-270	2-11	Volatili e semivolatili, vasto range di proprietà degli analiti (da C2 a C22), aromi e fragranze, range di PM 40-275	GC
Fibra octadecilica (C18) LC	45	Polare	Absorbimento			2-11	Applicazioni generali	HPLC

* Supporto della fibra in silice fusa, StableFlex, o metallo, rivestiti con uno dei polimeri elencati.
PDMS, polidimetilsilossano; PA, poliacrilato; PEG, polietilenglicole; DVB, divinilbenzene; CAR, carboxen.

oltre che dalla superficie totale di contatto. La superficie della fase, inoltre, interagisce con gli analiti tramite legami π, legami idrogeno o forze di van der Waals.

Le caratteristiche e le principali applicazioni delle fibre disponibili in commercio sono riassunte in Tabella 7.1. In generale, per selezionare la fibra più opportuna per una specifica applicazione, oltre alle caratteristiche dell'analita di interesse (peso, dimensione molecolare, volatilità e polarità), si considera la complessità della matrice dalla quale deve essere estratto. Rivestimenti costituiti da un solo polimero, come l'apolare PDMS, sono più adatti per estrarre componenti apolari, mentre rivestimenti maggiormente polari, come PA e Carbowax, sono adatti per estrarre composti polari (fenoli, alcoli, acidi carbossilici ecc.). Le fibre di Carboxen, caratterizzate da microporosità, risultano particolarmente adatte all'estrazione di molecole a basso PM. Qualora si utilizzino fibre con rivestimento solido, nelle quali la superficie di adsorbimento è limitata, occorre tener conto che, all'aumentare della complessità dei campioni analizzati, le elevate quantità di composti interferenti possono competere con gli analiti d'interesse, dando luogo al fenomeno dello spostamento dell'analita da parte di interferenti presenti nella matrice (vedi par. 7.3.1). In presenza di questo fenomeno il range dinamico lineare è ridotto e la quantità di analita estratto all'equilibrio non è più solo funzione della sua concentrazione iniziale, ma dipende anche dalla presenza di interferenti. Per gestire tale problema, è essenziale ridurre il tempo di estrazione per limitare il fenomeno dello spostamento dell'analita da parte di interferenti (campionamento in condizioni di pre-equilibrio). L'utilizzo di fibre multifasiche aiuta a ridurre il problema, in quanto la fase in divinilbenzene (DVB) aumenta la capacità della fibra. Pertanto, la fibra DVB-Carboxen-PDMS permette ottime prestazioni in un range di concentrazioni più ampio rispetto alle fibre bifasiche, purché i tempi di estrazione restino relativamente brevi.

Le fibre attualmente disponibili sono state tutte inizialmente progettate per essere termodesorbite in un iniettore GC; in genere sono fissate su un supporto troppo fragile per lavorare bene con l'HPLC, dove sarebbero sottoposte a notevoli stress meccanici (passaggi attraverso una ferula, flussi e pressioni elevate). Va anche considerato che l'accoppiamento con sistemi HPLC prevede l'utilizzo di solventi organici per rimuovere gli analiti dalla fibra, e molti dei rivestimenti attuali tendono a rigonfiarsi a contatto con un solvente organico, determinando la rottura della fibra quando viene ritratta nell'ago. Inoltre, la colla epossidica impiegata per fissare la fibra al tubo di collegamento (vedi Fig. 7.1) può sciogliersi nel solvente utilizzato per il desorbimento, dando origine a picchi estranei. Più recentemente è stata sviluppata una nuova serie di fibre nelle quali la colla epossidica è stata sostituita da un polimero legante biocompatibile, che non rigonfia a contatto con una varietà di solventi organici (soprattutto se mantenuto a temperatura ambiente). Inoltre, tutto il rivestimento della fibra è legato a un supporto metallico per ridurre le rotture. Queste nuove fibre possono essere applicate con successo anche in esperimenti *in vivo*.

7.4.1.2 Scelta della modalità di campionamento

La scelta della modalità di campionamento dipende dalla composizione della matrice, dalla volatilità dell'analita e dalla sua affinità per la matrice. Le due principali tecniche utilizzate sono il campionamento nello spazio di testa (HS-SPME) e l'immersione diretta della fibra nel campione liquido (DI-SPME).

La tecnica DI-SPME è indicata per analiti a bassa e media volatilità e ad alta e media polarità; non è utilizzabile per campioni liquidi particolarmente complessi e ricchi di interferenti ad alto peso molecolare, che potrebbero essere adsorbiti irreversibilmente dalla fibra. In quest'ultimo caso si preferisce la tecnica HS-SPME o l'estrazione mediata da membrana.

La tecnica HS-SPME è un'ottima alternativa quando gli analiti di interesse presentano alta e media volatilità e bassa e media polarità. Quando si campiona in modalità HS-SPME, la fase limitante nel trasferimento di massa alla fibra è il passaggio allo spazio di testa dei composti di interesse; come si vedrà in seguito, per ottimizzare tale passaggio si può intervenire sulla matrice modificando la temperatura, la forza ionica ecc.

In definitiva, per i componenti volatili si tende a preferire la modalità dello spazio di testa, mentre per quelli poco volatili la tecnica per immersione diretta, che risulta più sensibile in condizioni di non equilibrio.

7.4.1.3 Ottimizzazione dell'agitazione

Come accennato nel par. 7.3, l'efficienza dell'agitazione è importante per velocizzare il trasferimento di massa dal campione alla fibra. L'agitazione, infatti, assottiglia lo strato limite di Prandtl, riducendo così il tempo per raggiungere l'equilibrio. Durante l'estrazione la fibra dovrebbe essere posizionata sempre nello stesso punto della vial, in modo da beneficiare della stessa velocità di flusso del campione. L'efficienza dell'agitazione del campione è particolarmente critica per analiti con $K_{e/s}$ elevata (Louch et al, 1992), mentre è meno critica quando l'estrazione è condotta nello spazio di testa. In fase gassosa i tempi di equilibrazione sono molto brevi e determinati solo dalla velocità di diffusione dell'analita; in questo caso l'agitazione può risultare importante per facilitare il passaggio degli analiti dal campione allo spazio di testa. Quando si analizzano analiti con costanti di ripartizione aria-acqua ($K_{h/s}$) molto grandi e fase gassosa e campione acquoso sono in equilibrio prima dell'inizio del campionamento, la maggior parte degli analiti si trova già nello spazio di testa; pertanto i tempi di estrazione sono sufficientemente brevi anche senza applicare alcun sistema di agitazione.

Tra i possibili metodi di agitazione, i più diffusi sono l'agitazione magnetica con l'ausilio di una barretta magnetica e la sonicazione, che però determina un riscaldamento del campione e, talvolta, compromette la stabilità dell'analita. Nei sistemi di campionamento automatico l'agitazione è ottenuta tramite vibrazione della vial; questa tecnica è altamente ripro-

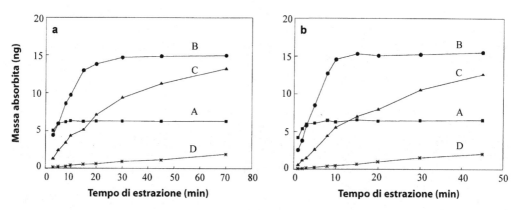

Fig. 7.7 Effetto dell'efficienza di agitazione sul profilo di estrazione di idrocarburi policiclici aromatici da un campione acquoso in modalità HS-SPME. **a** 75% di agitazione; **b** 100% di agitazione. A: naftalene; B: acenaftene; C: fenantrene; D: crisene. (Da Lord, Pawliszyn, 2000. Riproduzione autorizzata)

ducibile (deviazione standard relativa <5%) e limita il rischio di contaminazione del campione, poiché non richiede l'introduzione di oggetti estranei (ancoretta magnetica).

In Fig. 7.7 è illustrato l'effetto dell'agitazione – in termini di quantità estratta in funzione del tempo – durante estrazione di una miscela di idrocarburi policiclici aromatici (IPA) mediante HS-SPME. All'aumentare della velocità di agitazione, per naftalene e acenaftene il tempo necessario per raggiungere l'equilibrio diminuisce da 8 a circa 3 minuti. Per fenantrene e crisene, gli analiti meno volatili, non si raggiunge l'equilibrio nel periodo di osservazione sperimentale, ma la quantità di analita estratta dopo 70 minuti di agitazione a bassa velocità risulta circa uguale a quella estratta dopo 45 minuti con un'agitazione più efficiente (Lord, Pawliszyn, 2000).

7.4.1.4 Ottimizzazione del tempo di estrazione

Generalmente le condizioni di utilizzo della tecnica SPME rappresentano un compromesso tra sensibilità, velocità e precisione. Sia la sensibilità sia la precisione sono massime in condizioni di equilibrio (come già visto nel par. 7.3); tuttavia, i tempi necessari per raggiungere tale equilibrio sono spesso estremamente lunghi (ore o addirittura giorni), quindi inapplicabili a livello pratico.

Quando si ottimizza un metodo SPME, può essere utile costruire un profilo *analita/tempo* che mostra l'andamento della quantità di analita estratto in funzione del tempo. Sulla base del profilo ottenuto si può scegliere il tempo più breve necessario per raggiungere la sensibilità richiesta. Tuttavia, per effettuare un'analisi quantitativa in condizioni di non equilibrio è indispensabile mantenere rigorosamente costante il tempo di estrazione; infatti, quando si opera in condizioni di pre-equilibrio, una minima variazione nel tempo di estrazione causa un errore nella quantità estratta (errore relativo A, Fig. 7.8) maggiore di quello che la stessa variazione determinerebbe effettuando il campionamento in condizioni prossime all'equilibrio (errore relativo B, Fig. 7.8).

Il vantaggio associato all'impiego di tempi di estrazione brevi è che la velocità di estrazione è determinata dai coefficienti di diffusione degli analiti più che dalle loro costanti di

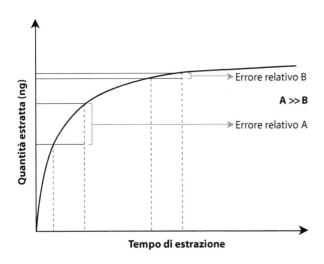

Fig. 7.8 Tipico profilo analita estratto/tempo di estrazione. La curva evidenzia l'importanza di un preciso tempo di estrazione. In particolare, nel campionamento in condizioni di pre-equilibrio l'errore relativo A, in termini di quantità estratta, è maggiore di quello che si verifica operando in condizioni di equilibrio (errore relativo B)

ripartizione. Le differenze tra i coefficienti di diffusione di diversi composti sono piccole se confrontate con le differenze tra le loro costanti di ripartizione; ciò facilita la calibrazione del sistema, poiché quando la quantità di analita estratto dipende dai coefficienti di diffusione tutti i componenti con masse molecolari simili danno picchi di area simile.

7.4.1.5 Ottimizzazione dei volumi del campione e dello spazio di testa

Il numero di moli di analita estratto è direttamente proporzionale al volume del campione analizzato fino a quando il valore di V_s diventa molto più grande del prodotto tra $K_{f/s}$ e V_f, ciò che porta a una semplificazione dell'eq. 7.4 nell'eq. 7.5. L'eq. 7.5 diventa applicabile quando la quantità di analita estratto è insignificante rispetto alla quantità originale presente nel campione, condizione che si verifica quando si analizzano composti con $K_{f/s}$ piccoli e grandi volumi di campione. In genere, tuttavia, il volume di campione è vincolato alla capacità delle vials che si possono utilizzare negli autocampionatori.

Nel caso di campionamenti effettuati per immersione diretta, è importante mantenere il volume dello spazio di testa il più piccolo possibile; infatti, mantenendo costante il volume del campione, all'aumentare dello spazio di testa aumenta la quantità di analiti che diffonde nella fase gassosa e che, quindi, non viene estratta dalla fibra in immersione. Tale effetto è più evidente per gli analiti con elevata tensione di vapore (più volatili), mentre è trascurabile per gli analiti più polari che tendono a rimanere nella fase acquosa. Ovviamente, in caso di campionamento dello spazio di testa vale il ragionamento opposto.

7.4.2 Ottimizzazione dei parametri relativi alla matrice

7.4.2.1 Temperatura di estrazione

L'utilizzo di temperature di estrazione superiori alla temperatura ambiente produce due effetti opposti: da un lato, determina un aumento dei coefficienti di diffusione dell'analita e della costante di ripartizione ($K_{h/s}$), con un aumento della velocità di estrazione; dall'altro, determina una diminuzione della costante di ripartizione $K_{f/h}$ (l'assorbimento nella fibra è un fenomeno esotermico), favorendo il desorbimento dell'analita dalla fibra, con conseguente diminuzione della quantità di analita estratto all'equilibrio.

Se la temperatura, sia della fibra sia del campione, varia da T_0 a T, la costante di ripartizione cambia secondo l'equazione:

$$K_{f/s} = K_0 \exp\left[-\frac{\Delta H}{R}\left(\frac{1}{T} - \frac{1}{T_0}\right)\right] \qquad (7.18)$$

dove K_0 è la costante di ripartizione alla temperatura T_0 (in gradi Kelvin), ΔH è la differenza di entalpia molare dell'analita quando si muove dal campione alla fibra e R è la costante dei gas. Nel range di temperatura di utilizzo della SPME, ΔH è considerato costante e nel caso di composti volatili può essere approssimato al calore di evaporazione del composto puro. L'eq. 7.18 è valida solo per ripartizioni tra due fasi omogenee; non può essere utilizzata per calcolare la ripartizione tra la fibra e campioni multicomponente, anche se può essere impiegata per effettuare una stima.

L'effetto della temperatura sulla costante di ripartizione va considerato quando si verificano variazioni di temperatura durante i campionamenti in campo e quando il campione viene riscaldato per favorire l'estrazione; va comunque ricordato che l'adsorbimento dell'analita nella fibra è un processo esotermico.

Questo comportamento è ben esemplificato in Fig. 7.9, relativa all'estrazione di metanfetamina dallo spazio di testa. La temperatura più elevata (73 °C) permette di raggiungere l'equilibrio in meno di 5 minuti, ma all'equilibrio si ottengono quantità di analita molto più basse. Con temperature di 22 e 40 °C il raggiungimento dell'equilibrio richiede oltre 90 minuti, mentre a 60 °C l'equilibrio è raggiunto in meno di 15 minuti. Nell'esempio, una sensibilità adeguata è stata raggiunta a 60 °C, riducendo così anche i tempi di estrazione.

Quando si esegue un'analisi multiresiduale occorre ovviamente trovare il compromesso migliore tra i comportamenti di tutti i composti di interesse, che possono essere caratterizzati da costanti di ripartizione e volatilità assai diverse.

La scelta della temperatura di estrazione deve tener conto anche di possibili reazioni collaterali, come la decomposizione di composti termolabili e la formazione di artefatti. Per prevenire questa perdita di sensibilità all'aumentare della temperatura, l'ideale sarebbe riscaldare il campione e mantenere contemporaneamente fredda la fibra, impiegando un dispositivo simile a quello mostrato in Fig. 7.10.

Un capillare di silice fusa, sigillato e rivestito di fase a un'estremità, viene raffreddato con CO_2 liquida veicolata all'interno del capillare, determinando un raffreddamento della fibra a una temperatura inferiore a quella del campione, che viene invece riscaldato. In questo modo è possibile estrarre quantitativamente molti analiti, inclusi i volatili, e aumentare la sensibilità del metodo senza cambiare la natura chimica della fibra; lo svantaggio è rappresentato dalla perdita di selettività, poiché vengono estratti esaustivamente non solo gli analiti ma anche gli interferenti (Zhang, Pawliszyn, 1995).

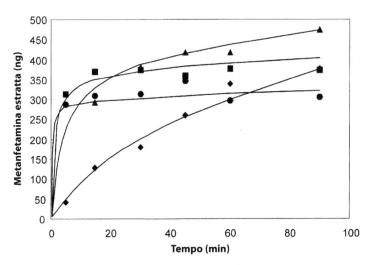

Fig. 7.9 Effetto della temperatura sull'estrazione di metanfetamina eseguita utilizzando la tecnica HS-SPME e PDMS come fibra. Le curve mostrano l'andamento della massa estratta in funzione del tempo a diverse temperature: ◆ 22 °C; ▲ 40 °C; ■ 60 °C; ● 73 °C. (Da Lord, Pawliszyn, 2000. Riproduzione autorizzata)

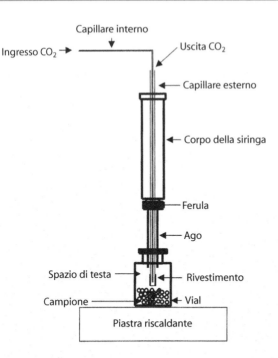

Capillare interno

Ingresso CO$_2$ →

Uscita CO$_2$

Capillare esterno

Corpo della siringa

Ferula

Ago

Spazio di testa

Rivestimento

Campione

Vial

Piastra riscaldante

Fig. 7.10 Schema di un dispositivo SPME che consente di mantenere fredda la fibra. (Da Lord, Pawliszyn, 2000. Riproduzione autorizzata)

7.4.2.2 Correzione del pH

La tecnica SPME può estrarre solo specie neutre/indissociate, a meno che non si utilizzino fibre a scambio ionico. Pertanto l'aggiustamento del valore di pH, per convertire specie dissociate nelle rispettive forme neutre, permette di migliorare significativamente la sensibilità: bassi valori di pH aumentano la sensibilità per i composti acidi, mentre elevati valori di pH facilitano l'estrazione di composti basici. È necessaria un'opportuna ottimizzazione per composti caratterizzati sia da gruppi funzionali acidi sia da gruppi funzionali basici. Inoltre, più che un semplice aggiustamento del pH, è consigliabile l'utilizzo di un tampone, che consente un più efficiente controllo del pH durante l'intero processo di estrazione dell'analita neutralizzato.

Va ricordato che esistono dei limiti di pH oltre i quali le fibre non sono stabili: per esempio, le fibre PDMS non possono essere utilizzate a pH inferiori a 2 o superiori a 10. Pertanto, quando si aggiusta il pH è generalmente preferibile utilizzare il campionamento dello spazio di testa, soprattutto se si lavora a valori di pH prossimi ai limiti di utilizzo delle fibre.

7.4.2.3 Modificazione della forza ionica

L'aggiunta di sali (cloruro di sodio, solfato di sodio, carbonato di potassio, solfato di ammonio, bicarbonato di sodio ecc.) aumenta la forza ionica della soluzione, causando due comportamenti opposti a seconda dei composti considerati. La solubilità dei composti organici in soluzione acquosa diminuisce, incrementando così la $K_{f/s}$ e, di conseguenza, la sensibilità del metodo (effetto *salting-out*), eccetto che per i composti molto polari. Tuttavia, se la concentrazione del sale aumenta oltre un determinato livello, i suoi ioni possono interagire elet-

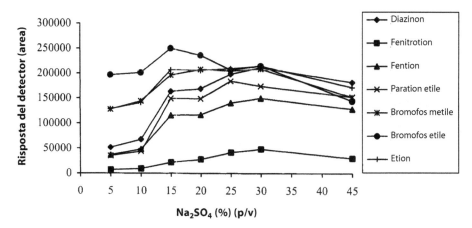

Fig. 7.11 Influenza della concentrazione di sodio solfato sulla quantità estratta di alcuni insetticidi da un campione di succo di frutta utilizzando una fibra PDMS. (Da Lambropoulou, Albanis, 2001. Riproduzione autorizzata)

trostaticamente con gli analiti polari riducendo la quantità di analita estratto dalla fibra. Per alcuni composti la solubilità non cambia: l'aggiunta di sale, quindi, può causare una diminuzione della quantità estratta riducendo il coefficiente di attività del composto, che a sua volta influisce negativamente sulla costante di ripartizione fibra-campione.

Come mostra la Fig. 7.11, che riporta le aree cromatografiche di alcuni pesticidi organoazotati e organofosforici estratti da un succo di frutta in funzione della concentrazione di solfato di sodio, la quantità di analita estratto aumenta all'aumentare della concentrazione di sale, per poi diminuire nuovamente. La resa massima di estrazione per i diversi analiti si ottiene a concentrazioni di sale differenti (Lambropoulou, Albanis, 2001). È interessante osservare che la concentrazione di sale che permette l'estrazione massima è correlata alle costanti di ripartizione: infatti i composti con i livelli di estrazione iniziali più elevati sono quelli che hanno le costanti di ripartizione più elevate (in quanto gli analiti erano presenti tutti alla stessa concentrazione); si può inoltre notare che la concentrazione ottimale di sale aumenta al diminuire della costante di ripartizione. Altre prove sperimentali condotte impiegando sali diversi hanno dimostrato che il tipo di sale e la valenza (ioni mono- o bivalenti) possono influenzare in modo diverso l'estrazione dei vari analiti.

7.4.2.4 Diluizione del campione

L'ottimizzazione di questo parametro è cruciale quando si analizzano campioni complessi, in cui l'effetto matrice risulta importante. In questi casi, infatti, si può assumere che gli analiti di interesse siano presenti sia in forma libera sia in forma legata a componenti della matrice; pertanto, una semplice diluizione della matrice, pur comportando una minore concentrazione dell'analita, potrebbe determinarne una maggior estrazione per effetto dello spostamento dell'equilibrio a favore della forma libera. Tale fenomeno è stato dimostrato per l'analisi di pesticidi organofosforici in succhi di frutta, nella quale il recupero relativo aumentava palesemente con l'incremento del fattore di diluizione in acqua (Zambonin et al, 2004). L'aggiunta di acqua può migliorare anche l'estrazione da campioni semisolidi (frutta e verdura) e solidi (suolo), aumentando il rilascio dei composti volatili e semivolatili dal campione allo spazio di testa. Tuttavia, poiché l'aggiunta di acqua determina sia la diluizione del composto di interesse sia la riduzione dell'effetto matrice, tale parametro va studiato sperimentalmente per ciascuna applicazione (Fernandez-Alvarez, 2008).

7.4.2.5 Contenuto di solventi organici

Dal punto di vista teorico, la quantità di solvente organico nel campione dovrebbe essere la più bassa possibile per non ridurre la costante di ripartizione fibra-campione (Pawliszyn, 2009). In generale, la quantità di solvente organico naturalmente presente, o aggiunta in seguito a fortificazione, non dovrebbe eccedere l'1-5% del volume di campione. In alcuni casi, variazioni del solvente organico dello 0,5% modificano significativamente i recuperi (Lord, Pawliszyn, 1997). Ciò dimostra l'importanza di mantenere costante la quantità di solvente aggiunto in campioni fortificati a tutti i livelli di concentrazione testati durante la validazione del metodo.

Tuttavia, l'aggiunta di piccole quantità di solventi può talvolta migliorare l'estrazione. Per esempio: nella determinazione di farmaci in campioni biologici l'aggiunta di un modificante organico permette il rilascio di analiti legati alle proteine (Mullett et al, 2002); nell'analisi di IPA in campioni di acqua l'aggiunta di solvente organico aumenta la solubilità dei composti, evitandone l'adsorbimento sulla parete delle vials (Fernández-González et al, 2007).

7.4.2.6 Derivatizzazione

Come nelle tecniche di estrazione tradizionali, la derivatizzazione permette di trasformare gli analiti in forme più idonee all'estrazione e/o all'analisi: si utilizza infatti per favorire l'estrazione di composti polari e/o termolabili, trasformandoli in composti più facilmente estraibili, termicamente stabili, più volatili o meno polari, e con migliore comportamento cromatografico e risposta al detector.

Con la tecnica SPME si possono utilizzare diversi approcci di derivatizzazione:
- derivatizzazione pre-estrazione (derivatizzando l'analita direttamente nella matrice del campione);
- derivatizzazione post-estrazione (sulla fibra o nell'iniettore);
- simultanea derivatizzazione ed estrazione (esponendo la fibra all'agente derivatizzante prima dell'estrazione).

Nel primo caso si aggiunge l'agente derivatizzante direttamente nella vial che contiene il campione, si attende che avvenga la reazione e poi si espone la fibra (mediante HS-SPME o DI-SPME) per estrarre i derivati (Mills, Walker, 2000). La derivatizzazione pre-estrazione viene utilizzata per composti di interesse – solitamente altamente polari – caratterizzati da bassa affinità per le fibre disponibili (bassa $K_{f/s}$); per esempio, è stata impiegata per estrarre fenoli dall'acqua, utilizzando una fibra PDMS, previa conversione degli analiti in acetati mediante aggiunta di anidride acetica (Buchholz, Pawliszyn, 1994).

Spesso sono disponibili fibre polari sufficientemente efficaci nell'estrarre gli analiti di interesse, ma se questi non vengono derivatizzati la separazione cromatografica risulta difficoltosa (è il caso, per esempio, degli acidi carbossilici ad alto PM e di alcuni erbicidi). In questi casi si può anche effettuare una derivatizzazione dopo che gli analiti sono stati estratti dalla fibra, per esempio esponendo la fibra a diazometano gassoso, che converte gli analiti in esteri migliorandone il comportamento cromatografico e la risposta al detector (Lord, Pawliszyn, 2000).

La derivatizzazione può essere effettuata anche nell'iniettore GC ad alte temperature. Per esempio, gli acidi carbossilici a elevato PM possono essere estratti come coppie ioniche, aggiungendo al campione tetrametilammonio bisolfato, e poi convertiti in metilesteri durante la volatilizzazione nell'iniettore (Pan, Pawliszyn, 1997).

Un approccio molto interessante è la simultanea derivatizzazione ed estrazione realizzata direttamente sulla fibra; il modo più semplice per realizzarla consiste nel "dopare" la fibra con un reagente derivatizzante e nell'esporla successivamente al campione. In tal modo gli analiti vengono contemporaneamente estratti e convertiti in composti analoghi con maggiore affinità per la fibra. Il vantaggio di questa tecnica è che permette un'estrazione esaustiva dell'analita, qualora all'interno del campione il derivatizzante sia presente in eccesso rispetto all'analita; infatti, l'estrazione non è più un processo all'equilibrio, in quanto gli analiti derivatizzati continuano a essere estratti fin quando vi è un eccesso di derivatizzante. La tecnica può essere utilizzata per migliorare la sensibilità per gli analiti polari (quali ammine alifatiche, pesticidi e acidi carbossilici) in campioni acquosi senza aumentare la temperatura (Nerín et al, 2009).

La Fig. 7.12 mette a confronto le tecniche di derivatizzazione descritte, applicate per estrarre pesticidi da un campione di acqua piovana, utilizzando come reagente pentafluorobenzilbromuro (PFBBr) (Scheyer et al, 2007).

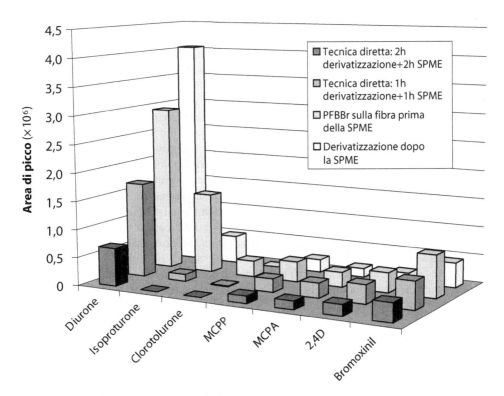

Fig. 7.12 Confronto tra diversi approcci di derivatizzazione per la determinazione di pesticidi in acqua piovana, utilizzando una fibra PDMS/DVB e PFBBr come agente derivatizzante. (Da Scheyer et al, 2007. Riproduzione autorizzata)

7.5 Condizioni di desorbimento

La SPME può essere facilmente combinata con le principali tecniche separative, incluse GC, LC ed elettroforesi capillare (EC). Per le sue caratteristiche, che permettono di minimizzare i volumi in gioco, la SPME è particolarmente idonea all'accoppiamento con la cromatografia capillare; a tale scopo, è importante mantenere ridotti i volumi anche nella fase di desorbimento per non determinare un allargamento di banda, che potrebbe compromettere la separazione cromatografica. Di conseguenza, la scelta dell'interfaccia per l'accoppiamento allo strumento separativo e delle condizioni di desorbimento è estremamente importante.

7.5.1 SPME-GC

La tecnica GC è la più utilizzata, poiché non è richiesta alcuna modifica agli strumenti comunemente disponibili. L'ago contenente la fibra viene inserito nell'iniettore GC e la fibra viene esposta per il tempo necessario al totale desorbimento dei composti precedentemente assorbiti. I parametri da ottimizzare sono il tempo, la temperatura dell'iniettore e il flusso di gas carrier. Per assicurare un desorbimento efficiente (quantitativo) e rapido, sono necessari flussi elevati, in modo che gli analiti possano raggiungere la colonna in banda stretta. Per soddisfare tale condizione, viene utilizzato un liner dedicato con ridotto diametro interno, che garantisce anche un riscaldamento più omogeneo. Inoltre, poiché non è presente solvente, l'iniezione viene solitamente condotta in modalità *splitless*, in modo che tutti gli analiti desorbiti raggiungano la colonna cromatografica, ottenendo la massima sensibilità.

La durata della fase di desorbimento nell'iniettore GC dipende dalla temperatura di ebollizione dell'analita, dallo spessore della fase della fibra e dalla temperatura dell'iniettore. Piccoli spessori della fase della fibra e temperature elevate (che causano riduzione della $K_{f/h}$ e aumento del coefficiente di diffusione) favoriscono un rapido desorbimento. In genere la temperatura ottimale di desorbimento è circa uguale al punto di ebollizione dell'analita meno volatile. Per prevenire l'allargamento dei picchi, la temperatura iniziale della colonna GC dovrebbe essere mantenuta al di sotto della temperatura di ebollizione del composto più volatile, in modo da concentrare gli analiti in testa alla colonna (criofocalizzazione). La combinazione ottimale temperatura-tempo di desorbimento si determina sperimentalmente massimizzando la resa di desorbimento e verificando l'assenza di effetti memoria dovuti a composti non completamente desorbiti.

Poiché la velocità di desorbimento è spesso limitata dal tempo richiesto per introdurre la fibra nella zona riscaldata, velocizzando l'iniezione (con l'ausilio di un autocampionatore) è possibile ottenere bande più strette e, quindi, migliorare l'efficienza e la velocità di separazione. Un'ulteriore possibilità consiste nell'utilizzare un iniettore dedicato che possa essere raffreddato durante l'introduzione dell'ago, ma sia in grado di riscaldarsi molto rapidamente dopo l'esposizione della fibra al gas di trasporto. Per aumentare la velocità di riscaldamento, si può impiegare l'energia di un laser o far passare una corrente elettrica attraverso la fibra (nel secondo caso il supporto della fibra deve essere di metallo conduttore).

7.5.2 SPME-HPLC

Per l'interfacciamento con i sistemi HPLC sono stati proposti diversi approcci (Lord, 2007). Il metodo più semplice prevede il desorbimento degli analiti mediante immersione della fibra in una vial contenente un opportuno solvente. Tale metodo è semplice ed economico, ma la sensibilità raggiungibile è piuttosto limitata, poiché l'estrazione è statica e non tutti gli analiti estratti vengono iniettati nell'HPLC.

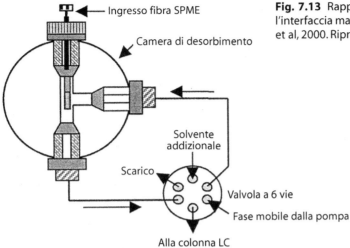

Fig. 7.13 Rappresentazione schematica dell'interfaccia manuale SPME-HPLC. (Da Kataoka et al, 2000. Riproduzione autorizzata)

Un'interfaccia SPME-HPLC più efficiente è costituita da una camera di desorbimento e da una valvola a 6 vie (Fig. 7.13). La camera di desorbimento viene posizionata al posto del *loop* di iniezione. Quando la valvola si trova in posizione di "caricamento", si può inserire la fibra nella camera di desorbimento a pressione ambiente. Se necessario, si può introdurre anche un solvente di desorbimento diverso dalla fase mobile. La valvola viene poi portata nella posizione di "iniezione", in modo da trasferire gli analiti in colonna con un volume di solvente simile a quello di un normale loop da HPLC. Nella camera di desorbimento può essere incorporato un riscaldatore per facilitare il processo di desorbimento.

La camera di desorbimento può essere facilmente realizzata in laboratorio con un raccordo a 3 vie e tubi in PEEK (polietereterchetone). Il ramo superiore del raccordo viene collegato a un tubo in PEEK il cui diametro interno viene allargato per consentire l'inserimento dell'ago del dispositivo SPME. La tenuta alle pressioni del sistema (massimo 300 atm) è assicurata da un dado in PEEK che stringe un tubo, anch'esso in PEEK, attorno all'astina che porta la fibra.

Un'interessante alternativa all'impiego della fibra è rappresentata dalla cosiddetta *in-tube* SPME, che si presta meglio all'accoppiamento LC e all'automazione del sistema, poiché permette di realizzare in continuo estrazione e desorbimento impiegando un autocampionatore standard. In questo caso si pone un pezzo di capillare di silice fusa rivestito internamente (che può essere un pezzo di colonna GC) tra l'ago di un autocampionatore LC e il loop di iniezione (Fig. 7.14). In fase di estrazione il campione viene aspirato e dispensato attraverso il capillare un certo numero di volte, preferibilmente fino a quando l'equilibrio sia quasi raggiunto o fino a quando la quantità di analita estratto è sufficiente per raggiungere la sensibilità desiderata. In realtà, sperimentalmente si è osservato che non si raggiunge mai l'equilibrio, in quanto in fase di svuotamento del capillare gli analiti vengono parzialmente desorbiti dalla fase mobile, complicando il processo di estrazione.

Nell'utilizzo di questa tecnica occorre prevenire l'intasamento del capillare e delle linee di flusso: il campione deve essere libero da particelle solide e può quindi essere necessario filtrarlo prima dell'estrazione. Quando si utilizza la fibra non occorre filtrare il campione, poiché la fibra può essere lavata con acqua prima del desorbimento.

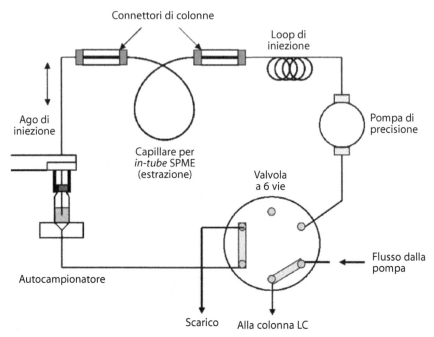

Fig. 7.14 Schema della tecnica *in-tube* SPME. La valvola è in modalità di caricamento. (Da Lord, 2007. Riproduzione autorizzata)

Nel metodo basato sull'impiego della fibra, durante l'iniezione gli analiti vengono desorbiti dalla fase mobile che passa sopra la fibra. Nel metodo basato sul capillare rivestito internamente, invece, gli analiti possono venire desorbiti dalla fase mobile che fluisce attraverso il capillare oppure, se gli analiti non vengono sufficientemente solvatati dalla fase mobile, da un opportuno solvente di desorbimento, che viene aspirato all'interno del capillare e successivamente trasferito (con gli analiti desorbiti) nel loop per l'iniezione in colonna. La composizione della fase mobile utilizzata per desorbire gli analiti dalla fibra deve essere compatibile con la successiva separazione cromatografica, pertanto rappresenta un punto critico nella fase di ottimizzazione.

Si può realizzare un desorbimento dinamico, inviando un flusso di solvente, oppure, nel caso di analiti fortemente ritenuti dalla fibra, un desorbimento statico. Prima dell'iniezione, la fase estraente della fibra o del capillare viene lasciata a contatto con il solvente di desorbimento per un tempo prestabilito.

Per ottenere un'estrazione ottimale, è importante ottimizzare anche la lunghezza del capillare e la velocità di aspirazione e dispensazione. Solitamente si usa un capillare di 50-60 cm; con lunghezze inferiori si riduce l'efficienza di estrazione, mentre con lunghezze superiori si osserva un allargamento dei picchi. La velocità di aspirazione/dispensazione ottimale è di 50-100 µL/min: al di sotto di tali valori sono richiesti tempi eccessivamente lunghi, mentre al di sopra possono formarsi all'interno del capillare bolle che riducono l'efficienza dell'estrazione.

Poiché il processo di trasferimento di massa in un liquido è molto più lento che in un gas, il desorbimento per effettuare l'analisi HPLC risulta molto più lento che in GC. Inoltre, poiché è molto più difficile ottenere un desorbimento quantitativo, è importante evitare conseguenti problemi di effetto memoria effettuando, se necessario, opportuni lavaggi prima dell'analisi successiva. Il solvente di desorbimento consiste solitamente in una miscela di acqua e solvente organico (per esempio metanolo/acqua o acetonitrile/acqua) e la forza dell'eluente dovrebbe non eccedere la forza eluente della fase mobile cromatografica al momento dell'iniezione. In molti casi è possibile usare direttamente la fase mobile, mentre in altri è necessario aggiungere un appropriato solvente per facilitare il desorbimento. Per ridurre l'allargamento di banda, il volume di solvente utilizzato dovrebbe essere il più piccolo possibile, ma comunque sufficiente per immergere completamente la fase di rivestimento della fibra. La velocità di flusso lineare della fase mobile deve essere massimizzata scegliendo tubi di piccolo diametro per la camera di desorbimento. Anche la temperatura e l'agitazione svolgono un ruolo importante nell'accelerare il desorbimento.

7.6 Analisi quantitativa in SPME

In generale la SPME consente un'estrazione non esaustiva; pertanto rispetto alle altre tecniche di preparazione del campione si richiede un'attenzione particolare al metodo di calibrazione.

Quando si deve effettuare una calibrazione utilizzando la tecnica SPME, la prima considerazione riguarda il tipo di fibra scelto. Come si è visto, i rivestimenti SPME liquidi, come il PDMS, hanno un range di linearità molto ampio; per i rivestimenti solidi, come Carboxen/DVB o PDMS/DVB, il range di linearità è più ristretto, in quanto la fibra si satura più velocemente a causa del limitato numero di siti di adsorbimento. Quando l'analita presenta un'affinità elevata per la superficie della fibra si può giungere a saturazione anche con basse concentrazioni di analita; in questi casi si può espandere il range di linearità riducendo il tempo di estrazione.

7.6.1 Scelta del metodo di calibrazione

In molti casi la calibrazione può non essere necessaria, in quanto le costanti *K* (che definiscono la curva di calibrazione esterna) sono note dalla letteratura o possono essere ricavate dai dati cromatografici. Per i campioni molto eterogenei, solitamente solidi, la scelta dell'opportuna metodica di quantificazione è talvolta problematica. Alcuni solidi possono essere ridotti in polvere, aumentandone l'area superficiale e permettendo di migliorare i tempi di equilibrazione tra campione, spazio di testa, fibra ed eventuale standard aggiunto. In altri casi (per esempio, frutta), i campioni sono sistemi viventi e il loro profilo aromatico può essere alterato in seguito a danneggiamento del tessuto cellulare, per cui si è diffusa anche la tecnica di campionamento dello spazio di testa del frutto intatto. Spesso, quando si effettua il campionamento di campioni solidi eterogenei, la quantificazione è semiquantitativa. I lunghi tempi di equilibrazione tra campione solido e standard aggiunto allo spazio di testa e l'eterogeneità del campione rendono, infatti, difficoltosa una corretta quantificazione degli analiti.

7.6.2 Metodi di calibrazione tradizionali

7.6.2.1 Calibrazione esterna

Quando la matrice è semplice (come nel caso delle acque superficiali) e le costanti di ripartizione nel campione sono molto simili a quelle di una matrice pura (acqua), si può utilizzare la calibrazione esterna. È dimostrato che l'umidità dell'aria ambiente e la presenza di sali o alcol a concentrazioni inferiori all'1% generalmente non influenzano i valori di K.

La calibrazione esterna può essere utilizzata anche per matrici più complesse, purché sia noto l'effetto matrice. Naturalmente, gli standard di calibrazione vanno preparati in una matrice della stessa composizione del campione, piuttosto che in una matrice pura (acqua), e occorre lasciare tempo sufficiente affinché gli analiti aggiunti si equilibrino con la matrice. La calibrazione esterna non può essere utilizzata quando non sono disponibili matrici prive degli analiti di interesse o quando la composizione della matrice varia molto nei campioni incogniti.

7.6.2.2 Metodo dell'aggiunta tarata

Per campioni più complessi si dovrebbe utilizzare la tecnica dell'aggiunta dello standard, che prevede l'aggiunta di quantità note di analita al campione da analizzare, per costruire una retta di taratura. La quantità originaria di analita nel campione viene estrapolata dall'intercetta con l'asse delle ascisse. Il principale vantaggio di questa tecnica è rappresentato dalla compensazione dell'effetto matrice. In questo caso, si assume che l'analita presente nel campione si comporti in modo simile all'analita aggiunto. Tale assunzione potrebbe non essere valida quando si analizzano campioni eterogenei, a meno che l'analita non venga completamente rilasciato dalla matrice nelle condizioni applicate. È anche importante verificare la linearità della risposta nel range di concentrazione compreso tra la concentrazione dell'analita nel campione originale e quella nel campione fortificato.

7.6.2.3 Metodo dello standard interno

Un'alternativa al metodo dell'aggiunta tarata è rappresentata dall'utilizzo di uno standard interno, chimicamente simile all'analita d'interesse. In questo caso, affinché le costanti di ripartizione non siano troppo diverse, le caratteristiche chimico-fisiche dello standard devono avvicinarsi il più possibile a quelle delle sostanze da estrarre. Per esempio, la risposta etanolo/propanolo risulta lineare nell'intervallo di concentrazione di etanolo compreso tra 0,1 e 20%. Ciò permette di utilizzare il propanolo come standard interno per quantificare l'etanolo, evitando di impiegare la tecnica dell'aggiunta tarata che comporta più di una misurazione. In alcuni casi si utilizza come standard interno lo stesso analita marcato isotopicamente (che si comporta come l'analita non marcato).

7.6.3 Metodo di calibrazione all'equilibrio

Questo metodo di quantificazione è ampiamente utilizzato per i campionamenti on-site. Una piccola quantità di fase estraente viene esposta al campione fino al raggiungimento dell'equilibrio. Come visto nel par. 7.3, all'equilibrio la quantità di analita estratto è direttamente proporzionale alla sua concentrazione secondo l'eq. 7.4. Quando il volume del campione è molto grande ($V_s \gg K_{f/s}V_f$), l'eq. 7.4 può essere semplificata nella eq. 7.5, nella quale non compare il volume di campione. La concentrazione dell'analita nel campione può essere, quindi, determinata dalla quantità di analita nella fibra, conoscendo la costante di ripartizione ($K_{f/s}$).

7.6.4 Metodo di calibrazione cinetico o di standardizzazione sulla fibra

Nel 1997 Ai propose un modello teorico, basato sul processo di trasferimento di massa a diffusione controllata, per descrivere la cinetica dell'intero processo SPME, sia all'equilibrio sia in condizioni di pre-equilibrio (Ai, 1997). Successivamente, fu dimostrata la simmetria dei processi di estrazione e desorbimento degli analiti dal campione alla fibra e dello standard interno pre-caricato dalla fibra al campione, sia per le fasi liquide sia per quelle solide (Chen et al, 2004; Chen, Pawliszyn, 2004; Zhao et al, 2007). Questa dimostrazione portò allo sviluppo del metodo di calibrazione cinetico, detto anche di standardizzazione sulla fibra (Ouyang, Pawliszyn, 2008), descritto dall'equazione:

$$\frac{n}{n_e} = 1 - e^{-at} \tag{7.19}$$

dove n è la quantità di analita estratto in condizioni di pre-equilibrio al tempo t, n_e la quantità di analita estratto all'equilibrio e a la costante di estrazione, che dipende dalla fase di estrazione, dalla costante di ripartizione, dai volumi dello spazio di testa e del campione, dal coefficiente del trasferimento di massa e dalla superficie estraente.

La cinetica di desorbimento dello standard pre-caricato sulla fibra è descritta dall'equazione:

$$\frac{Q}{q_0} = e^{-at} \tag{7.20}$$

dove Q è la quantità di standard pre-caricato rimasto nella fibra dopo l'estrazione nelle condizioni di pre-equilibrio al tempo t, q_0 è la quantità di standard interno pre-caricato sulla fibra SPME e a è la costante di desorbimento.

Se lo standard interno e l'analita di interesse hanno proprietà chimico-fisiche simili, il processo di trasferimento di massa nella fibra SPME può essere descritto dalla stessa equazione; inoltre, se le stesse condizioni sono applicate nelle fasi di campionamento e desorbimento, la costante a è la stessa sia nella fase di assorbimento sia in quella di desorbimento e le equazioni 7.19 e 7.20 possono essere combinate nell'equazione:

$$\frac{n}{n_e} + \frac{Q}{q_0} = 1 \tag{7.21}$$

L'eq. 7.21 rappresenta la base per la quantificazione in condizioni di pre-equilibrio. Pertanto, pre-caricando una certa quantità di standard interno (q_0) sulla fibra ed esponendo poi questa al campione, per il tempo di estrazione stabilito, può essere determinata la quantità di analita estratto (n) e la quantità di standard interno rimanente (Q), se si è proceduto alla calibrazione della risposta del detector GC con la massa iniettata. L'eq. 7.21 viene, poi, utilizzata per calcolare n_e, da cui si ricava la quantità iniziale di analita nel campione applicando l'eq. 7.4 (per campionamenti DI), l'eq. 7.11 (per HS-SPME) o l'eq. 7.5 (per campionamenti indipendenti dal volume del campione). Per correlare la concentrazione nel campione a n_e è necessario inoltre effettuare una calibrazione della risposta del detector, iniettando lo standard disciolto in una soluzione organica, e calcolare la costante di ripartizione della fibra. Va sottolineato che, quando si effettua la calibrazione usando una soluzione standard per poi derivare la quantità estratta con la tecnica SPME, l'efficienza di trasferimento all'iniettore deve essere uguale per l'iniezione di liquido e per il desorbimento della fibra. Dopo uno studio approfondito, Ouyang e collaboratori (Ouyang et al, 2005) hanno concluso che:
– l'iniezione ad alta temperatura non è idonea per la calibrazione della SPME, pertanto raccomandano l'uso di un iniettore PTV;
– è consigliabile l'uso dell'iniezione diretta o di liner dedicati con piccolo diametro interno.

7.7 Applicazioni

La SPME è stata inizialmente impiegata per l'analisi degli inquinanti nelle acque; in seguito ha trovato applicazione in numerosi ambiti: nel settore ambientale, nell'analisi degli alimenti (in particolare per la valutazione della componente aromatica) e nelle analisi biologiche.

7.7.1 Analisi ambientali

Nel settore ambientale la tecnica SPME è stata ampiamente utilizzata per l'analisi di contaminanti in aria, acqua, suolo e sedimenti (Ouyang, Pawliszyn, 2006).

L'applicazione della tecnica SPME su campioni di aria può essere effettuata sia on-site sia in laboratorio. Il campionamento può essere eseguito sia all'equilibrio sia al pre-equilibrio, applicando poi l'opportuna metodica di quantificazione degli analiti di interesse. Il raggiungimento dell'equilibrio può essere velocizzato utilizzando flussi di aria controllati e quantificando poi con il metodo cinetico (par. 7.6.4).

Per le analisi delle acque si può impiegare sia la tecnica a immersione sia quella dello spazio di testa. È stata ampiamente utilizzata anche la tecnica in-tube SPME, in particolare per l'analisi di pesticidi, erbicidi, BTEX (benzene, toluene, etilbenzene, xilene) e IPA. La derivatizzazione è spesso un importante ausilio per migliorare l'estrazione di composti organometallici, fenoli, ammine aromatiche e altri composti particolarmente polari da matrici acquose. Per quanto riguarda l'analisi di residui di pesticidi nelle acque, la tecnica SPME ha dimostrato una precisione più che accettabile per diversi composti.

Le fibre PDMS sono risultate particolarmente selettive per determinare la presenza di BTEX, fenoli e IPA. In genere, si impiegano fibre PDMS e PA, ma per gli erbicidi trova applicazione anche la fibra Carbowax/DVB. Solitamente si ricorre alla separazione GC accoppiata alla rivelazione utilizzando uno spettrometro di massa (MS), un detector a cattura di elettroni (ECD, *electron capture detector*) o un detector ad azoto-fosforo (NPD, *nitrogen-phosphorus detector*), ma sono diffuse anche applicazioni LC. Per valutare l'affidabilità dei metodi utilizzati, sono stati condotti diversi studi inter-laboratorio, ottenendo risultati soddisfacenti.

7.7.2 Analisi di matrici alimentari

Gli alimenti sono matrici molto complesse, che richiedono diverse procedure per la preparazione del campione prima dell'analisi GC, LC o di altro tipo. La rapida estrazione degli analiti di interesse è essenziale per minimizzare o prevenire le tipiche alterazioni che si verificano nei campioni alimentari in seguito ad attività enzimatica, ossidazione lipidica, crescita microbica e cambiamenti fisici. La tecnica SPME è particolarmente adatta all'analisi di queste matrici; dalla sua introduzione, infatti, il numero di applicazioni sviluppate è aumentato esponenzialmente, in relazione sia all'analisi di contaminanti sia alla valutazione delle sostanze volatili, intese come off-flavours o componenti dell'aroma (Kataoka et al, 2000; Pawliszyn, 1999, 2009, 2012). Lo studio degli aromi ha suscitato notevole interesse e ha permesso di identificare e caratterizzare lo spazio di testa di numerosi alimenti, tra i quali: formaggi, tartufi, vini, birre, caffè, bevande tipo cola, succhi di frutta, erbe aromatiche, oli essenziali e luppolo.

Il profilo aromatico di alimenti processati e/o conservati rappresenta una fonte importante di informazioni qualitative e quantitative, in grado di caratterizzare e definire lo stato di conservazione dell'alimento stesso. I componenti dell'aroma sono generalmente presenti a concentrazioni molto basse e appartengono a classi eterogenee di composti con polarità e reattività assai variabili; per la determinazione della frazione volatile, la SPME è spesso più vantaggiosa rispetto ad altre tecniche analitiche. Di seguito sono riportati alcuni esempi tratti dalla vasta letteratura disponibile sulle applicazioni SPME.

7.7.2.1 Analisi degli aromi

Vegetali e frutta
Vi sono numerose applicazioni relative alla determinazione del profilo aromatico di diversi frutti. Per esempio, il metodo ottimizzato da Ibañez e collaboratori (Ibáñez et al, 1998) per caratterizzare la frazione volatile di diversi frutti può essere utilizzato per monitorare i cambiamenti degli aromi chiave durante la trasformazione e lo stoccaggio. La Fig. 7.15 riporta i tracciati ottenuti con HS-SPME-GC-FID da campioni di albicocca e pesca, nei quali è stata identificata una varietà di alcoli, esteri e composti terpenici (Riu-Alamatell et al, 2004).

Tra le varie applicazioni, si ricordano la determinazione e l'identificazione dei componenti solforati volatili nei tartufi (Pelusio et al, 1995) e nelle cipolle (Jarvenpaa et al, 1998) (utilizzando la fibra PDMS) e il controllo della purezza di oli essenziali derivati da piante (per esempio, è stato messo a punto un metodo per determinare l'origine e la purezza del mentolo).

Tecniche HS-SPME-GC-FID sono state sviluppate per accertare l'origine botanica di diversi alimenti, tra i quali la cannella (Miller et al, 1996).

Succhi di frutta e soft drink
I metodi sviluppati impiegano sia HS-SPME sia DI-SPME e fibre PDMS e PA. L'aggiunta di sali aumenta l'estrazione degli analiti (alcoli, esteri, aldeidi, composti solforati). Inoltre, la DI-SPME risulta più efficace della HS-SPME, e per molti componenti (esteri, terpenoidi, lattoni) è comparabile o addirittura superiore alla convenzionale estrazione con solvente (Fig. 7.16). La tecnica SPME è stata applicata con successo anche all'analisi degli aromi di caffè, tè, nocciole e vari oli vegetali, tra i quali l'olio di oliva (Cordero et al, 2008; Wu et al, 2000; Purcaro et al, 2014).

Bevande alcoliche
La tecnica SPME è stata ampiamente utilizzata anche per caratterizzare la frazione volatile di molte bevande alcoliche. Una fibra PA è stata impiegata, per esempio, per determinare la presenza di 12 specifici alcoli ed esteri nello spazio di testa della birra. La metodica è stata comparata con un campionamento a HS statico, dimostrandosi molto più sensibile (Jeleń et al, 1998). Nel vino sono stati identificati oltre 1.000 componenti dell'aroma (idrocarburi, terpenoidi, alcoli, esteri, aldeidi e acidi) con elevato range di polarità e volatilità e presenti in quantità variabile (da pochi ng/L a 100 mg/L). La maggior parte di questi componenti origina dall'uva e si forma prima o dopo la fermentazione. Si ricorda che il profilo aromatico è utile per la caratterizzazione e la tipicizzazione dei prodotti. I risultati migliori si ottengono con le fibre PA; in genere, si tende a preferire la tecnica HS-SPME, in quanto permette di ottenere sensibilità migliori per i terpenoidi e, soprattutto, assicura una vita più lunga alla fibra (De La Calle García et al 1996, 1997, 1998).

Formaggi
La frazione aromatica dei formaggi comprende oltre 200 componenti, che originano da composti presenti nel latte e da reazioni chimiche ed enzimatiche che portano alla formazione di peptidi, amminoacidi, ammine e composti volatili. La Fig. 7.17 mostra i differenti tracciati ottenuti con una fibra PDMS e una fibra PA. Entrambe le fibre estraggono bene gli acidi grassi

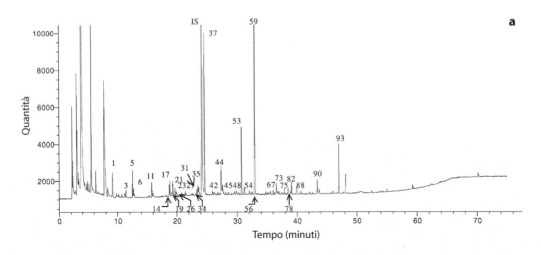

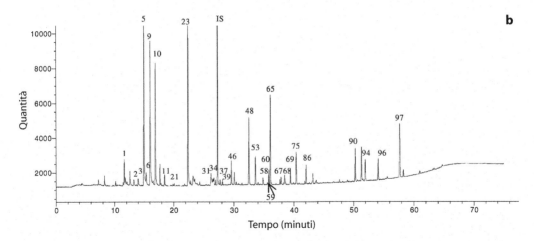

Fig. 7.15 Profili GC degli estratti in HS-SPME di albicocca (**a**) e pesca (**b**). Picchi [n.i. = non identificato]: IS = standard interno; 1 = limonene ;2 = etilesanoato; 3 = β-ocimene; 4 = isoamilbutirrato; 5 = esilacetato; 6 = α-terpinolene; 7 = isoamilvalerato; 8 = γ-terpinene; 9 = 3-esenilacetato; 10 = 2-esenilacetato;11 = 1-esanolo; 12 = 3-idrossibutanone; 13 = n.i.; 14 = butilesanoato; 17 = esilbutanoato; 19 = esilisovalerato; 20 = octilacetato; 21 = 3,8,8,trimetiltetraidronaftalene; 22 = 1,2,3,4-tetraidro-1,1,6-trimetilnaftalene; 23 = etilottanoato; 24 = 3-esenolo; 25 = 1,2,3,4-tetraidro-1,6-dimetil-4-(1-metiletil) naftalene; 26 = acido acetico; 27 = n.i.; 28 = 2-furancarbossaldeide ; 29 = 2-metiletilottanoato; 30 = 3-esenilisobutanoato; 31 = vitispirano; 32 = n.i.; 34 = benzaldeide; 35 = n.i.; 36 = trimetiltetraidronaftalene; 37 = linalolo; 38 = cariofillene; 39 = 1,2,3,4-tetraidro-1,1,6-trimetilnaftalene; 42 = n.i.; 44 = esillesanoato; 45 = megastigma-4,6,8-triene; 46 = 1,2,3,4-tetraidro-1,6,8-trimetilnaftalene; 48 = etildecanoato; 49 = citronellilacetato; 51 = n.i.; 53 = α-terpineolo; 54 = α (z; e)-farnesene; 56 = 1,2-diidro,1,1,6-trimetilnaftalene; 57 = etilbenzoato; 58 = estragolo; 59 α(e; e)-farnesene; 60 = geranil-acetato; 62 = 1,2,4α,5,8,8α-esaidro-4,7-dimetil-1-(1-metiletil)naftalene; 65 = benzilacetato; 66 = neril-acetato; 67 = geraniolo; 68 = β-damascenone; 69 = 1,2-diidro-1,4,6-trimetilnaftalene; 70 = anetole; 72 = etil 2,4 (e; z)-decadienoato; 73 = n.i.; 75 = etildodecanoato; 76 = α-ionone; 78 = n.i.; 81 = damascenone ; 82 = β-ionone; 83 = 2-etil esanoato; 86 = metil tetradecanoato; 88 = cinnamaldeide; 90 = etiltetradecanoato; 91 = etilottadecanoato; 93 = γ-decalattone; 94 = δ-decalattone; 96 = γ-undecalattone; 97 = γ-dodecalattone. (Da Riu-Almatell et al, 2004. Riproduzione autorizzata)

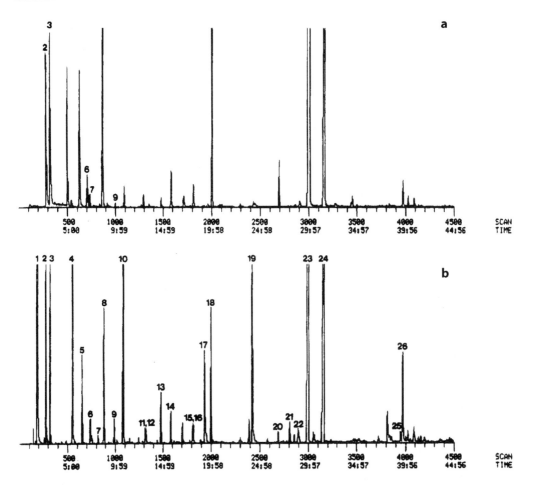

Fig. 7.16 Cromatogrammi (TIC) GC-MS di succhi di frutta estratti con diclorometano (**a**) e campionati mediante SPME (PDMS, 100 μm) (**b**). Picchi: 1 = diclorometano; 2 = etilbutanoato; 3 = etilisovalerato; 4 = limonene; 5 = etilesanoato; 6 = butirrato di isoamile; 7 = esanilbutanoato; 8 = acetato di *cis*-esen-3-ile; 9 = esanolo; 10 = *cis*-esen-3-olo; 11 = *cis*-esen-3-ile butanoato; 12 = furfurale; 13 = benzaldeide; 14 = linalolo; 15 = β-terpineolo; 16 = acido butirrico; 17 = acido isopentanoico; 18 = α-terpineolo; 19 = acido esanoico; 20 = *cis*-metilcinnamato; 21 = 1-(2-furil)-2-idrossietanone; 22 = furaneolo; 23 = *trans*-metilcinnamato; 24 = γ-decalattone; 25 = acido dodecanoico; 26 = idrossimetilfurfurale. (Da Yang, Peppard, 1994. Riproduzione autorizzata)

volatili e i lattoni, ma la PA permette di estrarre meglio i composti solforati. Il profilo cromatografico permette di differenziare campioni di diversi tipi di formaggio (Chin et al, 1996).

È stato dimostrato che operando con temperature di campionamento elevate (oltre 60 °C) si aumenta la sensibilità dell'analisi, ma si formano anche numerosi artefatti e prodotti di degradazione. Anche in condizioni relativamente blande, dagli idrossiacidi e dai trigliceridi si formano lattoni (determinando una sovrastima di quelli naturalmente presenti nel campione). Altri prodotti di degradazione si formano dalla decomposizione del β-carotene (dal foraggio), dall'ossidazione dei lipidi (aldeidi quali esanale e nonanale) e dalla decarbossilazione

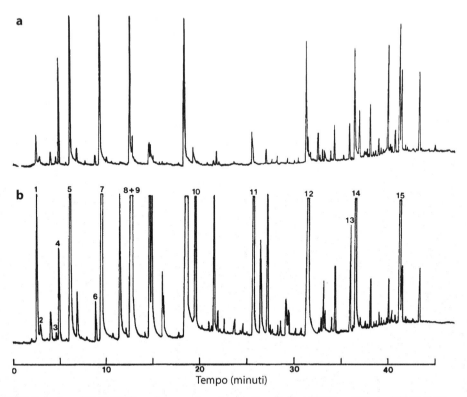

Fig. 7.17 Tracciato SPME-GC di un formaggio svizzero. Condizioni SPME: **a** 100 μm PDMS, **b** 85 μm PA; campionamento in HS a 60 °C per 20 min; desorbimento 230 °C per 10 min. Picchi: 1 = etanolo; 2 = acetone; 3 = diacetile; 4 = etilacetato; 5 = acido acetico; 6 = 3-idrossibutanone; 7 = acido propanoico; 8 = acido butanoico; 9 = 2,3-butandiolo; 10 = acido esanoico; 11 = acido ottanoico; 12 = acido decanoico; 13 = δ-decanolattone; 14 = acido dodecanoico; 15 = δ-dodecanolattone. (Da Chin et al, 1996. Riproduzione autorizzata)

dei β-chetoacidi formati per ossidazione degli acidi grassi liberi (metilchetoni). Il campionamento può essere effettuato su una porzione di campione grattugiato (si aumenta la superficie del campione esposta favorendo la ripartizione campione-aria e velocizzando, quindi, il raggiungimento dell'equilibrio) oppure mediante un foro praticato nel pezzo di formaggio, nel quale viene posizionato un setto forabile che permette l'esposizione della fibra per il campionamento.

Miele

La tecnica SPME è adatta per la caratterizzazione dei diversi mieli uniflorali e per evidenziare la presenza di sostanze estranee, quali timolo o fenolo.

L'analisi può essere effettuata utilizzando diversi tipi di fibre (PA, PDMS, CAR/PDMS). La Fig. 7.18 riporta il confronto tra il profilo GC ottenuto con una fibra CAR/PDMS e quello ottenuto con una fibra PA, campionando lo spazio di testa di un miele di agrumi. Le due fibre permettono l'estrazione di composti diversi e talvolta complementari, offrendo una visione più completa dell'aroma dei diversi mieli. Complessivamente sono stati identificati o carat-terizzati 193 composti diversi, dei quali 166 isolati con la fibra CAR/PDMS (146 identificati) e 132 con la fibra PA (120 identificati) (Soria et al, 2009). Il campione di miele (circa 2 g) viene posto in una vial da 5 mL con aggiunta di 1 mL di acqua. Il campione viene prima condizionato per 15 minuti a 60 °C e poi estratto per 30 minuti sotto continua agitazione.

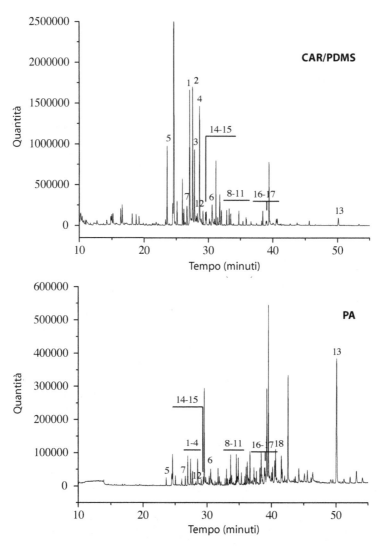

Fig. 7.18 Cromatogrammi (TIC) GC-MS della frazione aromatica di un campione di miele di limone sottoposto a estrazione. Cromatogrammi ottenuti utilizzando una fibra CAR/PDMS (*in alto*) e una fibra PA (*in basso*). Picchi: 1-4 = aldeidi del lillà (isomeri I-IV); 5 = ossido di *cis*-linalolo; 6 = fenilacetaldeide; 7 = benzaldeide; 8-11 = alcoli del lillà (isomeri I-IV); 12 = deidrolinalolo; 13 = metil-2-amminobenzoato; 14-15 = *p*-ment-1-en-9-ale (isomeri I e II); 16-17 = *p*-ment-1-en-9-olo (isomeri I e II); 18 = *p*-ment-1(7), 8(10)-dien-9-olo. (Da Soria et al, 2009. Riproduzione autorizzata)

L'analisi dello spazio di testa del miele permette di caratterizzarne l'origine botanica, poiché diversi composti sono caratteristici della pianta di origine. Il miele di tiglio, per esempio, è caratterizzato da una serie complessa di picchi non molto intensi e dalla presenza di ossido di rose *trans* e *cis* (traccianti per questa origine botanica). Il miele di eucalipto risulta caratterizzato da elevate concentrazioni di acido nonanoico; sono inoltre presenti sostanze con PM compreso tra 200 e 250, la cui struttura tipo è frequentemente posta in relazione con la degradazione dei caroteni. Il miele di agrumi è caratterizzato da derivati del linalolo; è stata riscontrata anche la presenza di metilantranilato, considerato il componente tracciante di questo tipo di miele; il componente presente in concentrazione più elevata è il limonene diolo.

Off-flavours

La SPME è stata ampiamente utilizzata anche per monitorare negli alimenti la presenza o l'insorgenza di off-flavours derivanti da processi di auto-ossidazione e problemi in fase di trasformazione o stoccaggio. Per esempio, Marsili ha utilizzato una metodica HS-SPME-GC-MS per studiare lo sviluppo indotto dalla luce di prodotti di ossidazione in campioni di latte (Marsili, 1999). Il "sentore di tappo" nei vini, un difetto causato dalla presenza di 2,4,6-tricloroanisolo (TCA), è stato determinato utilizzando una fibra PDMS, raggiungendo sensibilità inferiori ai 3 ng/L (Fischer, Fischer, 1997).

Un'applicazione interessante riguarda la possibilità di determinare lo stato di ossidazione lipidica di alimenti contenenti grassi, come i prodotti da forno, monitorando la presenza di esanale (Purcaro et al, 2008).

7.7.2.2 Analisi di residui di contaminanti

La tecnica SPME si è dimostrata molto rapida e affidabile anche per l'analisi di diversi contaminanti negli alimenti, quali pesticidi, erbicidi, policlorobifenili (PCB), IPA, ftalati ecc. (Pawliszyn 1999, 2009, 2012). Per la determinazione in campioni acquosi, compresi succhi di frutta e vino, in genere si usa la DI-SPME (Sagrantini et al, 2007). Per campioni solidi o particolarmente complessi, invece, si preferisce il campionamento HS-SPME, se la volatilità del contaminante permette di raggiungere sensibilità accettabili. Per esempio, l'analisi di clorofenoli nel miele è stata effettuata sciogliendo il miele in acqua e aggiungendo NaCl per sfruttare l'effetto salting-out (Campillo et al, 2006). Pesticidi e IPA vengono generalmente determinati in campioni come tè, carne e pesce affumicati utilizzando la HS-SPME (Schurek et al, 2008; Aguinaga et al, 2008).

Metodi a immersione sono stati sviluppati anche per matrici complesse come latte e olio. Una fibra PDMS/DVB è stata utilizzata in DI-SPME per l'estrazione di IPA da campioni di latte riscaldati a 55 °C (Aguinaga et al, 2007). Per analizzare gli IPA in campioni di olio è stata invece utilizzata una particolare fibra in Carbopack Z/PDMS, specificamente affine a composti planari (Purcaro et al, 2007; Purcaro et al, 2013). L'estrazione SPME può eventualmente essere preceduta da una rapida estrazione con solvente per aumentare la vita della fibra ed evitare pulizie frequenti del detector MS (Purcaro et al, 2013).

7.7.3 Analisi biologiche

Fin dalla sua introduzione, la tecnica SPME si è dimostrata efficace anche per l'analisi di molecole biologicamente attive, quali farmaci (antibiotici e antidepressivi), in fluidi biologici.

Più recentemente – grazie soprattutto ai progressi nel campo della spettrometria di massa, che hanno permesso di raggiungere sensibilità insperate vent'anni fa – è stato possibile estendere le applicazioni della tecnica SPME al campo della metabolomica. Le prime metodiche sviluppate con successo riguardano l'analisi di proteine e peptidi in campioni di plasma e sangue *in vitro* (Vuckovic, Pawliszyn, 2011). L'attenzione si sta attualmente spostando verso le analisi *in vivo*. La concentrazione di diversi principi attivi e dei loro metaboliti è stata monitorata in studi di farmacocinetica condotti su cani e roditori (Musteata et al, 2008; Vuckovic et al, 2011a). Le performance ottenute mediante questo metodo innovativo sono state validate e comparate con le metodiche tradizionali previste per questo genere di studi, ottenendo risultati soddisfacenti. Studi *in vivo* sono stati condotti anche per monitorare il livello di inquinanti ambientali nel tessuto di pesci (Zhang et al, 2009). Queste metodiche *in vivo* rappresentano un'interessante alternativa per gli studi di biotossicità negli animali.

Recentemente la tecnica SPME *in vivo* è stata applicata allo studio della metabolomica del sangue, esponendo per due minuti la fibra al flusso ematico. È stato dimostrato che la fibra è in grado di catturare oltre 100 composti (tra i quali β-nicotinammide adenina dinucleotide) non rivelati con le tecniche classiche basate sul prelievo di sangue (Vuckovic et al, 2011b).

Bibliografia

Aguinaga N, Campillo N, Viñas P, Hernández-Córdoba M (2007) Determination of 16 polycyclic aromatic hydrocarbons in milk and related products using solid-phase microextraction coupled to gas chromatography-mass spectrometry. *Analytica Chimica Acta*, 596(2): 285-290

Aguinaga N, Campillo N, Viñas P, Hernández-Córdoba M (2008) Evaluation of solid-phase microextraction conditions for the determination of polycyclic aromatic hydrocarbons in aquatic species using gas chromatography. *Analytical and Bioanalytical Chemistry*, 391(4): 1419-1424

Ai J (1997) Solid phase microextraction for quantitative analysis in nonequilibrium situations. *Analytical Chemistry*, 69(6): 1230-1236

Arthur CL, Pawliszyn J (1990) Solid phase microextraction with thermal desorption using fused silica optical fibers. *Analytical Chemistry*, 62(19): 2145-2148

Buchholz KD, Pawliszyn J (1994) Optimization of solid-phase microextraction conditions for determination of phenols. *Analytical Chemistry*, 66(1): 160-167

Campillo N, Peñalver R, Hernández-Córdoba M (2006) Evaluation of solid-phase microextraction conditions for the determination of chlorophenols in honey samples using gas chromatography. *Journal of Chromatography A*, 1125(1): 31-37

Chen Y, O'Reilly J, Wang Y, Pawliszyn J (2004) Standards in the extraction phase, a new approach to calibration of microextraction processes. *Analyst*, 129(8): 702-703

Chen Y, Pawliszyn J (2004) Kinetics and the on-site application of standards in a solid-phase microextration fiber. *Analytical Chemistry*, 76(19): 5807-5815

Chin HW, Bernhard RA, Rosenberg M (1996) Solid phase microextraction for cheese volatile compound analysis. *Journal of Food Science*, 61(6): 1118-1123

Cordero C, Bicchi C, Rubiolo P (2008) Group-type and fingerprint analysis of roasted food matrices (coffee and hazelnut samples) by comprehensive two-dimensional gas chromatography. *Journal of Agricultural and Food Chemistry*, 56(17): 7655-7666

De La Calle García D, Magnaghi S, Reichenbächer M, Danzer K (1996) Systematic optimization of the analysis of wine bouquet components by solid-phase microextraction. *Journal of High Resolution Chromatography*, 19(5): 257-262

De La Calle García D, Reichenbächer M, Danzer K et al (1997) Investigations on wine bouquet components by solid-phase microextration -capillary gas chromatography (SMPE-CGC) using different fibers. *Journal of High Resolution Chromatography*, 20(12): 665-668

De La Calle García D, Reichenbächer M, Danzer K et al (1998) Analysis of wine bouquet components using headspace solid-phase microextraction-capillary gas chromatography. *Journal of High Resolution Chromatography*, 21(7): 373-377

Fernandez-Alvarez M, Llompart M, Lamas JP et al (2008) Development of a solid-phase microextraction gas chromatography with microelectron-capture detection method for a multiresidue analysis of pesticides in bovine milk. *Analytica Chimica Acta*, 617(1-2): 37-50

Fernández-González V, Concha-Graña E, Muniategui-Lorenzo S et al (2007) Solid-phase microextraction-gas chromatographic-tandem mass spectrometric analysis of polycyclic aromatic hydrocarbons: Towards the European Union water directive 2006/0129 EC. *Journal of Chromatography A*, 1176(1-2): 48-56

Fischer C, Fischer U (1997) Analysis of cork taint in wine and cork material at olfactory subthreshold levels by solid phase microextraction. *Journal of Agricultural and Food Chemistry*, 45(6): 1995-1997

Górecki T, Yu X, Pawliszyn J (1999) Theory of analyte extraction by selected porous polymer SPME fibres. *Analyst*, 124(5): 643-649

Ibáñez E, López-Sebastián S, Ramos E et al (1998) Analysis of volatile fruit components by headspace solid-phase microextraction. *Food Chemistry*, 63(2): 281-286

Järvenpää EP, Zhang Z, Huopalahti R, King JW (1998) Determination of fresh onion (Allium cepa L.) volatiles by solid phase microextraction combined with gas chromatography-mass spectrometry. *Zeitschrift für Lebensmittel-Untersuchung und -Forschung A*, 207(1): 39-43

Jeleń HH, Wlazly K, Wąsowicz E, Kamiński E (1998) Solid-phase microextraction for the analysis of some alcohols and esters in beer: comparison with static headspace method. *Journal of Agricultural and Food Chemistry*, 46(4): 1469-1473

Kataoka H, Lord HL, Pawliszyn J (2000) Applications of solid-phase microextraction in food analysis. *Journal of Chromatography A*, 880(1-2): 35-62

Lambropoulou DA, Albanis TA (2001) Optimization of headspace solid-phase microextraction conditions for the determination of organophosphorus insecticides in natural waters. *Journal of Chromatography A*, 922(1-2): 243-255

Lord HL (2007) Strategies for interfacing solid-phase microextraction with liquid chromatography. *Journal of Chromatography A*, 1152(1-2) 2-13

Lord HL, Pawliszyn J (1997) Method optimization for the analysis of amphetamines in urine by solid-phase microextraction. *Analytical Chemistry*, 69(19): 3899-3906

Lord HL, Pawliszyn J (2000) Evolution of solid-phase microextraction technology. *Journal of Chromatography A*, 885(1-2): 153-193

Louch D, Motlagh S, Pawliszyn J (1992) Dynamics of organic compound extraction from water using liquid-coated fused silica fibers. *Analytical Chemistry*, 64(10): 1187-1199

Marsili RT (1999) SPME–MS–MVA as an electronic nose for the study of off-flavors in Milk. *Journal of Agricultural and Food Chemistry*, 47(2): 648-654

Miller KG, Poole CF, Pawloskí TMP (1996) Classification of the botanical origin of cinnamon by solid-phase microextraction and gas chromatography. *Chromatographia*, 42(11-12): 639-646

Mills GA, Walker V (2000) Headspace solid-phase microextraction procedures for gas chromatographic analysis of biological fluids and materials. *Journal of Chromatography A*, 902(1): 267-287

Motlagh S, Pawliszyn J (1993) On-line monitoring of flowing samples using solid phase microextraction-gas chromatography. *Analytica Chimica Acta*, 284(2): 265-273

Mullett WM, Levsen K, Lubda D, Pawliszyn J (2002) Bio-compatible in-tube solid-phase microextraction capillary for the direct extraction and high-performance liquid chromatographic determination of drugs in human serum. *Journal of Chromatography A*, 963(1-2): 325-334

Musteata FM, de Lannoy I, Gien B, Pawliszyn J (2008) Blood sampling without blood draws for in vivo pharmacokinetic studies in rats. *Journal of Pharmaceutical and Biomedical Analysis*, 47(4-5) 907-912

Nerín C, Salafranca J, Aznar M, Batlle R (2009) Critical review on recent developments in solventless techniques for extraction of analytes. *Analytical and Bioanalytical Chemistry*, 393(3): 809-833

Ouyang G, Chen Y, Setkova L, Pawliszyn J (2005) Calibration of solid-phase microextraction for quantitative analysis by gas chromatography. *Journal of Chromatography A*, 1097(1-2): 9-16

Ouyang G, Pawliszyn J (2006) SPME in environmental analysis. *Analytical and Bioanalytical Chemistry*, 386(4): 1059-1073

Ouyang G, Pawliszyn J (2008) A critical review in calibration methods for solid-phase microextraction. *Analytica Chimica Acta*, 627(2): 184-197

Pan L, Pawliszyn J (1997) Derivatization/solid-phase microextraction: new approach to polar analytes. *Analytical Chemistry*, 69(2): 196-205

Pawliszyn J (1997) *Solid phase microextraction: Theory and practice.* Wiley, New York

Pawliszyn J (ed) (1999) *Applications in solid phase microextraction.* The Royal Society of Chemistry, Cambridge

Pawliszyn J (ed) (2009) *Handbook of solid phase microextraction.* Chemical Industry Press, Beijing

Pawliszyn J (ed) (2012) *Handbook of solid phase microextraction.* Elsevier, London

Pelusio F, Nilsson T, Montanarella L et al (1995) Headspace solid-phase microextraction analysis of volatile organic sulfur compounds in black and white truffle Aroma. *Journal of Agricultural and Food Chemistry*, 43(8): 2138-2143

Purcaro G, Cordero C, Bicchi C, Conte LS (2014) Toward a definition of blueprint of virgin olive oil by comprehensive two-dimensional gas chromatography. *Journal of Chromatography A*, 1334: 101-111

Purcaro G, Moret S, Conte LS (2008) HS-SPME-GC applied to rancidity assessment in bakery foods. *European Food Research and Technology*, 227(1): 1-6

Purcaro G, Morrison P, Moret S et al (2007) Determination of polycyclic aromatic hydrocarbons in vegetable oils using solid-phase microextraction-comprehensive two-dimensional gas chromatography coupled with time-of-flight mass spectrometry. *Journal of Chromatography A*, 1161(1-2): 284-291

Purcaro G, Picardo M, Barp L et al (2013) Direct-immersion solid-phase microextraction coupled to fast gas chromatography mass spectrometry as a purification step for polycyclic aromatic hydrocarbons determination in olive oil. *Journal of Chromatography A*, 1307: 166-171

Risticevic S, Vuckovic D, Lord H, Pawliszyn J (2012) Solid-phase microextraction. In: Pawliszyn J (ed) *Comprehensive sampling and sample preparation*, Vol. 2. Elsevier, Amsterdam

Riu-Aumatell M, Castellari M, López-Tamames E et al (2004) *Characterisation of volatile compounds of fruit juices and nectars by HS/SPME and GC/MS.* Food Chemistry, 87(4): 627-637

Sagratini G, Manes J, Giardina D et al (2007) Analysis of carbamate and phenylurea pesticide residues in fruit juices by solid-phase microextraction and liquid chromatography-mass spectrometry. *Journal of Chromatography A*, 1147 (2): 135-143

Scheyer A, Briand O, Morville S et al (2007) Analysis of trace levels of pesticides in rainwater by SPME and GC-tandem mass spectrometry after derivatisation with PFBBr. *Analytical and Bioanalytical Chemistry*, 387(1): 359-368

Schurek J, Portolés T, Hajslova J et al (2008) Application of head-space solid-phase microextraction coupled to comprehensive two-dimensional gas chromatography-time-of-flight mass spectrometry for the determination of multiple pesticide residues in tea samples. *Analytica Chimica Acta*, 611(2): 163-172

Soria AC, Sanz J, Martínez-Castro I (2009) SPME followed by GC-MS: a powerful technique for qualitative analysis of honey volatiles. *European Food Research and Technology*, 228(4): 579-590

Vuckovic D, de Lannoy I, Gien B et al (2011a) In vivo solid-phase microextraction for single rodent pharmacokinetics studies of carbamazepine and carbamazepine-10,11-epoxide in mice. *Journal of Chromatography A*, 1218(21): 3367-3375

Vuckovic D, de Lannoy I, Gien B et al (2011b) In vivo solid-phase microextraction: capturing the elusive portion of metabolome. *Angewandte Chemie International Edition*, 50(23): 5344-5348

Vuckovic D, Pawliszyn J (2011) Systematic evaluation of solid-phase microextraction coatings for untargeted metabolomic profiling of biological fluids by liquid chromatography-mass spectrometry. *Analytical Chemistry*, 83(6): 1944-1954

Wu J, Xie W, Pawliszyn J (2000) Automated in-tube solid phase microextraction coupled with HPLC-ES-MS for the determination of catechins and caffeine in tea. *Analyst*, 125(12): 2216-2222

Yang X, Peppard T (1994) Solid-phase microextraction for flavor analysis. *Journal of Agricultural and Food Chemistry*, 42(9): 1925-1930

Zambonin CG, Quinto M, De Vietro N, Palmisano F (2004) Solid-phase microextraction-gas chromatography mass spectrometry: a fast and simple screening method for the assessment of organophosphorus pesticides residues in wine and fruit juices. *Food Chemistry*, 86(2): 269-274

Zhang X, Cudjoe E, Vuckovic D, Pawliszyn J (2009) Direct monitoring of ochratoxin A in cheese with solid-phase microextraction coupled to liquid chromatography-tandem mass spectrometry. *Journal of Chromatography A*, 1216(44): 7505-7509

Zhang Z, Pawliszyn J (1995) Quantitative extraction using an internally cooled solid phase microextraction device. *Analytical Chemistry*, 67(1): 34-43

Zhang Z, Pawliszyn J (1999) Studying activity coefficients of probe solutes in selected liquid polymer coatings using solid phase microextraction. *Journal of Physical Chemistry*, 100(44): 17648-17654

Zhao W, Ouyang G, Pawliszyn J (2007) Preparation and application of in-fibre internal standardization solid-phase microextraction. *Analyst*, 132(3): 256-261

Capitolo 8
Stir bar sorptive extraction (SBSE) e head space sorptive extraction (HSSE)

Giorgia Purcaro, Sabrina Moret

8.1 Introduzione

La microestrazione in fase solida (SPME), introdotta nella seconda metà degli anni Novanta del secolo scorso, ha rivoluzionato le tecniche di estrazione e si è diffusa rapidamente grazie alla semplicità di utilizzo e alle ottime prestazioni (vedi cap. 7). Tuttavia, la quantità di fase estraente nella fibra SPME è molto limitata (una fibra di 100 µm di spessore corrisponde a un volume di circa 0,5 µL), di conseguenza l'efficienza di estrazione per soluti parzialmente solubili in acqua è piuttosto bassa. Per ovviare a tale limite, fu proposta nel 1999 la *stir bar sorptive extraction* (SBSE), una tecnica per l'estrazione e l'arricchimento di composti organici da matrici acquose in una fase liquida non miscibile (Baltussen et al, 1999), che utilizza ancorette magnetiche (*stir bar*, Fig. 8.1) incapsulate in una camicia di vetro e rivestite da uno strato absorbente (da 0,5 a 1 mm di spessore) di PDMS, con un volume di fase estraente 50-250 volte maggiore rispetto a quello utilizzato nelle fibre SPME. I principi teorici alla base della tecnica SBSE sono identici a quelli della SPME, già descritti in dettaglio nel cap. 7, al quale si rimanda.

In seguito è stata introdotta la *head space sorptive extraction* (HSSE), che costituisce un'estensione della SBSE e consente il campionamento in fase gassosa (Tienpont et al, 2000; Bicchi et al, 2000). Entrambe le tecniche sono basate sull'estrazione dei composti di interesse per absorbimento. A differenza delle tecniche basate sull'adsorbimento, nelle quali l'analita interagisce con i siti attivi su una superficie, il soluto migra nella fase absorbente; di conseguenza nella SBSE e nella HSSE non è rilevante solo la superficie, ma anche il volume della fase. La fase più utilizzata per l'estrazione è il polidimetilsilossano (PDMS), caratterizzato da elevata stabilità termica, che si comporta come un liquido in un ampio intervallo di temperature

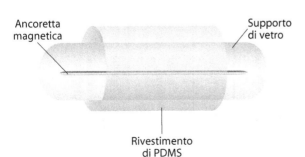

Ancoretta magnetica
Supporto di vetro
Rivestimento di PDMS

Fig. 8.1 Rappresentazione schematica di una stir bar. (Modificata con autorizzazione da Lancas et al, 2009)

S. Moret, G. Purcaro, L.S. Conte, *Il campione per l'analisi chimica*
DOI 10.1007/978-88-470-5738-8_8 © Springer-Verlag Italia 2014

Tabella 8.1 Struttura e applicazioni di recenti rivestimenti disponibili in commercio per SBSE

Fase di rivestimento	Struttura	Analiti	Matrice	Modalità di campionamento	Desorbimento	Analisi
PDMS (Twister)	(struttura PDMS)	VOCs	Alimenti e cosmetici	Immersione/HS	TD	GC-MS
PA (Twister acrilato)	(struttura Twister acrilato)					
PEG (EG silicone Twister)	A base di PA e PDMS (Twister acrilato)					
PDMS (Twister)	A base di PEG e PDMS (EG silicone Twister)	PPCP	Acque reflue	Immersione	LD	LC-MS/MS
PA (Twister acrilato)						
PEG (EG silicone Twister)	A base di PEG e PDMS (EG silicone Twister)	Bisfenoli	PCP	Immersione	TD	GC-MS
PEG (EG silicone Twister)	A base di PA e PDMS (Twister acrilato)	Benzotiazoli	Acque reflue non trattate	Immersione	TD	GC-MS
PA (Twister acrilato)						

GC-MS, gascromatografia-spettrometria di massa; HS, spazio di testa; LD, desorbimento liquido; LC-MS/MS, cromatografia liquida-spettrometria di massa tandem; PA, poliacrilato; PCP, prodotti per la cura della persona; PEG, polietilenglicole; PPCP, prodotti per la cura della persona e farmaceutici; TD, desorbimento termico; VOC, composti organici volatili.
Da Gilart et al, 2014.

(da −20 a 320 °C) e presenta interessanti proprietà di diffusione. I vantaggi del PDMS come fase estraente sono: possibilità di predire la capacità di arricchimento nella fase per un determinato analita; possibilità di ottenere intervalli di linearità molto più ampi (non si hanno problemi di spostamento dell'analita da parte di interferenti che presentano maggiore affinità per la fase); desorbimento degli analiti più rapido e in condizioni blande (Lancas et al, 2009).

Le stir bar commercialmente disponibili (lunghe 1 o 4 cm) sono denominate Twister e sono prodotte dalla Gerstel. Fino a poco tempo fa le stir bar commercializzate erano unicamente rivestite di PDMS, che non permette di ottenere recuperi soddisfacenti per i composti polari. A differenza della tecnica SPME, per la quale sono disponibili numerosi tipi di fasi e loro diverse combinazioni per garantire un'efficace estrazione di un'ampia gamma di analiti, per la SBSE vi è scarsa disponibilità di fasi estraenti e ciò ne ha determinato una minore diffusione.

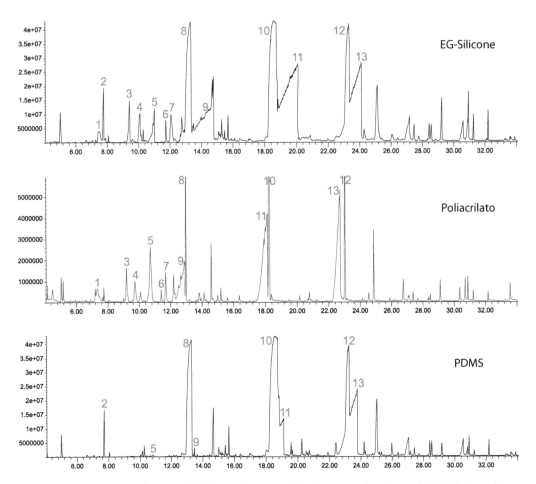

Fig. 8.2 Cromatogrammi ottenuti dall'estrazione con EG-silicone, poliacrilato e PDMS Twister da un campione di whisky. Picchi: 1 = fenolo; 2 = etilesanoato; 3 = o-cresolo; 4 = p-cresolo; 5 = 2-feniletanolo; 6 = o-etilfenolo; 7 = 2,4-xilenolo; 8 = etilottanoato; 9 = acido ottanoico; 10 = etildecanoato; 11 = acido decanoico; 12 = etildodecanoato; 13 = acido dodecanoico. (Da Nie, Kleine-Benne, 2011. Riproduzione autorizzata)

Per superare tale limite, la Gerstel ha recentemente immesso sul mercato nuove stir bar con rivestimenti in polietilenglicole (PEG)-silicone modificato (EG-silicone Twister) e in poliacrilato (PA) con una parte di PEG (poliacrilato Twister). Le strutture di tali nuovi rivestimenti sono riportate in Tabella 8.1, insieme ad alcune recenti applicazioni (Gilart et al, 2014).

La Fig. 8.2 riporta un confronto tra le estrazioni di un campione di whisky ottenute con le tre diverse stir bar commercialmente disponibili.

In letteratura sono presenti diversi studi dedicati allo sviluppo di nuovi rivestimenti più affini agli analiti polari, con differenti conformazioni e dimensioni (Gilart et al, 2014; David, Sandra, 2007; Kawaguchi et al, 2013). Per esempio, Liu e collaboratori hanno proposto l'uso di una tecnologia sol-gel per depositare uno strato sottile di PDMS sull'ancoretta magnetica (Liu et al, 2004, 2005). Lambert e collaboratori hanno rivestito un'ancoretta magnetica con ADS (*alkyl-diol-silica*) per l'estrazione di caffeina e suoi metaboliti da un campione biologico (Lambert et al, 2005). Bicchi e collaboratori hanno descritto l'uso di una stir bar con rivestimento a due fasi (uno strato esterno in PDMS e uno interno in carbone), e hanno studiato una doppia modalità di estrazione, per immersione o nello spazio di testa, dimostrando un aumento dei recuperi per composti altamente volatili rilasciati da materiale vegetale e per soluti polari in campioni di acqua (Bicchi et al, 2005). Inoltre, negli ultimi anni è cresciuto l'interesse per rivestimenti per stir bar a base di materiali monolitici, che oltre al vantaggio di avere struttura porosa, alta permeabilità, grande disponibilità nel mercato di monomeri con differente polarità e funzionalità, sono semplici ed economici da preparare; con questi materiali si riesce a ottenere un elevato volume di fase estraente e, di conseguenza, un aumento dei recuperi (Gilart et al, 2014).

8.2 Teoria e principi della SBSE

Analogamente alla SPME, la SBSE è una tecnica di equilibrio basata sulla costante di ripartizione dei soluti tra la fase siliconica e la fase acquosa. Diversi studi (Dugay et al, 1998; De Bruin et al, 1998; Beltran et al, 1998) hanno posto questo equilibrio in relazione con le costanti di ripartizione ottanolo-acqua ($K_{o/w}$). Come descritto nell'eq. 8.1, la costante di ripartizione tra PDMS e acqua ($K_{PDMS/w}$) è definita dal rapporto all'equilibrio tra la concentrazione del soluto nella fase estraente di PDMS (C_{PDMS}) e la concentrazione in acqua (C_w). Tale relazione può essere espressa anche come rapporto tra la massa di soluto nella fase di PDMS (m_{PDMS}) e la massa di soluto nella fase acquosa (m_w) moltiplicato per β, che rappresenta il rapporto tra i volumi delle fasi ($\beta = V_w/V_{PDMS}$).

$$K_{o/w} \approx K_{PDMS/w} = \frac{C_{PDMS}}{C_w} = \frac{m_{PDMS}}{m_w}\frac{V_w}{V_{PDMS}} = \frac{m_{PDMS}}{m_w}\beta \tag{8.1}$$

Il recupero, espresso come rapporto tra la quantità di soluto estratto nella fase PDMS (m_{PDMS}) e la quantità di soluto originariamente presente in acqua ($m_0 = m_{PDMS} + m_w$), è determinato, quindi, dalla costante di ripartizione $K_{PDMS/w}$ e dal rapporto tra le fasi β, come descritto nell'equazione:

$$\frac{m_{PDMS}}{m_0} = \frac{K_{PDMS/w}/\beta}{1+\left(K_{PDMS/w}/\beta\right)} \tag{8.2}$$

Dall'eq. 8.2 appare evidente, quindi, che l'efficienza di estrazione aumenta all'aumentare della costante $K_{PDMS/w}$ e diminuisce all'aumentare della polarità del soluto. Inoltre, quan-

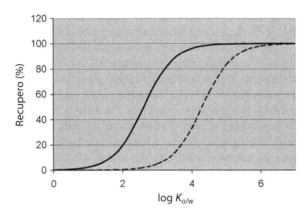

Fig. 8.3 Recupero teorico (%) in funzione di log $K_{o/w}$ per SPME (*linea tratteggiata*; 100 µm di fibra con 0,5 µL di PDMS) e SBSE (*linea continua*; 1 cm × 0,5 mm d_f, 25 µL PDMS) e 10 mL di campione. (Da David, Sandra, 2007. Riproduzione autorizzata)

to maggiore è la quantità di PDMS utilizzata, tanto maggiore sarà l'efficienza di estrazione, poiché il rapporto tra i volumi delle fasi (β) diminuisce. Di conseguenza, l'utilizzo della SBSE permette una maggior efficienza di estrazione rispetto alla SPME per la diversa quantità di PDMS utilizzata (Fig. 8.3) (David, Sandra, 2007; Prieto et al, 2010).

La maggiore capacità della SBSE rispetto alla SPME è ben evidenziata dall'esempio riportato in Fig 8.4, relativo all'analisi di un campione di acqua fortificato con una miscela standard di idrocarburi policiclici aromatici (IPA) (Sandra et al, 2000). L'analisi SBSE è stata condotta impiegando una stir bar da 10 mm, immersa in 60 mL di acqua (addizionata con il 5%

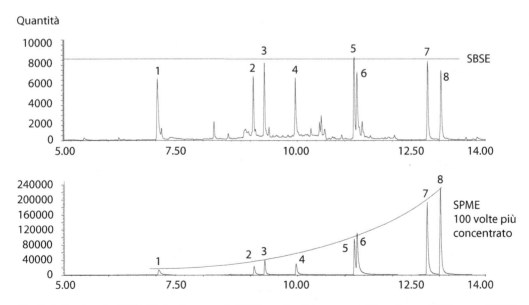

Fig. 8.4 Confronto (GC-MS) tra i recuperi di IPA aggiunti in acqua ottenuti con SBSE e con SPME. Picchi: 1 = naftalene; 2 = acenaftilene; 3 = acenaftene; 4 = fluorene; 5 = fenantrene; 6 = antracene; 7 = fluorantene; 8 = pirene. (Da Sandra et al, 2000. Riproduzione autorizzata)

di metanolo per prevenire l'adsorbimento degli analiti sulle pareti dei recipienti) fortificata con 30 ng/L di IPA. L'analisi mediante SPME è stata condotta utilizzando una fibra PDMS da 100 μm ed estraendo la stessa quantità di acqua fortificata con una quantità di IPA 100 volte superiore. In entrambi i casi sono stati utilizzati lo stesso tempo di estrazione (30 min) e la stessa velocità di agitazione, mentre il desorbimento è stato effettuato a 250 °C per la SBSE e a 300 °C per la SPME. Come si può osservare in Fig. 8.4, la SBSE estrae tutti i componenti in ugual misura, mentre la SPME estrae gli analiti più apolari (altobollenti) in misura maggiore rispetto a quelli più polari. Appare quindi evidente che, oltre a un effetto discriminante lievemente superiore per i diversi analiti, con la SBSE si ottiene una sensibilità estremamente maggiore, considerando la diversa diluizione dei campioni utilizzati per le due tecniche.

8.3 Estrazione e ottimizzazione

Durante l'estrazione la stir bar può essere posta a contatto con un soluto mediante immersione (SBSE classica) oppure mediante campionamento dello spazio di testa (HSSE) (Fig. 8.5).

8.3.1 SBSE

Per l'estrazione la stir bar viene posta in una vial a contatto con un'adeguata quantità di campione liquido (in genere 10 mL); quindi si chiude e si agita per 30-240 minuti. Il tempo di estrazione dipende dal volume di campione, dalla velocità di agitazione e dalle dimensioni della stir bar e va ottimizzato a seconda dell'applicazione. Generalmente l'ottimizzazione è condotta considerando il recupero dell'analita di interesse nel tempo. Il recupero maggiore è ottenuto in condizioni di equilibrio, ma – come nella tecnica SPME – spesso si scelgono condizioni di pre-equilibrio per ridurre i tempi di analisi. Al termine dell'estrazione, la stir bar viene risciacquata con acqua distillata, per rimuovere eventuali tracce di sali, zuccheri, proteine o altri interferenti, asciugata con carta pulita e, quindi, sottoposta a desorbimento.

Diversamente dalla SPME, che non richiede particolari sistemi per il desorbimento termico (si può utilizzare qualsiasi iniettore GC), la SBSE necessita di un sistema di desorbimento dedicato, o almeno di opportuni accorgimenti per adattare allo scopo iniettori PTV (*programmed temperature vaporization*). Come nella SPME, il desorbimento può essere sia termico sia effettuato tramite immersione in un solvente opportuno.

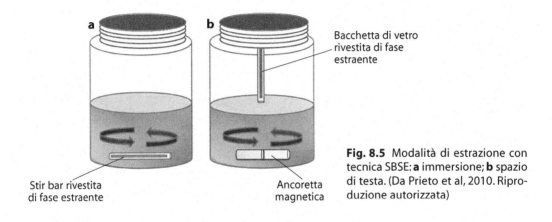

Stir bar rivestita
di fase estraente

Ancoretta
magnetica

Bacchetta di vetro
rivestita di fase
estraente

Fig. 8.5 Modalità di estrazione con tecnica SBSE: **a** immersione; **b** spazio di testa. (Da Prieto et al, 2010. Riproduzione autorizzata)

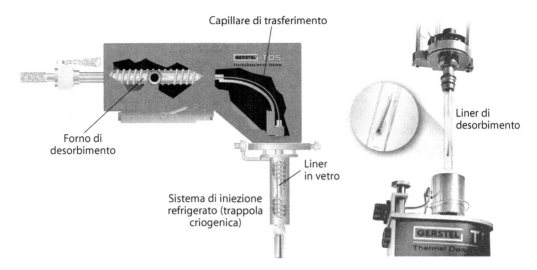

Fig. 8.6 Sistemi automatizzati di desorbimento termico (Gerstel). *A sinistra* TDS (Thermal desorption system); *a destra* TDU (Thermal desorption unit). (Da http://www.gerstel.com. Riproduzione autorizzata)

Nel caso del desorbimento termico, la stir bar è introdotta in un apposito sistema di desorbimento (4 mm di diametro interno × 187 mm di lunghezza), al quale vengono applicate temperature variabili da 150 a 300 °C per 5-15 minuti. A causa dell'elevata quantità di materiale estraente presente, nella SBSE il processo di desorbimento termico richiede più tempo rispetto al desorbimento di una fibra SPME. Attualmente sono disponibili in commercio due sistemi di desorbimento termico automatizzati (Fig. 8.6), entrambi della Gerstel: il classico TDS (Thermal desorption system) e il TDU (Thermal desorption unit), una speciale unità di desorbimento disegnata per le Twister. Il sistema può essere montato su un gascromatografo con iniettore PTV, che viene utilizzato come trappola criogenica per focalizzare e quindi desorbire termicamente gli analiti (Kawaguchi et al, 2012).

In alternativa, il desorbimento può essere effettuato utilizzando un appropriato solvente: la stir bar viene posta in una vial di piccole dimensioni (2 mL) con solventi apolari (esano) o polari (metanolo, acetonitrile); quindi si procede con un'analisi GC o LC (Prieto et al, 2010; Kawaguchi et al, 2013). La stir bar può essere riutilizzata fino a 20-50 volte, a seconda della matrice analizzata.

Nell'analisi di sostanze odorose nelle acque (quali 2-metilisoborneolo, geosmina, 2,4,6-tricloroanisolo, 2,3,6-tricloroanisolo, 2,3,4-tricloroanisolo e 2,4,6-tribromoanisolo) si è inoltre osservato che, se dopo l'estrazione la stir bar viene opportunamente conservata a 4 °C, gli analiti sono trattenuti senza perdite per una settimana. Tale aspetto è molto importante per il campionamento e l'estrazione *in situ*, poiché richiede semplicemente la spedizione della stir bar, anziché del campione da analizzare, al laboratorio (Benanou et al, 2003).

Le variabili che influenzano la SBSE sono le stesse considerate per la tecnica SPME: tempo e temperatura di estrazione; pH; aggiunta di sali, modificanti organici o agenti derivatizzanti; velocità di agitazione; volumi del campione e della fase estraente (Prieto et al, 2010). Per migliorare la selettività della SBSE, si possono dunque adottare alcune strategie in grado di controllare la ripartizione degli analiti nella fase PDMS. Normalmente, la SBSE è utilizzata per l'estrazione da campioni acquosi di componenti organici presenti in basse concentrazioni.

Campioni con elevate quantità di solventi, detergenti e altri composti organici devono essere diluiti prima dell'estrazione. Per migliorare le estrazioni da campioni acquosi di composti altamente apolari, come IPA e policlorobifenili (PCB), solitamente si aggiunge un modificante organico per minimizzare l'adsorbimento di questi composti sulle pareti della vial. Per l'estrazione di analiti entro un ampio intervallo di polarità, è necessario ottimizzare la concentrazione del modificante organico da aggiungere ed effettuare, eventualmente, una doppia estrazione (una senza e una con modificante) (David, Sandra, 2007; Prieto et al, 2010). Campioni particolarmente concentrati (per esempio alcune bevande e aromi sintetici) possono essere diluiti con acqua prima dell'estrazione, per ridurne la viscosità e il contenuto di alcol (per superalcolici), ed evitare così la saturazione della fase PDMS. Per assicurare l'estrazione di composti acidi o basici, occorre sopprimere la ionizzazione modificando opportunamente il pH.

La Fig. 8.7 presenta i tracciati relativi a un campione di whisky, diluito 1:10 in acqua, con e senza acidificazione prima dell'estrazione (Pfannkoch et al, 2001). Si può osservare che il picco dell'acido dodecanoico (picco 2) co-eluisce con parecchi piccoli picchi, incluso quello del farnesolo, e che nel campione acidificato scompaiono alcuni picchi relativi ad acetali labili (indicati in figura con un asterisco).

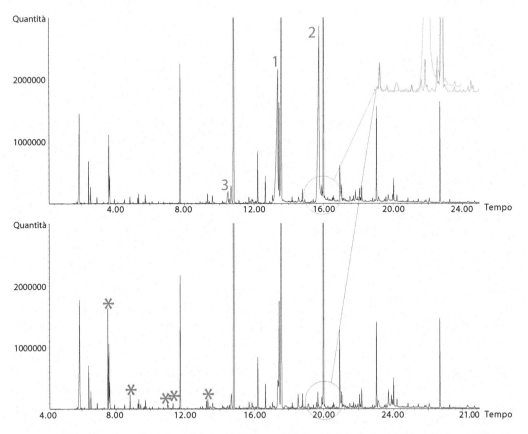

Fig. 8.7 SBSE di un campione di whisky acidificato a pH 2 (*in alto*) e non acidificato (*in basso*). Picchi: 1 = acido decanoico; 2 = acido dodecanoico; 3 = acido ottanoico. (Da Pfannkoch et al, 2001. Riproduzione autorizzata)

La tecnica SBSE può essere utilizzata anche in combinazione con una pre- o una post-derivatizzazione, in particolare per composti polari e termolabili. I derivatizzanti hanno solitamente elevati valori di $K_{o/w}$ e favoriscono quindi un aumento dei recuperi e, di conseguenza, della sensibilità per gli analiti polari (che possiedono un basso valore di $K_{o/w}$). Le tipiche reazioni di derivatizzazione utilizzabili in ambienti acquosi sono: acilazione di fenoli con anidride acetica, esterificazione di acidi e acilazione di ammine con etilcloroformiato, ossimazione di aldeidi e chetoni con pentafluorobenzil idrossilammina (PFBHA). Una derivatizzazione post-estrazione (per esempio in combinazione con il desorbimento termico), come la sililazione (che non può essere effettuata in ambiente acquoso), permette invece di migliorare le performance cromatografiche. Questi diversi tipi di derivatizzazione possono essere usati anche in combinazione per aumentare la sensibilità nella determinazione di composti contenenti diversi gruppi funzionali (Kawaguchi et al, 2006; Prieto et al, 2010).

8.3.2 HSSE

La tecnica HSSE prevede la sospensione della stir bar nello spazio di testa di una vial contenente matrici solide o liquide, per un tempo prestabilito (Fig. 8.5). In questo modo, analogamente alla tecnica SPME, i composti presenti nella fase gassosa vengono catturati nel film di PDMS (il cui volume varia da 25 a 250 μL, a seconda delle dimensioni). La stir bar può essere utilizzata anche per effettuare un campionamento dinamico (D-HS), sostituendo gli adsorbenti tradizionalmente impiegati (per maggiori dettagli, vedi cap. 9) (Splivallo et al, 2007). Come nella SBSE, anche utilizzando la tecnica HSSE è consigliato il risciacquo della stir bar con acqua distillata, dopo l'estrazione. La stir bar viene, quindi, desorbita termicamente in appositi sistemi, analogamente a quanto descritto per la tecnica SBSE, per effettuare l'analisi GC o GC-MS (Bicchi et al, 2008).

I principi alla base di questa tecnica sono gli stessi descritti per la SBSE; in particolare, il recupero degli analiti dipende dalle loro caratteristiche chimico-fisiche e dall'affinità con la fase PDMS (costante di ripartizione ottanolo-acqua), dal tempo e dalla temperatura di campionamento e dal rapporto tra spazio di testa e quantità di PDMS. Il campione viene solitamente sottoposto ad agitazione per favorire la presenza degli analiti nella fase gassosa. Utilizzando la tecnica HSSE, l'estrazione di composti non volatili è minima, e ciò allunga la vita della fase estraente.

Come accennato in precedenza, sono state sperimentate stir bar multifase (DP Twister – *dual phase*), che combinano la capacità di concentrazione di due o più fasi estraenti e operano in diverse modalità (absorbimento e adsorbimento). Queste stir bar consistono in un corto tubo di PDMS, chiuso alle estremità da due tappi magnetici, al cui interno viene impaccato carbone attivo come adsorbente (Fig. 8.8). Le stir bar multifase permettono di migliorare il recupero di componenti polari da matrici complesse o multi-ingredienti e il recupero di componenti estremamente volatili (C1-C4) (Bicchi et al, 2005).

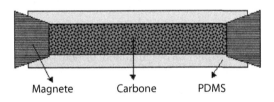

Magnete   Carbone   PDMS

Fig. 8.8 Rappresentazione schematica di una dual phase stir bar. (Da Bicchi et al, 2005. Riproduzione autorizzata)

8.4 Applicazioni

Di seguito sono descritte alcune applicazioni riportate in letteratura; numerose altre applicazioni, suddivise per settore, sono reperibili sul sito della Gerstel (http://www.gerstel.com/).

8.4.1 Applicazioni ambientali

Le prime applicazioni della tecnica SBSE sono state sviluppate nel settore ambientale, in particolare per l'analisi di composti volatili e semivolatili. Numerose applicazioni riguardano la determinazione di IPA (David, Sandra, 2007; Lancas et al, 2009; Kawaguchi et al, 2006) seguita da desorbimento termico (successiva analisi GC-MS) o liquido (successiva analisi LC con detector spettrofluorimetrico). L'utilizzo della SBSE permette di raggiungere sensibilità molto basse, dell'ordine di 1 ng/L, con buona ripetibilità. La SBSE è stata applicata anche per la determinazione di PCB nelle acque, raggiungendo sensibilità dell'ordine dei sub-ng/L (Popp et al, 2005), e per l'analisi multiresiduale di IPA, PCB e pesticidi (León et al, 2006). Nell'applicazione multiresiduale, l'estrazione è stata condotta overnight (14 h) con una stir bar di 2 cm rivestita con 0,5 mm di PDMS in 100 mL di campione saturato con cloruro di sodio. Gli analiti sono stati desorbiti termicamente prima dell'analisi GC-MS. Sono stati raggiunti limiti di rilevabilità dell'ordine di 0,1-10 ng/L (León et al, 2003; León et al, 2006).

Un'interessante applicazione riguarda la determinazione di composti odorosi nelle acque potabili. Composti quali 2-metilisoborneolo (MIB), geosmina, anisoli brominati e clorinati – che originano dai corrispondenti fenoli – hanno una soglia di percezione inferiore a 10 ng/L. Utilizzando la SBSE, questi composti possono essere estratti con elevati recuperi dalle acque potabili e con maggiori sensibilità, riproducibilità e accuratezza rispetto a tecniche molto più laboriose, come il "purge and trap" (Benanou et al, 2003).

Sebbene sia stata originariamente sviluppata per l'analisi di campioni acquosi, la SBSE può essere anche utilizzata per la determinazione di composti semivolatili in campioni di terreno o sedimenti. In questo caso, i campioni vanno prima sottoposti a una classica estrazione liquido-solido; quindi l'estratto, ottenuto con un solvente miscibile in acqua, viene diluito in acqua e sottoposto a nuova estrazione tramite SBSE (Alvarez-Aviles et al, 2005; Rodil, Popp, 2006).

Recenti applicazioni della SBSE in campo ambientale comprendono la determinazione di contaminanti emergenti nelle acque, come i composti benzofenonici (utilizzati nelle creme solari come schermo ai raggi UV e come agenti per trattenere il profumo). Questi composti, caratterizzati da un gruppo idrossilico fenolico, presentano una significativa attività estrogenica, responsabile di effetti negativi sulla riproduzione e sugli ormoni funzionali dei pesci. Per la loro determinazione nelle acque, la SBSE viene effettuata previa derivatizzazione *in situ* con anidride acetica ed è seguita da desorbimento termico e successiva analisi GC-MS (Kawaguchi et al, 2008). Recentemente è stata proposta un'applicazione nel campo della scienza forense per la separazione e l'identificazione di residui di liquidi infiammabili (come benzina e carburante diesel) in casi di incendio. La pre-concentrazione e l'estrazione degli analiti vengono condotte con la tecnica HSSE, utilizzando una stir bar rivestita di PDMS, a 50 °C per 1 ora, e sono seguite da desorbimento termico e analisi GC-MS (Cacho et al, 2014).

8.4.2 Applicazioni nel settore alimentare

Le applicazioni della SBSE nel settore dei prodotti alimentari riguardano principalmente l'analisi di costituenti minori (sostanze volatili, additivi ecc.), la determinazione in tracce di composti responsabili di *off-flavours* (aldeidi, aloanisolo ecc.) e di contaminanti (pesticidi).

Sia la SBSE (in immersione) sia la HSSE (nello spazio di testa) sono state utilizzate per l'analisi di componenti volatili – quali alcoli, aldeidi, chetoni, terpeni, fenoli e lattoni – in prodotti ortofrutticoli (fragole, uva, lamponi, mele, pesche ecc.) (David, Sandra, 2007; Kawaguchi et al, 2013). Inoltre, sono state descritte numerose applicazioni per l'analisi degli aromi in caffè, tabacco, farina di frumento, pesto genovese, birra, vino, whisky, sherry, brandy e saké. Generalmente la tecnica SBSE permette l'estrazione di composti odorosi e profumi presenti a concentrazioni molto basse, ma molto importanti dal punto di vista della percezione olfattiva globale del prodotto (David, Sandra, 2007; Kawaguchi et al, 2013).

In Fig. 8.9 è riportato il tracciato (GC-MS) ottenuto da un campione di sansa di mela (buccia, semi e polpa) essiccata. Dopo reidratazione, il campione (4,5 g) è stato trasferito in una vial da 50 mL, addizionato di standard interno (2-ottanolo, I.S. in figura) e acqua (30 mL) e omogeneizzato. L'estrazione è stata effettuata con una stir bar (20 mm) rivestita di PDMS (0,5 mm di spessore) a temperatura ambiente per 3 ore. L'analisi finale è stata condotta tramite GC-MS. Sono stati identificati 124 composti, 33 dei quali (riportati in figura) sono stati semiquantificati (Rodríguez Madrera, Suárez Valles, 2011).

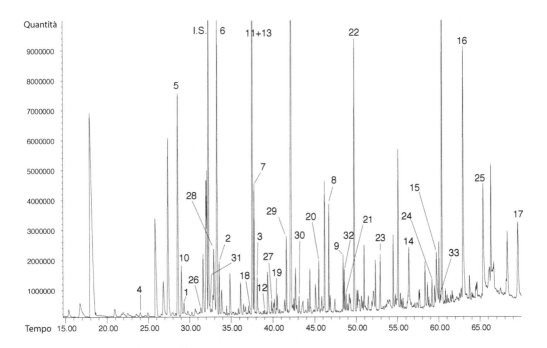

Fig. 8.9 Cromatogramma relativo agli aromi analizzati in sansa di mela. Picchi: 1 = 1-esanolo; 2 = 1-octen-3-olo; 3 = 1-ottanolo; 4 = 2-esenale; 5 = 2-eptenale; 6 = 2-ottenale; 7 = 2-nonenale; 8 = E,Z-2,4-decadienale; 9 = E,E-2,4-decadienale; 10 = 6-metil-5-epten-2-one; 11 = 3,5-ottadien-2-one; 12 = 6-metil-3,5-eptadienone; 13 = benzaldeide; 14 = acido ottanoico; 15 = acido nonanoico; 16 = acido decanoico; 17 = acido dodecanoico; 18 = linalolo; 19 = β-ciclocitrale; 20 = citrale; 21 = β-damascenone; 22 = nerilacetone; 23 = β-ionone; 24 = pseudo-ionone; 25 = farnesolo (isomero 2); 26 = metilottanoato; 27 = metildecanoato; 28 = etilottanoato; 29 = etildecanoato; 30 = etilbenzoato; 31 = esilbutirrato; 32 = 2-feniletilacetato; 33 = γ-decalattone. (Da Rodríguez Madrera, Suárez Valles, 2011. Riproduzione autorizzata)

Nel settore enologico, un'applicazione molto interessante prevede l'utilizzo di una stir bar posta in un apposito supporto per determinare gli aromi rilasciati in bocca durante la degustazione di vini (Demyttenaere et al, 2003). La SBSE è stata proposta anche per l'analisi in tracce di sostanze responsabili di *off-flavours* in matrici alimentari; per esempio, è stata utilizzata per la determinazione del 2,4,6-tricloroanisolo nel vino, responsabile del sentore di tappo, e, previa derivatizzazione *in situ*, per la determinazione di aldeidi (nonenale, decadienale ecc.) nella birra, responsabili dell'odore di stantio (Kawaguchi et al, 2013).

Per quanto riguarda l'analisi di contaminanti in tracce, la tecnica SBSE è stata utilizzata per la determinazione di pesticidi in numerosi campioni alimentari, tra i quali succhi di frutta, vino, aceto, prodotti ortofrutticoli, zafferano e tabacco (David, Sandra, 2007; Yang et al, 2013; Kawaguchi et al, 2013; Lancas et al, 2009).

È interessante anche l'approccio sequenziale per l'analisi di 80 inquinanti organici nelle acque (Ochiai et al, 2008). La procedura (Fig. 8.10) prevede una prima estrazione del campione tal quale, che consente di separare gli analiti con $\log K_{o/w} > 4$, e una seconda estrazione (con una seconda stir bar) dello stesso campione, previa aggiunta del 30% di NaCl, che estrae composti con $\log K_{o/w} < 4$. Dopo le estrazioni entrambe le stir bar sono posizionate in un unico liner per il de-

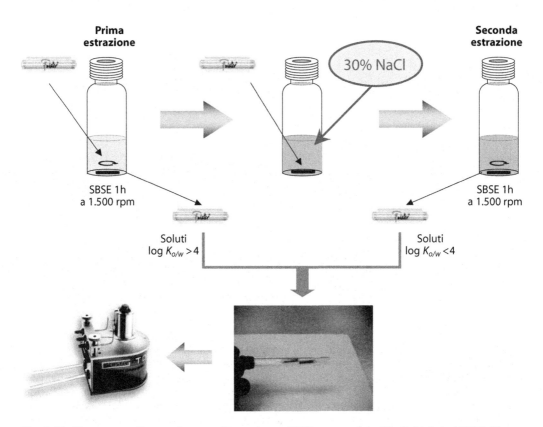

Fig. 8.10 Diagramma di procedura sperimentale per SBSE sequenziale. (Da Ochiai et al, 2008. Riproduzione autorizzata)

Quantità

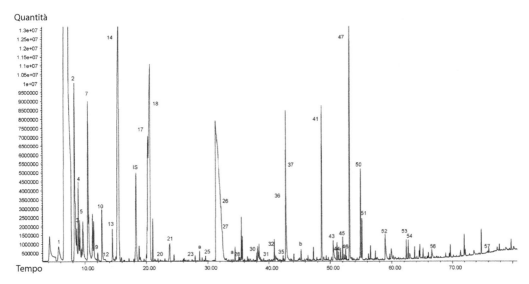

Fig. 8.11 Cromatogramma (TIC) di un aceto di vino rosso. Picchi: 1 = metilacetato; 2 = acetaldeide dietilacetale; 3 = propanoato di etile; 4 = etilsobutanoato; 5 = propilacetato; 6 = diacetile; 7 = isobutil-acetato; 8 = etilbutanoato; 9 = etil-2-metilbutanoato; 10 = etilisovalerato; 11 = butilacetato; 12 = esanale; 13 = isobutanolo; 14 = isoamilacetato; 15 = etilvalerato; 16 = amilacetato; 17 = 2-metil-1-butanolo; 18 = 3-metil-1-butanolo; 19 = etilesanoato; 20 = esilacetato; 21 = 3-idrossi-2-butanone; 22 = etileptanoato; 23 = etillattato; 24 = 1-esanolo; 25 = *cis*-3-esen-1-olo; 26 = etilottanoato; 27 = 2-furfuraldeide; 28 = benzaldeide; 29 = etilnonanoato; 30 = 5-metil-2-furfuraldeide; 31 = etilfuranoato; 32 = γ-butirrolattone; 33 = acetofenone; 34 = etilbenzoato; 35 = furfuril alcol; 36 = acido iso-valerico; 37 = sdietiluccinato 38 = α-terpineolo; 39 = benzilacetato; 40 = etilfenilacetato; 41 = 2-fenil-etilacetato; 42 = α-ionone; 43 = acido esanoico; 44 = guaiacolo; 45 = benzil alcol; 46 = *trans*-β-metil-γ-ottalattone; 47 = 2-feniletanolo; 48 = β-ionone; 49 = 4-metil guaiacolo; 50 = acido eptanoico; 51 = *cis*-β-metil-γ-ottalattone; 52 = acido ottanoico; 53 = eugenolo; 54 = 4-etilfenolo; 55 = acido nona-noico; 56 = acido decanoico; 57 = vanillina. (Da Callejón et al, 2008. Riproduzione autorizzata)

sorbimento simultaneo. Tale approccio permette di migliorare significativamente i recuperi (solo 5 composti con recuperi < 80%) rispetto alla singola estrazione effettuata con aggiunta di sale (23 composti con recuperi <80%) o senza aggiunta di sale (41 composti con recuperi <80%).

Anche la tecnica HSSE è stata utilizzata in numerose applicazioni per la determinazione di aromi e *off-flavours*, in particolare in matrici vegetali e bevande (quali tè, caffè, vino e birra), e per la caratterizzazione di piante aromatiche e medicinali (Bicchi et al, 2008).

La HSSE (seguita da desorbimento termico e analisi GC-MS) è stata utilizzata per determinare la frazione aromatica dell'aceto di vino, che presenta un profilo molto complesso, anche a causa della bassa concentrazione in cui i componenti sono presenti (Callejón et al, 2008). In particolare, 5 mL di campione sono stati posti in una vial da 20 mL, si è aggiunta una quantita di NaCl ottimizzata per ottenere l'effetto *salting-out*, e si è proceduto all'estra-zione a 62 °C per 60 minuti mediante una stir bar lunga 10 mm e con uno spessore di PDMS pari a 0,5 mm. Questa applicazione ha permesso di identificare ben 53 composti (5 dei quali individuati per la prima volta) in diversi campioni di aceto di vino (Fig. 8.11).

8.4.3 Applicazioni biomediche

La SBSE può essere utilizzata anche per l'analisi di componenti volatili e semivolatili in campioni biologici quali urina, plasma, saliva ecc. Poiché gli analiti di interesse sono componenti polari (metaboliti), viene spesso utilizzata la derivatizzazione *in situ*. Un'applicazione molto interessante riguarda l'analisi di barbiturici in urine e di ftalati in fluidi corporei. La SBSE è stata proposta anche per la determinazione di contaminanti ambientali in campioni biologici, come PCB in sperma, fenoli e clorofenoli in urina e pesticidi in latte materno (Kawaguchi et al, 2006; Lancas et al, 2009). Con o senza derivatizzazione *in situ*, la SBSE è stata utilizzata per la determinazione di farmaci, steroidi e sostanze d'abuso (inclusi i loro metaboliti), spesso preceduta da idrolisi enzimatica (David, Sandra, 2007; Lancas et al, 2009).

I metaboliti idrossi-IPA, utilizzati come indicatori dell'esposizione a IPA, sono stati analizzati mediante SBSE e derivatizzazione *in situ* con anidride acetica, seguita da desorbimento termico in GC-MS (modalità SIM, *selected ion monitoring*) raggiungendo limiti di rilevabilità di 0,01 ng/mL (Desmet et al, 2003). La SBSE è stata proposta anche per differenti indagini diagnostiche, in particolare per la determinazione dell'acido tubercolostearico (marker della tubercolosi) e del rapporto testosterone/epitestosterone nelle urine (marker dell'HIV) (Stopforth et al, 2005, 2007).

Bibliografia

Alvarez-Aviles O, Cuadra L, Rosario O (2005) *Optimization of microwave-assisted extraction/stir bar sorptive extraction/thermal desorption/gas chromatography/mass spectrometry methodology for the organic chemical characterization of particulate matter.* Paper Anyl 259, presented at the 229th American Chemistry Society National Meeting (San Diego, March 13-17, 2005)

Baltussen E, Sandra P, David F, Cramers C (1999) Stir bar sorptive extraction (SBSE), a novel extraction technique for aqueous samples: Theory and principles. *Journal of Microcolumn Separations*, 11(10): 737-747

Beltran J, Lopez FJ, Cepria O, Hernandez F (1998) Solid-phase microextraction for quantitative analysis of organophosphorus pesticides in environmental water samples. *Journal of Chromatography A*, 808(1-2): 257-263

Benanou D, Acobas F, de Roubin MR et al (2003) Analysis of off-flavors in the aquatic environment by stir bar sorptive extraction-thermal desorption-capillary GC/MS/olfactometry. *Analytical and Bioanalytical Chemistry*, 376(1): 69-77

Bicchi C, Cordero C, Iori C et al (2000) Headspace sorptive extraction (HSSE) in the headspace analysis of aromatic and medicinal plants. *Journal of High Resolution Chromatography*, 23 (9): 539-546

Bicchi C, Cordero C, Liberto E et al (2005) Dual-phase twisters: A new approach to headspace sorptive extraction and stir bar sorptive extraction. *Journal of Chromatography A*, 1094(1-2): 9-16

Bicchi C, Cordero C, Liberto E et al (2008) Headspace sampling of the volatile fraction of vegetable matrices. *Journal of Chromatography A*, 1184(1-2): 220-233

Cacho JI, Campillo N, Aliste M et al (2014) Headspace sorptive extraction for the detection of combustion accelerants in fire debris. *Forensic Science International*, 238: 26-32

Callejón R.M, González AG, Troncoso AM, Morales ML (2008) Optimization and validation of headspace sorptive extraction for the analysis of volatile compounds in wine vinegars. *Journal of Chromatography A*, 1204(1): 93-103

David F, Sandra P (2007) Stir bar sorptive extraction for trace analysis. *Journal of Chromatography A*, 1152(1-2): 54-69

De Bruin LS, Josephy PD, Pawliszyn JB (1998) Solid-phase microextraction of monocyclic aromatic amines from biological fluids. *Analytical Chemistry*, 70(9): 1986-1992

Demyttenaere JCR, Moriña RM, Sandra P (2003) Monitoring and fast detection of mycotoxin-producing fungi based on headspace solid-phase microextraction and headspace sorptive extraction of the volatile metabolites. *Journal of Chromatography A*, 985(1-2): 127135

Desmet K, Tienpont B, Sandra P (2003) Analysis of 1-hydroxypyrene in urine as PAH exposure marker using in-situ derivatisation stir bar sorptive extraction-thermal desorption-capillary gas chromatography-mass spectrometry. *Chromatographia*, 57(9-10): 681-685

Dugay J, Miège C, Hennion M-C (1998) Effect of the various parameters governing solid-phase microextraction for the trace-determination of pesticides in water. *Journal of Chromatography A*, 795(1): 27-42

Gilart N, Marcé RM, Borrull F, Fontanals N (2014) New coatings for stir-bar sorptive extraction of polar emerging organic contaminants. *Trends in Analytical Chemistry*, 54: 11-23

Kawaguchi M, Ito R, Honda H et al (2008) Simultaneous analysis of benzophenone sunscreen compounds in water sample by stir bar sorptive extraction with in situ derivatization and thermal desorption-gas chromatography-mass spectrometry. *Journal of Chromatography A*, 1200(2): 260-263

Kawaguchi M, Ito R, Nakazawa H, Takatsu A (2012) Environmental and biological applications of stir bar sorptive extraction. In: Pawliszyn J (ed) *Comprehensive sampling and sample preparation*, Vol. 3. Elsevier, Amsterdam

Kawaguchi M, Ito R, Saito K, Nakazawa H (2006) Novel stir bar sorptive extraction methods for environmental and biomedical analysis. *Journal of Pharmaceutical and Biomedical Analysis*, 40 (3): 500-508

Kawaguchi M, Takatsu A, Ito R, Nakazawa H (2013) Applications of stir-bar sorptive extraction to food analysis. *Trends in Analytical Chemistry*, 45: 280-293

Lambert J-P, Mullett WM, Kwong E, Lubda D (2005) Stir bar sorptive extraction based on restricted access material for the direct extraction of caffeine and metabolites in biological fluids. *Journal of Chromatography A*, 1075(1-2): 43-49

Lancas FM, Queiroz MEC, Grossi P, Olivares IRB (2009) Recent developments and applications of stir bar sorptive extraction. *Journal of Separation Science*, 32(5-6): 813-824

León VM, Álvarez B, Cobollo MA et al (2003) Analysis of 35 priority semivolatile compounds in water by stir bar sorptive extraction-thermal desorption-gas chromatography-mass spectrometry: I. Method optimisation. *Journal of Chromatography A*, 999(1-2): 91-101

León VM, Llorca-Pórcel J, Álvarez B et al (2006) Analysis of 35 priority semivolatile compounds in water by stir bar sorptive extraction-thermal desorption-gas chromatography-mass spectrometry: Part II: Method validation. *Analytica Chimica Acta*, 558(1-2): 261-266

Liu W, Hu Y, Zhao J et al (2005) Determination of organophosphorus pesticides in cucumber and potato by stir bar sorptive extraction. *Journal of Chromatography A*, 1095(1-2): 1-7

Liu W, Wang H, Guan Y (2004) Preparation of stir bars for sorptive extraction using sol-gel technology. *Journal of Chromatography A*, 1045(1-2): 15-22

Nie Y, Kleine-Benne E (2011) Using three types of twister phases for stir bar sorptive extraction of whisky, wine and fruit juice. *Gerstel AppNote* 3/2011 http://www.gerstel.com/pdf/p-gc-an-2011-03.pdf

Ochiai N, Sasamoto K, Kanda H (2008) A novel extraction procedure for stir bar sorptive extraction (SBSE): sequential sbse for uniform enrichment of organic pollutants in water samples. *Gerstel AppNote* 12/2008 http://www.gerstel.de/pdf/p-gc-an-2008-12corrected

Pfannkoch E, Whitecavage J, Hoffmann A (2001) Stir bar sorptive extraction: enhancing selectivity of the PDMS phase. *Gerstel AppNote* 2/2001 http://www.gerstel.com/pdf/p-gc-an-2001-02.pdf

Popp P, Keil P, Montero L, Rückert M (2005) Optimized method for the determination of 25 polychlorinated biphenyls in water samples using stir bar sorptive extraction followed by thermodesorption-gas chromatography/mass spectrometry. *Journal of Chromatography A*, 1071(1-2): 155-162

Prieto A, Basauri O, Rodil R et al (2010) Stir-bar sorptive extraction: A view on method optimisation, novel applications, limitations and potential solutions. *Journal of Chromatography A*, 1217(16): 2642-2666

Rodil R, Popp P (2006) Determination of trace level chemical warfare agents in water and slurry samples using hollow fibre-protected liquid-phase microextraction followed by gas chromatography-mass spectrometry. *Journal of Chromatography A*, 1124(1-2) 82-90

Rodríguez Madrera R, Suárez Valles B (2011) Determination of volatile compounds in apple pomace by stir bar sorptive extraction and gas chromatography-mass spectrometry (SBSE-GC-MS). *Journal of Food Science*, 76(9): C1326-C1334

Sandra P, Baltussen E, David F, Hoffmann A (2000) Stir bar sorptive extraction (SBSE) applied to environmental aqueous samples. *Gerstel AppNote* 2/2000 http://www.gerstel.com/pdf/p-gc-an-2000-02.pdf

Splivallo R, Bossi S, Maffei M, Bonfante P (2007) Discrimination of truffle fruiting body versus mycelian aromas by stir bar sorptive extraction. *Phytochemistry*, 68(20): 2584-2598

Stopforth A, Grobbelaar CJ, Crouch AM, Sandra P (2007) Quantification of testosterone and epitestosterone in human urine samples by stir bar sorptive extraction-thermal desorption-gas chromatography/ mass spectrometry: Application to HIV-positive urine samples. *Journal of Chromatography A*, 30(2): 257-265

Stopforth A, Tredoux A, Crouch A et al (2005) A rapid method of diagnosing pulmonary tuberculosis using stir bar sorptive extraction-thermal desorption-gas chromatography-mass spectrometry. *Journal of Chromatography A*, 1071(1-2): 135-139

Tienpont B, David F, Bicchi C, Sandra P (2000) High capacity headspace sorptive extraction. *Journal of Microcolumn Separations*, 12(11): 577-584

Yang C, Wang J, Li D (2013) Microextraction techniques for the determination of volatile and semivolatile organic compounds from plants: A review. *Analytica Chimica Acta*, 799: 8-22

Capitolo 9
Tecniche per l'analisi della frazione volatile

Lanfranco S. Conte, Giorgia Purcaro, Sabrina Moret

9.1 Introduzione

Lo studio dei composti volatili è di grande importanza nel settore della scienza degli alimenti, poiché l'aroma (*flavour*), insieme ad aspetto e *texture*, rappresenta una fondamentale proprietà sensoriale dei prodotti alimentari, contribuisce a determinarne l'accettabilità da parte del consumatore e ne influenza la qualità. L'aspetto sensoriale, associato alle condizioni igienico-sanitarie, al valore nutrizionale e ai servizi che il prodotto offre al consumatore, rientra tra le caratteristiche che delineano la qualità di un prodotto alimentare (Sides et al, 2000; Civille, 1991; Drewnowski, 1997).

La conoscenza della composizione chimica della frazione volatile degli alimenti costituisce una fonte di importanti informazioni anche per la caratterizzazione del prodotto e per la definizione dei parametri ottimali di produzione e di condizionamento; consente, inoltre, di prevedere le possibili alterazioni in seguito a trattamenti di trasformazione e di conservazione (Arnold, Senter, 1998).

La stimolazione simultanea di tutti i "sensi chimici" e l'integrazione a livello cerebrale dei relativi segnali determinano la percezione aromatica (Belitz et al, 2009).

L'uomo è dotato di tre principali sistemi chemo-recettivi: il gusto, l'olfatto e il trigemino. Il gusto – attraverso le sensazioni percepite attraverso le papille presenti sulla lingua o nella parte interna della cavità orale – è utilizzato principalmente per la rilevazione dei componenti solubili in acqua e non volatili a temperatura ambiente, come sali, amminoacidi, zuccheri, ossiacidi, basi degli acidi nucleici; il gusto è correlato con il senso del dolce, del salato, dell'acido e dell'amaro. L'odorato, invece, rileva i componenti chimici più volatili e meno solubili in acqua. I recettori del trigemino, localizzati nelle membrane della mucosa e nella pelle, svolgono un ruolo importante per la rilevazione di specie chimiche irritanti o particolarmente reattive.

Nella percezione degli odori sono coinvolti tutti e tre questi sistemi recettori, anche se con contributi diversi (Negoias et al, 2008). Quando contribuiscono a esaltare positivamente il flavour dell'alimento, gli odori vengono definiti *aromi*; quando invece si associano a sensazioni sgradevoli, normalmente non stimolate dall'alimento in questione, vengono definiti *off-flavours*. I composti responsabili di off-flavours possono originare da molecole presenti nell'alimento stesso o da molecole che vi diffondono come risultato di una contaminazione secondaria (pesticidi, inquinamento, materiale di confezionamento ecc.), ma possono anche derivare da altri alimenti stoccati nello stesso luogo o da proliferazione batterica (Arnold, Senter, 1998; Wilkes et al, 2000).

S. Moret, G. Purcaro, L.S. Conte, *Il campione per l'analisi chimica*
DOI 10.1007/978-88-470-5738-8_9 © Springer-Verlag Italia 2014

9.2 Aromi negli alimenti

9.2.1 Caratteristiche degli aromi

Per dare origine a un odore, una sostanza deve essere abbastanza volatile affinché un numero sufficiente di molecole possa raggiungere l'epitelio olfattivo e interagire con i recettori di natura proteica.

I principali parametri fisici e molecolari che determinano la formazione di un complesso tra un substrato e un recettore sono: punto di ebollizione, tensione di vapore, dimensioni, forma, presenza e posizione dei gruppi funzionali.

La maggior parte delle sostanze responsabili del flavour sono volatili, con un punto di ebollizione compreso tra 20 e 300 °C circa e un peso molecolare (PM) inferiore a 300. Il limite relativo al PM è giustificato non soltanto dal fatto che le sostanze con PM più elevato sono generalmente poco volatili, ma anche dall'effettiva mancanza di recettori in grado di accogliere molecole di dimensioni maggiori.

La forma va considerata in relazione alla posizione del gruppo funzionale in grado di legarsi al recettore. Le forze per mezzo delle quali l'odorante si lega alla proteina recettrice sono essenzialmente di tre tipi:
- interazioni dipolo-dipolo;
- legami a ponte di idrogeno;
- forze di van der Waals.

Le interazioni dipolo-dipolo riguardano in genere molecole che presentano gruppi funzionali. Un tipo particolarmente forte e specifico di attrazione dipolo-dipolo è rappresentato dai legami a ponte di idrogeno, che richiedono la presenza di almeno un eteroatomo (generalmente ossigeno o azoto) sulla molecola dell'odorante.

Le forze di van der Waals sono molto più deboli e agiscono solo a distanza assai ravvicinata; si manifestano, quindi, solo se la complementarità tra recettore e substrato è molto marcata. Poiché non prevedono necessariamente la presenza di eteroatomi, queste forze diventano le sole responsabili della formazione di complessi con odoranti di natura idrocarburica. In questo caso, infatti, si può escludere sia la formazione di legami covalenti, in quanto la percezione dell'odore avviene in un tempo troppo breve per essere originata dalla formazione di tali legami, sia la formazione di legami polari, data la natura generalmente lipofila degli odoranti.

Alla luce di tali considerazioni, è stata proposta la seguente classificazione delle molecole responsabili degli aromi (Pelosi, 1985):
- molecole che non presentano gruppi funzionali, comprendenti gli idrocarburi saturi, insaturi e aromatici;
- molecole che presentano un solo gruppo funzionale;
- molecole con due o più gruppi funzionali.

Alla prima categoria appartengono le molecole in grado di legarsi ai recettori dell'epitelio olfattivo con legami deboli e non specifici (forze di van der Waals). Alle altre due categorie appartengono molecole in grado di legarsi ai recettori con legami forti, grazie alla presenza di gruppi funzionali.

La quantità totale di composti aromatici naturalmente presenti in un alimento può variare da alcuni ng/kg fino a parecchi mg/kg, come nel caso dell'etanolo nei prodotti fermentati.

Talvolta molecole presenti solo in tracce possono essere molto più importanti, dal punto di vista sensoriale, di altre presenti in maggiore quantità. Infatti, nonostante la grande quantità di sostanze normalmente identificate in un alimento, soltanto un limitato numero di molecole ha un'influenza significativa sul profilo aromatico; tali sostanze chimiche, responsabili dell'odore predominante, vengono definite *composti di impatto* o *caratterizzanti*. Sono invece *composti contributivi* dell'aroma i componenti volatili che, senza avere l'odore caratteristico dell'alimento, ne completano la fragranza e il bouquet.

Per caratterizzare questi composti è necessario conoscerne la concentrazione soglia, cioè la concentrazione minima della molecola che un soggetto riesce a percepire, e la caratteristica olfattiva, che può variare in funzione della concentrazione. I composti di impatto sono di solito caratterizzati da basse concentrazioni soglia (Rizzolo, 1996).

Per l'individuazione degli aromi, sono stati proposti i seguenti parametri (Kiefl et al, 2013).
– Soglia olfattiva (OT, *odor threshold*): è la più bassa concentrazione necessaria e sufficiente per riconoscere una molecola all'olfatto.
– Valore di attività odorosa (OAV, *odor activity value*): è definito dal rapporto tra la concentrazione di un composto e la sua soglia olfattiva.
– Limite di valore di attività odorosa (LOAV, *limit of odor activity value*): definito dal rapporto tra il limite di quantificazione (LOQ, *limit of quantification*) e l'OT; fornisce una misura dell'adeguatezza del metodo analitico adottato per la quantificazione dell'analita, in relazione alla soglia olfattiva di quest'ultimo.

9.2.2 Origine degli aromi negli alimenti

Gli aromi di un alimento possono derivare da composti naturalmente presenti, *composti aromatici primari*, o svilupparsi da precursori in seguito a processi tecnologici, *composti aromatici di trasformazione*. In entrambi i casi si tratta di aromi "naturali", poiché si formano in seguito a processi enzimatici e microbici o a procedimenti tradizionali per la preparazione dei prodotti alimentari, quali essiccamento, tostatura, fermentazione e affumicatura (Decreto Legislativo 25 gennaio 1992, n. 107 e successive modifiche e integrazioni). Sono invece definiti *estranei* gli aromi che si riscontrano nell'alimento in seguito a contaminazione secondaria dovuta, per esempio, a pesticidi, materiali di confezionamento o sostanze odorose presenti nello stesso luogo di conservazione. Nelle pagine che seguono sono riportati alcuni esempi di alimenti dotati di un tipico flavour, illustrando le vie di formazione dei componenti più caratteristici.

9.2.2.1 Composti aromatici primari

I composti aromatici primari costituiscono il tipico flavour dei prodotti vegetali e delle spezie; hanno origine da precursori non volatili attraverso due tipi di reazioni enzimatiche: quelle del metabolismo intracellulare e quelle che seguono la distruzione del sistema cellulare durante le fasi di maturazione (Schreier, 1986). Le reazioni a carico di carboidrati, amminoacidi, terpeni e altri componenti portano alla formazione di aldeidi, alcoli alifatici, esteri e derivati di struttura furanica. Per quanto riguarda i frutti e i prodotti alimentari da essi derivati (vino, succhi, olio di oliva), i livelli qualitativi e quantitativi di queste sostanze aromatiche sono funzione del grado di maturazione e dello stato igienico-sanitario (Costa Freitas et al, 2012).

Le caratteristiche aromatiche del latte sono determinate da sostanze di natura diversa e possono avere origine sia dai foraggi (trasformati o meno dai processi di rielaborazione del rumine) sia dall'attività di enzimi naturalmente presenti nel latte e/o di origine microbica (Costa et al, 2012).

Il flavour dei grassi e della carne, in fase di frollatura, deriva da attività enzimatiche, spesso in presenza di ossigeno (Chiofalo, Lo Presti, 2012).

Anche i composti aromatici del miele sono di origine primaria e dipendono da molteplici fattori, tra i quali la composizione del nettare, la fisiologia dell'ape e le modificazioni che si verificano in fase di conservazione (Piasenzotto, 2003; Verzera, Condurso, 2012)

9.2.2.2 Composti aromatici di trasformazione

Gli aromi di trasformazione si formano in seguito a processi tecnologici di lavorazione della materia prima; sono aromi di trasformazione, per esempio, quelli che caratterizzano gli alimenti fermentati (vino, birra, aceto, insaccati, burro, formaggi e yogurt) o quelli che originano da un trattamento termico (cottura, tostatura, affumicatura ecc.).

Le reazioni coinvolte, molto complesse e fortemente influenzate dalla natura del substrato, possono essere distinte in due gruppi: reazioni enzimatiche (microbiche e intracellulari) e reazioni non enzimatiche, ossia di natura chimica (degradazione termica, degradazione ossidativa, reazione di Maillard e numerose altre). Nella maggior parte dei casi, più reazioni di natura diversa contribuiscono alla formazione del profilo aromatico di un alimento. Composti aromatici primari si mescolano a quelli di trasformazione e si modificano in seguito ai trattamenti tecnologici.

Un esempio è rappresentato dalla "nota aromatica" caratteristica dell'olio vergine di oliva determinata dall'azione di alterazione idrolitica e/o di ossidazione, facilitata dai processi di estrazione, a carico di composti aromatici già presenti nel frutto (Angerosa, 2002).

L'aroma del vino è determinato sia da composti presenti nel frutto maturo sia dalla formazione di altri composti, da essi derivanti, che possono svilupparsi nel mosto durante la fermentazione in seguito a reazioni enzimatiche o correlate al metabolismo dei lieviti (Chatonnet, 1993). Considerazioni analoghe valgono nel caso della birra, nella cui produzione entrano in gioco due sistemi biologici: orzo e luppolo. Oltre alle sostanze originariamente presenti, molte altre si formano in seguito alla reazione di Maillard e durante la trasformazione in malto, la macerazione e la bollitura del mosto (da Silva et al, 2008).

Il flavour dei formaggi è il prodotto di un'intensa attività enzimatica di origine microbica sui substrati proteici e dell'ossidazione degli acidi grassi polinsaturi.

Tra i prodotti che si formano in seguito a fermentazione, si ricordano in particolare: i metilchetoni di alcuni formaggi; il diacetile, dichetone tipico del burro; gli alcoli superiori e gli esteri responsabili del carattere fruttato (isoamilacetato: aroma di banana; etilcaprato: aroma di mela); gli acetali e i vinil- ed etilfenoli, composti fortemente odoranti associati a difetti olfattivi e gustativi (Göğüş et al, 2006).

Nei processi che richiedono il riscaldamento del prodotto, come cottura, tostatura e affumicatura, le principali reazioni coinvolte nello sviluppo degli aromi caratteristici sono le reazioni di idrolisi, le reazioni di degradazione termica e ossidativa e la reazione di Maillard. Dalla degradazione termica degli acidi *p*-cumarico, ferulico, sinapico e caffeico, presenti nei materiali vegetali, si formano i fenoli e gli esteri fenolici presenti nel flavour del malto e del caffè torrefatti. La reazione di Maillard (Fig. 9.1), tuttavia, è la principale responsabile della formazione dei composti che si rilevano negli alimenti sottoposti, in varia misura, a stress termico e contenenti zuccheri riducenti (glucosio, fruttosio e maltosio) e amminoacidi.

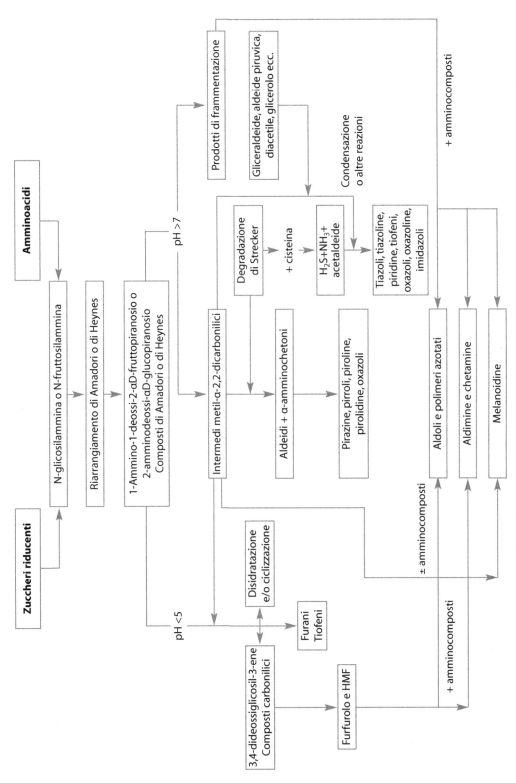

Fig. 9.1 Schema della reazione di Maillard. (Modificata da Barcarolo et al, 1996)

9.2.3 Tecniche di valutazione della frazione aromatica: analisi chimiche e sensoriali

Lo studio della frazione aromatica degli alimenti può essere di tipo chimico-fisico o di tipo sensoriale. Le tecniche chimico-fisiche, più o meno complesse, permettono di determinare la composizione qualitativa e quantitativa dei composti responsabili del flavour degli alimenti, mentre l'analisi sensoriale offre la possibilità di conoscere come un prodotto viene percepito dal consumatore. Pur potendo descrivere e misurare le sensazioni del consumatore, l'approccio sensoriale non è in grado di cogliere gli effetti delle molecole rivelate sulla percezione. Alcuni composti, infatti, possono essere percepiti dagli organi di senso già a concentrazioni bassissime rispetto ad altri; inoltre, miscele di sostanze volatili di composizione simile, dal punto di vista sia quantitativo sia qualitativo, possono dare origine in matrici differenti a percezioni aromatiche differenti. Anche per questo motivo, la misurazione delle sensazioni di carattere organolettico non può essere altrettanto definita e obiettiva della misurazione dei parametri oggetto delle analisi strumentali; ciò per ragioni che traggono origine dalla sostanziale differenza tra mezzi strumentali di valutazione e mezzi anatomo-biologici di percezione.

La valutazione dell'odore resta sempre, per sua natura, soggettiva. L'odore, infatti, non è una proprietà intrinseca delle molecole, bensì l'effetto che esse producono interagendo con i recettori dell'epitelio olfattivo. I meccanismi biochimici e neurofisiologici coinvolti sono molto complessi e non ancora interamente chiariti, anche se recenti approcci di tipo biochimico potrebbero fornire preziose indicazioni sulle molecole effettivamente in grado di originare una risposta sensoriale.

Per descrivere in maniera completa il contributo dei costituenti il flavour, è dunque essenziale procedere sia con lo studio della composizione chimica e delle caratteristiche fisiche di un prodotto, sia con quello delle percezioni sensoriali. Secondo Grosch (2001) i passaggi fondamentali per correlare i dati sensoriali e quelli analitici sono i seguenti.

1. Separazione degli estratti contenenti la frazione volatile di un alimento mediante gascromatografia capillare ad alta risoluzione e localizzazione dei componenti principali responsabili dell'odore (*potent odorants*).
2. Determinazione dei potent odorants più volatili mediante gascromatografia con detector olfattometrico o mediante analisi dello spazio di testa statico.
3. Arricchimento e identificazione dei potent odorants.
4. Quantificazione dei potent odorants e calcolo del loro OAV.
5. Preparazione di miscele sintetiche dei potent odorants sulla base delle informazioni quantitative ottenute allo step 4: comparazione critica del profilo aromatico della miscela sintetica con l'aroma originale dell'alimento.
6. Comparazione dell'impatto complessivo dell'aroma modello con quello dello stesso modello in cui siano stati eliminati uno o più componenti.

9.3 Metodi di analisi chimica degli aromi

Per l'esigua concentrazione degli analiti coinvolti, lo studio degli aromi di un alimento richiede tecniche di analisi chimica in grado di concentrare la frazione volatile, così da poter poi procedere, eventualmente previa purificazione e separazione, all'identificazione e alla quantificazione dei singoli componenti la miscela. Date le caratteristiche di volatilità dei composti aromatici e la necessità di elevate risoluzione e sensibilità, la gascromatografia (GC) è la tecnica di separazione ideale per lo studio degli aromi, in abbinamento con la spettrometria di massa per l'identificazione dei composti. Non mancano tuttavia applicazioni HPLC, in genere riservate a composti carbonilici previa derivatizzazione.

Nell'applicazione delle procedure occorre tener conto dell'ampia variabilità – in termini di stabilità, polarità, volatilità e solubilità, come pure di reattività chimica – che caratterizza le molecole presenti nel campione. Inoltre, la presenza di composti interferenti, come acqua ed etanolo, richiede il ricorso a procedure adatte alla loro rimozione.

La frazione volatile aromatica può essere valutata con tecniche basate sull'estrazione tramite solventi oppure con tecniche che non prevedono l'estrazione diretta del campione, bensì l'analisi del suo spazio di testa.

Nei prossimi paragrafi sono illustrate le tecniche basate su:
– separazione mediante distillazione;
– analisi dello spazio di testa, realizzata con differenti approcci strumentali (spazio di testa statico, spazio di testa dinamico, purge and trap);
– desorbimento termico.

Per la microestrazione in fase solida, si rimanda al cap. 7.

9.3.1 Tecniche basate sulla distillazione

Per molti prodotti alimentari la distillazione può essere definita come la prima forma di isolamento della frazione aromatica. La scelta della tecnica di distillazione dipende dalle caratteristiche intrinseche dell'alimento. Per prodotti non alterabili dal calore può essere utilizzata la distillazione in corrente di vapore (SD, *steam distillation*), mentre per quelli termolabili può essere applicata la distillazione a pressione ridotta (Fig. 9.2), che, effettuata in condizioni di temperatura più blande, riduce le alterazioni del prodotto.

La distillazione in corrente di vapore (Fig. 9.3) consente di distillare a temperature inferiori a 100 °C sostanze non miscibili con acqua e caratterizzate da elevato punto di ebollizione. Facendo gorgogliare una corrente di vapore acqueo nel liquido da distillare, si generano vapori costituiti da una miscela di acqua e composto. La successiva condensazione determina la formazione di un'emulsione che, previa rottura, consente la separazione delle due fasi, permettendo così il recupero del composto più altobollente. Il distillato conterrà acqua e composto altobollente in un rapporto molare eguale al rapporto tra le rispettive tensioni di vapore parziali. Questo processo si basa sul fatto che il sistema formato da due liquidi non miscibili, o scarsamente solubili l'uno nell'altro, presenta un valore di tensione di vapore che è la somma delle tensioni di vapore dei due componenti puri, tenuto conto delle rispettive frazioni molari, cioè:

$$P = pA + pB \qquad (9.1)$$

ma:

$$\frac{nA}{nB} = \frac{pA}{pB} \qquad (9.2)$$

dove
P = tensione di vapore totale della miscela
pA = tensione di vapore del componente A
pB = tensione di vapore del componente B
nA = frazione molare del componente A
nB = frazione molare del componente B

Fig. 9.2 Schema di apparecchio per distillazione sotto vuoto. Il pallone contenente il campione è collegato a una trappola a ghiaccio equipaggiata con un condensatore ad acqua, due trappole ad azoto liquido in serie e una pompa da vuoto

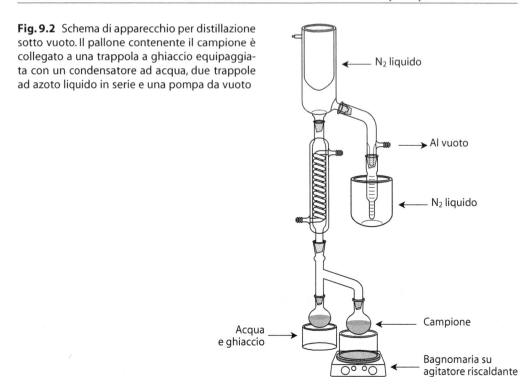

Fig. 9.3 Classica apparecchiatura per distillazione in corrente di vapore

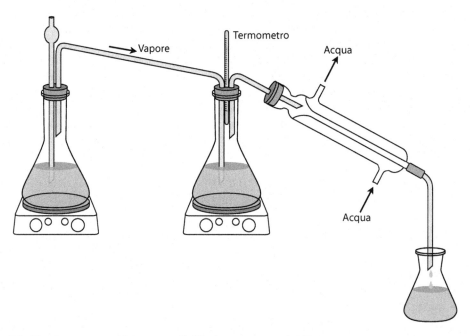

Per esempio, il punto di ebollizione dell'anilina pura è 183 °C (tensione di vapore 43 mmHg), mentre quello dell'acqua pura è 100 °C (tensione di vapore 717 mmHg); la miscela acqua/anilina distilla a 98,5 °C. Da questi dati derivano le seguenti relazioni:

moli H_2O/moli anilina = 717/43
peso H_2O/peso anilina = 717×18/43×93 = 32/1

quindi ogni 32 g di acqua si recupererà 1 g di anilina.

Le tecniche di distillazione consentono un'elevata resa di estrazione, ma, oltre a richiedere parecchio tempo, comportano diluizione. Infatti, con la distillazione si ottiene una soluzione acquosa diluita della frazione volatile; quindi, prima di procedere con l'analisi, è necessaria una fase di concentrazione.

L'estrazione con solventi è tra i metodi più comunemente usati per recuperare il distillato acquoso; talvolta è preceduta da una crio-concentrazione, che consente la rimozione della maggior parte dell'acqua sotto forma di ghiaccio.

Nello studio dei composti volatili in alimenti e bevande, la procedura più comunemente utilizzata è rappresentata da una combinazione di distillazione a pressione atmosferica e simultanea estrazione con solventi organici (SDE, *simultaneous distillation-extraction*). L'estrattore più diffuso è il cosiddetto Likens-Nickerson (Likens, Nickerson, 1964), nel quale un solvente e un omogenato acquoso dell'alimento da analizzare sono posti in due recipienti separati e portati all'ebollizione. I vapori che si sviluppano vengono condensati ed estratti nel solvente organico nella camera di raffreddamento. L'apparecchio è munito di un tubo a U all'interno del quale il condensato della fase acquosa e quello della fase organica formano strati differenti, in ragione della loro solubilità e densità. Il solvente che ha estratto le sostanze volatili dai vapori acquosi, come pure la fase acquosa, rifluiscono nei loro recipienti originari. In una versione migliorata rispetto all'originale, l'apparecchio è dotato di un condensatore in testa che minimizza le perdite di sostanze volatili (Fig. 9.4). L'utilizzo di questo tipo di estrattore va accuratamente ottimizzato in relazione alle condizioni operative applicate; in particolare, si registrano significative variazioni nel recupero delle sostanze volatili in funzione del tipo di solvente scelto. Il principale criterio per la scelta del solvente è la selettività, anche se spesso si preferiscono solventi dotati di scarsa selettività ma in grado di assicurare elevati recuperi, come diclorometano, pentano ed etere etilico. Il triclorofluorometano (freon-11), solvente non polare, estrae minime quantità di alcoli ed è quindi preferito per estrazioni da campioni di vino o di distillati. La SDE può essere considerata una tecnica valida per estrazioni quantitative; il suo limite principale è legato alla formazione di composti aromatici di trasformazione come conseguenza della degradazione ossidativa di alcuni componenti, principalmente lipidi.

Per limitare il ricorso a temperature elevate, alcuni ricercatori hanno realizzato estrattori che lavorano a pressioni ridotte. Godefroot et al (1981), in particolare, hanno dimostrato che lavorando a basse temperature (37 °C) si limita la formazione di composti associati alla degradazione degli zuccheri in presenza di amminoacidi.

L'estrazione liquido-liquido diretta (LLE) permette di estrarre selettivamente la frazione aromatica di un campione acquoso (o di un omogenato acquoso del campione) in un solvente organico immiscibile in acqua, sfruttando gli equilibri di ripartizione che si stabiliscono tra le due fasi. L'estrazione può essere resa selettiva scegliendo opportunamente il solvente di estrazione e aggiustando alcuni parametri, tra i quali pH, forza ionica e numero di estrazioni, in relazione alla natura e alla concentrazione degli analiti.

Le tecniche SDE e LLE, che utilizzano quantità rilevanti di solventi organici, prevedono prima dell'analisi GC una fase di concentrazione, che comporta un elevato rischio di formazione

Fig. 9.4 Schema di apparecchiatura di Lickens-Nickerson. (Da de Frutos et al, 1988. Riproduzione autorizzata)

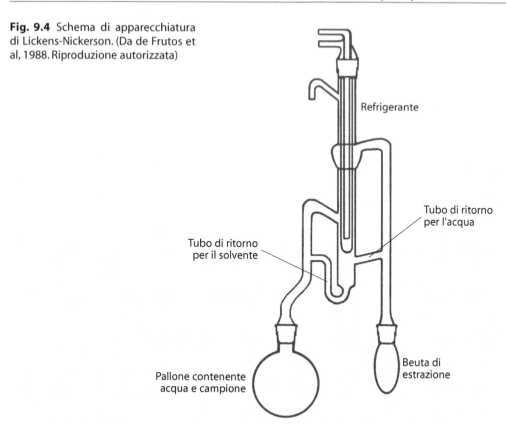

Refrigerante

Tubo di ritorno per l'acqua

Tubo di ritorno per il solvente

Beuta di estrazione

Pallone contenente acqua e campione

di artefatti e di concentrazione delle impurezze presenti nei solventi stessi. Una possibile alternativa è la SPE, che permette di concentrare gli analiti senza concentrare le impurezze del solvente.

Quando sono presenti elevate quantità di lipidi, il campione può essere sottoposto a estrazione con la tecnica del film cadente (*falling film molecular still*). L'apparecchiatura utilizzata sfrutta il principio della vaporizzazione di un aroma da un sottile film di olio riscaldato a pressione ridotta. Diversi millilitri di campione sono posti in un recipiente di estrazione e passano lentamente in una sottostante camera riscaldata, attraversando una camera di miscelazione (di emulsionamento); il distillato viene raccolto in una serie di trappole raffreddate con azoto liquido.

Un'altra tecnica utilizzabile per l'analisi degli aromi è l'estrazione con fluidi supercritici (SFE, *supercritical fluid extraction*), trattata nel cap. 2. Rispetto alle tecniche tradizionali, la SFE offre una buona selettività e un'alta efficienza di estrazione, non richiede alte temperature (riducendo il rischio di alterazioni) ed elimina gli inconvenienti associati all'uso dei solventi organici. Lo svantaggio principale è l'elevato costo della strumentazione necessaria.

9.3.2 Analisi dello spazio di testa

In un sistema chiuso, per spazio di testa si intende il volume occupato dalla fase gassosa sovrastante il campione a una data temperatura e in condizioni di equilibrio.

La composizione e la concentrazione delle sostanze presenti nello spazio di testa di qualsiasi campione dipende dal rapporto di fase (β), corrispondente al rapporto tra il volume della fase gassosa (Vg) e il volume della fase condensata (Vc):

$$\beta = \frac{Vg}{Vc} \tag{9.3}$$

e dalla costante di ripartizione (K) dei diversi costituenti:

$$K = \frac{Cs}{Cg} \tag{9.4}$$

dove Cs è la concentrazione nel campione e Cg nella fase vapore.

Ettre e Kolb (1991) hanno dimostrato che la concentrazione del campione nello spazio di testa dipende da β e K secondo l'equazione:

$$A \approx C_G = \frac{C_0}{K + \beta} \tag{9.5}$$

dove A è l'area del picco GC per l'analita in esame, C_G è la concentrazione dell'analita nello spazio di testa, C_0 è la concentrazione dell'analita nel campione.

L'effetto dei parametri K (controllato dalla temperatura di estrazione) e β (controllato dai volumi relativi dello spazio di testa e del campione) sulla sensibilità dell'estrazione dello spazio di testa dipende dalla solubilità dell'analita nel campione. Per analiti caratterizzati da K elevati, la temperatura ha un'influenza maggiore di β, poiché favorisce il passaggio allo spazio di testa; per analiti caratterizzati da K bassi, vale il contrario.

Per miscele liquide, la legge di Raoult afferma che la pressione parziale (p_A) di un componente A in una miscela ideale di più componenti è proporzionale alla frazione molare del componente A nel liquido (x_A) e alla pressione di vapore saturo del componente A puro (p_A^*), cioè:

$$p_A = x_A \, p_A^* \tag{9.6}$$

Per miscele gassose, la legge di Dalton afferma che la pressione parziale di ciascun componente è proporzionale alla sua frazione molare in fase vapore, secondo la relazione:

$$p_A = y_A \, p \tag{9.7}$$

dove y_A è la frazione molare di A nella fase vapore e p è la pressione totale esercitata dalla miscela gassosa. Posto che la pressione totale esercitata dalla miscela gassosa è pari alla somma delle pressioni parziali dei singoli componenti, si può dimostrare che, se A è il più volatile di due componenti, la sua frazione molare in fase vapore risulta maggiore della sua frazione molare in fase liquida.

Il comportamento degli analiti è comunque condizionato dalle altre specie chimiche (volatili e non volatili) presenti nel sistema, dalla temperatura, dalla pressione del sistema chiuso e dal tempo di equilibrazione prima del campionamento, il quale agisce sulla ripartizione degli analiti tra la fase solida o liquida e lo spazio di testa. La composizione della matrice influenza la solubilità e l'adsorbimento dei volatili nella matrice stessa e quindi, indirettamente, la loro volatilità; pertanto, una stessa molecola può presentare differenti pressioni di vapore in alimenti diversi.

L'influenza della solubilità dell'analita nel campione è illustrata in Fig. 9.5, dove si osserva l'effetto del volume di campione e dell'aggiunta di sale sull'estrazione di cicloesano e

Fig. 9.5 Estrazione di cicloesano (1) e 1,4-diossano (2) in spazio di testa statico su un campione di acqua in una vial di 22,3 mL: **a** 1,0 mL di acqua (β=21.3); **b** 5,0 mL di acqua (β=3.46); **c** 5,0 mL di acqua (β=3.46) con aggiunta di 2 g di NaCl. (Da Kolb, Ettre, 1977. Riproduzione autorizzata)

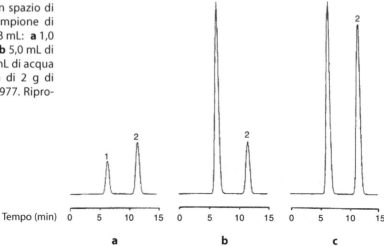

1,4-diossano da un campione di acqua. L'aumento della quantità di campione estratto (da 1 mL a 5 mL) determina un incremento del segnale del composto meno polare (picco 1: cicloesano), mentre non determina alcun effetto sul composto polare (picco 2: 1,4-diossano). Al contrario, l'aggiunta di sale nel campione influenza l'estrazione dei composti polari e non di quelli non polari (effetto *salting-out*).

In tutte le tecniche di analisi dello spazio di testa il campione non viene manipolato e gli analiti vengono rimossi dalla matrice senza l'uso di solventi; l'assenza del picco del solvente può rappresentare un vantaggio non trascurabile nella valutazione dei componenti particolarmente bassobollenti, i cui tempi di ritenzione sono tali da farli co-eluire con il solvente stesso. Un ulteriore vantaggio è che non vi è il rischio che sostanze poco volatili e termolabili presenti nella matrice, e suscettibili di estrazione con solventi, possano venire introdotte in colonna, con conseguente formazione di artefatti analitici e problemi alla colonna GC. Per contro, questa tecnica non permette di isolare contemporaneamente i componenti volatili presenti in piccolissima quantità e quelli presenti in quantità maggiore ed è adatta solo allo studio di componenti molto volatili.

Le tecniche di analisi dello spazio di testa comprendono:
– spazio di testa statico;
– spazio di testa dinamico;
– purge and trap.

9.3.2.1 Spazio di testa statico

Si pone un'aliquota di campione solido o liquido in un recipiente sigillato e la si lascia equilibrare per un certo tempo a una determinata temperatura. In queste condizioni alcune delle sostanze maggiormente volatili lasceranno la matrice del campione per passare nello spazio di testa. La quantità di analita che all'equilibrio è passata nello spazio di testa dipende da numerosi fattori, in particolare dalla costante di ripartizione K, che aumenta all'aumentare della temperatura, e dall'eventuale aggiunta di sale (effetto *salting-out*). I composti che all'equilibrio raggiungono nello spazio di testa una concentrazione di almeno 1 mg/kg possono venire campionati semplicemente iniettando in colonna un'aliquota dello spazio di testa.

L'analisi dello spazio di testa statico è facilmente automatizzabile; sono infatti disponibili in commercio sistemi che termostatano il campione e lo iniettano nel GC in modo automatico. Spesso questi sistemi trasferiscono un volume noto di spazio di testa mediante un loop tarato (anziché una siringa). La possibilità di controllare accuratamente temperatura, tempo di equilibrazione e volume iniettato consente di ottenere livelli di ripetibilità e riproducibilità molto superiori rispetto ai sistemi manuali. Oltre alla semplicità di preparazione del campione e all'eliminazione dei solventi, questa tecnica presenta anche il vantaggio dell'economicità. Il principale svantaggio è rappresentato dalla possibilità di iniettare solo un'aliquota dello spazio di testa; di conseguenza, per analiti in concentrazioni molto ridotte, lo spazio di testa statico può non fornire la sensibilità necessaria all'analisi. L'innalzamento della temperatura del campione per aumentare la volatilità degli analiti, e spostare la ripartizione a favore della fase vapore, può d'altra parte causare fenomeni di decomposizione termica, con formazione di artefatti analitici. Va inoltre ricordato che l'aggiunta di uno standard interno può essere utile quando si analizzano campioni liquidi, mentre non è indicata per campioni solidi, non essendo possibile un'aggiunta omogenea.

Lo spazio di testa statico è utilizzato per sistemi in grado di raccogliere ed elaborare un elevato numero di tracciati cromatografici, allo scopo di costituire banche dati dalle quali estrarre, con opportune tecniche di elaborazione, informazioni utili per la classificazione dei campioni.

9.3.2.2 Spazio di testa dinamico

In questa tecnica di campionamento gli analiti presenti nello spazio di testa vengono costantemente spostati da un flusso di gas inerte, in modo che un determinato volume di gas inerte vada a sostituire un pari volume di spazio di testa (mantenendo così condizioni isobariche). Questo procedimento, da un lato, previene il raggiungimento di uno stato di equilibrio, permettendo a un numero più elevato di molecole volatili di lasciare la matrice e spostarsi nello spazio di testa, dall'altro incrementa il volume dello spazio di testa campionato, che diventa indipendente dal volume della vial utilizzata e può raggiungere volumi totali di 0,1-1 L (determinando una rimozione pressoché esaustiva delle sostanze volatili dalla matrice).

Per sfruttare appieno i vantaggi dell'aumentata quantità di sostanze volatili estratte, tutto il campione derivante dallo spazio di testa dinamico deve essere trasferito al GC per l'analisi. Tuttavia, poiché il volume estratto è generalmente molto alto, l'iniezione GC deve essere preceduta da una fase di pre-concentrazione. L'estratto risulta infatti costituito perlopiù da gas di strippaggio e aria. Per concentrare lo spazio di testa, il flusso di gas del campionatore viene convogliato attraverso una trappola che ritiene i composti organici e lascia passare il gas di trasporto; in questo modo gli analiti sono concentrati all'interno della trappola. Come si vedrà nel seguito, i più diffusi metodi di intrappolamento si basano sull'impiego di materiali solidi adsorbenti a elevata area superficiale o di sistemi criogenici.

L'intera procedura di estrazione, concentrazione e iniezione al GC è automatizzata.

9.3.2.3 Purge and trap

Anche questa tecnica viene impiegata per effettuare un campionamento di spazio di testa dinamico. Il termine *purge and trap* viene utilizzato in riferimento a campioni liquidi all'interno dei quali si realizza un gorgogliamento di gas. La tecnica del purge and trap prevede infatti di insufflare gas inerte a flusso costante attraverso il campione liquido per un tempo prefissato, in modo da strippare gli analiti e trascinarli nello spazio di testa e, successivamente, in una trappola adsorbente. Lo schema generale di un sistema di campionamento purge and trap è riportato in Fig. 9.6.

Per assicurare la massima efficienza di purge, i tubi hanno una forma particolare; ne esistono tre tipi:

– tubi con frit (setto), in genere utilizzati per campioni acquosi (il frit ha lo scopo di formare minuscole bollicine e incrementare l'efficienza del processo di strippaggio);
– tubi senza frit, caratterizzati da una ridotta efficienza di purge (in genere utilizzati in presenza di particolato che potrebbe dare problemi di intasamento del frit o matrici con tendenza a formare schiume);
– tubi nei quali il gas di purge è introdotto mediante un ago (utilizzati per applicazioni particolari o campioni solidi).

Sia il flusso di purge sia quello di desorbimento sono controllati da un sistema automatico di valvole. Le valvole sono alloggiate in un compartimento termostatato per evitare la condensazione del campione. Una volta che gli analiti sono stati intrappolati, la trappola viene rapidamente riscaldata e lavata controcorrente con il gas di trasporto, che convoglia gli analiti in colonna GC.

Il gas di purge più utilizzato è elio e il flusso di purge è solitamente fissato a 40-50 mL/min; nella linea del gas è inoltre consigliabile inserire trappole per idrocarburi che potrebbero originare picchi interferenti (*ghost peaks*).

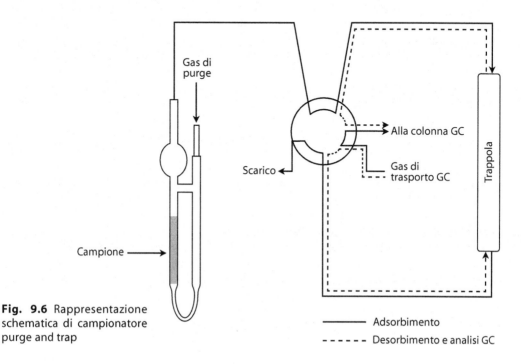

Fig. 9.6 Rappresentazione schematica di campionatore purge and trap

Gas di purge

Alla colonna GC

Scarico

Gas di trasporto GC

Trappola

Campione

———— Adsorbimento

- - - - - Desorbimento e analisi GC

Le fasi di un processo di purge and trap sono le seguenti.

- *Standby*. In questa fase il gas di desorbimento fluisce direttamente in colonna; non vi è flusso di purge e la trappola viene eventualmente raffreddata.
- *Purge umido*. Il gas di purge gorgoglia attraverso il campione rimuovendo gli analiti volatili che vengono convogliati nella trappola attraverso una valvola. La durata del purge è di circa 10-15 minuti; il gas di desorbimento continua a fluire direttamente in colonna.
- *Purge a secco*. Si lascia fluire gas attraverso la trappola per rimuovere l'eccesso di acqua; ovviamente solo le trappole idrofobiche possono essere essiccate in questo modo.
- *Pre-riscaldamento della trappola*. Al termine del purge si blocca il flusso di gas. Inizia un periodo statico, nel quale la trappola viene rapidamente riscaldata a una temperatura inferiore di 5 °C rispetto a quella di desorbimento, allo scopo di volatilizzare uniformemente gli analiti per favorirne il trasferimento in banda stretta. In assenza di questo pre-riscaldamento i primi picchi eluiti risulterebbero allargati e scodati.
- *Desorbimento*. La trappola viene riscaldata alla temperatura finale di desorbimento. Si ruota la valvola in modo che il gas di desorbimento fluisca controcorrente nella trappola e porti gli analiti in colonna. La velocità di flusso dovrebbe essere sufficientemente alta da assicurare che il campione rimanga in banda stretta durante il trasferimento al GC (25 mL/min). La velocità ottimale per colonne *wide-bore* (0,53 mm d.i.) è di 8-10 mL/min con tempi di desorbimento tipici di 2-4 minuti. Per colonne *narrow-bore* (0,32 mm d.i.), quando si effettua un interfacciamento diretto in genere si utilizzano flussi di desorbimento di 1-2 mL/min. Questa bassa velocità di flusso implica tempi di desorbimento più lunghi dovuti al lento trasferimento del campione dalla trappola. Per ridurne l'allargamento, è quindi necessario criofocalizzare la banda con una trappola fredda (corto capillare in silice

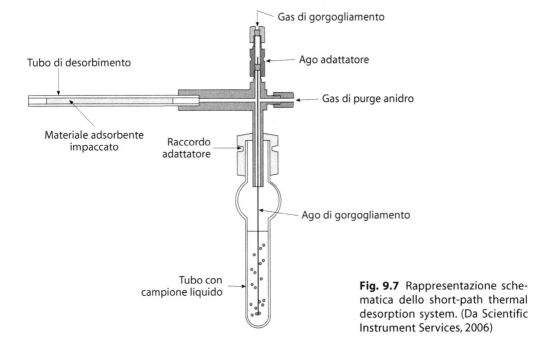

Fig. 9.7 Rappresentazione schematica dello short-path thermal desorption system. (Da Scientific Instrument Services, 2006)

fusa deattivata, raffreddato a −196 °C con azoto liquido) oppure raffreddare l'intera colonna a temperatura inferiore a quella ambiente. Se si impiegano colonne *narrow-bore*, in alternativa è possibile desorbire gli analiti ad alte velocità di flusso (25-30 mL/min) splittando il flusso prima dell'entrata in colonna (con lo svantaggio, però, che si diminuisce la sensibilità).

– *Pulizia della trappola*. Si riscalda la trappola a una temperatura di 10-20 °C superiore a quella di desorbimento per circa 10 minuti (per eliminare l'effetto memoria).

Dopo essere stato desorbito dalla trappola, il campione viene trasferito al GC attraverso una *transfer line* riscaldata (in silice fusa o nichel). La transfer line è incapsulata in una camicia riscaldante (120-125 °C) allo scopo di prevenire la condensazione degli analiti e dell'acqua. Il diametro interno deve essere adatto a quello della colonna GC per evitare problemi di allargamento della banda. Nella Fig. 9.7 è illustrato un sistema per purge and trap denominato *short-path thermal desorption system*. Questo sistema consiste di un tubo di entrata del gas di purge che termina con un ago in acciaio, che attraverso un adattatore viene inserito nel tubo contenente il campione (della capacità di 10 mL). L'entrata del gas di purge a secco è posta ad angolo retto rispetto all'entrata del gas di gorgogliamento, in linea con la trappola contenente materiale adsorbente. Grazie alla brevità del cammino che deve effettuare il flusso del campione, questo sistema permette di superare gli svantaggi tipici di una transfer line lunga: degradazione del campione ed effetti memoria in seguito a contaminazione della transfer line.

Materiali adsorbenti

Il materiale adsorbente ha il compito di intrappolare le sostanze volatili trascinate dal gas di purge. Le caratteristiche di un buon materiale adsorbente sono: elevata capacità di ritenzione, affinità aspecifica per i diversi analiti, idrofobicità, stabilità termica e capacità di rilasciare facilmente le sostanze adsorbite.

Poiché i differenti materiali adsorbenti mostrano particolari selettività, si usano trappole a più strati: in genere gli adsorbenti più deboli sono posti in testa alla trappola e quelli più forti in fondo. I componenti più volatili non trattenuti dall'adsorbente più debole vengono intrappolati in fondo alla trappola dall'adsorbente più forte, mentre quelli meno volatili vengono immediatamente bloccati dall'adsorbente debole posto in testa alla trappola.

I principali materiali adsorbenti utilizzati sono i seguenti.

– *Tenax*: essendo idrofobico è particolarmente adatto per composti apolari; ha lo svantaggio di non trattenere efficacemente i componenti molto volatili e molto polari (alcoli). Si decompone e fonde sopra i 250 °C.

– *Gel di silice*: è un adsorbente più forte del Tenax ed è adatto a componenti polari e sostanze volatili a temperatura ambiente; tuttavia, essendo idrofilo ritiene elevate quantità di acqua.

– *Carbone di cocco*: adsorbente idrofobico forte, generalmente utilizzato in serie alla silice per trattenere composti molto volatili. Intrappola la CO_2 che può interferire con la quantificazione delle sostanze più bassobollenti (soprattutto se si usa GC-MS).

– *Carbopack* (carbone grafitato): rappresenta un'alternativa al Tenax disponibile in diversi tipi distinti in base alle dimensioni dei pori; è idrofobico e termicamente stabile. Va comunque accoppiato a un adsorbente forte (per esempio setacci molecolari a base di carbone) per migliorare la capacità di bloccare le sostanze più volatili.

In alternativa al desorbimento mediante riscaldamento si può effettuare un desorbimento con un solvente aspecifico, come solfuro di carbonio (per sostanze termolabili).

Limiti e problemi del sistema purge and trap

Sono dovuti alla presenza di acqua e a problemi di interfacciamento.

La presenza di acqua è il problema più comune. Sebbene di per sé non crei problemi al sistema di purge and trap, in elevate quantità l'acqua può determinare problemi alla colonna, al rivelatore o allo spettrometro di massa. Per minimizzare la quantità di acqua che viene desorbita dalla trappola, si impiegano adsorbenti idrofobici e si effettua uno stadio di purge a secco per rimuovere l'acqua dalla superficie dell'adsorbente (anche il Tenax, che è un adsorbente idrofobico, non è del tutto esente dal trattenere acqua; in questo caso è comunque sufficiente far passare del gas essiccato attraverso la trappola per 1-2 minuti prima di procedere al desorbimento).

Per evitare problemi di allargamento della banda, spesso si collega il purge and trap a GC muniti di colonna *wide-bore* mediante: iniettore tradizionale, iniettore a volume ridotto o collegamento diretto alla colonna.

Il collegamento a un iniettore GC è il sistema più comune e viene effettuato con un giunto a volume morto zero; tale sistema di collegamento non modifica l'iniettore e consente comunque di realizzare iniezioni manuali (il GC non è dedicato solo al purge and trap). L'iniettore del GC rappresenta comunque un volume morto che determina allargamento della banda con conseguente diminuzione della risoluzione dei picchi; si può ovviare all'inconveniente inserendo nell'iniettore un liner di diametro ridotto.

Il collegamento diretto elimina i volumi morti, ma non consente di effettuare iniezioni manuali (GC dedicato al purge and trap); tuttavia migliora la risoluzione dei primi picchi eluiti.

Sistemi criogenici

Lo scopo dei sistemi criogenici è portare allo stato solido e, quindi, intrappolare i composti più volatili. L'intrappolamento criogenico può essere anche impiegato per rifocalizzare una banda allargata in seguito a un desorbimento troppo lento o a un collegamento poco efficiente (elevati volumi morti). La rifocalizzazione della banda si può ottenere portando l'intera colonna GC a temperatura criogenica durante il trasferimento dello spazio di testa o inserendo una trappola criogenica tra l'iniettore e la colonna. Il raffreddamento della trappola può essere ottenuto mediante CO_2 liquida, miscela ghiaccio-acetone o azoto liquido (temperatura di ebollizione $-196\ °C$), con il quale si ottengono le efficienze migliori. L'efficienza di intrappolamento dipende da diversi parametri, tra i quali flusso di strippaggio, quantità di volatili trasferiti, temperatura criogenica, presenza o meno di materiale adsorbente.

Il principale problema di tali sistemi è rappresentato dalla presenza inevitabile di vapor d'acqua nello spazio di testa dei campioni. L'acqua infatti, trasformandosi in cristalli di ghiaccio, ostruisce il sistema criogenico e ne diminuisce la capacità di concentrare. Nonostante esistano diversi sistemi per eliminarla (condensatori, membrane selettive, tubi di essiccamento ecc.), nel settore degli aromi la rimozione dell'acqua non è consigliabile, in quanto la condensazione dell'umidità è spesso accompagnata anche dalla condensazione di sostanze solubili (alcoli e altre sostanze polari) che fanno parte dell'aroma. Una possibile soluzione è rappresentata dal campionamento a temperatura ambiente: in queste condizioni la tensione di vapor d'acqua è, infatti, molto bassa e la presenza di vapor d'acqua nello spazio di testa del campione è quindi notevolmente ridotta.

Strumentazione

Uno schema di apparecchiatura per purge and trap collegabile a un gascromatografo è mostrato in Fig. 9.7. Esistono anche modelli a campionatore automatico, nei quali un elevato numero di tubi può essere sottoposto a cicli di purge and trap in successione. Sono inoltre disponibili sistemi con piccole trappole criogeniche direttamente inserite nel gascromatografo.

9.3.3 Desorbimento termico (TD)

Il desorbimento termico (TD) è una valida alternativa alle tecniche di analisi dello spazio di testa per composti volatili da matrici non volatili solide, semisolide e, occasionalmente, liquide. Benché la tecnica basata sul TD non sia recente, solo da una decina d'anni sono in commercio sistemi completamente automatizzati. Una delle prime applicazioni è stata la determinazione di componenti volatili di piante e prodotti alimentari (Esteban et al, 1996). Tipicamente, un campione di 1-40 mg viene posto in una cartuccia per desorbimento tra due tamponi di lana di vetro. Riscaldando la cartuccia per un tempo ottimizzato, i composti volatili vengono desorbiti dal campione e adsorbiti su una trappola fredda di Tenax. Il successivo rapido riscaldamento della trappola determina il trasferimento degli analiti al GC per la determinazione finale.

Il TD è anche usato come pirolizzatore per studiare le strutture dei composti con massa molecolare molto alta non analizzabili direttamente in GC (Garg, Philip, 1994; Larte, Senftle, 1985). Un sistema per TD multistep-pirolisi-GC poco costoso e facile da usare è stato progettato da van Lieshout et al (1997) per le analisi geochimiche. In questo sistema il trattamento termico viene eseguito all'interno di un iniettore PTV che serve sia come unità di TD sia come pirolizzatore. Quantità di campione che vanno da meno di 1 mg fino a 2 g vengono pesate direttamente nel liner dell'iniettore. Lo stesso sistema è stato utilizzato anche per la caratterizzazione dei polimeri (van Lieshout et al, 1996).

Il TD è utilizzato anche per l'analisi di aerosol tramite desorbimento diretto del filtro impiegato per campionare l'aria. Infatti, il filtro viene inserito all'interno del liner dell'iniettore GC e i composti di interesse desorbiti termicamente e direttamente analizzati in GC, evitando così lunghe procedure che prevedono l'utilizzo di solventi di estrazione (Ho, Yu, 2004). Inoltre, si riduce la manipolazione del campione e si migliora la sensibilità (da 9 a 500 volte superiore rispetto all'estrazione con solvente).

La strumentazione di base necessaria per effettuare un TD diretto (DTD) è abbastanza semplice; tuttavia, a causa della natura solida (o semisolida) della maggior parte dei campioni, l'automazione dell'introduzione del campione risulta piuttosto complessa. de Koning et al (2002) hanno progettato un sistema che consente il cambio del liner in modo completamente automatico; ciò è stato possibile modificando la testa dell'iniettore (un Optic 2, ATAS GL della Veldhoven), utilizzando un autocampionatore a braccio XYZ e dei liner chiusi da tappi a ghiera (Fig. 9.8). Il cambio del liner (che può essere eseguito dopo ogni analisi) è completamente automatizzato. Attualmente sono disponibili in commercio due sistemi: ALEX (Automatic Liner Exchange), prodotto da Gerstel (www.gerstel.com), e LINEX (Liner Exchanger), prodotto da ATAS GL (www.atasgl.com).

La prima applicazione di questi sistemi riguardava l'analisi di un preservante del legno, N-cicloesil-diazen diossido (HDO), quantificato in 10 mg di polvere di alburno mediante DTD-GC-MS. La procedura si è dimostrata riproducibile (coefficiente di variazione del 5-10%) e sensibile (4 mg HDO/kg di legno) (Jüngel et al, 2002).

Il numero di applicazioni di DTD-GC-MS (e DTD-GC×GC-MS) è ancora piuttosto limitato, ma le potenzialità per l'analisi di diversi tipi di campioni è ampiamente dimostrata (de Koning et al, 2009). Un sistema DTD combinato on-line con un sistema GC×GC-ToF-MS è stato impiegato per analizzare l'olio essenziale delle bucce di pistacchio (Özel et al, 2005) e i composti volatili del formaggio cheddar (Göğüş et al, 2006). In entrambi i casi sono stati

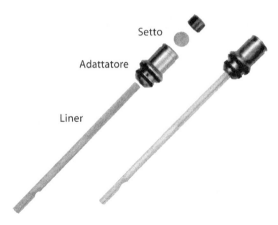

Setto

Adattatore

Liner

Fig. 9.8 Liner dedicato per sistemi di DTD (ALEX, Gerstel). (Da http://www.gerstel.com. Riproduzione autorizzata)

caricati nel liner dell'iniettore GC 10 mg di campione utilizzando lana di vetro per tenerlo in posizione. Il desorbimento è stato effettuato dopo una breve fase a temperatura ambiente per rimuovere il vapore acqueo. Per focalizzare gli analiti desorbiti, è stata effettuata una criofocalizzazione in testa alla colonna GC. Con tale procedura sono stati identificati circa 100 composti volatili nell'olio essenziale delle bucce di pistacchio e oltre 50 nel formaggio.

Una tecnica molto simile alla DTD è la DMI o DSI (*difficult matrix/sample introduction*), descritta per la prima volta nel 1997 (Amirav, Dagan, 1997; Jing, Amirav, 1997). Questa tecnica prevede semplicemente l'inserimento di una microvial contenente il campione direttamente nel liner.

Bibliografia

Amirav A, Dagan S (1997) A direct sample introduction device for mass spectrometry studies and GC-MS analysis. *European Journal of Mass Spectrometry*, 3(2): 105-111

Angerosa F (2002) Influence of volatile compounds on virgin olive oil quality evaluated by analytical approaches and sensor panels. *European Journal of Lipid Science and Technology*, 104 (9-10): 639-660

Arnold JW, Senter SD (1998) Use of digital aroma technology and SPME GC-MS to compare volatile compounds produced by bacteria isolated from processed poultry. *Journal of the Science of Food and Agriculture*, 78(3): 343-348

Barcarolo R, Tutta C, Casson P (1996) Aroma compounds. In: Nollet LML (ed) *Handbook of food analysis*, Vol. 1. Marcel Dekker, New York

Belitz H-D, Grosch W, Schieberle P (2009) *Food chemistry*. Springer-Verlag, Berlin, Heidelberg

Chatonnet P, Dubourdieu D, Boidron J, Lavigne V (1993) Synthesis of volatile phenols by *Saccharomyces cerevisiae* in wines. *Journal of the Science of Food and Agriculture*, 62(2): 191-202

Chiofalo B, Lo Presti V (2012) Sampling techniques for the determination of volatile components in food of animal origin. In: Pawliszyn J (ed) *Comprehensive Sampling and Sample Preparation*, Vol. 4. Elsevier, Amsterdam

Civille GV (1991) Food quality: consumer acceptance and sensory attributes. *Journal of Food Quality*, 14(1): 1-8

Costa R, Dugo P, Mondello L (2012) Sampling and sample preparation techniques for the determination of the volatile components of milk and dairy products. In: Pawliszyn J (ed) *Comprehensive Sampling and Sample Preparation*, Vol. 4. Elsevier, Amsterdam

Costa Freitas AM, Gomes da Silva MDR, Cabrita MJ (2012) Sampling techniques for the determination of volatile components in grape juice, wine and alcoholic beverages. In: Pawliszyn J (ed) *Comprehensive Sampling and Sample Preparation*, Vol. 4. Elsevier, Amsterdam

da Silva GA, Augusto F, Poppi RJ (2008) Exploratory analysis of the volatile profile of beers by HS-SPME-GC. *Food Chemistry*, 111(4): 1057-1063

de Koning JA, Blokker P, Jüngel P et al (2002) Automated liner exchange. A novel approach in direct thermal desorption-gas chromatography. *Chromatographia*, 56(3-4): 185-190

de Koning S, Janssen H-G, Brinkman UATh (2009) Modern methods of sample preparation for GC analysis. *Chromatographia*, 69: S33-S78

Drewnowski A (1997) Taste preferences and food intake. *Annual Review of Nutrition*, 17: 237-253

Esteban JL, Martínez-Castro I, Morales R et al (1996) Rapid identification of volatile compounds in aromatic plants by automatic thermal desorption - GC-MS. *Chromatographia*, 43(1-2): 63-72

Ettre LS, Kolb B (1991) Headspace-gas chromatography: The influence of sample volume on analytical results. *Chromatographia*, 32(1-2): 5-12

Garg AK, Philip RP (1994) Pyrolysis-gas chromatography of asphaltenes/kerogens from source rocks of the Gandhar Field, Cambay Basin, India. *Organic Geochemistry*, 21(3-4): 383-392

Godefroot M, Sandra P, Verzele M (1981) New method for quantitative essential oil analysis. *Journal of Chromatography A*, 203: 325-335

Göğüş F, Özel MZ, Lewis AC (2006) Analysis of the volatile components of Cheddar cheese by direct thermal desorption-GC×GC-TOF/MS. *Journal of Separation Science*, 29(9): 1217-1222

Grosch W (2001) Evaluation of the key odorants of foods by dilution experiments, aroma models and omission. *Chemical Senses*, 26(5): 533-545

Ho SSH, Yu JZ (2004) In-injection port thermal desorption and subsequent gas chromatography-mass spectrometric analysis of polycyclic aromatic hydrocarbons and n-alkanes in atmospheric aerosol samples. *Journal of Chromatography A*, 1059(1-2): 121-129

Jing H, Amirav A (1997) Pesticide analysis with the pulsed-flame photometer detector and a direct sample introduction device. *Analytical Chemistry*, 69(7): 1426-1435

Jüngel P, de Koning S, Brinkman UATh, Melcher E (2002) Analyses of the wood preservative component N-cyclohexyl-diazeniumdioxide in impregnated pine sapwood by direct thermal desorption-gas chromatography-mass spectrometry. *Journal of Chromatography A*, 953(1-2) 199-205

Kiefl J, Pollner G, Schieberle P (2013) Sensomics analysis of key hazelnut odorants (Corylus avellana L. 'Tonda Gentile') using comprehensive two-dimensional gas chromatography in combination with time-of-flight mass spectrometry (GC×GC-TOF-MS). *Journal of Agriculture and Food Chemistry*, 61(22): 5226-5235

Kolb B, Ettre LS (1977) *Static head space gas-chromatography. Theory and practice*. Wiley, New York

Larter SR, Senftle JT (1985) Improved kerogen typing for petroleum source rock analysis. *Nature*, 318: 277-280

Likens ST, Nickerson GB (1964) Detection of certain Hop oil constituents in brewing products. *Proceedings of American Society of Brewing Chemists*, 5: 13-19

Moshonas MG, Shaw PE (1987) Quantitative analysis of orange juice flavor volatiles by direct-injection gas chromatography. *Journal of Agriculture and Food Chemistry*, 35(1): 161-165

Negoias S, Visschers R, Boelrijk A, Hummel T (2008) New ways to understand aroma perception. *Food Chemistry*, 108(4): 1247-1254

Özel MZ, Göğüş F, Hamilton JF, Lewis AC (2005) Analysis of volatile components from Ziziphora taurica subsp. taurica by steam distillation, superheated-water extraction, and direct thermal desorption with GcxGC-TOFMS. *Analytical and Bioanalytical Chemistry*, 382(1): 115-119

Pelosi P (1985) Classificazione e misura degli odori. In: Montedoro G (ed) *Caratteristiche olfattive e gustative degli alimenti*. Chiriotti, Torino

Piasenzotto L, Gracco L, Conte L (2003) Solid phase microextraction (SPME) applied to honey quality control. *Journal of the Science of Food and Agriculture*, 83(10): 1037-1044

Rizzolo A (1996) Impiego della gascromatografia-olfattometria (GCO) per lo studio delle qualità aromatiche dei prodotti ortofrutticoli. In: *Atti Workshop IRENE "La qualità dei prodotti ortofrutticoli: l'analisi sensoriale"* Bologna, 12 dicembre 1996

Schreier P (1986) Biogeneration of plant aromas. In: Lindley MG, Birch GG (ed) *Developments in food flavours*. Elsevier, London

Scientific Instrument Services (2006) *Short path thermal desorption system. Model TD-5. User manual* http://www.sisweb.com/manuals/td5manual.pdf

Sides A, Robards K, Helliwell S (2000) Developments in extraction techniques and their application to analysis of volatiles in foods. *TrAC Trends in Analytical Chemistry*, 19(5): 322-329

van Lieshout M, Janssen H-G, Cramers CA et al (1996) Characterization of polymers by multi-step thermal desorption/programmed pyrolysis gas chromatography using a high temperature PTV injector. *Journal of High Resolution Chromatography*, 19(4): 193-199

van Lieshout M, Janssen H-G, Cramers CA, van den Bos GA (1997) Programmed-temperature vaporiser injector as a new analytical tool for combined thermal desorption-pyrolysis of solid samples. Application to geochemical analysis. *Journal of Chromatography A*, 764(1): 73-84

Verzera A, Condurso C (2012) Sampling techniques for the determination of the volatile fraction of honey. In: Pawliszyn J (ed) *Comprehensive Sampling and Sample Preparation*, Vol. 4. Elsevier, Amsterdam

Wilkes JG, Conte ED, Kim Y et al (2000) Sample preparation for the analysis of flavors and off-flavors in foods. *Journal of Chromatography A*, 880(1-2): 3-33

Capitolo 10
HPLC e preparazione del campione

Sabrina Moret, Giorgia Purcaro

10.1 Introduzione

La maggior parte dei metodi di analisi per il controllo di qualità degli alimenti si avvale di tecniche cromatografiche ad alta efficienza separativa, quali la gascromatografia capillare (HRGC, *high resolution gas chromatography*) e la cromatografia liquida ad alte prestazioni (HPLC, *high performance liquid chromatography*). Soprattutto nell'analisi di contaminanti in tracce, la determinazione analitica deve essere preceduta da un'adeguata preparazione del campione, in grado di isolare gli analiti di interesse dalla matrice alimentare eliminando i componenti che potrebbero interferire nell'analisi finale.

I metodi convenzionali di preparazione del campione prevedono numerosi step (ripartizione liquido-liquido, passaggio su colonne impaccate, evaporazione dei solventi, trasferimenti da una beuta all'altra ecc.) che, oltre a essere lunghi e laboriosi, possono causare perdita di una parte del campione (con conseguente scarsa ripetibilità) e apportare contaminanti dall'esterno attraverso solventi e/o vetreria.

In molti casi l'HP(LC) rappresenta un'ottima alternativa per la preparazione del campione e può essere impiegata sia per ottenere un'efficiente purificazione del campione, sia per frazionare in classi gli analiti di interesse. L'impiego di tale tecnica in fase di preparazione del campione presenta numerosi vantaggi. In primo luogo è possibile migliorare l'efficienza di separazione e di purificazione del campione. Ciò determina, di conseguenza, anche un miglioramento dei limiti di rilevabilità che dipendono dalle dimensioni dei picchi degli interferenti rispetto a quelli degli analiti. La preparazione del campione risulta inoltre più rapida e, se i componenti di interesse sono rilevabili, è possibile avvalersi della rilevazione on-line, che facilita il lavoro di messa a punto del metodo (Munari, Grob, 1990).

La preparazione del campione mediante LC può essere realizzata con metodi off-line; tuttavia tali metodi, oltre a essere più laboriosi, sono suscettibili di perdite e contaminazione del campione e permettono di iniettare nel GC (o nella seconda colonna LC) solo una parte della frazione eluita dalla colonna LC.

Lo sviluppo delle tecniche analitiche ha stimolato la realizzazione di sistemi on-line che consentono di trasferire l'intera frazione isolata dall'LC (migliorando i limiti di rilevabilità) e di automatizzare completamente l'analisi, riducendo ulteriormente la manipolazione del campione e rendendo l'analisi più affidabile e ripetibile. Nonostante le enormi potenzialità, le tecniche accoppiate LC-GC hanno fatto fatica ad affermarsi e sono diventate di routine solo in alcuni laboratori di analisi. Hanno trovato applicazione soprattutto nella determinazione di residui di contaminanti (in particolare oli minerali e pesticidi) e nel controllo di qualità degli oli edibili. Il principale motivo che ha ostacolato un'ampia diffusione della tecnica LC-GC è rappresentato in primo luogo dalla necessità di operatori esperti per l'ottimizzazione delle condizioni cromatografiche. La recente introduzione sul mercato di strumentazione dedicata, favorita in particolare dalla crescente attenzione nei confronti della contaminazione con oli minerali, testimonia un rinnovato interesse verso questa tecnica analitica.

10.2 Sistemi LC-GC on-line

Per accoppiare on-line un HPLC e un GC è necessario disporre di un'interfaccia in grado di trasferire direttamente alla colonna GC una parte dell'eluente in uscita dalla colonna LC.

Il primo sistema LC-GC on-line, proposto da Majors (1980), era costituito da un GC munito di un autocampionatore modificato, la cui siringa di campionamento era collegata (attraverso un tubo) all'uscita della colonna LC. In questo modo l'eluente LC fluiva attraverso l'ago della siringa e veniva inviato allo scarico, fino a quando giungeva la frazione di interesse che veniva iniettata in un comune iniettore split/splitless. Questa interfaccia non consentiva la concentrazione della frazione in uscita dalla colonna LC e ciò limitava a pochi microlitri (1-3) il volume di eluente che poteva essere trasferito al GC.

Nel corso degli anni sono stati proposti diversi tipi di interfacce in grado di concentrare la frazione in uscita dalla colonna LC prima di trasferirla al GC. Le interfacce possono essere classificate in due tipologie: la prima si basa sulla tecnica del *retention gap*, adatta anche a componenti volatili; la seconda sull'impiego di una camera di vaporizzazione riscaldata. A tale scopo spesso si utilizza un iniettore a temperatura programmata (PTV, *programmed temperature vaporizer*). La scelta dell'interfaccia dipende dalla dimensione della frazione da trasferire (sensibilità desiderata) e dal range di volatilità dei composti di interesse. Di seguito sono descritti i principali tipi di interfacce proposti nel corso degli anni.

10.2.1 Interfacce basate sulla tecnica del retention gap

Alla fine degli anni Ottanta del secolo scorso furono proposte due interfacce in grado di realizzare l'evaporazione (e quindi la concentrazione) dell'eluente in uscita dalla colonna LC all'interno di un retention gap collegato a un'uscita di vapore (Davies et al, 1988; Munari, Grob, 1990). Il retention gap è un capillare di silice fusa, privo di fase stazionaria e deattivato, più o meno lungo a seconda che il trasferimento dell'eluente venga condotto a temperatura inferiore o superiore al punto di ebollizione del solvente alla pressione del sistema. La Fig. 10.1 mostra una generica interfaccia LC-GC basata sulla tecnica del retention gap. Gli elementi caratteristici sono rappresentati da una valvola – che può indirizzare l'eluente LC a un retention gap, collegato a 2-3 metri di pre-colonna (non sempre presente, e generalmente tagliata dalla stessa colonna di separazione), o direttamente alla colonna GC – e da un'uscita di vapore collocata a monte della colonna di separazione. L'uscita di vapore ha la funzione di accelerare l'evaporazione dell'eluente (si accorcia il cammino dei vapori del solvente) e prevenire il passaggio di grandi quantità di vapori attraverso il rivelatore. La connessione tra i capillari viene realizzata mediante *press-fit* di vetro o d'acciaio. La valvola dell'uscita di vapore rimane aperta durante il trasferimento dell'eluente LC, per permettere lo scarico dei vapori del solvente, e viene chiusa alla fine del processo. L'uscita di vapore rappresenta un punto critico del sistema, in quanto, se le condizioni non sono opportunamente ottimizzate, può causare perdita di componenti volatili; tale problema può essere minimizzato da una pre-colonna di ritenzione o da una restrizione a livello dell'uscita di vapore (Grob, 2000).

Fig. 10.1 Schema di una generica interfaccia LC-GC basata sulla tecnica del retention gap

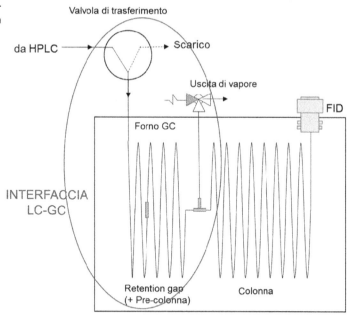

Il primo LC-GC commerciale (Dualchrom 3000) basato sulla tecnica del retention gap è stato introdotto nel 1989 da Carlo Erba (attualmente Thermo Scientific). Questo sistema era stato progettato per lavorare con la *loop-type interface* e la *on-column interface*, che sfruttano due diverse modalità di evaporazione del solvente, *solvent flooding* e *concurrent eluent evaporation* (CEE), che prevedono il trasferimento della frazione LC a una temperatura del forno GC, rispettivamente, inferiore e superiore al punto di ebollizione dell'eluente LC introdotto nel retention gap. Dal 2010 è disponibile un'evoluzione di questa interfaccia, commercializzata da Brechbühler, che monta la *Y-interface* (Biedermann, Grob, 2009a). Anche gli strumenti introdotti in commercio da SRA nel 2012 e da Axel-Semrau nel 2013 prevedono l'impiego di un'interfaccia basata sulla tecnica del retention gap.

10.2.1.1 On-column con solvent flooding

L'interfaccia è rappresentata da una valvola, che consente di inviare l'eluente LC allo scarico o al GC, e da un lungo retention gap (30-50 m), che collega la valvola alla colonna GC o, quando presente, alla pre-colonna (Fig. 10.2) (Vreuls et al, 1994).

Durante il trasferimento l'eluente viene spinto dalla pompa LC nel retention gap e il gas di trasporto entra nella zona di evaporazione lateralmente rispetto al flusso dell'eluente, a livello dell'iniettore on-column (Fig. 10.3). Il trasferimento avviene a temperatura inferiore al punto di ebollizione del solvente; sotto la spinta del gas di trasporto, l'eluente non evaporato si distribuisce in film sottile lungo le pareti del retention gap (*solvent flooding*). Il retention gap deve essere sufficientemente lungo da evitare che l'eluente raggiunga la colonna GC. Un "allagamento", sia pur parziale, della colonna GC determinerebbe un allargamento della banda e, di conseguenza, picchi distorti e allargati. Dopo il trasferimento, il solvente evapora nel retention gap dal retro verso il fronte della zona "allagata", a una velocità che dipende dal

Fig. 10.2 Rappresentazione schematica dell'interfaccia on-column

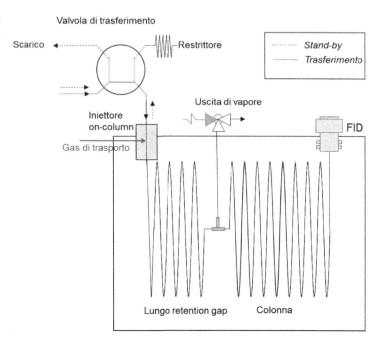

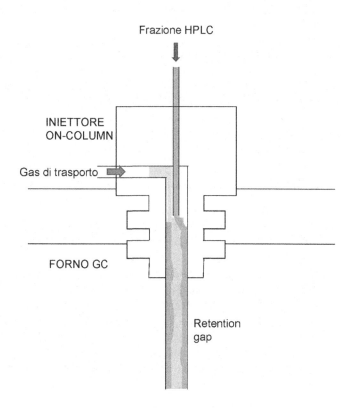

Fig. 10.3 Dettaglio dell'interfaccia on-column, con rappresentazione del fenomeno del solvent flooding. L'eluente LC, introdotto nel retention gap a temperatura inferiore al suo punto di ebollizione, si distribuisce, sotto la spinta del gas di trasporto, in strato sottile lungo le pareti del retention gap

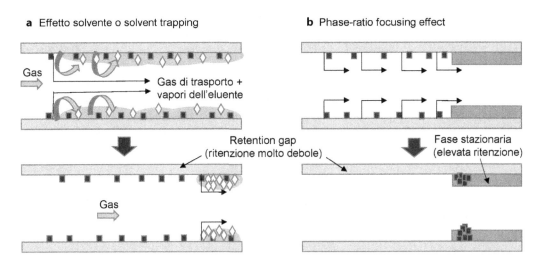

Fig. 10.4 a Riconcentrazione degli analiti volatili (◊) per effetto solvente: sotto la spinta del gas e grazie alla presenza del solvente distribuito in film sottile lungo le pareti del retention gap, gli analiti volatili evaporano e ricondensano più volte per essere rilasciati, alla fine del processo, in banda stretta con l'ultima porzione di solvente che evapora. **b** Riconcentrazione degli analiti altobollenti (■) per *phase-ratio focusing effect*: durante il trasferimento gli analiti altobollenti migrano (in funzione della temperatura) rapidamente nel retention gap, dove non vengono ritenuti e si concentrano in testa alla pre-colonna (o alla colonna), dalla quale verranno rilasciati in banda stretta all'aumentare della temperatura

flusso del gas di trasporto e dalla temperatura della colonna. Durante questo processo i componenti volatili co-evaporano con il solvente a partire dal retro della zona "allagata", e vengono nuovamente intrappolati dal solvente situato davanti al sito di evaporazione (*solvent trapping* o *solvent effect*). Attraverso fasi successive di evaporazione e ricondensazione per effetto del solvente, i componenti volatili vengono riconcentrati al fronte del solvente per essere rilasciati tutti insieme in banda stretta con l'ultima porzione di solvente che evapora (Fig. 10.4a).

I componenti meno volatili rimangono in banda allargata lungo tutta la zona del retention gap che è stata "allagata" con il solvente (*flooded zone*). Tale banda viene comunque focalizzata all'entrata della colonna per effetto del minore potere di ritenzione del retention gap rispetto alla colonna (*phase-ratio focusing effect*). Essendo deattivato e privo di fase stazionaria, il retention gap è infatti dotato, rispetto alla colonna o alla pre-colonna, di un bassissimo potere di ritenzione. Aumentando opportunamente la temperatura durante il trasferimento, i componenti altobollenti che si trovano nel retention gap iniziano a migrare velocemente, fin quando raggiungono la fase stazionaria della pre-colonna (o della colonna), dove vengono rallentati e quindi riconcentrati nello spazio (Fig. 10.4b). A causa della limitata capacità del retention gap, il limite di questa tecnica è rappresentato dal fatto che consente di trasferire solo frazioni di volume ridotto (inferiore a 100 μL).

10.2.1.2 On-column con partially concurrent eluent evaporation (PCEE)

Per trasferire frazioni di volume maggiore è necessario ricorrere a una tecnica più sofisticata: la *partially concurrent eluent evaporation* (PCEE) (Munari et al, 1985). Con tale tecnica la

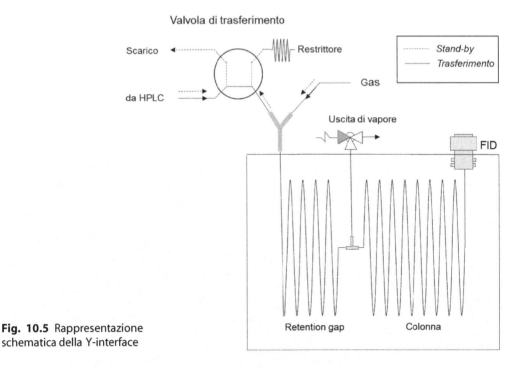

Fig. 10.5 Rappresentazione schematica della Y-interface

maggior parte dell'eluente LC (per esempio il 90%) viene evaporata istantaneamente (mentre viene introdotta nel retention gap) e solo una piccola parte entre nel retention gap allo stato liquido. Ciò consente di ridurre la lunghezza del retention gap o di introdurre frazioni di volume maggiore (Vreuls et al, 1994). Lo svantaggio della PCEE è che richiede l'ottimizzazione di alcuni parametri, in particolare la lunghezza del retention gap, che deve essere aggiustata al volume della frazione LC da trasferire, e la velocità di trasferimento dell'eluente LC (determinata dal flusso della pompa LC), che deve eccedere leggermente la velocità di evaporazione dell'eluente (determinata dalla temperatura di trasferimento).

10.2.1.3 Y-interface

Nel 2009 l'interfaccia on-column è stata sostituita dalla Y-interface (Fig. 10.5) (Biedermann, Grob, 2009a). A differenza dell'interfaccia on-column – nella quale il gas di trasporto entra nel retention gap lateralmente rispetto al flusso dell'eluente LC, a livello dell'iniettore on-column – nella Y-interface il gas di trasporto e l'eluente LC si incontrano a livello di un *press-fit* a 3 vie (Y). Grazie alla migliorata geometria del sistema, la nuova interfaccia ha permesso di ridurre dallo 0,5-3% allo 0,02% l'effetto memoria dovuto alla corsa precedente.

10.2.1.4 Loop-type con fully concurrent eluent evaporation (FCEE)

Il "cuore" di questa interfaccia è costituito da una valvola, munita di un loop delle dimensioni della frazione da trasferire, alla quale sono collegate la linea del gas di trasporto e il retention gap (Fig. 10.6) (Grob, Stoll, 1986). Nella posizione di caricamento, l'eluente LC flui-

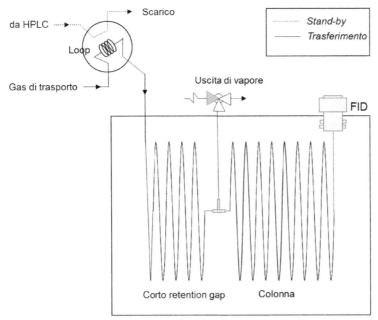

Fig. 10.6 Rappresentazione schematica della loop-type interface

sce continuamente attraverso il loop e viene mandato allo scarico. Quando la frazione di interesse si trova nel loop, si porta la valvola in posizione di iniezione e inizia il trasferimento. Durante il trasferimento l'eluente contenuto nel loop viene spinto nella colonna GC (o più precisamente nel retention gap) dal gas di trasporto (Vreuls et al, 1994).

Poiché viene introdotto a temperatura superiore al suo punto di ebollizione (alla pressione del gas applicata), l'eluente evapora completamente durante il trasferimento. L'evaporazione del solvente produce una pressione di vapore in grado di opporsi alla pressione esercitata dal gas di trasporto dietro il "tappo" di eluente, che viene quindi fermato nel retention gap (Fig. 10.7). Ciò permette all'eluente di essere trasferito automaticamente alla velocità corrispondente alla velocità di evaporazione.

Il vantaggio della FCEE è che possono essere trasferiti volumi relativamente grandi di eluente (1-10 mL) in colonne GC equipaggiate con retention gap corti (1-5 m). L'uscita di vapore rimane aperta durante il trasferimento e si chiude automaticamente alla fine del processo di evaporazione, segnalata da una caduta di pressione nel sistema.

Lo svantaggio principale di questa modalità di evaporazione consiste nella perdita dei componenti più volatili, che co-evaporano assieme al solvente e vengono spazzati via dal gas di trasporto e dai vapori del solvente. Solo i componenti che vengono eluiti a temperature di 60-80 °C superiori a quella di trasferimento producono picchi di forma perfetta. Si tratta quindi di una tecnica adatta all'analisi di analiti altobollenti.

L'unico parametro che deve essere ottimizzato per ottenere un trasferimento efficiente è la temperatura. Se la temperatura di trasferimento è troppo bassa, parte del solvente entrerà nella colonna determinando picchi allargati e distorti; viceversa, se la temperatura è troppo elevata, aumenteranno le perdite dei componenti più volatili.

Fig. 10.7 Loop-type interface con con-current eluent evaporation. L'eluente LC, introdotto nel retention gap a temperatura superiore al suo punto di ebollizione, evapora istantaneamente generando una pressione di vapore che impedisce all'eluente di penetrare in profondità nel retention gap. Gli analiti volatili co-evaporano con il solvente e vengono persi attraverso l'uscita di vapore (◊ analiti volatili; ■ analiti alto-bollenti)

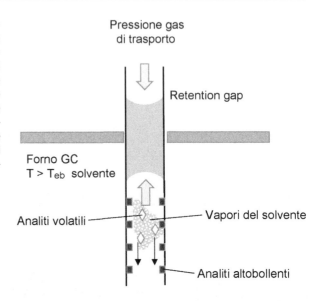

10.2.1.5 Loop-type con co-solvent trapping

Questa tecnica ausiliaria alla loop-type interface con CEE permette di ottenere picchi stretti già a partire dalla temperatura di trasferimento (Grob, Müller, 1988). Si aggiunge una piccola quantità di co-solvente altobollente al solvente principale, che evapora durante il trasferimento assieme a una piccola parte del co-solvente. La rimanente parte di co-solvente si distribuisce lungo le pareti del retention gap e i componenti volatili vengono riconcentrati grazie all'effetto solvent trapping (Fig. 10.8) (Vreuls et al, 1994; Mondello et al, 1999).

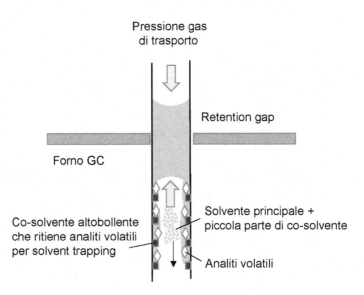

Fig. 10.8 Loop-type interface con co-solvent trapping. Si utilizza un co-solvente altobollente che durante il trasferimento evapora solo parzialmente, ritenendo gli analiti volatili per solvent trapping (◊ analiti volatili; ■ analiti altobollenti)

10.2.2 Interfacce basate sull'impiego di una camera di vaporizzazione

L'eluente LC viene introdotto in una camera di vaporizzazione riscaldata ad alta temperatura, che può essere la sezione di un capillare riscaldato (sfruttando per esempio il blocco riscaldante di un rivelatore FID) o il liner di un iniettore PTV (Mondello et al, 1999; Hyötyläinen, Riekkola, 2003).

10.2.2.1 In-line vaporizer overflow

Questa interfaccia è costituita da due valvole montate sullo stesso rotore che girano, quindi, contemporaneamente; le valvole collegano, rispettivamente, la linea del gas di trasporto e l'eluente LC a un corto retention gap riscaldato a temperature superiori a 300 °C, che funge da camera di vaporizzazione (Fig. 10.9). Per evitare fenomeni di evaporazione violenta, all'interno del capillare viene inserito un corto filo metallico (Grob, Bronz, 1995).

L'eluente LC introdotto nella camera di vaporizzazione evapora istantaneamente. Durante il trasferimento, il flusso del gas di trasporto viene deviato, l'eluente viene spinto nel retention gap dalla pompa LC e l'evaporazione del solvente avviene per overflow: i vapori del solvente vengono spinti attraverso la pre-colonna e scaricati all'uscita di vapore, in seguito all'espansione stessa dei vapori. Alla fine del trasferimento le valvole ruotano contemporaneamente e il gas torna a fluire in colonna. Una piccola parte del gas fluisce anche attraverso il capillare di trasferimento collegato a un capillare di restrizione attraverso la valvola di trasferimento. In questo modo si mantiene pulita la linea di trasferimento evitando problemi di effetto memoria.

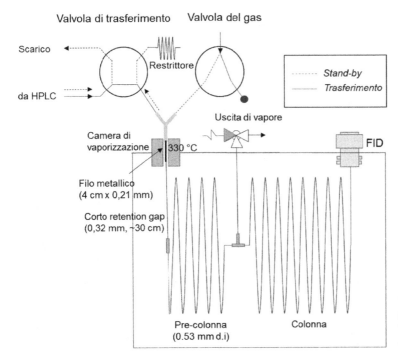

Fig. 10.9 Rappresentazione schematica dell'interfaccia in-line vaporizer overflow

Con questo sistema di trasferimento non è possibile sfruttare l'effetto solvente per trattenere i componenti più volatili, ma si può sfruttare al meglio l'effetto *phase-soaking*. Tale effetto si verifica nella pre-colonna quando fase stazionaria e solvente hanno polarità simili e la temperatura del forno del GC è vicina al punto di rugiada (temperatura limite di ricondensazione della fase vapore): in queste condizioni, l'eluente determina un rigonfiamento della fase stazionaria aumentandone il potere di ritenzione (anche di 5 volte rispetto al valore normale).

Per sfruttare al meglio l'effetto phase-soaking, è fondamentale ottimizzare la temperatura di trasferimento, il cui valore ideale può essere stimato orientativamente tenendo conto della geometria della pre-colonna e dell'uscita di vapore, del volume e della viscosità dei vapori da scaricare. L'aggiustamento finale deve essere però effettuato sperimentalmente, poiché differenze di 1-2 °C hanno un'influenza rilevante sull'effetto phase-soaking. Temperature troppo elevate determinano una ridotta efficienza del phase-soaking, con conseguente perdita dei componenti volatili attraverso l'uscita di vapore; viceversa, temperature troppo basse causano la ricondensazione dei vapori dell'eluente nella pre-colonna. Se una parte del solvente ricondensato riesce a raggiungere, sotto la spinta del gas di trasporto, l'uscita di vapore, si avrà una perdita di analiti indipendentemente dalla loro volatilità. Una ricondensazione più debole produce invece una distorsione della forma dei picchi dovuta al fatto che parte del materiale viene trasportato nella pre-colonna in fase liquida.

Un altro parametro molto critico è correlato alla chiusura dell'uscita di vapore, che deve essere effettuata al momento opportuno, in quanto il potere di ritenzione dovuto all'effetto phase-soaking collassa non appena l'evaporazione del solvente è completata. Il giusto tempo di ritardo tra la fine del trasferimento e la chiusura dell'uscita di vapore viene determinato sperimentalmente, valutando quando il picco del solvente non è eccessivamente allargato e le perdite dei componenti volatili sono accettabili.

La temperatura ottimale di trasferimento dipende anche dalla velocità di flusso LC: un aumento della velocità di flusso implica lo scarico di un volume maggiore di vapori (che a sua volta determina una più marcata caduta di pressione lungo il sistema della pre-colonna) e quindi temperature di trasferimento più elevate allo scopo di impedire la ricondensazione dell'eluente. La ritenzione dei volatili dipende inoltre dal volume della frazione da trasferire: quanto più questo è elevato, tanto maggiore è il volume di vapori che fa avanzare i componenti nella pre-colonna verso l'uscita di vapore e tanto maggiori saranno quindi le perdite di sostanze volatili.

In termini di prestazioni, la tecnica in-line vaporizer overflow è simile alla CEE, poiché consente di trasferire frazioni dell'ordine dei millilitri, ma rispetto alla CEE permette di migliorare la ritenzione dei componenti volatili.

10.2.2.2 Programmed temperature vaporizer (PTV)

L'idea originale di Majors di interfacciare LC e GC attraverso un autocampionatore è stata ripresa da David et al (1999), che hanno però utilizzato un iniettore a temperatura programmata (PTV); se opportunamente ottimizzato, il PTV permette di iniettare volumi elevati di campione (centinaia di μL). L'eluente LC viene campionato direttamente da una cella di flusso mediante la siringa dell'autocampionatore e iniettato *large volume* nell'iniettore PTV (Fig. 10.10). Un sistema LC-GC che sfrutta questo tipo di interfaccia PTV è commercializzato da Shimadzu.

L'interfaccia PTV rappresenta una valida alternativa all'interfaccia on-column, e rispetto a quest'ultima presenta diversi vantaggi. L'utilizzo di un liner impaccato con materiale adsorbente permette di trattenere più liquido per unità di volume interno, e quindi consente l'inie-

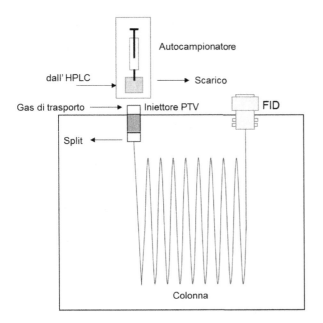

Fig. 10.10 Rappresentazione schematica dell'interfaccia PTV

zione di volumi maggiori di campione. Inoltre, il materiale di impaccamento non presenta i problemi di "bagnabilità" del retention gap e risulta più stabile, in particolare al contatto con acqua e componenti altobollenti (impedisce a questi ultimi di raggiungere la colonna GC deteriorandola rapidamente). Lo svantaggio principale dell'interfaccia PTV è che non si adatta all'analisi di composti termolabili, che possono facilmente degradare a causa delle alte temperatura necessarie per desorbire gli analiti dal liner impaccato; inoltre, per evitare problemi di discriminazione degli analiti, richiede un'attenta ottimizzazione di vari parametri.

Vi sono diverse modalità per realizzare il trasferimento via PTV (Mondello et al, 1999; Hyötyläinen, Riekkola, 2003). Il trasferimento del solvente può essere effettuato in modalità *split* o *splitless* e i volumi di iniezione possono essere variati. L'eluente LC può anche essere introdotto direttamente nel PTV, senza l'ausilio di una cella di flusso e dell'autocampionatore GC, con il vantaggio di poter trasferire tutta la frazione eluita dalla colonna LC; tuttavia, in questo caso la velocità di flusso deve essere attentamente ottimizzata.

Nel trasferimento in modalità split non è richiesta un'uscita di vapore. In particolare, il trasferimento viene effettuato nell'iniettore freddo e il solvente viene rimosso attraverso la valvola di splittaggio. Solitamente è previsto un tempo di purge addizionale per rimuovere l'eccesso di solvente. Il solvente viene eliminato selettivamente, mentre gli analiti vengono ritenuti nel liner impaccato. Quando l'evaporazione del solvente è conclusa, si chiude la valvola di splittaggio e si scalda il blocco riscaldante del PTV in modo da trasferire gli analiti in modalità splitless nella colonna GC. I parametri più critici da ottimizzare sono la velocità di trasferimento e il volume di eluente da trasferire, entrambi strettamente correlati al volume del liner. Piccoli volumi di solvente possono essere trasferiti a elevate velocità di flusso (per esempio con liner di 4 mm d.i. si possono trasferire 100-150 µL), mentre per trasferire volumi maggiori la velocità di flusso deve essere aggiustata in modo che non superi la velocità di evaporazione. Le perdite di analiti volatili possono essere minimizzate utilizzando liner impaccati. Per quanto riguarda il materiale di impaccamento, oltre ai classici adsorbenti solidi (per esempio Tenax), più recentemente sono stati introdotti absorbenti liquidi, come il PDMS (adsorbito su un supporto solido), che offrono importanti vantaggi soprattutto in relazione alla sensibilità (Flores et al, 2008). La tecnica PTV in modalità split è adatta ad analiti con volatilità medio-bassa ma non termolabili. Infatti, poiché la temperatura all'interno dell'iniettore tende a diminuire a causa del grande volume di solvente che evapora, si rende necessario utilizzare temperature elevate per completare l'evaporazione e per desorbire gli analiti dal liner impaccato.

Nei sistemi con trasferimento large volume via PTV in modalità splitless, i vapori del solvente vengono scaricati attraverso una pre-colonna e l'uscita di vapore. Questo sistema ha lo svantaggio, rispetto a quello con split, di richiedere tempi di evaporazione più lunghi, ma si adatta a componenti relativamente volatili.

Sono stati realizzati anche sistemi PTV che prevedono il blocco del flusso del gas di trasporto durante l'introduzione del campione; in questi sistemi i vapori del solvente vengono scaricati in seguito alla loro stessa espansione (*vapour overflow*). Nel caso di analiti altobollenti il PTV può essere mantenuto a una temperatura elevata (superiore al punto di ebollizione del solvente alla pressione del sistema). I vapori del solvente vengono scaricati attraverso la pre-colonna collegata all'uscita di vapore, mentre gli analiti vengono trattenuti dalla pre-colonna.

Il PTV risulta particolarmente adatto all'interfacciamento *reversed-phase* (RP) LC-GC. A tale proposito, è stata proposta la *swing system interface* (Fig. 10.11) basata sull'impiego combinato di due PTV (Pocurull et al, 2000). L'idea parte dalla considerazione che l'interfaccia deve rimuovere il solvente e conservare gli analiti; lo svolgimento di entrambe le funzioni nello stesso iniettore richiede un compromesso in termini di temperatura di trasferimento, in particolare nel caso di solventi contenenti acqua. L'impiego di due iniettori PTV, ciascuno con una propria linea per il gas di trasporto, consente di ottimizzare le due funzio-

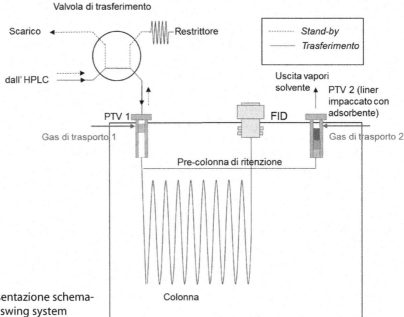

Fig. 10.11 Rappresentazione schematica dell'interfaccia swing system

ni in modo indipendente. Come illustrato in Fig. 10.12, dopo la vaporizzazione del campione nel primo PTV, i composti altobollenti vengono trattenuti nella fase stazionaria della precolonna, mentre quelli più leggeri oltrepassano questa debole trappola e vengono bloccati nel materiale adsorbente impaccato nel liner del secondo iniettore PTV. Terminata questa fase, viene attivato il flusso del gas di trasporto nel secondo PTV e si avvia l'analisi.

Nel 1999 è stata introdotta l'interfaccia TOTAD (*through oven transfer adsorption desorption*) (Pérez et al, 1999), basata su un iniettore PTV modificato posto orizzontalmente su un lato del forno GC (Fig. 10.13). Il gas di trasporto viene fatto fluire alternativamente lungo la via tradizionale di ingresso dell'iniettore o attraverso la via dello split, mediante una serie di valvole di intercettazione e di valvole ad ago. La colonna GC e la linea di trasferimento dalla colonna LC sono collegate parallelamente tramite una ferula a due fori nella parte inferiore dell'iniettore. Il capillare di trasferimento viene inserito nella lana di vetro utilizzata per mantenere in posizione il Tenax nel liner. I vapori del solvente lasciano l'interfaccia attraverso un tubo di acciaio inox inserito nel setto di iniezione dell'iniettore.

Durante la fase di trasferimento il solvente LC raggiunge l'interfaccia e viene spinto dal gas di trasporto nel liner impaccato del PTV, in direzione opposta a quella usuale (attraverso

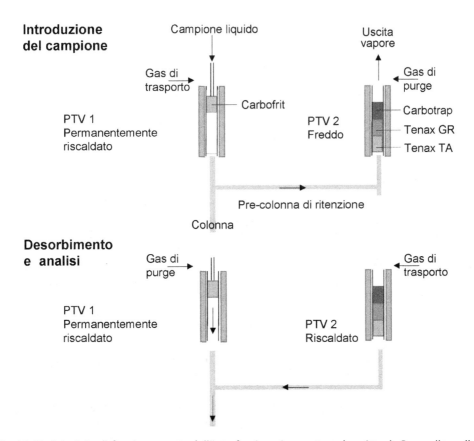

Fig. 10.12 Principio di funzionamento dell'interfaccia swing system descritta da Pocurull e colleghi. (Modificata con autorizzazione da Pocurull et al, 2000)

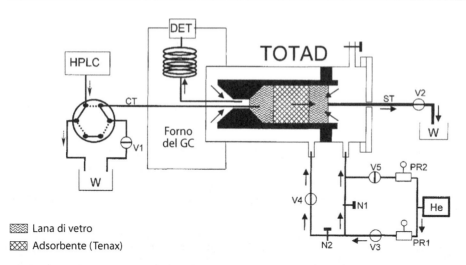

Fig. 10.13 Schema dell'interfaccia TOTAD (*through oven transfer adsorption desorption*). CT, capillare in silice fusa; DET, rivelatore; ST, tubo d'acciaio; W, scarico; V, valvole on-off; N, valvole ad ago; PR, regolatori di pressione; He, elio. (Da Pérez et al, 1999. Riproduzione autorizzata)

l'abituale uscita di splittaggio). Dopo l'evaporazione, l'interfaccia viene riscaldata e il gas di trasporto viene fatto passare attraverso la sua linea di ingresso usuale (attraverso la valvola N1 in Fig. 10.13) e in questo modo spinge gli analiti nella colonna GC. Questo sistema è stato automatizzato ed è attualmente commercializzato da Konik-Tech. L'interfaccia è stata originariamente sviluppata per accoppiamenti RPLC-GC, ma recentemente è stata applicata con successo anche per sistemi *normal-phase* (NP) LC-GC (Aragón et al, 2011; Toledano et al, 2012a).

10.2.3 Condizioni LC

Il ruolo della colonna LC dipende dall'applicazione e può risultare determinante per separare efficientemente e selettivamente un analita o una classe di analiti dalla matrice. In altri casi, il ruolo dell'LC è concentrare e/o frazionare il campione (Grob, 1991).

La parte LC di un sistema LC-GC consta essenzialmente di una colonna (alcune applicazioni prevedono l'impiego di due colonne in serie) e un sistema di valvole per indirizzare il flusso dell'eluente. La Fig. 10.14 mostra un assetto standard con valvola di iniezione, colonna LC e valvola di *backflush* (utile soprattutto per le applicazioni NPLC), che permette di lavare controcorrente la colonna alla fine della corsa LC. Questa configurazione può essere impiegata anche per automatizzare la preparazione del campione nelle applicazioni LC-GC off-line (Moret, Conte, 1998). Per le applicazioni on-line è presente una valvola di trasferimento per indirizzare l'eluente LC al GC o allo scarico. Il loop montato sulla valvola del backflush permette di impiegare una sola pompa LC.

Generalmente, le dimensioni della colonna vengono scelte tenendo conto che – soprattutto quando si lavora con la tecnica del retention gap – il flusso ottimale della colonna deve avvicinarsi alla velocità di trasferimento/evaporazione ideale dell'eluente LC. Le colonne di 2 mm di diametro rappresentano la scelta migliore per ottenere un flusso LC ottimale (0,3-0,5 mL/min) e raggiungere sensibilità adeguate. In alternativa, si possono impiegare colon-

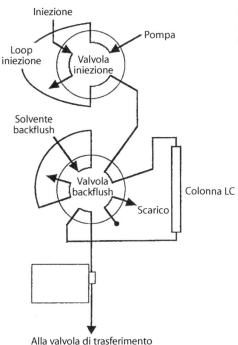

Fig. 10.14 Sistema di valvole per la preparazione LC del campione. (Da Moret, Conte, 1998. Riproduzione autorizzata)

ne di diametro maggiore che richiedono flussi più elevati (1-2 mL/min), riducendo il flusso durante il trasferimento (generalmente a 0,1 mL/min). La lunghezza della colonna è determinata principalmente dall'efficienza di separazione richiesta e/o, in alcuni casi, dalla capacità necessaria per trattenere gli interferenti (per esempio lipidi).

La maggior parte delle applicazioni LC-GC prevede l'impiego di colonne a fase diretta o a esclusione molecolare (SEC, *size exclusion chromatography*), che operano con eluenti non polari bassobollenti, più semplici da evaporare. Ciò dipende anche dal fatto che l'analisi GC non è applicabile ad analiti altamente polari, o ad acidi e basi forti, per i quali è più indicata la cromatografia liquida a fase inversa.

Alcuni campioni, tuttavia, potrebbero essere più convenientemente arricchiti attraverso LC a fase inversa: è il caso dei campioni acquosi da sottoporre ad analisi dei residui di pesticidi. L'accoppiamento RPLC-GC risulta più difficile da realizzare; tuttavia diversi progressi compiuti negli ultimi anni – in particolare l'introduzione dell'interfaccia TOTAD – hanno reso più semplice tale accoppiamento.

10.2.3.1 NPLC-GC

La maggior parte delle applicazioni LC-GC impiega colonne di silice. Queste colonne sono utilizzate in particolare per l'analisi degli oli, in cui la pre-separazione LC prevede la rimozione di grandi quantità di trigliceridi, che vengono trattenuti in colonna lasciando eluire la frazione di interesse. Grazie alla presenza della valvola di backflush, la colonna LC viene poi lavata in controcorrente con un opportuno solvente.

Uno dei problemi associati all'utilizzo delle colonne di silice riguarda l'instabilità dei tempi di ritenzione. L'impiego di un rivelatore UV in linea può facilitare la determinazione della frazione da trasferire; se i componenti di interesse non danno un segnale utile all'UV, si possono utilizzare dei marker rilevabili all'UV che co-eluiscano insieme ai componenti della frazione da trasferire, altrimenti è necessario effettuare il trasferimento basandosi su tempi di ritenzione assoluti (Grob, 1991).

Generalmente è impossibile mantenere i tempi di ritenzione osservati nel primo cromatogramma, ma è più facile lasciare che questi si stabilizzino in un ciclo di operazioni costanti comprendenti: iniezione, cromatografia fino al trasferimento della frazione di interesse, backflush con un solvente di lavaggio e ricondizionamento con la fase mobile. La scelta del solvente per il backflush è critica: esso dovrebbe lavare efficacemente la colonna, ma anche essere rimosso con facilità durante il successivo ricondizionamento per evitare spostamenti dei tempi di ritenzione. Metilterbutiletere e isopropanolo sono, per esempio, solventi molto efficaci per rimuovere i trigliceridi trattenuti in colonna, ma rispetto al diclorometano richiedono tempi di ricondizionamento più lunghi.

Le colonne di silice derivatizzata (con gruppi ciano, diolo o ammino) presentano siti adsorbenti più omogenei rispetto alle colonne di silice non derivatizzata; tali colonne risultano quindi più riproducibili e il loro ricondizionamento è più rapido, ma hanno potere ritentivo inferiore (soprattutto nei confronti dei lipidi) e trovano quindi minori applicazioni. L'impiego di colonne LC per separazioni basate sul meccanismo di esclusione molecolare (SEC) è vantaggioso in presenza di interferenti ad alto peso molecolare che potrebbero sporcare la colonna.

10.2.3.2 RPLC-GC

I problemi che si incontrano quando si cerca di interfacciare RPLC e GC sono dovuti principalmente alle caratteristiche del retention gap. I retention gap sono capillari silanizzati la cui superficie interna deattivata non viene "bagnata" da eluenti che contengono acqua (vengono sfavoriti gli effetti positivi del solvent effect e del phase soaking). Inoltre, la frazione acquosa causa problemi durante il trasferimento: le velocità di evaporazione dell'acqua, del metanolo e dell'acetonitrile sono basse e ciò rende il trasferimento lungo. Infine, l'acqua è un solvente aggressivo, che provoca l'idrolisi dei legami silossanici, deteriorando così la deattivazione della pre-colonna e le prestazioni delle colonne GC.

Nonostante questi problemi, sono stati sperimentati diversi sistemi di interfacciamento RPLC-GC (Vreuls et al, 1994; Louter et al, 1999; Grob, 2000): in alcuni la frazione acquosa contenente gli analiti viene trasferita direttamente al GC; in altri l'introduzione di acqua viene prevenuta facendo per esempio adsorbire gli analiti su un'opportuna fase adsorbente.

I sistemi di micro-LC presentano il vantaggio di poter trasferire piccole quantità di acqua direttamente al GC (in questo caso la bassa velocità di evaporazione dell'eluente non rappresenta un problema, poiché la quantità da evaporare è comunque bassa). I volumi trasferibili si limitano a pochi microlitri.

Per superare il problema della bagnabilità, l'eluente acquoso può essere trasferito attraverso una loop-type interface. Nella CEE il solvente evapora mentre entra nel retention gap; sono però richieste alte pressioni per scaricare gli elevati volumi di vapore dell'eluente. Il volume del vapore dell'acqua e del metanolo è 3-5 volte maggiore rispetto a quello dell'esano. In questo caso l'applicabilità è limitata a componenti che eluiscono a temperature di 60-100 °C superiori a quella di trasferimento (per esempio atrazina). I picchi dei componenti che eluiscono a temperatura inferiore a 230 °C appaiono distorti e allargati. Aggiungendo un cosolvente organico altobollente che forma una miscela azeotropica con l'acqua (per esempio, butossietanolo), si possono analizzare componenti più volatili.

Quando si vogliono trasferire volumi elevati di acqua senza che questa entri nel retention gap, occorre aggiungere un ulteriore step alla procedura LC-GC. Sono possibili diverse soluzioni: per esempio, si può effettuare un'estrazione liquido-liquido on-line o fare adsorbire gli analiti su un'opportuna fase adsorbente (che può essere una cartuccia per SPE, un pezzo di colonna o capillare impaccato); oppure si può rimuovere l'acqua facendo fluire nel letto impaccato gas ad alta velocità per poi desorbire gli analiti termicamente o con un opportuno solvente organico.

Altre soluzioni relative all'impiego di iniettori PTV sono state descritte nel paragrafo precedente.

10.3 Applicazioni

La tecnica LC-GC trova applicazione nell'analisi chimica sia per il settore alimentare, sia per quelli ambientale e biologico. Nel controllo di qualità degli alimenti le applicazioni più numerose, approfondite in questo paragrafo, riguardano la determinazione dei componenti minori negli oli vegetali e di pesticidi e oli minerali in diverse matrici alimentari.

Tra le altre applicazioni si ricordano: la determinazione degli idrocarburi di neoformazione in prodotti irradiati (Biedermann et al, 1989; Schulzki et al, 1997), il frazionamento di miscele complesse di PCB (Pietrogrande et al, 2002) e la migrazione di additivi (ESBO, olio di soia epossidato) dalle capsule di chiusura di alcuni prodotti confezionati (Fankhauser-Noti et al, 2005). Per un approfondimento in materia, si rimanda il lettore ad alcune revisioni della letteratura (Hyötyläinen, Riekkola, 2003; Purcaro et al, 2012; Purcaro et al, 2013).

10.3.1 Controllo di qualità degli oli vegetali

La determinazione degli steroli e degli altri componenti minori (frazione insaponificabile) fornisce informazioni essenziali per caratterizzare un olio, individuare trattamenti tecnologici particolari cui è stato sottoposto e svelare eventuali frodi.

Poiché le forme libere ed esterificate dei componenti minori dei diversi oli presentano una distribuzione caratteristica, disporre di un metodo per la loro differenziazione può risultare molto utile. Gli oli di estrazione contengono, per esempio, concentrazioni di componenti minori circa 10 volte più alte rispetto agli oli di pressione. Dopo raffinazione, la concentrazione dei componenti liberi cala notevolmente (e ciò rende più difficile riconoscere le differenze), ma non calano le concentrazioni dei componenti esterificati. Anche i trattamenti di filtrazione possono avere un effetto sulla distribuzione dei componenti liberi ed esterificati: per esempio, la filtrazione su carbone determina una maggior perdita di steroli esterificati. È inoltre possibile individuare facilmente la presenza di oli transesterificati (nei quali sono presenti solo forme esterificate).

L'individuazione dell'aggiunta di oli di oliva rettificati all'olio vergine di oliva è fondamentalmente affidata alla determinazione del 3,5-stigmastadiene, che si forma in fase di raffinazione in seguito a disidratazione del β-sitosterolo, mentre l'individuazione di oli di estrazione in oli di pressione si basa sulla determinazione delle cere. I metodi ufficiali utilizzati per queste analisi prevedono lunghe procedure di preparazione del campione, che possono essere notevolmente ridotte grazie all'impiego di tecniche LC-GC on-line. Si sfrutta la capacità di una colonna di silice di ritenere i trigliceridi lasciando eluire i componenti di interesse, che vengono inviati alla colonna GC, evitando la saponificazione e/o lunghi passaggi su colonne impaccate.

Solitamente, alla fine del trasferimento, e prima dell'iniezione successiva, la colonna LC deve essere lavata controcorrente per eliminare i trigliceridi e ricondizionata con esano.

10.3.1.1 Determinazione degli steroli e di altri componenti minori liberi ed esterificati

Il metodo ufficiale per la determinazione della frazione sterolica prevede la saponificazione del campione, l'estrazione dell'insaponificabile, la pre-separazione TLC (*thin layer chromatography*) e l'analisi GC previa derivatizzazione. La saponificazione – che ha come scopo principale la rimozione dei trigliceridi – determina anche la saponificazione degli esteri dei componenti minori e, di conseguenza, una perdita di informazioni rilevanti sullo stato originario di questi ultimi.

Lo sviluppo delle tecniche accoppiate ha permesso di mettere a punto metodi LC-GC online in grado di analizzare i componenti minori nella forma (libera o esterificata) nella quale sono realmente presenti nell'olio. Il primo metodo proposto a tale scopo prevedeva la derivatizzazione (acilazione) del campione di olio con anidride pivalica, la diluizione con esano e l'iniezione diretta nel sistema LC-GC (Grob et al, 1989). La derivatizzazione aveva la funzione di rendere meno polari gli steroli liberi, in modo da permetterne l'eluizione dalla colonna LC assieme alla frazione degli esteri. Più tardi ci si rese conto che tale metodo presentava un punto debole, in quanto negli oli ad alta acidità (>2%) l'anidride pivalica può determinare l'esterificazione di alcuni alcoli liberi con acidi grassi.

Un altro metodo proposto nel 1993 (Artho et al, 1993) prevedeva la silanizzazione dell'olio, la diluizione e l'analisi LC-GC. Poiché alcoli e steroli trimetilsililati sono ritenuti su colonna di silice in misura sostanzialmente minore dei rispettivi esteri, per includere nella stessa frazione queste due classi di componenti occorre allargare considerevolmente la finestra della frazione da trasferire. Se, da un lato, ciò rappresenta uno svantaggio, in quanto si introducono nel GC componenti che possono interferire con gli analiti di interesse, dall'altro, aumenta il numero di informazioni ottenibili con un'unica analisi GC. Nello stesso cromatogramma sono infatti identificabili squalene, tocoferoli, alcoli alifatici liberi, steroli liberi, alcoli triterpenici liberi, cere, steroli e alcoli triterpenici esterificati, che nell'insieme possono fornire informazioni utili per scoprire eventuali frodi.

Considerato che steroli ed esteri di steroli non presentano problemi di volatilità (eluiscono a temperature superiori a 240 °C), il trasferimento LC-GC viene effettuato con l'interfaccia loop-type (120 °C). La scelta della colonna GC deve tenere in considerazione la termolabilità degli esteri, la cui termodegradazione è favorita dalla permanenza ad alte temperature per tempi prolungati. Per limitare tale problema, si impiegano colonne corte e con fase stazionaria di piccolo spessore.

Nel 1993 è stato proposto anche un metodo per la determinazione degli steroli totali in grado di fornire risultati equivalenti a quelli del metodo ufficiale (Biedermann et al, 1993). I componenti esterificati vengono in questo caso sottoposti a transesterificazione in presenza di sodio metilato (la reazione richiede circa 15 minuti a temperatura ambiente). Si formano i metilesteri degli acidi grassi che vengono estratti dalla miscela di reazione insieme ai componenti minori, ottenendo rese intorno al 98% con un'unica estrazione. In fase di pre-separazione LC si separano facilmente gli esteri metilici degli acidi grassi dai diversi gruppi di componenti minori. Si possono impiegare condizioni di separazione LC diverse, a seconda che si vogliano analizzare separatamente le singole classi di componenti minori (alcoli lineari, dimetilsteroli, metilsteroli ecc.) o inviare al GC più classi di componenti minori in un'unica frazione. Il trasferimento multiplo con la tecnica dello *stop-flow* (si blocca il flusso nella colonna LC durante il trasferimento di ciascuna frazione) permette di trasferire al GC diverse classi di componenti minori dalla stessa corsa LC.

I risultati ottenuti con i metodi LC-GC presentano, rispetto al metodo classico, migliore ripetibilità (coefficiente di variazione percentuale <1-2%); il lavoro manuale è ridotto a meno di 5 minuti ed è possibile analizzare fino a 25 campioni al giorno (invece dei 2 campioni con il metodo ufficiale).

La determinazione dei componenti minori dell'olio è stata realizzata anche impiegando tecniche RPLC-GC, utilizzando prima un'interfaccia PTV (Señoráns et al, 1996; Villén et al, 1998; Señoráns et al, 1998) e successivamente una PTV modificata (TOTAD) (Cortés et al, 2006; Toledano et al, 2012b). L'impiego dell'HPLC in fase inversa permette di evitare il backflush della colonna LC e garantisce una maggiore riproducibilità dei tempi di ritenzione. In questo caso l'olio viene direttamente iniettato nel sistema LC-GC previa filtrazione ed eventuale diluizione. Sfruttando un gradiente CH_3OH/H_2O, una corta colonna LC (C4, 50 mm × 4,6 mm d.i.) isola i componenti di interesse dai trigliceridi (che eluiscono prima). È possibile aggiustare le condizioni LC in modo da permettere l'analisi di più classi di componenti (steroli liberi, tocoferoli, squalene, eritrodiolo e uvaolo) con un'unica corsa GC oppure di singole classi di componenti con più corse GC. Effettuando una saponificazione del campione off-line sono stati analizzati, oltre agli steroli liberi, anche gli steroli totali e, per differenza, quelli esterificati (Toledano et al, 2012a). Un'ulteriore applicazione prevede l'analisi NPLC-GC degli steroli totali con interfaccia TOTAD, mediante silanizzazione on-line del campione (nel liner impaccato) (Toledano et al, 2012b).

10.3.1.2 Determinazione delle cere

Il metodo ufficiale per la determinazione delle cere, impiegato per individuare la presenza di oli di estrazione con solvente (più ricchi di cere) in oli vergini di oliva, prevede il frazionamento del campione di olio su colonna impaccata con gel di silice, l'eluizione con 140 mL di esano/etere etilico (99:1) della frazione corrispondente alle cere e la sua iniezione, previa riconcentrazione, nella colonna GC (on-column). Il metodo LC-GC prevede invece una semplice diluizione dell'olio, prima dell'iniezione nel sistema accoppiato con interfaccia loop-type (Grob, Läubli, 1986; Gallina Toschi et al, 1996) o interfaccia on-column con CEE (Biedermann et al, 2008). La determinazione delle cere è stata effettuata anche utilizzando l'interfaccia TOTAD (Aragón et al, 2011).

10.3.1.3 Determinazione dei prodotti di disidratazione degli steroli e degli isomeri dello squalene

Il metodo ufficiale per la determinazione dei prodotti di disidratazione degli steroli, utili per individuare l'aggiunta di oli raffinati a un olio extra vergine, prevede la saponificazione del campione, l'estrazione dell'insaponificabile, la separazione della frazione idrocarburica steroidea mediante cromatografia su colonna impaccata con gel di silice e l'analisi GC. Anche questa procedura è quindi piuttosto lunga e laboriosa e implica l'impiego di elevati volumi di solvente. La metodica LC-GC (Grob et al, 1994; Gallina Toschi et al, 1996) prevede invece la semplice diluizione del campione con esano e l'iniezione nel sistema LC-GC con colonna LC di silice. Anche in questo caso il trasferimento avviene mediante un'interfaccia loop-type.

Negli oli rettificati sono presenti, oltre ai prodotti di disidratazione, anche isomeri dello squalene non riscontrabili negli oli vergini. La determinazione di questi isomeri è utile per rivelare la presenza di rettificati decolorati con prodotti non acidi (come il carbone), per i quali non esistono altri mezzi di differenziazione. Gli isomeri dello squalene eluiscono da una colonna LC di silice subito dopo gli alcani e prima dello squalene (trasferimento mediante un'interfaccia loop-type) (Grob et al, 1992). In questo caso non occorre un'accurata analisi quantitativa, poiché un prodotto non raffinato non contiene prodotti di degradazione olefinici rilevabili e la quantità di prodotti formati dipende dalle condizioni di raffinazione adottate.

10.3.2 Determinazione dei pesticidi

Una delle prime applicazioni RPLC-GC è quella relativa alla determinazione di atrazina in acqua potabile (Grob, Li, 1989). In questo caso la colonna LC ha la funzione di concentrare il campione trattenendo l'analita ed eliminando l'acqua. Si fa fluire attraverso la colonna LC (C18) un certo volume di acqua (10 mL), in modo da raggiungere il grado di arricchimento adeguato. Terminata la fase di concentrazione, l'analita viene desorbito con una miscela metanolo/isopropanolo, utilizzando un'interfaccia loop-type per evitare l'introduzione diretta di acqua nel retention gap. In questo caso non si hanno problemi di perdita dell'analita per volatilità, in quanto l'atrazina eluisce a temperature particolarmente elevate (260 °C).

In letteratura sono riportate anche diverse applicazioni che prevedono l'impiego di colonne SEC per isolare selettivamente i pesticidi da interferenti ad alto peso molecolare (Grob, Kälin, 1991; De Paoli et al, 1992; Vreuls et al, 1996; Jongenotter, Janssen, 2002).

La scelta dell'interfaccia dipende dalla volatilità degli analiti di interesse: per ampliare l'intervallo di volatilità degli analiti analizzabili, le applicazioni relative all'analisi di pesticidi organofosforici in oli vegetali sono state realizzate principalmente mediante interfaccia loop-type con co-solvent trapping (Vreuls et al, 1996) o interfaccia on-column (Jongenotter, Janssen, 2002).

A partire dal 2000 il gruppo di Villén ha pubblicato diversi lavori sulla determinazione dei pesticidi con interfaccia TOTAD in campioni di acqua (Pérez et al, 2000; Alario et al, 2001; Toledano et al, 2010), olio di oliva (Sánchez et al, 2003; Sánchez et al, 2004; Sánchez et al, 2005; Díaz-Plaza et al, 2007), prodotti vegetali (Cortés et al, 2006) e frutta secca (Cortés et al, 2008). Nel caso di matrici vegetali e frutta secca il campione viene preliminarmente estratto con una piccola quantità di etilacetato e sodio solfato anidro.

Villén e collaboratori hanno sperimentato l'impiego di diversi rivelatori (Toledano et al, 2010), ottenendo buoni risultati anche con l'introduzione diretta di 5 mL di acqua (previa filtrazione del campione). In questo caso non è presente una colonna LC e il liner impaccato con Tenax funziona in pratica come una cartuccia SPE. Il campione, spinto da una pompa LC (0,1 mL/min), entra nel liner dall'uscita dell'iniettore PTV modificato. Gli analiti sono trattenuti dall'impaccamento del liner, mentre l'acqua viene eliminata (in forma liquida) come in un processo SPE. Alla fine del processo un flusso di gas, nella stessa direzione del campione, assicura l'eliminazione di eventuali residui di acqua. Successivamente, l'iniettore viene riscaldato (275 °C per 5 min) e un flusso di gas, in direzione opposta al flusso del campione, desorbe gli analiti inviandoli alla colonna GC.

Per quanto riguarda le applicazioni relative a oli di oliva e altri oli edibili, per evitare problemi di deattivazione della colonna LC da parte dei trigliceridi – con conseguente co-eluzione degli stessi nella frazione dei pesticidi – l'analisi dei pesticidi viene effettuata più convenientemente impiegando la RPLC. Come nel caso della SEC, la frazione dei pesticidi eluisce dopo i trigliceridi e la pulizia della colonna LC non richiede una valvola addizionale per il backflush.

Impiegando una colonna C4 (5 cm × 4,6 mm d.i.), i pesticidi vengono eluiti con una miscela CH_3OH/H_2O (70:30, v/v), mantenuta a un flusso di 2 mL/min fino a quando non inizia

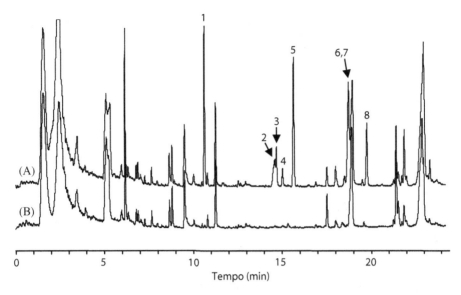

Fig. 10.15 Tracciati LC-GC di un campione di olio di oliva raffinato fortificato con una miscela di pesticidi (A) e di un campione non contaminato (B). 1 = carbaril; 2 = atrazina; 3 = simazina; 4 = lindano; 5 = diazinon; 6 = fenitrotion; 7 = terbutrina; 8 = paration. (Da Sánchez et al, 2004. Riproduzione autorizzata)

l'eluizione della frazione di interesse. Durante il trasferimento il flusso viene ridotto a 0,1 mL/min per poi essere nuovamente portato a 2 mL/min (100% di CH_3OH) per pulire la colonna alla fine del trasferimento (Sánchez et al, 2003; Sánchez et al, 2004). La Fig. 10.15 riporta i tracciati LC-GC ottenuti per un olio di oliva raffinato e per lo stesso olio fortificato con una miscela di pesticidi. Come si può osservare, i componenti di interesse non co-eluiscono con nessun altro componente della matrice. Successivamente, introducendo alcune piccole modifiche alle condizioni di eluizione, e inviando l'effluente in uscita dalla colonna GC a due rivelatori in parallelo (ECD, *electron-capture detector*, e NPD, *nitrogen-phosphorus detector*), Díaz-Plaza et al (2007) sono riusciti ad analizzare in un'unica corsa cromatografica pesticidi organofosforici, organoclorurati e triazine, raggiungendo limiti di rilevabilità più che adeguati a quanto prescritto dalle norme comunitarie.

10.3.3 Determinazione degli oli minerali

Molti alimenti risultano contaminati da residui di oli minerali, miscele complesse di idrocarburi di origine petrogenica, che, a seconda della rilevanza tossicologica, vengono suddivisi in MOSH (*mineral oil saturated hydrocarbons*) e MOAH (*mineral oil aromatic hydrocarbons*). Le possibili fonti di contaminazione per gli alimenti sono numerose; per esempio: utilizzo diffuso di oli minerali bianchi, privati della frazione aromatica più tossica (come ingredienti, lubrificanti, agenti di distacco, agenti di rivestimento di vegetali ecc.); utilizzo di materiali a contatto con gli alimenti che possono cedere oli minerali (sacchi di juta, cartone riciclato ecc.); contaminazione ambientale.

La determinazione analitica degli oli minerali si effettua più convenientemente mediante gascromatografia e rivelazione FID (*flame ionization detector*). Per garantire che soltanto la frazione idrocarburica raggiunga la colonna GC, l'estratto ottenuto dal campione deve essere pre-separato dai potenziali interferenti. Nel caso di matrici lipidiche, gli interferenti sono rappresentati essenzialmente da trigliceridi e olefine naturalmente presenti nella matrice (per esempio carotenoidi) o originatisi in fase di raffinazione (prodotti di disidratazione degli steroli, isomeri dello squalene).

Considerate le difficoltà analitiche, per anni le indagini relative alla determinazione degli oli minerali sono state limitate alla sola frazione MOSH. Utilizzando una colonna LC di silice e una fase mobile apolare (pentano o esano), gli idrocarburi saturi eluiscono subito dopo il volume morto della colonna, mentre gli idrocarburi aromatici e i trigliceridi vengono trattenuti in colonna. Subito dopo il trasferimento, la colonna LC di silice viene lavata controcorrente (backflush) con diclorometano per rimuovere i trigliceridi che vi sono rimasti e ricondizionata con esano o pentano, prima dell'iniezione successiva.

Nel caso degli oli vegetali, per migliorare la ritenzione delle olefine interferenti, è stato proposto l'impiego di due colonne di silice in serie (Wagner et al, 2001a) e/o una preliminare bromurazione del campione (Wagner et al, 2001b), al fine di rendere le olefine più polari (in questo modo migliora la ritenzione nella colonna LC). In letteratura sono riportate diverse applicazioni LC-GC per la determinazione dei soli MOSH, sia di origine endogena (*n*-alcani negli oli vegetali) sia di origine petrogenica, principalmente in campioni di oli vegetali o estratti lipidici (Koprivniak et al, 2005; Moret et al, 2003). La Fig. 10.16 mostra i tracciati MOSH di due oli extra vergini di oliva: nel tracciato (a) sono visibili solo i picchi degli *n*-alcani endogeni, mentre nel tracciato (b) è visibile anche una contaminazione con olio minerale, evidenziata dalla presenza di una "collina" di picchi non risolti. Per eliminare l'interferenza dovuta alla presenza di *n*-alcani endogeni – che, se presenti in grandi quantità (come nel caso dell'olio

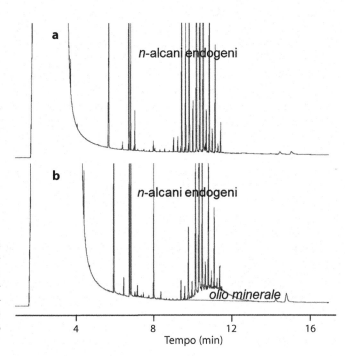

Fig. 10.16 Tracciati LC-GC delle frazioni MOSH di un campione di olio extra vergine di oliva non contaminato nel quale sono visibili i picchi degli *n*-alcani endogeni (**a**) e di un campione di olio di oliva contaminato con olio minerale (**b**)

di sansa), possono impedire una corretta quantificazione della contaminazione – Fiselier et al (2009) hanno proposto l'impiego di una colonna di silice abbinata a una colonna di allumina (in grado di trattenere selettivamente gli *n*-alcani).

Per quanto riguarda l'interfaccia di trasferimento, la volatilità dei termini più leggeri ha orientato la scelta verso la tecnica dell'in-line vaporizer overflow o dell'on-column interface con PCEE e, più recentemente, verso la Y-interface (Biedermann, Grob, 2012a). Sono comunque riportate anche applicazioni che impiegano l'interfaccia PTV (Tranchida et al, 2011).

Dopo i casi di contaminazione con MOAH di olio di girasole ucraino (Biedermann, Grob, 2009b) e di alimenti secchi confezionati a contatto diretto con cartone riciclato e/o cartoni stampati con inchiostri a base di oli minerali (Vollmer et al, 2011; Biederman, Grob, 2012b), è stata posta maggiore attenzione alla necessità di quantificare separatamente MOSH e MOAH. Attualmente sono disponibili per tale scopo metodi SPE-GC off-line, ma l'impiego di tecniche accoppiate LC-GC rende l'analisi più rapida e riproducibile (Biedermann et al, 2009; Barp et al, 2013).

La prima applicazione per la determinazione dei MOAH in campioni di olio vegetale ed estratti lipidici è stata realizzata nel 1996 (Moret et al, 1996a) con un complesso sistema LC-LC-GC che prevedeva la pre-separazione dei trigliceridi in una prima colonna LC di silice (250 mm × 4,6 mm d.i.), la concentrazione on-line della frazione di interesse (6 mL) e la separazione degli idrocarburi in classi (in funzione del numero di anelli aromatici) su colonna ammino. Le singole frazioni così separate venivano successivamente trasferite al GC via in-line vaporizer interface. La Fig. 10.17 mostra uno schema dell'evaporatore on-line, messo a punto allo scopo (Moret et al, 1996b), costituito da due blocchi di alluminio termostatati a 40 °C che racchiudono un tubo d'acciaio (1 mm d.i.) impaccato con silice silanizzata. Come illustrato in Fig. 10.18, prima dell'eluizione della frazione idrocarburica, l'eluente proveniente dalla colonna di silice viene scaricato grazie a un sofisticato sistema di valvole (omesse in figura per semplicità) (fase 1). Quando inizia a eluire la frazione di interesse, l'eluente viene introdotto nell'evaporatore. Gli analiti vengono ritenuti nell'impaccamento, mentre i vapori del solvente vengono scaricati per overflow. L'uscita dell'evaporatore è collegata al

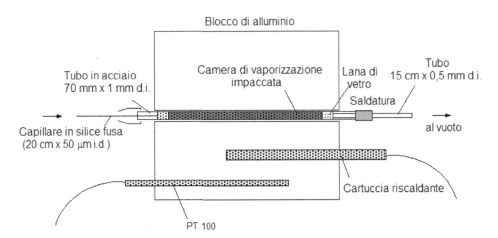

Fig. 10.17 Evaporatore di solvente (ES) on-line per applicazioni LC-LC. (Da Moret et al, 1996b. Riproduzione autorizzata)

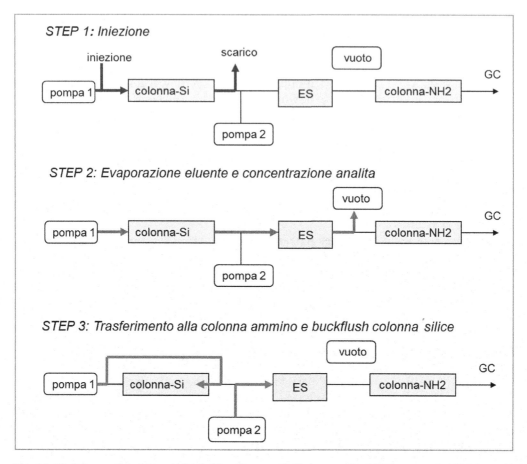

Fig. 10.18 Schema del sistema LC-LC-GC utilizzato da Moret e colleghi (Moret et al, 1996a) per la determinazione di MOAH in campioni di olio ed estratti lipidici. ES, evaporatore di solvente on-line

vuoto per facilitare lo scarico dei vapori e mantenere bassa la temperatura di evaporazione, prevenendo la perdita dei componenti più volatili (fase 2). Alla fine del trasferimento, si effettua un backflush della colonna di silice per rimuovere i trigliceridi, mentre gli analiti rimasti nell'evaporatore vengono trasferiti alla colonna ammino dall'eluente usato per la seconda separazione LC (fase 3). Dalla colonna ammino eluiscono prima i MOSH e poi gli idrocarburi mono-, di-, tri- e tetra-aromatici. Ciascuna delle frazioni così separate può essere inviata separatamente al GC. Effettuando un backflush della colonna ammino dopo l'eluizione dei MOSH, è possibile inviare la frazione contenente gli aromatici totali al GC.

L'evaporatore utilizzato per questa applicazione rappresenta un'ottima interfaccia LC-LC ed è stato successivamente impiegato per l'analisi NPLC-RPLC on-line di idrocarburi policiclici aromatici in oli vegetali ed estratti lipidici (Moret et al, 2001).

Biedermann et al (2009) hanno messo a punto un metodo LC-GC-FID on-line più semplice per la determinazione rapida di MOSH e MOAH; tale metodo sfrutta la tecnica di trasferimento on-column (Y-interface) con PCEE. MOSH e MOAH vengono separati utilizzando una colonna di silice (25 cm × 2 mm d.i.) e un opportuno gradiente con diclorometano (100% esano alla partenza e 30% diclorometano dopo 2 minuti). L'efficienza della separazione viene verificata utilizzando standard idonei per marcare i confini delle frazioni di interesse. I limiti del metodo riguardano essenzialmente la capacità massima di trattenere il grasso (20 mg), legata alle dimensioni della colonna LC, e l'interferenza da parte delle olefine (presenti in alcuni campioni), che hanno una polarità tale da co-eluire con i MOAH. Per superare il problema dell'interferenza da parte delle olefine, gli autori propongono una derivatizzazione del campione (epossidazione) prima dell'iniezione LC-GC, allo scopo di aumentare la polarità delle olefine affinché siano trattenute dalla colonna di silice. Rispetto alla bromurazione, che determina perdite sostanziali di aromatici, l'epossidazione risulta più selettiva e causa minori perdite di aromatici, purché condotta in condizioni controllate.

Bibliografia

Alario J, Pérez M, Vázquez A, Villén J (2001) Very-large-volume sampling of water in gas chromatography using the through oven transfer adsorption desorption (TOTAD) interface for pesticide-residue analysis. *Journal of Chromatographic Science*, 39(2): 65-69

Aragón A, Cortés JM, Toledano RM et al (2011) Analysis of wax esters in edible oils by automated on-line coupling liquid chromatography-gas chromatography using the through oven transfer adsorption desorption (TOTAD) interface. *Journal of Chromatography A*, 1218(30): 4960-4965

Artho A, Grob K, Mariani C (1993) On-line LC-GC for the analysis of the minor components in edible oils and fats – The direct method involving silylation. *Lipid/Fett*, 95(5): 176-180

Barp L, Purcaro G, Moret S, Conte LS (2013) A high-sample-throughput LC-GC method for mineral oil determination. *Journal of Separation Science*, 36(18): 3135-3139

Biederman M, Fiselier K, Grob K (2009) Aromatic hydrocarbons of mineral oil origin in foods: method for determining the total concentration and first results. *Journal of Agricultural and Food Chemistry*, 57(19): 8711-8721

Biedermann M, Grob K (2009a) Memory effects with the on-column interface for on-line coupled high performance liquid chromatography-gas chromatography: The Y-interface. *Journal of Chromatography A*, 1216(49): 8652-8658

Biedermann M, Grob K (2009b) How "white" was the mineral oil in the contaminated Ukrainian sunflower oils? *European Journal of Lipid Science and Technology*, 111(4): 313-319

Biedermann M, Grob K (2012a) On-line coupled high performance liquid chromatography-gas chromatography for the analysis of contamination by mineral oil. Part 1: Method of analysis. *Journal of Chromatography A*, 1255: 56-75

Biedermann M, Grob K (2012b) On-line coupled high performance liquid chromatography-gas chromatography for the analysis of contamination by mineral oil. Part 2: migration from paperboard into dry foods: interpretation of chromatograms. *Journal of Chromatography A*, 1255: 76-99

Biedermann M, Grob K, Mariani C (1993) Transesterification and on-line LC-GC for determining the sum of free and esterified sterols in edible oils and fats. *Lipid/Fett*, 95(4): 127-133

Biedermann M, Grob K, Meier W (1989) Partially concurrent eluent evaporation with an early vapor exit; detection of food irradiation through coupled LC-GC analysis of the fat. *Journal of High Resolution Chromatography*, 12(9): 591-598

Biedermann M, Haase-Aschoff P, Grob K (2008) Wax ester fraction of edible oils: Analysis by on-line LC-GC-MS and GC×GC-FID. *European Journal of Lipid Science and Technology*, 110(12): 1084-1094

Cortés JM, Sánchez R, Villén J, Vázquez A (2006) Analysis of unsaponifiable compounds of edible oils by automated on-line coupling reversed-phase liquid chromatography–gas chromatography using the through oven transfer adsorption desorption interface. *Journal of Agricultural and Food Chemistry*, 54(19): 6963-6968

Cortés JM, Toledano RM, Villén J, Vázquez A (2008) Analysis of pesticides in nuts by online reversed-phase liquid chromatography-gas chromatography using the through-oven transfer adsorption/desorption interface. *Journal of Agricultural and Food Chemistry*, 56(14): 5544-5549

David F, Hoffman P, Sandra P (1999) Finding a needle in a haystack: The analysis of pesticides in complex matrices by automated on-line LC-CGC using a new modular system. *LC-GC Europe*, 12(9): 550-558

Davies IL, Raynor MW, Kithinji JP et al (1988) LC-SFE-GC-SFC interfacing. *Analytical Chemistry*, 60 (1988) 683A-702A

De Paoli M, Barbina MT, Mondini R et al (1992) Determination of organophosphorus pesticides in fruits by on-line size-exclusion chromatography-liquid chromatoghraphy-gas chromatography-flame photometric detection. *Journal of Chromatography A*, 626(1): 145-150

Díaz-Plaza EM, Cortés JM, Vázquez A, Villén J (2007) Automated determination of pesticide residues in olive oil by on-line reversed-phase liquid chromatography-gas chromatography using the through oven transfer adsorption desorption interface with electron-capture and nitrogen-phosphorus detectors operating simultaneously. *Journal of Chromatography A*, 1174(1-2): 145-150

Fankhauser-Noti A, Fiselier K, Biedermann-Brem S, Grob K (2005) Epoxidized soy bean oil migrating from the gaskets of lids into food packed in glass jars: Analysis by on-line liquid chromatography-gas chromatography. *Journal of Chromatography A*, 1082(2): 214-219

Fiselier K, Fiorini D, Grob K (2009) Activated aluminum oxide selectively retaining long chain n-alkanes: Part II. Integration into an on-line high performance liquid chromatography-liquid chromatography-gas chromatography-flame ionization detection method to remove plant paraffins for the determination of mineral paraffins in foods and environmental samples. *Analytica Chimica Acta*, 634(1): 102-109

Flores G, Díaz-Plaza EM, Cortés JM et al (2008) Use of absorbent materials in on-line coupled reversed-phase liquid chromatography-gas chromatography via the through oven transfer adsorption desorption interface. *Journal of Chromatography A*, 1211(1-2): 99-103

Gallina Toschi T, Bendini A, Lercker G (1996) Evaluation of 3,5-stigmastadiene content of edible oils: comparison between the traditional capillary gas chromatographic method and the on-line high performance liquid chromatography-capillary gas chromatographic analysis. *Chromatographia*, 43(3-4): 195-199

Grob K (1991) LC for sample preparation in coupled LC-GC: A review. *Chimia*, 45(4): 109-113

Grob K (2000) Efficiency through combining high-performance liquid chromatography and high resolution gas chromatography: progress 1995-1999. *Journal of Chromatography A*, 892(1-2) 407-420

Grob K, Artho A, Mariani C (1992) Determination of raffination of edible oils and fats by olefinic degradation products of sterols and squalene, using coupled LCGC. *Fat Science Technology*, 94(10): 394-400

Grob K, Biedermann M, Bronz M, Giuffré AM (1994) The detection of adulteration with desterolized oils. *Lipid/Fett*, 96(9): 341-345

Grob K, Bronz M (1995) On-line LC-GC transfer via a hot vaporizing chamber and vapor discharge by overflow; increased sensitivity for the determination of mineral oil in foods. *Journal of Microcolumn Separations*, 7(4): 421-427

Grob K, Kälin I (1991) Attempt for an on-line size exclusion chromatography-gas chromatography method for analyzing pesticide residues in foods. *Journal of Agricultural and Food Chemistry*, 39(11): 1950-1953

Grob K, Lanfranchi M, Mariani C (1989) Determination of free and esterified sterols and of wax esters in oils and fats by coupled liquid chromatography-gas chromatography. *Journal of Chromatography A*, 471: 397-405

Grob K, Läubli T (1986) Determination of wax esters in olive oil by coupled HPLC-HRGC. *Journal of High Resolution Chromatography*, 9(10): 593-594

Grob K, Li Z (1989) Coupled reversed-phase liquid chromatography-capillary gas chromatography for the determination of atrazine in water. *Journal of Chromatography A*, 473: 423-430

Grob K, Müller E (1988) Co-solvent effects for preventing broadening or loss of early eluted peaks when using concurrent solvent evaporation in capillary GC. Part 1: Concept of the technique. *Journal of High Resolution Chromatography*, 11(5): 388-394

Grob K, Stoll J-M (1986) Loop-type interface for concurrent solvent evaporation in coupled HPLC-GC. Analysis of raspberry ketone in a raspberry sauce as an example. *Journal of High Resolution Chromatography & Chromatography Communications*, 9(9): 518-523

Hyötyläinen T, Riekkola M-L (2003) On-line coupled liquid chromatography-gas chromatography. *Journal of Chromatography A*, 1000(1-2): 357-384

Jongenotter B, Janssen H-G (2002) On-line GPC-GC analysis of organophosphorus pesticides in edible oils. *LC-GC Europe*, 15(6): 338-348

Koprivnjak O, Moret S, Populin T et al (2005) Variety differentiation of virgin olive oil based on n-alkane profile. *Food Chemistry*, 90(4): 603-608

Louter AJH, Vreuls JJ, Brinkman UATh (1999) On-line combination of aqueous-sample preparation and capillary gas chromatography. *Journal of Chromatography A*, 842(1-2): 391-426

Majors RE (1980) Multidimensional high performance liquid chromatography. *Journal of Cromatographic Science*, 18(10): 571-579

Mondello L, Dugo P, Dugo G et al (1999) High-performance liquid chromatography coupled on-line with high resolution gas chromatography: State of the art. *Journal of Chromatography A*, 842(1-2) 373-390

Moret S, Cericco V, Conte LS (2001) On-line solvent evaporator for coupled normal phase-reversed phase high-performance liquid chromatography systems: Heavy polycyclic aromatic hydrocarbons analysis. *Journal of Microcolumn Separations*, 13(1): 13-18

Moret S, Conte LS (1998) Off-line LC-LC determination of PAHs in Edible oils and lipidic extracts. *Journal of High Resolution Chromatography*, 21(4): 253-257

Moret S, Grob K, Conte LS (1996a) On-line high-performance liquid chromatography-solvent evapora-tion-high-performance liquid chromatography-capillary gas chromatography-flame ionisation detec-tion for the analysis of mineral oil polyaromatic hydrocarbons in fatty foods. *Journal of Chromato-graphy A*, 750(1-2) 361-368

Moret S, Grob K, Conte LS (1996b) On-line solvent evaporator for coupled LC systems: Further deve-lopments. *Journal of High Resolution Chromatography*, 19(8): 434-438

Moret S, Populin T, Conte LS et al (2003) Occurrence of C15-C45 mineral paraffins in olives and olive oils. *Food Additives and Contaminants*, 20(5): 417-426

Munari F, Grob K (1990) Coupling HPLC to GC: Why? How? With what instrumentation? *Journal of Chromatographic Science*, 28(2): 61-66

Munari F, Trisciani A, Mapelli G et al (1985) Analysis of petroleum fractions by on-line micro HPLC-HRGC coupling, involving increased efficiency in using retention gaps by partially concurrent solvent evaporation. *Journal of High Resolution Chromatography*, 8(9): 601-606

Pérez M, Alario J, Vázquez A, Villén J (1999) On-line reversed phase LC-GC by using the new TOTAD (Through Oven Transfer Adsorption Desorption) interface: Application to parathion residue analysis. *Journal of Microcolumn Separations*, 11(8): 582-589

Pérez M, Alario J, Vázquez A, Villén J (2000) Pesticide residue analysis by off-line SPE and on-line reversed-phase LC-GC using the through-oven-transfer adsorption/desorption interface. *Analytical Chemistry*, 72(4): 846-852

Pietrogrande MC, Michi M, Nunez Plasencia N, Dondi F (2002) Analysis of PCB by on-line coupled HPLC-HRGC. *Chromatographia*, 55(3-4): 189-196

Pocurull E, Biedermann M, Grob K (2000) Introduction of large volumes of water-containing samples into a gas chromatograph: Improved retention of volatile solutes through the swing system. *Jour-nal of Chromatography A*, 876(1-2): 135-145

Purcaro G, Moret S, Conte LS (2012) Hyphenated liquid chromatography-gas chromatography technique: Recent evolution and applications. *Journal of Chromatography A*, 1255: 100-111

Purcaro G, Moret S, Conte LS (2013) Sample pre-fractionation of environmental and food samples using LC-GC multidimensional techniques. *Trends in Analytical Chemistry*, 43: 146-160

Sánchez R, Cortés JM, Villén J, Vázquez A (2005) Determination of organophosphorus and triazine pesticides in olive oil by on-line coupling reversed-phase liquid chromatography/gas chromatography with a nitrogen-phosphorus detection and an automated through-oven transfer adsorption-desorption interface. *Journal of AOAC International*, 88(4): 1255-1260

Sánchez R, Vazquez A, Andini JC, Villén J (2004) Automated multiresidue analysis of pesticides in olive oil by on-line reversed-phase liquid chromatography-gas chromatography using the through oven transfer adsorption-desorption interface. *Journal of Chromatography A*, 1029(1-2): 167-172

Sánchez R, Vázquez A, Riquelme D, Villén J (2003) Direct analysis of pesticide residues in olive oil by on-line reversed phase liquid chromatography–gas chromatography using an automated through oven transfer adsorption desorption (TOTAD) interface. *Journal of Agricultural and Food Chemistry*, 51(21): 6098-6102

Schulzki G, Spiegelberg A, Bögl KW, Schreiber GA (1997) Detection of radiation-induced hydrocarbons in irradiated fish and prawns by means of on-line coupled liquid chromatography-gas chromatography. *Journal of Agricultural and Food Chemistry*, 45(10): 3921-3927

Señoráns FJ, Tabera J, Herraiz M (1996) Rapid separation of free sterols in edible oils by on-line coupled reversed phase liquid chromatography-gas chromatography. *Journal of Agricultural and Food Chemistry*, 44(10): 3189-3192

Señoráns FJ, Villén J, Tabera J, Herraiz M (1998) Simplex optimization of the direct analysis of free sterols in sunflower oil by on-line coupled reversed phase liquid chromatography-gas chromatography. *Journal of Agricultural and Food Chemistry*, 46(3): 1022-1026

Toledano RM, Cortés JM, Andini JC et al (2010) Large volume injection of water in gas chromatography-mass spectrometry using the Through Oven Transfer Adsorption Desorption interface: Application to multiresidue analysis of pesticides. *Journal of Chromatography A*, 1217(28): 4738-4742

Toledano RM, Cortés JM, Andini JC et al (2012a) On-line derivatization with on-line coupled normal phase liquid chromatography-gas chromatography using the through oven transfer adsorption desorption interface: Application to the analysis of total sterols in edible oils. *Journal of Chromatography A*, 1256: 191-196

Toledano RM, Cortés JM, Rubio-Moraga Á et al (2012b) Analysis of free and esterified sterols in edible oils by online reversed phase liquid chromatography-gas chromatography (RPLC-GC) using the through oven transfer adsorption desorption (TOTAD) interface. *Food Chemistry*, 135(2): 610-615

Tranchida PQ, Zoccali M, Purcaro G et al (2011) A rapid multidimensional liquid-gas chromatography method for the analysis of mineral oil saturated hydrocarbons in vegetable oils. *Journal of Chromatography A*, 1218(42): 7476-7480

Villén J, Blanch GP, Ruiz del Castillo ML, Herraiz M (1998) Rapid and simultaneous analysis of free sterols, tocopherols, and squalene in edible oils by coupled reversed-phase liquid chromatography-gas chromatography. *Journal of Agricultural and Food Chemistry*, 46(4): 1419-1422

Vollmer A, Biedermann M, Grundböck F et al (2011) Migration of mineral oil from printed paperboard into dry foods: survey of the German market. *European Food Research and Technology*, 232(1): 175-182

Vreuls JJ, De Jong GJ, Ghijsen RT, Brinkman UA (1994) Liquid-chromatography coupled online with gas-chromatography – State-of-the-art. *Journal of AOAC International*, 77(2): 306-327

Vreuls JJ, Swen RJJ, Goudriaan VP et al (1996) Automated on-line gel permeation chromatography-gas chromatography for the determination of organophosphorus pesticides in olive oil. *Journal of Chromatography A*, 750(1-2): 275-286

Wagner C, Neukom HP, Galleti V, Grob K (2001a) Determination of mineral paraffins in feeds and foodstuffs by bromination and preseparation on aluminium oxide: Method and results of a ring test. *Mitteilungen aus dem Gebiete der Lebensmitteluntersuchung und Hygiene*, 92(3): 231-249

Wagner C, Neukom HP, Grob K et al (2001b) Mineral paraffins in vegetable oils and refinery by-products for animal feeds. *Mitteilungen aus dem Gebiete der Lebensmitteluntersuchung und Hygiene*, 92(5): 499-514

Finito di stampare nel mese di ottobre 2014